21世纪高等院校信息与通信工程规划教材

21st Century University Planned Textbooks of Information and Communication Engineering

现代通信网络（第2版）

沈庆国 邹仕祥 陈涓 编著

Modern Communication Networks (2nd Edition)

人民邮电出版社

北京

图书在版编目（C I P）数据

现代通信网络 / 沈庆国，邹仕祥，陈涓编著. -- 2版. -- 北京 : 人民邮电出版社，2011.9（2016.6 重印）
21世纪高等院校信息与通信工程规划教材
ISBN 978-7-115-24125-2

Ⅰ. ①现… Ⅱ. ①沈… ②邹… ③陈… Ⅲ. ①通信网－高等学校－教材 Ⅳ. ①TN915

中国版本图书馆CIP数据核字(2011)第041555号

内 容 提 要

本书精心选取ISDN与ATM、IP技术以及宽带IP网络、移动网、智能网、下一代网络、网络管理等典型通信网技术作为内容，以体现出现代通信网发展的多样化、宽带化、智能化、个人化的特点。在对宽带IP、MPLS、软交换、Parlay等技术的介绍中，注重把握同ATM、智能网等已有技术的内在联系，阐释了下一代网络的基本原理。

本书把飞速发展的网络技术同基本原理结合起来，对迅速发展和普及的现代通信网络及其主要相关技术有一个全面概括，较好地把握成熟、实用的技术与热点技术之间的关系，既反映网络发展趋势和规律，又不盲目迎合炒作。本书对抽象复杂知识的介绍通俗易懂，深入浅出。本书既便于教学实施，又适合读者自学。

本书可作为高等院校计算机、电子信息工程类、通信工程类本科高年级学生、研究生教材或参考书，也可供网络通信技术人员阅读。

21世纪高等院校信息与通信工程规划教材

现代通信网络（第2版）

◆ 编　　著　沈庆国　邹仕祥　陈　涓
　责任编辑　贾　楠

◆ 人民邮电出版社出版发行　　北京市丰台区成寿寺路11号
　邮编　100164　　电子邮件　315@ptpress.com.cn
　网址　http://www.ptpress.com.cn
　大厂聚鑫印刷有限责任公司印刷

◆ 开本：787×1092　1/16
　印张：21.75　　　　2011年9月第2版
　字数：529千字　　　2016年6月河北第6次印刷

ISBN 978-7-115-24125-2

定价：45.00元

读者服务热线：(010)81055256　印装质量热线：(010)81055316
反盗版热线：(010)81055315
广告经营许可证：京东工商广字第8052号

第2版前言

本书自2004年出版（第1版）以来，已经印刷了7次。根据教学中的使用经验和反馈，以及6年来现代通信网发生的一些新变化，本次修订对原书进行了修改。在保持原书技术同原理相结合的体制基础上，扩充了不少新内容，精简了一些逐渐淡出实际应用的内容。主要变动是在第1章概论中增加了传送网、支撑网、数字有线电视网等内容，将电话网、移动通信网、软交换/下一代网络作为独立的3章（第2章、第7章、第8章），将原第2章（ISDN）、第3章（ATM）合并为一章（第3章）。

改版后全书共9章。

第1章概括介绍电信网、计算机网络的过去、现在和未来发展，重点阐述电路交换、分组交换的原理和发展过程，并介绍了传送网、支撑网、有线电视网等基本知识。

第2章较为详细地介绍了固定电话网的基本概念、网络结构、路由与编号。

第3章介绍了ISDN、ATM技术，它们都是由电信界提出并推动发展的通信网络技术。阐述了ISDN的基本概念、业务、网络结构、协议和演进过程，以及ATM网络的基本概念、参考模型和协议，对ATM网络交换结构做了详细的介绍。

第4章介绍IP网络及局域网、广域网技术，它们是由计算机界提出的，思路上和电信界有所不同，对IP和转发原理做了重点阐述。

第5章对宽带IP网络的服务质量保证体系进行介绍，具体内容包括区分业务模型、综合业务模型、多协议标签交换MPLS、IP/SDH、IP/DWDM等，这些内容是宽带IP技术的重要组成部分。

第6章对智能网概念模型、智能网应用协议INAP、常见智能网业务等做了详细的介绍，并对智能网与其他网络结合的发展趋势进行了探讨。

第7章对移动通信的基本概念、移动网络系统结构、无线接口、漫游管理等进行介绍，结合GSM、CDMA、3G等典型移动网络，阐述了移动通信网络的基本原理。

第8章介绍下一代网络的基本概念、基于软交换的网络体系结构、软交换的基本技术、主要协议、IMS、全IP移动网络、Parlay业务开发等内容。

第9章概要介绍了网络管理和网络规划。基于OSI网管模型对网络管理的一般原理进行说明，阐述了TCP/IP互联网络管理、电信管理网（TMN）以及网络规划和设计的基本知识等内容。

本书由沈庆国主编和统稿。第1章、第3章、第4章、第5章、第8章、第9章由沈庆国编写，第2章、第7章和第1章第7节由邹仕祥编写，第6章由陈涓编写。本书作者具有长期的通信网络方面教学经验和科研、工程实践经历，对抽象复杂知识的介绍通俗易懂、深入浅出。

本书在编写过程中，得到解放军理工大学通信工程学院领导和专家的大力支持。周卫东为本书做了很多有益的工作，他在第1版中编写的内容很多仍为本版所采用，在此表示衷心的感谢。

由于作者水平有限，书中难免存在错误，敬请读者批评指正。

作　者

2011年1月

于南京解放军理工大学通信工程学院

第1版前言

当前各类通信网络（电信网、互联网、移动网等）正在飞速发展，并将按下一代网络框架在接入、传送、控制、业务等层面进行融合。目前这方面书籍比较缺乏，相关网络书籍和教材大多都不够系统、深入，读者看到的只是大量材料的罗列和堆砌，往往不得要领，难以接受、提高。

本书精心选取 ISDN 与 ATM、IP 网、智能网、移动网等典型通信网及关键技术作为内容，以体现出现代通信网发展的宽带化、智能化、个人化和多媒体化的特点。本书力图把这些内容有机联系在一起，形成一个较为清晰、完整的体系，避免简单堆砌和罗列，帮助读者梳理其知识结构，增强他们对飞速发展的网络技术的本质认识，消除纷繁多样的网络技术给他们造成的混乱印象。

下一代网络是一个的新的体系，但它不是凭空产生的，它所依赖的宽带 IP、MPLS、软交换等技术是对稍早以前的 ATM、智能网、网络互联技术等的继承和发展。比如在 IP QoS 保障技术中，综合业务模型借鉴了 ATM 网络资源预留的思想，同时引入了流量分类处理的方法；区分业务模型则又继承、发展了综合业务模型流量分类处理方法，但抛弃了全程信令以提高系统的可扩展性；MPLS、ATM、帧中继都采用了第 2 层的虚电路连接方式，IP 分组、信元、数据帧在虚电路中都是按标签进行交换和传送，MPLS 重要改进在于在第 3 层采用灵活的 IP 路由选择技术，并把第 3 层选路同第 2 层标签路径结合起来；MPLS 也借鉴了区分业务模型智能流量分类处理的思想，并又有所发展，引入等价转发类以提高可伸缩性。

为此在本书撰写的过程中，贯彻了把飞速发展的网络技术同基本原理结合起来的编写思想，对迅速发展和普及的现代通信网络及其主要相关技术有一个全面概括，较好把握成熟、实用的技术与热点技术之间的关系，既反映网络发展趋势和规律，又不盲目迎合炒作。

全书共 7 章。第 1 章概括介绍电信网、计算机网络的过去、现在和未来，重点阐述电路交换、分组交换的原理和发展过程；第 2 章、第 3 章介绍了 ISDN、ATM 技术，它们都是电信界提出并发展的通信网络技术；第 2 章着重介绍 ISDN 的基本概念、业务、网络结构、协议和演进过程；第 3 章介绍 ATM 网络中的一些基本概念、参考模型和协议，着力阐述了 ATM 网络交换结构；第 4 章介绍 IP 网络及局域网、广域网技术，它们由计算机界提出的，思路上和电信界有所不同，对 IP 协议内容和转发原理作了重点阐述；第 5 章对宽带 IP 网络的服务质量保证体系、业务提供与控制体系等进行介绍，具体内容包括区分业务模型、综合业务模型、多协议标签交换（MPLS）、软交换、全 IP 移动网络等，这些内容将是基于宽带 IP 技术的下一代网络的重要组成部分；第 6 章对智能网概念模型及概念模型中的业务平面、全局功能平面、分布功能平面和物理平面的组成及功能作了详细的介绍，并阐述了移动智能网、智能网与互联网结合、宽带智能网等发展趋势；第 7 章基于 OSI 网管模型对网络管理的一般原理进行介绍，分别了阐述 TCP/IP 互联网络管理、电信管理网 TMN 方面的知识。

本书由沈庆国主编和统稿，薛高阜作了很多组织工作。第 1 章由薛高阜编写，第 2 章、第 3 章和第 7 章第 3 节由周卫东编写，第 4 章、第 5 章和第 7 章第 1、2 节由沈庆国编写，第 6 章由陈涓编写。本书作者具有长期的通信网络方面教学经验和科研、工程实践经历，对抽象复杂知识的介绍通俗易懂，深入浅出。作者在宽带移动系统方面承担了国家自然科学基金项目（No.60172075）和东南大学移动通信国家重点实验室开放课题，相关的研究成果也在本书中得到引用。

本书在编写过程中，得到解放军理工大学通信工程学院领导和专家的大力支持，寇化栋教授对本书提出了宝贵的意见，杨勤副教授也为本书做了一些有益的工作，在此表示衷心的感谢。

由于通信网络技术发展很快，加之作者水平有限，书中难免存在错误，敬请读者批评指正。

作 者
2003 年 10 月
南京解放军理工大学通信工程学院

目　录

第 1 章 概论

本章对典型通信网络（电话网、数据网、ISDN、移动网等）及其支撑技术作了概括性介绍，对通信网络的现状进行了分析，对下一代通信网络的特征进行了阐述。交换技术是通信网络的核心技术，为此本章介绍了电路交换、分组交换的原理和发展过程。

从整体上了解现代通信网络的分类、特点和发展，是进一步深入学习各种通信网络技术的基础。

1.1 现代通信网络的现状、特征及类型

1.1.1 现代通信网络的现状

人类社会在经历了农业社会、工业社会阶段以后，正在向信息社会演进，21 世纪知识经济初显端倪，目前处于信息社会的初级阶段，其特征就是数字化、网络化、个人化和信息化。所谓信息化是指信息的开发、获取、传播、再生和利用，在国家、社会生活中的作用不断增强的过程。信息技术的广泛采用，使现代社会的人们逐步认识到信息是与物质、能量相并列的三大重要资源之一，是材料、工具、劳动者以外的又一重要经济要素。而现代通信网络是现代社会基础设施的重要组成部分，是现代信息社会的中枢神经系统。现代通信网络已经成为人们日常生活、信息获取、信息查询、信息处理和科学研究等活动的重要基础平台，具有重大的经济效益和社会效益。

现代通信的基本形式是在信源与信宿之间建立一个传输或转移信息的通道，实现信息的传输。现代通信网络可以定义为：“现代通信网络是由现代通信网元组成的集合体，用以支持实现组织内外部的语音、数据、多媒体形式的通信要求”。

现代通信网络的基本概念是与时俱进、不断发展的。在不同的历史时期，用户不断提出新的需求，推动了网络技术向前发展，导致新型网络的诞生。自 20 世纪 90 年代以来，一股强大的信息化潮流席卷了全球。在 1993 年 9 月美国政府提出建设国家信息基础设施（NII）的行动后，世界各国兴起了筹备“信息高速公路”的热潮。1994 年 9 月，美国政府又提出了建设全球信息基础设施（GII）的倡议，欲将各国的 NII 连接起来，组成世界信息高速公路，实现全球信息共享。1995 年 5 月，西方七国集团部长级会议在布鲁塞尔确定了 8 条原则和 11 个示范项目。1995 年 5 月，亚太地区经济合作组织召开了 17 国通信与信息产业部长会议，发布了“APEC”信息基础设施汉城宣言，确立了亚太信息基础设施（APII）建议的 5 个目标和 10 项原则。1996

年4月28日，来自世界五大洲20多个国家的代表出席了在北京召开的国际信息基础结构会议，通过了一份纲领性文件《信息时代宣言》。1996年10月，美国时任总统克林顿签署了开发新一代Internet计划。该计划动用联邦资金5亿美元，历经5年时间，采用IP技术，使带宽达到1GB，能传输声音、图像、文字和数据交互的多媒体信息，速度比原来快100～1 000倍。

中国自20世纪80年代以来，信息化的建设有了长足的进步和发展。我国坚持以信息化带动工业化，以工业化促进信息化，走出一条中国特色信息化的新路子。在现代社会，通信是信息化的基础条件，而现代通信网络又是现代社会重要的基础设施，因此现代通信网络日益受到人们的重视。目前，我国有多家基础电信业务运营商，如中国电信、中国移动、中国联通等，在固定通信、移动通信、数据通信、卫星通信等领域形成了至少有两家公司竞争的局面。

现代通信网络的三大部分是传输、交换和终端设备。因此，现代通信网络的发展是和这些通信设备、电子器件、计算机技术的发展紧密相关的，它在某种程度上是一个国家综合国力的体现。一方面，电子技术按摩尔定律或超摩尔定律飞速发展，日新月异，通信网络的发展呈现日益数字化的趋势，通信网络具有了宽带化、智能化、个人化和多媒体化的特征；另一方面，通信基础设施投资巨大，回收周期较长，促使人们在研究应用更先进的通信网络技术的同时，必须考虑到市场的需求，兼顾到投资回报率，形成与原有的通信网络长（短）期并存的局面。由于历史的原因，实际上不同类型的网络都是针对其特定应用而设计的，而每一种网络都有其独特的特性，都是为了解决当时网络需要解决的业务难题。各种网络的共存、互联、融合、演进，已成为现代通信网络的重要特征。

1.1.2 现代通信网络的特征

20世纪90年代Internet和移动通信的发展是通信网络有史以来的最为辉煌的时期。进入21世纪后通信业务和网络应用的发展更加迅猛，呈现出多样化、宽带化、移动性、泛在化和可信化的趋势。

1. 多样化

通信网已存在并发展了100多年。由于涉及面广，规模庞大，技术复杂，加之各地区经济发展的不平衡，注定其发展演变只能以一种渐变的方式进行。另一方面，为了保持与原有技术的兼容性，又导致网络结构进一步复杂化，并且至今通信网仍在不断发展演变之中。以上因素导致了现代通信网形成目前多种网络技术体制并存的混合式结构，在接入、承载、交换、业务等各个层面都体现出多样化的特征，导致通信网络种类繁多，比如固定电话网、移动电话网、计算机网络、数据网络、Internet、ISDN网、ATM网、以太网、无线局域网、无线Mesh网络、WiMAX网络、3G网络、4G网络和NGN等。

2. 宽带化

宽带化既表现为业务的宽带化又表现为网络的高带宽增长。

通信业务已经从语音扩展到数据、多媒体与流媒体，接入链路带宽从十多年前的28.8kbit/s到现在的ADSL的2Mbit/s或者以太网10Mbit/s，吉比特以太网（GE）到小区也较普及，可以说用户接入能力十年增大近千倍。光纤到家（FTTH）在日本等国已开始应用，在我国也开始试验，其接入带宽可超过 100Mbit/s。宽带化还表现在干线的带宽上，美国跨大西洋的光纤干线带宽平均每 6～7 年增加 100 倍。我国更为显著，最近几年干线的数据流量平均年增 260%。宽带化的趋势同样表现在移动网络上，移动高速数据和多媒体及流媒体业务开辟了移动通信的新应用。3G、4G、超宽带无线网等多种技术，可以提供几十 Mbit/s 乃至上百 Mbit/s 的无线接入速率。

与光纤传输能力飞速发展相比，网络节点（例如路由器和宽带交换机）的宽带化进展相对较慢，节点的可扩展性已明显受到业务带宽增长的压力，超大容量路由器的实现已越来越难，经济性及可控性都面临挑战。

与宽带化伴随的是对带宽的可管理性问题，包括调度灵活性（例如对每一通路或每一种业务类型按需分配带宽）和可生存性（在故障情况下的保护和恢复）及业务质量（QoS）的保证，这不仅要求传送网节点具有灵活分枝插入和交叉连接的功能，还要求传送网有自愈恢复功能。宽带化对网络体系提出了新的要求，也可以说宽带化将催生新的网络体系。

3．移动化

由于移动通信随时随地使用的灵活性，其用户数迅速增长。目前，全球一百多个国家移动通信用户数超过固定电话用户数，中国 2003 年底移动用户已多于固定用户。全球移动通信用户增长率两倍于固定电话，这种差距会越来越大。固定电话以家庭或办公室为基本使用对象，而移动通信则以个人为基本使用对象，从这一意义上说，移动通信用户将数倍于固定电话用户数。

移动通信不仅用户量大，而且在地理上分布也很不平衡，大城市中心区移动通信用户非常密集。假设在这些区域移动用户普及率达到 70%（北京已超过 90%），城市移动通信用户密度可达 130 000/km^2，缩小移动通信蜂窝小区的半径（按微蜂窝配置）仍感到频谱资源的紧张。频谱利用率是考验新一代移动通信技术的重要指标，为此各国都在探索高效无线传输技术。另外，移动上网对用户和 IP 地址移动性管理提出了新问题，成为新的研究热点。

4．泛在化

泛在化是指网络无处不在（Ubiquitous），就如同空气和水一样，自然地融入到人们的日常生活和工作中，主动地感知用户的需求并提供服务。这主要依赖于各种无线网络的发展，尤其是传感器网络技术的发展和普及。

射频识别（RFID）芯片和传感器的技术发展及成本的大幅度下降，推动了网络的泛在性发展。所有物品和设备，都可通过 RFID 和传感器等将它们连到网上，构成了一个无处不在的网络，人们可以在任何时间、任何地方安全使用网络，但并不感觉其存在。通信不仅是发生在人与人之间，而且更多的业务流来自人与机器间以及物体间。

网络泛在性将使连网的终端数较现在有数百甚至上千倍增加。如此之多的终端连网对网络体系和终端及地址管理等都提出新的挑战。网络的泛在性引发了对自律网（包含自组织网、自愈网、自管理网、自优化网等概念）和复杂、异构、分布的网络体系研究的重视。

5．可信化

网络可信化是指网络和用户的行为及其结果总是可预期与可管理的，能够做到行为状态可监测、行为结果可评估、异常行为可管理。具体而言，网络的可信化应该包括一组属性，从用户的角度需要保障服务的安全性和可生存性，从设计的角度则需要提供网络的可管理性。

IP 网的安全问题成为影响网络发展的最大障碍。各国都在考虑建设信息安全监控体系、密码服务体系、网络信任体系和应急响应体系等问题，重点研究可信网络环境与可信计算理论、安全协议理论、生物识别科学、安全系统软件、高性能安全芯片技术、安全存储技术、逆向分析与可控理论、灾难恢复与故障容错技术等。安全协议和虚拟专用网（VPN）是目前比较重视并较多采用的措施，同时需要基于终端与基于网络的安全措施、基于网络层与基于应用层的安全措施。

目前，网络安全技术多、杂、零散，实现代价越来越大，对网络性能的影响越来越大、越来越复杂，其臃肿的弊端逐渐显示出来，可信网络在这种背景下被提出。可信网络可以提高网络的性能，简化因不信任带来的监控、防范等系统的开销，提高系统的整体性能。同时，动态行为的信任可以提供比身份信任更细粒度的安全保障。

网络可信技术是在原有网络安全技术的基础上增加行为可信的安全新思想，强化对网络状态的动态处理，为实施智能自适应的网络安全和服务质量控制提供基础策略。网络可信主要包括服务提供者的可信、网络信息传输的可信和终端用户的可信 3 个方面的内容。

1.1.3 现代通信网络及交换技术的类型

现代通信网络在不同的应用范围和不同的应用目标前提下，具有不同的含义。依据信号的传输方式和载体形式分类，一般可将现代通信网络分成电话通信网、数据通信网和计算机通信网、综合业务数字网等 4 种类型。它们采用的交换技术主要是电路交换或分组交换。现代通信网络是随着交换技术的发展而发展的。

1. 电路交换

国际电信联盟（International Telecommunication Union，ITU）将电路交换（Circuit Switching）定义为“根据请求，从一套入口和出口中，建立起一条为传输信息而从指定入口到指定出口的连接”。电路交换是一种电路之间的实时交换。所谓实时，是指任一用户呼叫另一用户时，应立即在两用户之间建立通信电路的连接。这时通信网内的相关设备和线路都被这一用户占用着，不能再为其他用户服务。这种在一次呼叫中由通信网根据用户要求在指定的呼叫路由上固定分配设备的交换方式，称为电路交换方式。

采用电路交换方式的通信网可以为任一个发起呼叫的主叫用户提供一条临时的专用物理通路，它是由通路上各交换设备内部在空间上或在时间上完成电路交换而构成的，为主叫与被叫之间建立起一条直通线路。电路交换有空分和时分两种。空分电路交换是通过空间交叉连接矩阵的连通将某一条线上的语音或数据传递到另一条线上，其传递的信号可以直接采用模拟信号。时分电路交换是将某时分复用线上的某一时隙的语音或数据传递到另一时分复用线上的另一时隙上去，其传递的信号是数字信号。

经由电路交换而实现的通信包括 3 个阶段。呼叫建立阶段：通过呼叫信令完成逐个交换机的接续过程，建立起一条主叫到被叫的直通线路。语音或数据传输阶段：在主叫到被叫的直通线路上传输语音或数据。连接释放阶段：完成一次语音或数据传输之后，拆除该线路的连接，释放交换机和线路资源。

电路交换的主要特点：语音或数据的传输时延小且无抖动，语音或数据在通路中“透明”

传输，不需存储、分析和处理，传输效率比较高；但是，电路的接续时间较长，电路资源被通信双方独占，电路利用率低。

电路交换是最早出现的一种交换方式，包括最早的人工电话在内的电话交换均采用电路交换方式。电路交换经历了从空分到时分、从模拟到数字的过程，现有公用电话交换网普遍采用时分数字电路交换方式。

2. 分组交换

比起传统的电路交换方式来说，分组交换（Packet Switching）具有高效、灵活、迅速、可靠等优点。分组交换的概念是美国兰德（RAND）公司的保罗·布朗（Paul Baran）和他的同事于 1961 年在美国空军 RAND 计划的研究报告中首先提出来的，主要是为了解决军用电话的通信安全（防窃听），但在当时的技术条件下未能实现。当时，美国国防部高级研究规划局（ARPA）也在着手进行计算机网络的研究工作，希望寻求一种资源共享的方法，使计算机能更加有效地工作。ARPA 研究人员看到了分组交换在满足这种通信要求方面的潜力，进行了分组交换技术的研究和开发工作，于 1969 年完成了世界上第一个分组交换网 ARPANET，该网络后来逐步发展成为 Internet。

分组交换最适合数据通信，由于它在降低通信成本、提高通信可靠性和灵活性方面的巨大成功，促使 20 世纪 70 年代中期以后的数据通信网几乎全部采用分组交换。20 世纪 80 年代以来，世界各国的公用和专用分组交换网蓬勃发展，已经形成了全球性的数据通信网，我国公用分组交换网于 1989 年开放业务。

面对新的用户需求及通信环境，尤其是光纤通信技术的巨大成就，分组交换技术本身也在不断进步，出现了帧中继、ATM 等快速分组交换技术，其应用领域也已从数据通信领域延伸到传统的视频、电话通信领域。

分组交换也称包交换。它将用户的一整份报文分割成若干定长的数据块，即分组。分组交换是一种综合电路交换和报文交换方式的优点而又尽量避免两者的缺点的第三种交换方式。它的基本原理是“存储—转发”，是以更短的、被规格化了的“分组”为单位进行交换、传输。分组交换最基本的思想就是实现通信资源的共享。但分组交换会造成较大的时延及其抖动，不能很好满足实时通信的需要。

3. 快速分组交换——异步传递方式

快速分组交换是一个概念，它包含多种不同的实现方式，且所有的方式都有一个共同的特征，就是具有最小网络功能的分组交换。所谓最小网络功能，是指通过定义一个短而固定长度的分组，简化网络内部节点对分组识别与转发、差错检验、流量控制等操作，提高了转发效率和业务吞吐量，支持业务对时间透明性和语义透明性的要求。不同的快速分组交换方式由不同的组织提出，用不同的名称。如异步传递方式（Asynchronous Transfer Mode，ATM），它是国际电信联盟电信标准化部门（ITU Telecommunication Standardization Sector，ITU-T）使用的正式名称。ATM 交换技术是以固定长度的信元作为信息传输单位、以统计复用的方式占用信道资源，支持宽带信息交换，支持不同速率的各种业务，以面向连接的方式保持了电路交换实时性的优点，以短分组化的方式保持了分组交换网络资源利用率高的优点，它是一种适合语音、数据与图像业务的综合交换技术。

4. IP 交换

Internet 的基本思想是建立统一协调、能够共享服务的通信系统，其实现有方法是在低层网络技术与高层应用程序之间采用 TCP/IP，从而抽象和屏蔽硬件细节，向用户提供通用网络服务。Internet 协议（IP）属于网络层，主要实现 IP 分组在 Internet 上的寻址和传送，但不保证 IP 分组传送的正确性和顺序；传输控制协议（Transmission Control Protocol，TCP）属于运输层，提供端到端的可靠通信。IP 的关键是为互连的异种物理网络提供了统一的 IP 地址，从而屏蔽了下层物理网络地址的差异性，统一了异种网络地址，保证了异种网络互通。

目前，Internet 正在向宽带 IP 网络发展，在宽带 IP 网络中要提供数据、语音、视频等多媒体综合服务。为了克服传统分组交换不能保证服务质量的缺点，宽带 IP 网络借鉴了 ATM 等快速分组交换的思想，采用 IP 交换技术，通过在 IP 分组上打标记、用硬件实现标签交换、智能流量管理等方法，达到快速转发分组、提高服务质量的目的。

1.2 电话通信网

电话通信网是针对用电信号传输语音信息而设计的通信网。它是世界上最早的通信网络，也是全世界最大的通信网络。电话通信按话路接续操作方式的不同分为人工电话和自动电话；按传输介质的不同可分为有线电话和无线电话；按通信距离和范围的不同分为市内电话和长途电话；按传输信号形式的不同分为模拟电话和数字电话。它包括公用交换电话网（Public Switched Telephone Network，PSTN）、专用通信网和移动通信网。通信自古就是一个神奇的话题。最初的通信是人们简单交流信息的手段，最早的通信网络用于军事，是指挥员用语言、动作或通过传令兵下达命令，后来出现旗、鼓、角、金等简易信号工具的通信网。公元前 14 世纪，中国甲骨文中有将边防军情报传到殷京（今河南安阳）的记载。公元前 8 世纪，西周建立了烽火台和邮驿，用以组织接力通信，还创造了使用“阴符”和“阴书”的通信保密方法。19 世纪 30 年代，有线电和无线电通信相继问世。1876 年 3 月 10 日，贝尔发明了电话。1878 年，美军安装了军用实验电话。1965 年在美国萨加桑纳开通世界上第一部商用 2000 门空分程控电话交换机，1970 年在法国的皮诺斯盖利克第一部商用数字时分程控电话交换机投入运转，标志着电话通信投入数字时代的开始。

1.2.1 公用交换电话网

公用交换电话网是电话通信网的核心骨干网，涉及的基本概念和常用技术较多。本节主要介绍以下几方面的内容：公用电话通信的基本要求和特点，公用交换电话网的产生、发展和种类。

1. 公用电话通信的基本要求

（1）通话质量要有保证

电话是人们交流信息的工具，人们的语言经过电话通信系统传递后，要能够听得到、听得懂，达到满意的程度，通话质量要有足够的保证。因此，电话通信系统中的终端设备、传输设备和交换设备都应满足语言和听觉方面的基本要求。

（2）损耗要小，效率要高

效率是保证声音响度的一项指标。电话传输是将声振动转换为随声振动变化的语音电流，再将变化的语音电流转换为相应的声振动。这种转换实际上是能量的转换，如电话通信设备质量很差，能量转换时损耗就大，它将影响声音的响度。使受话人听不清楚或听不到发话人的声音。为保证声音的响度，而发话人也不需高声呼叫，使人们感到在电话听筒前说话就像双方面对面交谈一样，一般要求送话器接收 1～10μW 的功率就能可靠地工作，送入受话器的电功率在 1μW 以上时，就可听到足够大的声音。经过电话通信系统所允许的最大净损耗不超过：

$$10\lg 10 = 10\text{dB}$$

（3）非线性失真系数要小

在某一固定频率下，通过电话通信设备的声电转换并不是线性关系，因此，需用非线性失真系数来评定能量转换中信号失真的情况。非线性失真系数越小，电信设备质量越好，通常是取通频带中间的一个频率（如 800Hz），经过设备转换后，测量其基波和各次谐波的幅度，再经过计算求得。

一般要求送话器非线性失真系数为 15%～20%，受话器非线性失真系数不得超过 10%～20%。

（4）频率特性要好

在电话通信系统中，能量转换的效率与频率有关系。在同样的声能下，频率变化会引起相应的响度变化。一般来说，声音强度大，听起来就响，这只是对同一个频率来说才是正确的。由于电话通信具有一定宽度的频带，所以评价送话器、受话器等设备的标准指的是平均效率的概念。平均效率在数值上等于频率特性曲线所包围的总面积除以所在频带内的横坐标轴的长度。现代电话通信系统选用的电话传输频带为 300～3 400Hz。

（5）清晰度要高

电话通信中，要保证一定通信质量，并不要求毫无失真地发出原来的声音，而是要求能听懂所传递的语言，要准确，清晰度要高。所谓清晰度，就是在发话端发出一定数量的无意义音节，在收听端由几个收听者记录听到的音节，统计其记录中正确接收的音节和发话端所发音节总和的百分比。清晰度能较客观地判断电话传输系统的质量。实验证明，电话系统如果传送信号频率为 300～2 700Hz 时，清晰度可达 92%；如传送信号频率为 300～3 400Hz 时，清晰度可达 96%。现代电话通信系统选用的电话传输频带为 300～3 400Hz。

（6）速度要快

现代通信的关键是要准确快捷，在信息社会，时间就是效益。

2．公用电话通信的主要特点

（1）点到点通信

电话通信的基本原理是在发送端通过送话器变声波为电信号，由传输线送至接收端，接收端通过受话器将电信号转换为声信号，电话通信是一个电话终端对另一个电话终端的通信，因此，它属于点到点通信的范畴。

（2）主被叫连接

在电话通信中，除采用专线或对讲线固定连接一对电话终端外，用户通话都需经过交换设备进行连通。电话交换设备在接收主叫端送来的选择信号后，把主叫端和它所需要的被叫端接通，才能使这对电话终端进行通话。

（3）双向通信

电话通信属于双向通信，既能把主叫端的电信号传送到被叫端，又能把被叫端的电信号传送到主叫端。

3．电话通信系统的构成

电话通信系统的基本任务是提供从任一个终端到另一个终端传送语音信息的路由，完成信息传输、信息交换后，为终端提供良好的服务。电话通信系统最基本的原理如图 1-1 所示。主要由终端设备、传输线（电）路、交换设备 3 个部分组成。

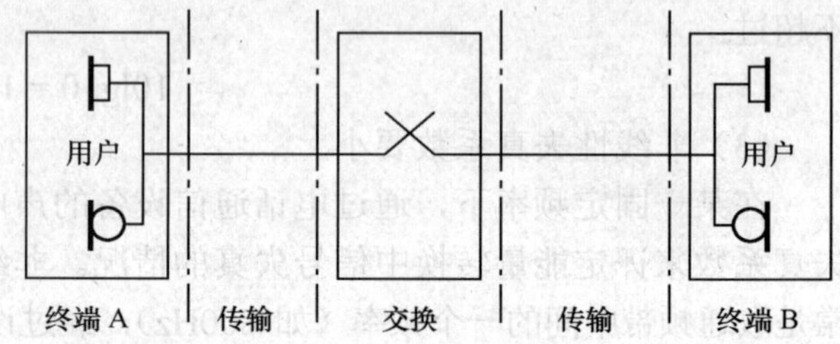

图 1-1 电话通信系统示意图

（1）终端设备

在电话业务中，终端设备就是电话机。终端设备的基本功能是在用户发话时将语音信号转换成电信号，同时将对方终端设备送过来的电信号还原为语音信号。保密电话机还有其特殊的密码转换功能。另外，终端设备还具有产生和发送表示用户接续要求的控制信号功能，如用户状态信号和建立接续的选择信号等。

（2）传输设备

传输设备是指终端设备与交换中心以及交换中心到交换中心之间的传输线路及其相关设备。传输设备可以传送电信号，也可以传输光信号。所传输的电信号既可以为模拟信号，也可以为数字信号。

（3）交换设备

交换设备根据主叫用户终端所发出的选择信号来选择被叫终端，使这两个终端建立连接。然后，经过交换设备所连通的路由传递电信号。交换设备有各种不同的制式，但相互之间通过接口技术能够协调工作。

4．公用交换电话网的产生

自从 1876 年贝尔发明电话以来，就产生了在一群用户之间互相通话的要求。由此，公用交换电话网应运而生。这里要明确两个不同网络的层次，即电话机终端交换网络和交换机终端的交换网络。

（1）电话机终端的公用电话交换网络

① 全连接：全连接意味着网络中任意两个用户在需要时都可以直接进行通话。在用户数很少时，可以采用这种个个相连的全连接方法，加上相应的开关控制即可，但用户较多时，就行不通了。全连接存在以下缺点。

a．需用线对数增加。如当用户数为 N 时，互连线对数为 $L=N(N-1)/2$。当 $N=8$ 时，互连线就需要有 28 对，如图 1-2 所示。

b．对相距很远的两地，则需要大量的长途线路。

c．在 N 个终端基础上，每增加一个终端，就必须增设 N 对线路。这种全连接的方法很不经济，而且操作复杂，当 N 较大时根本无法实用化。由此，引入公用交换电话网的概念。

② 交换中心连接：把所有用户线都连到交换中心，由交换中心控制任意用户之间的接续，如图 1-3 所示。这种方法使每个终端都有一对连线引出，很经济，但交换中心工作负担却很重，且一旦出现故障，则全网瘫痪。由此，引出了部分交换的概念，如图 1-4 所示。

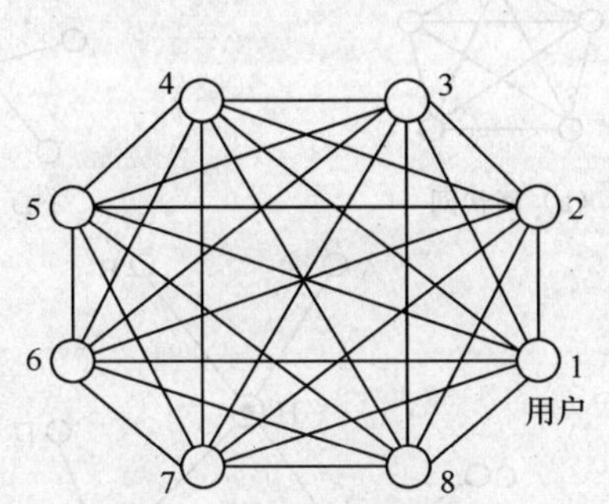

图 1-2 用户话机全连接

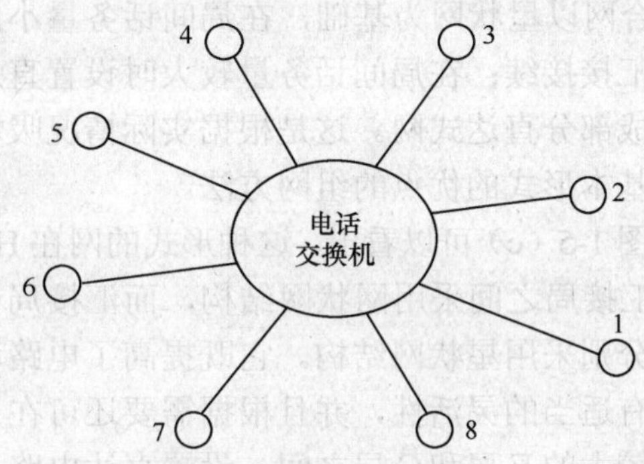

图 1-3 交换中心的连接

③ 部分连接：部分连接是一种分布式网络，是把交换任务分配到节点，同时适当增加链路。设节点数为 N，链路数为 L，分布式交换网络连接时设每个节点只与其余节点中的 K 个连接，$K<N-1$，则可以得到链路与节点之间的关系为：$L=NK/2$（N 取偶数）。

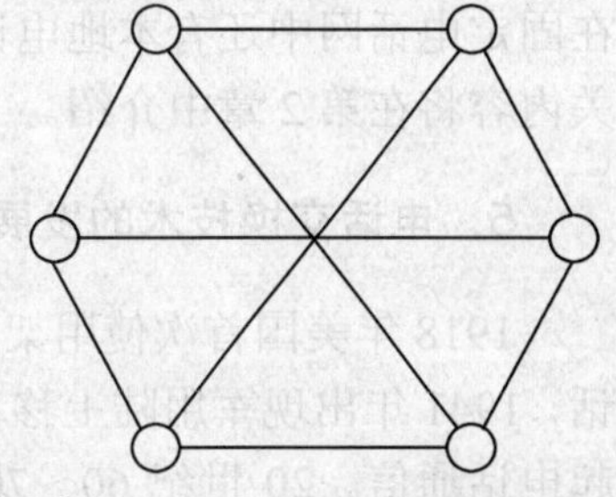
图 1-4 部分交换网络的拓扑结构

电话交换机分人工和自动两大类。在人工交换机的接续中，建立和拆除通话连接均由话务员完成。而自动电话交换机的接续工作，是由主叫用户话机上发出的选择信号控制自动电话交换机的动作来完成的。

自动电话交换机的基本接续过程如下：主叫用户一经摘机，自动交换机立即进行识别，并为主叫用户连接好一个收号设备，同时向主叫用户送出拨号音。主叫用户听到拨号音后就可拨打被叫用户号码。交换机收到选择信号后，就控制交换网络选到被叫用户。交换机能自动测试被叫用户的忙闲，如被叫用户空闲，则向被叫用户送振铃电流和向主叫用户送回铃音；如果被叫用户忙，则向主叫用户送忙音。当被叫听到铃响摘机应答时，自动停止振铃，两用户即可通话。通话完毕挂机后，交换机自动拆线。

（2）交换机终端的公用电话交换网络

当电话用户分布的区域较广时，就要设置多个交换节点，交换节点之间用中继线相连。当交换的范围更广时，多个交换节点之间也不能个个相连，要引入汇接交换节点。长途电话网中的长途交换节点一般要分为几级，形成逐级汇接的交换网。

位于交换网边缘的交换机称为交换机终端。交换机终端的多层公用电话交换网络结构要比电话机终端的单层公用交换电话网络结构复杂得多，图 1-5 所示是固定电话网的基本形式。

① 网状网：网状网也称全互连网，是电话局间的直接中继，如图 1-5（a）所示。在网中的每个电话局均有直达路由同所有其他电话局连接。这种网的优点是任何两个电话局之间的接续一般不需经过第 3 个电话局，接续迅速；当某两个电话局的中继线出故障时，又可组织迂回通信，并只需经过另一个局的转接就可完成接续，因此电路调度灵活，可靠性高。

② 星状网：星状网的结构如图 1-5（b）所示。它设有一个中心局 T，该中心局也称汇接

局，其他各局至汇接局设有直达中继线，各局之间的通信都需经由汇接局转接，构成一辐射的形状，所以又称为辐射式电话网。

③ 复合网：复合网一般是网状网和星状网的综合，如图 1-5（c）所示。

复合网以星状网为基础，在局间话务量小的时候采用汇接接续；在局间话务量较大时设置直达电路，构成部分直达式网。这是根据实际情况吸取上述两种基本形式的优点的组网方法。

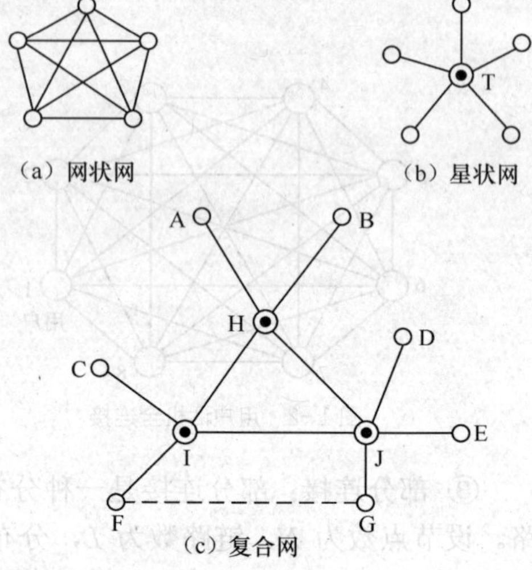

图 1-5 固定电话网的基本形式

从图 1-5（c）可以看出，这种形式的网在 H、I、J 三个汇接局之间采用网状网结构，而汇接局以下的各局分别采用星状网结构。它既提高了电路利用率，又有适当的灵活性，并且根据需要还可在局间话务量较大的 F 局和 G 局之间，设置直达电路，这种方法经济实用。

在这里要说明的是，固定电话网是一个统称，在固定电话网中还有本地电话网、长途电话网，相关内容将在第 2 章中介绍。

5. 电话交换技术的发展过程

1918 年美国首次使用架空明线开通载波电话通信。在美国，1921 年开始出现汽车移动电话，1941 年出现军用陆上移动电话通信。20 世纪初中国清朝政府从国外购买通信器材，建立起电话通信。20 世纪 60～70 年代期间，中国建成了具有一定规模的地下电缆载波通信网，并在 20 世纪 80 年代进一步完善网络的结构，改进和增强了通信网络的交换功能。应当明确，公用交换电话网的发展是与交换技术的发展密切相关的，也就是说，公用交换电话网发展的前提是交换技术和交换机的推陈出新。

自从电话问世以来，电话交换技术经历了从人工到自动、从机电到电子、从布控到程控、从空分到时分，以及从模拟到数字的发展过程。

（1）机电与电子交换技术

早期的电话交换设备都是采用机电式元件制造的，因而称为机电制交换机，如步进制、旋转制和纵横制交换机等。

机电制交换机体积大，噪声高，难于制造又易于磨损，存在不少缺点。在半导体等电子元件出现后，人们开始采用电子元件来制造电话交换机，以克服机电制交换机的缺点。电话交换机一般由控制部分和通话接续部分组成。起初，是用电子元件实现电话交换机中的控制部分，而通话接续部分仍采用机电元件实现，这种电话交换机称为半电子式的交换机。后来，随着技术的进步，通话接续部分也采用了电子元件，这种通话接续部分和控制部分都采用电子元件的交换机就称为全电子交换机。电子元件后来发展了集成电路、大规模集成电路和超大规模集成电路，这使得电子式交换机的体积更小、性能更优越。

（2）布控与程控交换技术

布控和程控是电话交换设备控制部分两种不同的实现方法。所谓布控是布线逻辑控制的简称，是指将交换机各控制部件按逻辑要求设计好，并用布线将各部件连好焊好，通电后交换机的各种功能即能实现的一种控制方法。早期的机电制交换机一般都只能采用布控方式，如纵横制交换机就是采用布控来实现其控制的。

程控是程序存储控制的简称，是指对交换机的控制先按一定逻辑要求设计成软件形式，存放在计算机的内存中，然后由这台计算机来控制交换机的各项工作。因此，程控交换机实质上就是用计算机来控制的交换机。采用存储程序控制方法具有很多优点，例如它在修改交换机功能和增加新功能时，只需修改相应的程序，这比改动布线电路方便得多；又如采用程控方式后，存储功能集中，便于开发较多的新业务，而且可以采用公共信道信号，实现集中维护，集中计费等，并能适应现代电话网向综合业务数字网（Integrated Service Digital Network，ISDN）发展的要求。

（3）空分与时分交换技术

空分和时分是交换接续两种不同的实现方法。所谓空分，是指对各个通话接续分别提供空间，即实线通道的一种接续方式。它是通过入线和出线的交叉点闭合方式来进行接续的，如图 1-6 所示。图中任一入线可和任一出线接通，接通均在相应的交叉点上进行。如 A 点表示入线 2 与出线 4′接通；B 点表示入线 4 与出线 2′接通。

时分接续是将许多用户经各自的接点复接到一个公共话路上，时间分割的概念就是在任一瞬间，接到公共话路上的接点只能闭合一对，其余的接点都呈断开状态，如图 1-7 所示。

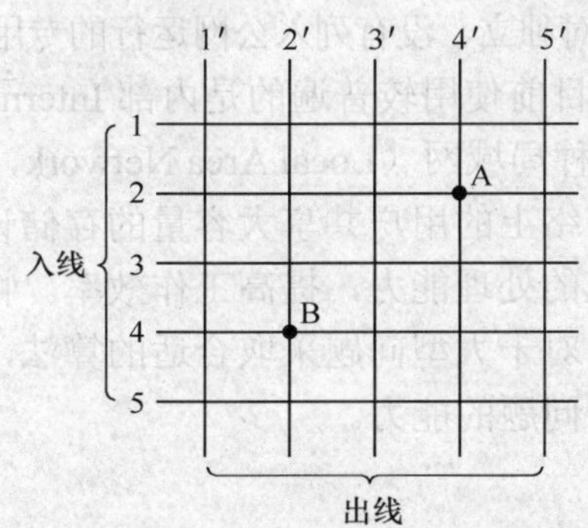

图 1-6 空分接续示意图

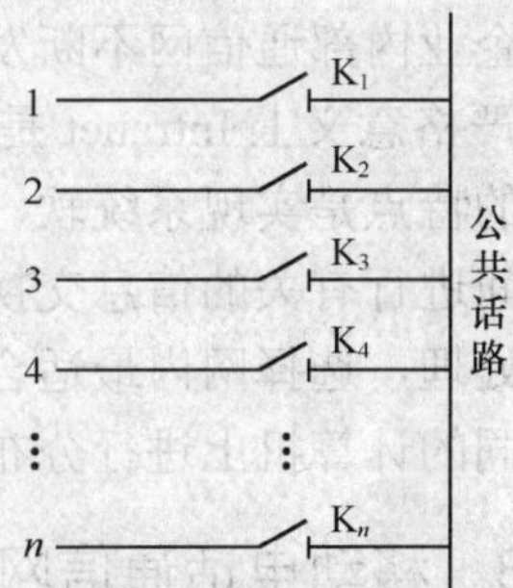

图 1-7 时分接续示意图

图 1-7 中表示有 n 个用户，每个用户经过自己独用的一副开关接点接到公共话路上。如用户 1 和用户 2 要通话，应闭合 K_1 和 K_2；如用户 3 和用户 4 通话，应闭合 K_3 和 K_4。即任意一对用户要通话，只需闭合相应接点。但用户 1 和 2，3 和 4 在同一时间都通话而又不互相干扰，那么在 K_1 和 K_2 闭合的同时，又将 K_3 和 K_4 闭合显然不行。这将使用户 1 和 2，3 和 4 都连到公共话路上，形成四个用户互相通话的现象。如将 K_1 和 K_2，K_3 和 K_4 这两对接点的闭合时间互相错开，即 K_1 和 K_2 闭合时，K_3 和 K_4 接点不闭合；或 K_3 和 K_4 闭合时，K_1 和 K_2 不闭合，那么这两对用户既能通话而又不互相干扰。只要接点在时间上按顺序依次错开即可。

一般来讲，由空分实现的交换机其设备体积大且接续速度慢，而由时分实现的交换机其设备体积小且接续速度快。

（4）模拟与数字交换技术

模拟和数字广义上指包括传输、交换在内的通信过程。狭义上指反映交换接续的两种不同实现方法，交换机的信号是模拟信号还是数字信号。

所谓模拟方式是指通过交换机交换接续的是模拟信号，通常模拟电信号由声波通过送话器变换而成。所谓数字方式是指通过交换机交换接续的是数字信号，即一系列由“0”和“1”组成的二进制信号。

通常，在模拟交换时采用二线制接续，因此反方向模拟信号也在这一接续中传送。数字交换一般采用四线制接续，来去方向数字信号分别通过两条途径传送。

模拟和数字与空分和时分又有什么关系呢？一般空分制只能采取模拟交换。这是因为作为空分制的机电元件（包括准电子元件）速度比较慢，不能适应数字交换的速度要求。时分制可以采取模拟交换，也可以采取数字交换。但实际上时分制主要是采取数字交换。

数字交换和模拟交换相比有很多优点，如数字信号的质量不会随传输距离加大而有所降低等。因此，从模拟向数字方向发展，是一种必然趋势。

1.2.2 专用电话通信网

专用通信网就其概念来说，它是政府各专业部门为专门用途而建立的内部通信网。专用通信网的设备性能一般与公用交换通信网相类似，但其覆盖的范围相对要小、专用性较强。例如军队使用的军用电话通信网，铁路部门使用的铁路通信网，高速公路通信网，电力通信网，气象通信网，还有特殊单位、企业内部使用的专用通信网、学校使用的校园网等。专用通信网是国家通信网的一个重要组成部分，有些是全面依托公用网，一切由电信部门提供；有些则租用公用网的电路，而其他相关的设备自备；有些是全部自行解决，相对独立、没有列入公网运行的专用通信网。

现代企业内部通信网不断发展，功能不断增强，目前使用较普遍的是内部 Internet，就是 Intranet。严格意义上 Intranet 是属于计算机网络的一种局域网（Local Area Network，LAN）。这种网络的特点是实现系统软、硬件资源共享，使网络上的用户共享大容量的存储设备，允许用户之间进行有关的信息交换，发挥高性能计算机的处理能力，提高工作效率。特别是进行分布式处理，选择网内最适合的资源来优化处理，对于大型问题采取合适的算法，将任务分散到不同的计算机上进行分布处理，具有解决复杂问题的能力。

1.2.3 移动电话通信网

移动通信是指双方或至少有一方在运动中所进行的信息交换，如移动体（车辆、船舶、飞机或行人）与固定体之间的通信，移动体与移动体之间的通信，均属于移动通信范畴。如寻呼、蜂窝移动电话、集群移动电话、无绳电话等移动通信方式，成为用户随时随地快速可靠进行各种信息（语音、数据等）交换的理想形式，给人们的工作和生活带来极大的便利。

1．移动通信网的发展

移动通信是在无线电通信的基础上发展起来的。1837 年，S.P.B.莫尔斯发明了电报机，1854 年，莫尔斯电报开始用于军事通信。20 世纪初，陆军中装备了野战无线电台，海军中有了舰对舰、岸对舰无线通信。空军于 1912 年实现了空对地通信。第一次世界大战时，参战大国无线电台配备到营一级指挥所。1979 年北欧移动电话公司（NMT）开发成功世界上第一个实用的蜂移动电话系统。1986 年，爱立信公司在瑞典建成世界上第一个公用移动电话网。

20 世纪 90 年代移动通信网得到了高速的发展。我国的移动通信网络发展很快，已成为目前世界上最大的移动通信网络。到 2003 年全国电话用户 4.8 亿户，其中固定电话 2.407 5 亿户，移动电话达到 2.394 5 亿户，移动电话与固定电话几乎平分秋色。根据国际数据公司（IDC）

的全球手机季报，全球手机出货量在 2003 年第二季较去年同期增长 19.2%，也比上一季增长了 6.7%，达到 1.183 亿部手机。

2．移动通信系统构成

移动通信系统一般由移动台（MS）、基站（BS）、移动业务交换中心（Mobile Switching Center，MSC）以及与市话网（Public Switched Telephone Network，PSTN）相连接的中继线等组成，如图 1-8 所示。

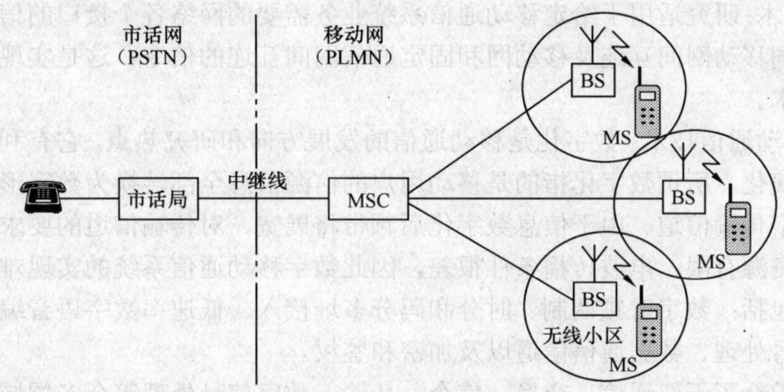

图 1-8　移动通信系统的组成

移动台和基站设有收、发信机和天馈线等设备。移动台通过空中接口和分布设置的固定基站接入系统；每个基站都有一个可靠通信的服务范围，称为无线小区。无线小区的大小，主要由发射功率和基站天线的高度决定。通常，各基站均通过专用通信链路和移动业务交换中心相连，移动业务交换中心主要用来处理信息的交换和整个系统的集中控制管理。大容量移动电话系统可以由多个基站构成一个移动通信网，如图 1-8 所示。

由图 1-8 不难看出，通过基站、移动业务交换中心就可以实现在整个服务区内任意两个移动用户之间的通信；也可以经过中继线与市话局连接，实现移动用户和市话用户之间的通信，从而构成一个有线、无线综合的移动通信系统。

3．移动通信的主要特点

① 频率资源局限性。和有线通信不同，移动用户的空中接入必须占用无线信道，因此如何提高频谱利用率是发展移动通信要解决的首要问题。

② 无线信道参数可变性。由于移动台高速运动、不同地形的影响、电波经各种物体反射形成的多径传播，都会造成接收信号电平的随机衰落变化，因此研究电波传播规律和相应的信号有效接收方法，也是移动通信的重要问题。

③ 终端用户移动性。由于移动台位置不确定，且在通话中还可能处于高速运动状态，因此必需解决移动用户的位置跟踪管理和通信中频道自动转换问题。

④ 通信安全性。这是无线通信共同的问题，包括通信信息加密和接入用户的合法性鉴别。

4．移动通信主要技术内容

① 多址调制技术：研究效率高、抗干扰能力强、频谱利用率高的调制技术和多址接入方法。

② 频率重用和指配技术：主要是作好蜂窝小区频率规划，以提高频率资源利用率和减小同频干扰。

③ 空间信号接收技术：包括分集接收、自适应均衡、差错控制等技术。

④ 信源编码和信道编码技术：研究传送效率高、纠错能力强、控制开销小的高性能编码方法。

⑤ 移动交换技术：研究以数字程控交换为基础，具有移动呼叫处理、漫游管理、自动频道转接、网间互连等功能的移动交换机。

⑥ 信令技术：研究适用于给定移动通信系统业务需要的网络各个接口的信令协议和实现方式，包括不同移动网间互连及移动网和固定通信网间互连的信令。这是实现移动通信联网的一项重要技术。

⑦ 数字移动通信技术：数字化是移动通信的发展方向和研究热点，它有利于向未来综合业务通信网的演化。所谓数字化指的是移动用户的信源信息全部转换为数字形式传送，空中信道也成为数字传输信道。由于信息数字化后频带将展宽，对传输信道的要求也较高，而移动通信的频率资源有限，电波传播条件很差，因此数字移动通信系统的实现难度较高。数字移动通信技术包括：数字射频调制、时分和码分多址接入、低速率数字语音编码、数字信道编码和数字信号处理、数据通信信道以及加密和鉴权。

移动通信综合了无线通信、交换、信令、传输、数字信号处理等众多领域的技术，尤其是蜂窝式移动电话系统几乎汇集上述所有技术。

1.3 数据通信网

数据通信网用于计算机或数据终端（传真、电报等）之间进行通信的网络。通常，它的覆盖范围较广，如一个城市或者全省、全国，乃至全球。常见的数据通信网有 X.25 网、帧中继网、卫星数据通信网等。

1.3.1 基本概念

数据通信是按一定规约或协议传输数据信息的通信方式。数据是指数字、字母和符号等，传输时必须转换成“0”或“1”二进制代码。规约是为了有效和可靠地进行通信而制定的一组规则，如数据格式、同步方式和收发双方应答约定等。

1.3.2 数据通信的主要特点

① 以计算机为中心，通常是人或终端设备与计算机的通信，或计算机与计算机的通信。

② 传输的数据信息通常由计算机加工处理。

③ 要求有严格的通信规约，对信息传输的准确性和可靠性要求高。

④ 通信速度较高，可以同时处理大量数据。在民用上，用于科学技术研究、电信业务；在军事上用于作战指挥、地面防空、战略预警、航天测控等。

1.3.3 数据通信网特征

数据通信可以是点对点地进行，但多数情况是通过数据通信网实施。数据通信网通常由分布在各地的计算机或数据终端、数据传输设备、数据交换设备等通过数据传输线路互相连接而成。对于采用集中管理控制的网络还设有网络管理控制中心。

1. 分组交换方式

数据通信网采用电路交换、报文交换和分组交换 3 种方式。报文交换是电报通信的交换方式，它早于分组交换产生。同分组交换一样，报文交换也采用存储转发技术，不过由于中继节点要在完整收下一个报文后，才向下一节点转发，所以它的效率低于分组交换，目前已很少采用。分组交换是将用户数据和控制信息按一定格式编成分组，在交换机上以分组为单位进行接收、存储、处理和转发。对于一份较长的电文，可分为若干个有序的分组，在网内不一定按顺序传送，但接收端则按顺序加以组合，恢复成原电文。当前，数据通信网主要采用分组交换技术。在分组交换网络中，通常以“数据报”和“虚电路”两种方式提供网络服务。

2. 分组交换技术特征

① 灵活性强。相对于电路交换，分组交换向用户提供了不同速率、不同代码、不同同步方式、不同通信控制规程的数据终端之间能够相互通信的灵活的通信环境。

② 时延小。相对于报文交换，由于分组相对报文短，因此，分组交换中信息的传输（包括缓冲，处理等）时延较小，而且变化范围不大，能够较好地满足会话型通信的实时性要求。

③ 利用率高。实现线路的动态统计时分复用，通信线路（包括中继线和用户线）的利用率很高。在一条物理线路上可以同时提供多条信息通路。

④ 可靠性高。每个分组在网络中传输时可以在中继线和用户线上分段独立地进行差错校验，使信息在分组交换网中传输的比特误码率大大降低，一般可达 10^{-10} 以下。在数据报方式中，由于分组在分组交换网中传输的路由是可变的，当网中的线路或设备发生故障时，分组可自动地选择一条新的路由避开故障点，使通信不会中断。

⑤ 经济性好。信息以分组为单位在交换机中存储和处理，不要求交换机具有很大的存储容量，降低了网内设备的费用。对线路的动态统计时分复用也大大降低了用户的通信费用。分组交换网通过网络控制和管理中心（NCC）对网内设备实行比较集中的控制和维护管理，节省维护管理费用。

⑥ 传输效率较低。由于网络附加的传输信息较多，对长报文通信的传输效率比较低。把一份报文划分成许多分组在交换网内传输，为了保证这些分组能够按照正确的路径安全准确地到达终点，要给每个数据分组加上控制信息（分组头），除此之外还要设计许多不包含数据信息的控制分组，用它们来实现数据通路的建立、保持和拆除，并进行差错控制以及数据流量控制等。可见，在交换网内除了有用户数据传输外，还有许多辅助信息在网内流动，对于较长的报文来说，分组交换的传输效率比电路交换和报文交换的传输效率低。

⑦ 技术实现复杂。分组交换机要对各种类型的分组进行分析处理，为分组在网中的传输提供路由，并且在必要时自动进行路由调整，为用户提供速率、代码和规程的变换，为网络的维护管理提供必要的报告信息等，要求交换机要有较高的处理能力。

3. 数据报

数据报方式是将每一个分组当作一份独立的报文一样看待，每一个分组都包含终点地址的信息，分组交换机为每一个分组独立地寻找路径，因此一份报文包含的不同分组可能沿着不同的路径到达终点，在网络的终点需要重新排序。

数据报方式的特点如下。

① 用户之间的通信不需要经历呼叫建立和呼叫清除阶段，对于短报文通信传输效率比较高。

② 数据分组传输时延较大，而且离散度大。

③ 对网络故障的适应能力较强。

4. 虚电路

虚电路是在两个用户终端通信之前预先通过网络建立的逻辑通路，它是主叫用户通过与网络联系并与被叫端协商而建立的。虚电路提供的是一条双向的无差错的有序的逻辑通路。

在虚电路方式中，一次通信要经历建立虚电路、数据传输和拆除虚电路 3 个阶段。一旦建立了虚电路，该虚电路不管有无数据传输都要保持到虚电路被拆除或因故障而中断。对于因故障而中断的数据传输，需要重新建立虚电路，以继续未完成的数据传输。但虚电路无法处理网络发生的拥塞情况。

由于虚电路的概念是以分组对物理线路统计时分复用为基础的，一个终端可在一条物理电路上与多个终端同时进行通信，因此，与电路交换相比，虚电路可有效利用线路资源。

虚电路方式的特点如下。

① 一次通信具有呼叫建立、数据传输和呼叫清除 3 个阶段。分组中不需要包含终点地址，对于数据量较大的通信传输效率高。

② 分组按已建立的路径顺序通过网络，分组的顺序容易保证，分组传输时延比数据报小，而且不容易产生数据分组的丢失。

1.3.4 数据通信系统的组成

数据通信系统由数据终端设备、数据传输设备和数据交换设备等组成，如图 1-9 所示。

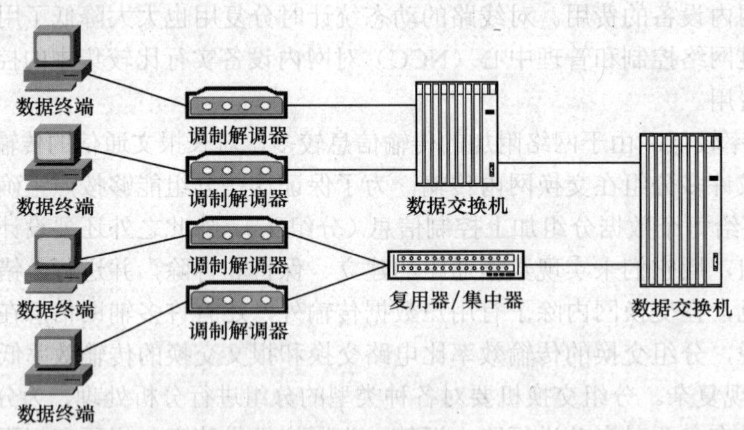

图 1-9 数据通信系统组成示意图

数据终端设备用于发送和接收数据信号，可以是键盘、打字机等输入、输出设备，也可以是计算机、智能仪表或其他专用设备。传输设备包括调制解调器、传输线路和复用器、集中器等。调制解调器是用来在数据终端和模拟信道之间将数据信息变换成适合信道传输的设备。数据终端与调制解调器的连接，国际上已经实现了标准化。传输线路可以是无线电、有线电线路或光缆等。

1.4 计算机通信网

随着通信的不断发展和数字技术的采用，使得以数字化为基础的计算机和通信技术开始向同一方向发展，形成了计算机与通信的结合——计算机网络。

1.4.1 计算机通信网的产生过程

1946 年电子计算机问世后的几年里，计算机与通信并没有什么关系。1954 年出现了收发器（Transceiver），可将穿孔卡片上数据从电话线路上发送到远地的计算机。此后，用户可在远地的电传打字机上键入自己的程序，而计算机算出的结果又可从计算机传送到远地的电传打字机上打印出来。计算机与通信的结合就这样开始了。

当初计算机在和远程终端相连时，是一个联机系统，如图 1-10 所示，必须在计算机上增加一个线路控制器（Line Controller）计算机和终端还要通过调制解调器才能与电话线路相连，完成模拟信号与数字信号的变换。

图 1-10 早期的联机系统示意图

20 世纪 60 年代初出现了多重线路控制器（Multiline Controller）。它可和多个远程终端相连接，如图 1-11 所示。这种联机系统也称为面向终端的计算机通信网，也称第一代计算机网络。

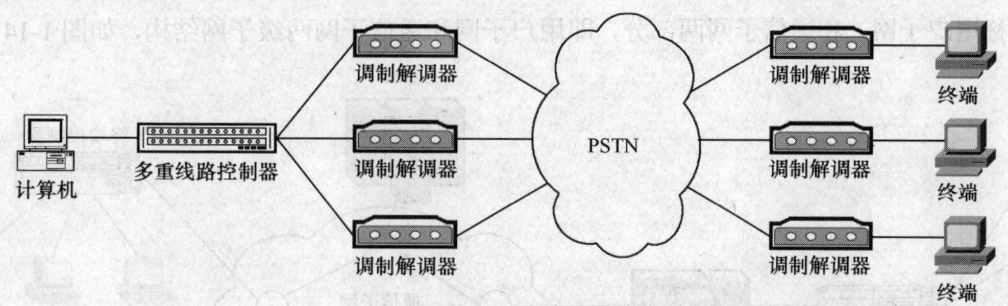

图 1-11 多重线路控制器构成的联机系统示意图

后来设计出了图 1-12 所示的前端处理机（Front End Processor，FEP），它分工完成全部的通信任务，而让主机（即原来的计算机）专门进行处理数据处理，提高了主机的效率。

为了节省通信线路，降低通信费用，可在远程终端较密集处加一个集中器（Concentrator）。集中器也是一种通信处理机。集中器的一端用多条低速线路与各终端相连，其另一端则用一条较高速率的线路与计算机相连，如图 1-13 所示。由于集中器不是简单的多路复用器，而是一个智能复用器，它可利用一些终端的空闲间隙传送其他处于工作状态的终端的数据。这样，所用高速线路的容量就可以小于各低速线路容量的总和，从而明显地降低了通信线路的费用。由于集中器距终端较近，在集中器与各终端之间往往可省去调制解调器。

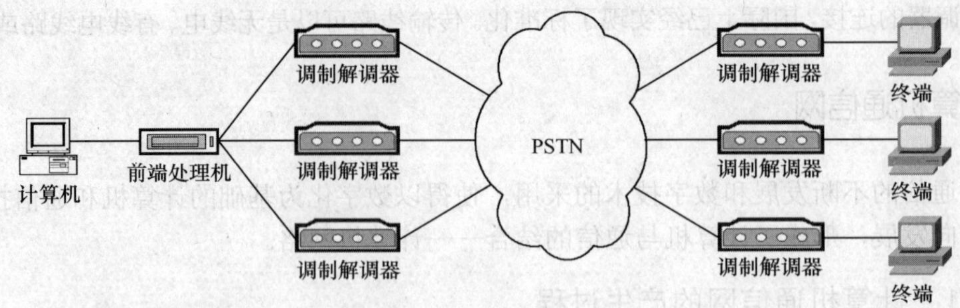

图1-12 采用前端处理机完成通信任务的系统示意图

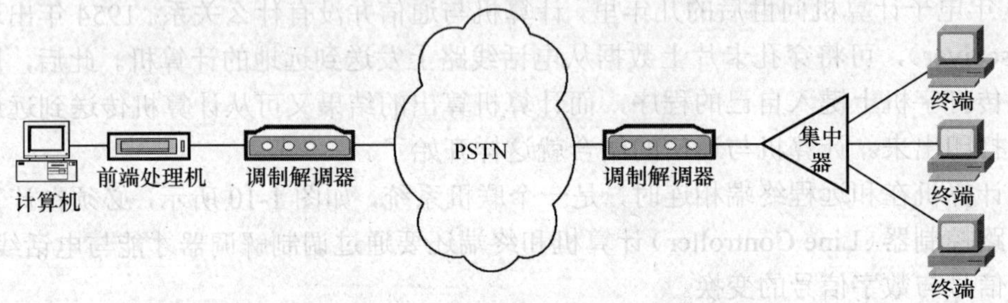

图1-13 采用集中器降低通信费用的系统示意图

1.4.2 计算机通信网的组成

上面介绍的早期计算机网络都是面向终端的，它们是以单个主机为中心的，各终端经通信线路共享主机的软硬件资源。在20世纪60年代里，这种面向终端的计算机通信网获得了很大的发展，其中许多网络至今仍在使用。随着数据通信网络的发展，计算机网络逐步过渡到以网络为中心。从计算机网络组成的角度看，典型的计算机网络从逻辑功能上可以分为用户资源子网（或称用户子网）和通信子网两部分，即用户子网和通信子网两级子网结构，如图1-14所示。

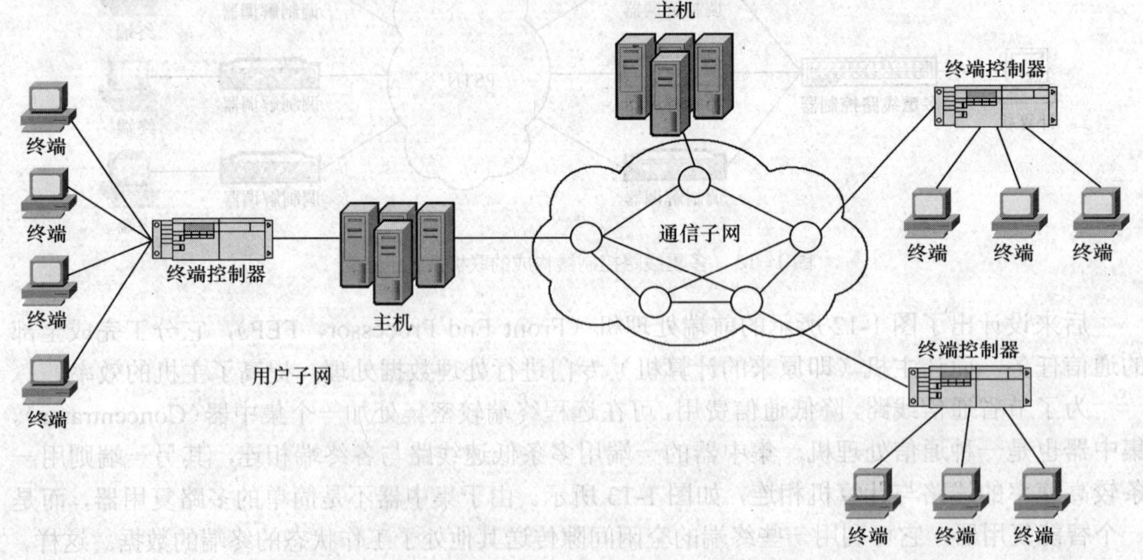

图1-14 两级子网结构

用户子网是指所有端节点（包括它们所有的设备）以及连接这些节点的链路的集合体。

具体设备有有主机、终端控制器和终端等。通信子网是指所有转接节点以及连接这些节点的链路集合体。具体设备有节点处理机、传输链路和通信软件等。本章 1.3 节介绍的数据通信网就可以作为计算机网络的通信子网。

1．组成结构

计算机通信网是指多台计算机，包括主机系统、通信处理机或者其他智能转接设备互连构成的通信网络。除了用实际结构来描述外，计算机通信网可以用抽象结构来表示。

2．抽象结构

计算机通信网由一些节点及连接节点的链路组成。

网 = {节点, 链路}，也可以写成 $N=\{V, L\}$。其中 $V=\{v_1, v_2, v_3, \cdots, v_m\}$，是节点的集合；$L=\{l_1, l_2, l_3, \cdots, l_n\}$，是链路的集合。

节点有端节点和转接节点之分。端节点指拥有或要求计算机资源的用户设备主机、终端，也称源节点、宿（目的）节点。转接节点是指除了支持网络连通性外，还对网络信息起转接作用的节点。转接节点拥有的是通信资源，如集中器，节点处理机，终端控制器。链路是两个节点间一定容量的传输线路。链路也有物理链路和逻辑链路之分。物理链路指传输介质，逻辑链路指传输数据的可靠确认、同步，与用什么物理介质无关。此外，有时也把从一个源节点到一个宿节点所经过的一串节点和链路的有序集合称为通路。

3．各部件功能

（1）主机

计算机网络中的主机是指担负数据处理的计算机系统，可以是单机，也可以是多机系统。主机应是具有完成成批实时和交互式分时处理的硬件和操作系统，同时，还应有通道部件及相关的接口。在分布式网络中要考虑程序兼容和可移植问题，要具有虚拟存储系统及数据库管理功能。

（2）集中器/终端控制器

集中器/终端控制器的作用是把若干个终端经本地线路（一般为低速线路）集中起来到一两条高速线路上，以提高通信速率和降低通信费用。集中器/终端控制器大多采用小型机或微型机，它具有差错控制、代码转换、报文缓冲、电路转接及轮询等功能。实质上，集中器/终端控制器是接在终端侧的通信处理机。如果一个网络节点只是把若干个低速线路集中，实现高速线路的多路复用，这个网络节点叫做多路复用器。

（3）终端

终端是网络中不直接附属主机的设备，直接面对用户。终端的数量及种类较多，除一般具有键盘和显示功能的终端外，还有智能终端、虚拟终端等。

（4）通信处理机

为了减轻主机的负担，常常在主机与网络之间设置一部小型机，专门处理网络的通信，例如差错控制、代码转换、报文分组或重装、路径选择等，这种处理机也叫前端处理机。它的作用是使主机用户在远地进行数据通信时意识不到通信的过程，用户所传输的信息是透明的。另外，在通信子网中为了进行报文中转交换，还设有分组交换处理机。

（5）通信线路

目前大多数通信线路都是架空明线、电缆、光缆等有线通信线路以及微波、卫星等无线通信线路。信号的形式有模拟信号和数字信号两种。

（6）节点处理机

节点处理机是指在网络节点上的接口信息处理机，它具有双重作用。其一，提供通信子网和用户子网的接口，诸如信息的接收和发送以及信息传输状态的监测等功能；其二，对其他节点来说提供存储转发的中转作用，即信息的路由选择，它也和网络的其余节点一起共同完成避免信息拥挤及有效利用网络资源的作用。

（7）通信软件

通信软件提供对链路和节点的存储器的管理，它与硬件配合提供与主处理机、终端、终端集中器或其他设备进行信息交换的接口功能。

（8）其他

计算机通信网络的常见设备还有集线器（Hub）、中继器、网桥、交换机、路由器、网关等网络互连设备。

1.4.3 计算机通信网分类

以传输技术划分，计算机通信网可分为广播网络和点对点网络。广播网络上所有计算机共享一条通信道，任一计算机发出的称为分组的短报文将被网络上的所有计算机都收到。分组中的地址域表示发方所希望的接收者。一旦计算机收到一个分组，它就检查该地址域，如果该分组确实是发给自己的，就处理该分组，否则就忽略该分组。广播网络可以很方便地使用目的地为所有用户的广播（Broadcasting）地址或目的地为一组特定用户的组播（Multicasting）地址。点对点网络由许多计算机对之间的连接组成。在这样的网络里，一个分组要从源主机发往宿主机，通常要经过一至多个中间计算机节点以及节点间的链路，并且这些节点和链路不是唯一的。因此，对点对网络来说，路由算法很重要。

一般来说，地理位置上局域的计算机网趋向于采用广播网络，较大范围的网络往往是点对点的。以规模大小来分，计算机通信网可分为以下几类。

① 多处理系统通信 （10～100m）。

② 局域网（LAN）通信（10～1 000m）。

③ 城域网（MAN）通信（几十 km）。

④ 广域网（WAN）通信（几百 km 以上）。

Internet 是一个特定的计算机网络，它通过 IP 把各个具体的数据通信子网互连在一起，形成一个逻辑上的 Internet 络。子网之间的互连设备称为路由器，它能实现 IP 分组的选路和转发，并通过各子网传送 IP 分组。在 Internet 的资源子网上，有很多服务器，提供 Web、电子邮件、文件共享、语音聊天等丰富的服务。简单易通的 IP、丰富而廉价（甚至免费）的业务是 Internet 普及的关键因素。

1.5 综合业务数字网

1.5.1 窄带综合业务数字网

窄带综合业务数字网（Narrowband Integrated Services Digital Network，N-ISDN）是由电话综合数字网（Integrated Digital Network，IDN）演变而成的通信网，能够提供端到的数

字连接，能够支持包括语音与非语音在内的多种用途的电信业务，为用户接入网内提供一组有限的标准化多用途的用户网络接口。

N-ISDN 有以下两种接口标准。

一种基本速率接口 2B+D，即在一对电话线上同时提供两个 64kbit/s 的 B 通道和 1 个 16kbit/s 的 D 通道。B 通道是用户信道。1 个 B 通道可以包含同一目的地的多个低速用户信息（即多个子信息）。B 通道提供数字电话、数据传送、传真、电视电话会议等附加业务。D 通道有两个用途。一是可以传送公共信道信令，而这些信令用来控制同一接口的 B 通道上的呼叫；二是可以用来传送分组数据或低速的遥控遥测数据。

另一种是基群速率接口，即 1.544Mbit/s（23B+D）和 2.048Mbit/s（30B+D）接口，主要用于连接用户交换机（PBX）和 LAN 的办公室用户。

N-ISDN 的网络接口速率限制在 2Mbit/s 或 1.544Mbit/s 之内。

ISDN 中的综合是指对各种不同业务的综合，如数字电话、用户电报（Telex）、智能用户电报（Teletex）、可视图文（Videotex）、用户传真、电视电话、电子邮件及电视会议等业务，均可以数字信号的形式通过 ISDN 传送。另外，ISDN 把数字化延伸到用户环路，提供了端到端的数字连接。

ISDN 是以程控交换机为基础发展起来的，普通的程控交换机增加以下功能，即可形成以程控交换机为核心的 N-ISDN。

① 提供数字接口。包括 2B+D 基本速率接口和 30B+D 基群速率接口。

② 扩展信令处理功能。包括处理 D 通道的协议，增加 No.7 信令系统中的 ISDN 用户部分。

③ 提供不同类型的连接。除了 64kbit/s 的连接，还包括 384kbit/s、1 536kbit/s、1 920kbit/s 等速率的连接。

④ 具有分组处理功能。按 X.25 协议对分组进行处理，按 X.75 协议和分组交换公用数据网（Packet Switched Public Data Network，PSPDN）互通。

⑤ 扩展呼叫处理功能。当呼叫请求到来时，需要核对用户是否有权得到它所申请的业务；在路由选择阶段，根据 SETUP 消息的号码来选用合适的网络资源。

1.5.2 宽带综合业务数字网

宽带综合业务数字网（Broadband ISDN，B-ISDN）是一种全新的网络，它可以提供更高更快的速率，并能实现图像和快速数据等宽带业务的传送。B-ISDN 以 ATM 和 SDH 技术为基础，其中，异步传递模式（ATM）是宽带通信网中采用的一种快速分组交换技术。

在 B-ISDN 网络中，信息被拆开以后形成固定长度的信元，由 ATM 交换机对信元进行处理，实现交换和传送功能。ATM 是一种面向连接的通信方式，在网络中设置两个层次的虚连接，虚通路连接（Virtual Path Connect，VPC）和虚信道连接（Virtual Circuit Connect，VCC）。信元沿着在呼叫建立时确定的虚连接传送。由于 ATM 交换机对信元的高速处理以及呼叫接纳控制、流量管理等措施，ATM 网络的时间响应特性较之其他类型的分组交换网络有明显的改进，可以对图像、语音和数据提供实时通信。采用 ATM 技术的宽带网目前有着广泛的应用。

在当今信息时代，人们的生活、工作、学习和交往方式都在发生着变化。这些都与信息有关，与现代通信网络有关。目前电信网提供电话、数据、传真、移动业务；有线电视网提供电视节目、网络文化；计算机网络提供没有边境的网上畅游等。但随着时间的推移，这些网络的弊端逐渐显现，走三网融合之路是发展的大趋势。

1.6 传送网

传送功能是电信网的基本功能之一。早期实现的传送功能主要是采用点到点的传送技术，将信息由一地传递到其他地方。随着社会进步人们对通信的需求迅速膨胀，新的电信业务层出不穷，同时光纤通信技术的发展又将信息传送能力提高到一个新的水平。为实现对带宽资源的合理配置与高效利用，提高信息传送的灵活性和安全性，传送手段正在向智能化和分组化方向发展，涌现出各种不同的传送网技术。它们采用综合传输技术可以支持不同种类的业务共享网络的高速传输链路，从而实现信道的共享。

传送网是由线路设施、传输设施等组成的，是为信息业务提供所需传送承载能力的通道。长途传输网、本地传输网、接入网均属于传送网。传送网是通信网络的基础，它为整个通信网络上所承载的业务提供传输通道和平台，是固定电话网、移动电话网、计算机网络等各种业务网络所共享的。传送网支持多种业务的同时传输。

目前，通常采用时分复用（Time Division Multiplexing，TDM）的方法实现多路信号的同时传输，从技术体制来说，主要是准同步数字体系（Plesiochronous Digital Hierarchy，PDH）和同步数字体系（Synchronous Dinital Hierarchy，SDH）。从物理传输介质来说，主要采用光纤传输，使用波分复用（Wawelength Division Multiplexing，WDM）技术。PDH 和 SDH 都是运行在光纤传送系统上的综合传输技术。基于准同步的 PDH 是一种早期的传送体制，适合用于中低速率点到点的数字通信。20 世纪 80 年代后期，光纤通信技术的进步为高速率的信息传送提供了可能，原有的 PDH 体制已成为制约这一发展趋势的因素。

SDH 正是为满足高速通信的需求和解决 PDH 存在的问题而提出的一种新的数字传送网体制。它以同步复用为基础，引入灵活的映射复接结构，增强了开销管理能力，具有良好的业务兼容性和适应性，目前已得到广泛应用。

随着近年来电信业务对带宽需求的不断提高，光传送网络的规模不断扩大，为业务网络提供了巨大的带宽资源，同时网络的生存性、可扩展性也有了很大的进步。随着技术上的重大突破和市场的驱动，以及下一代网络的发展，传送网将逐渐向层次化和分组化的方向进行演进。

1.6.1 传输介质

传输介质是通信传输系统中发方与收方之间的物理路径，也是通信系统的重要组成部分之一。在某种意义上说，通信传输的特性和质量取决于信号本身和传输介质的特性。此外，传输介质在整个通信网的资源中所占的成本很大，特别是对于有线线路更是如此。对于无线线路，虽然不需要导线的连接，但由于其可用频率的有限性，频率本身就是一种非常宝贵的资源。如何合理地利用传输介质这种资源，除了采用一些专用技术（如复用技术等）外，还必须了解各种传输介质的特性。下面简单介绍几种常用的介质。

1．双绞线

双绞线也称为双扭线，它是最古老但又是最常用的传输介质。把两根互相绝缘的铜导线并排放在一起，然后用规则的方法绞合起来就构成了双绞线。绞合可减少对相邻导线间的电磁干扰。使用双绞线最多的地方就是电话系统，几乎所有的电话都用双绞线连接到电话交换机。从用户电话机到交换机的双绞线称为用户线或用户环路。

此外，也可以将多对相互绝缘的双绞线包装在一层外部保护层中，以形成多芯对称电缆。这种电缆可以容纳6～3 600对双绞线。由于相邻线对拧成的螺距不同，可以限制相互之间的串音或电磁干扰。

模拟传输和数字传输都可以使用双绞线，其通信距离一般为几km至十几km。距离太长时就要加放大器，以便将衰减了的信号放大到合适的数值（对于模拟传输），或者加上中继器以便将失真了的数据信号进行整形、再生（对于数字传输）。导线越粗，其通信距离就越远，但导线的价格也越高。在数字传输时，若传输速率为几Mbit/s，则传输距离可达几km。

双绞线价格较便宜、使用方便、安装容易，因此，常用于用户与本地中心站间及中心站与中心站间的连线。

2．同轴电缆

同轴电缆是由两个导体组成的一种圆轴状通信线路，其内导体是一铜质芯线，外面包有绝缘层和网状编织物的外导体屏蔽层，最外面是塑料保护外层。由于外导体屏蔽层的作用，同轴电缆具有很好的抗干扰特性，被广泛用于传输较高速率的数据。

在局域网发展的初期曾广泛地使用同轴电缆作为传输介质。但随着技术的进步，在局域网领域基本上都是采用双绞线作为传输介质。目前，同轴电缆主要用在有线电视网的居民小区中。同轴电缆的带宽取决于电缆的质量。目前高质量的同轴电缆的带宽已接近1GHz。

3．光纤

光导纤维（以下简称为光纤）是一根很细的、可弯曲的、能传导光束的、透明的石英玻璃细丝，它主要由纤芯和包层构成双层通信圆柱体。数字光纤通信是利用光纤传递光脉冲来进行通信。有光脉冲相当于“1”，而没有光脉冲相当于“0”。由于可见光的频率非常高，约为10^8MHz的量级，因此，一个光纤通信系统的传输带宽远远大于目前其他各种传输介质的带宽。

光纤通信的发送端有光源，可以采用发光二极管或半导体激光器，它们在电脉冲的作用下能产生出光脉冲。在接收端利用光电二极管做成光检测器，在检测到光脉冲时可还原出电脉冲。

光纤是由介质材料组成的3个同心圆柱：纤芯、包层和外壳。塑料制的外壳可以吸收光线、防止串音、保护外层表面。透明玻璃制成的纤芯和包层可使光线沿着纤芯传播，并在它们之间的接触面上进行光的反射。纤芯的折射率要高于包层，以保证光线在纤芯中传输时比在包层中慢，这样就使从纤芯向包层传送的光波能被反射回纤芯，并沿光纤传播。

光纤有以下优点。

① 传输频带宽。可在几十km的距离内以高达几十Gbit/s的速率传输数据，故有很大的通信容量。

② 传输损耗低。由于光纤的损耗明显低于同轴电缆，故中继距离较长，对远距离传输特别经济。

③ 抗雷电和电磁的干扰性好。主要因为光既不会受到电磁场干扰又不会辐射电磁能量，同时由于其抽头困难，故可用在有大电流脉冲干扰的环境，具有良好的光电隔离效果。

④ 体积小、重量轻。这对于现有电缆管道已拥塞不堪的状况特别有利。

光纤的缺点是接续困难，光接口比较昂贵。

总之，近年来随着光电子技术的飞速发展，光纤已成为当今通信领域中一种重要的传输介质，为数据通信、远距离通信、宽带高速通信和海底传输系统的迅速发展提供了良好的支撑。

4. 无线传输

无线传输可使用的频段很广，比如短波、微波等。

短波通信（即高频通信，对应于 3M～30MHz 频段）主要是靠电离层的反射。但电离层的不稳定所产生的衰落现象和电离层反射所产生的多径效应，使得短波信道的通信质量较差。因此，当必须使用短波无线电台传送数据时，一般都是低速传输。

微波通信在数据通信中占有重要地位。微波的频率范围为 300MHz～300GHz，在传送网中主要使用 2～40GHz 的频率范围。微波在空间是直线传播。由于微波会穿透电离层而进入宇宙空间，因此它不像短波那样可以经电离层反射传播到地面上很远的地方。传统的微波通信有两种方式：地面微波接力通信和卫星通信。

由于微波在空间是直线传播，而地球表面是个曲面，因此，微波在地面的传播距离受到限制，一般只有 50km 左右。但若采用 100m 高的天线塔，则传播距离可增大到 100km。为实现远距离微波通信必须在一条无线电通信信道的两个终端之间建立若干个微波中继站。微波中继站把前一站送来的信号经过放大后再发送到下一站，故称为“接力”。

1.6.2 准同步数字体系

准同步数字体系（PDH）是 20 世纪 60 年代逐步发展起来的一种数字多路复用技术。ITU-T 推荐的 PDH 主要有两大类。一类是一次群为 2.048Mbit/s 30/32 路的欧洲系列；另一类是一次群 1.544Mbit/s 24 路的日美系列。我国规定使用的 PCM 系统的帧结构采用欧洲系列。其基本结构原理是依据语音带宽限制为 300Hz～3 400Hz，将 PCM 编码采样频率设为 8 000Hz，每一帧（125μs）分成 32 个时隙（TS），每个时隙（3.9μs）包含 8 比特，16 帧（F）为一个复帧（2ms），如图 1-15 所示。在每一帧中，TS_1～TS_{15} 和 TS_{17}～TS_{31} 为语音时隙，TS_0 用于收发两端的帧同步，TS_{16} 用于传送线路信令。也就是说，在 32 路中，有 30 路是传送语音信息，2 路是传送非语音信息。由于每一路的传输速率为 64kbit/s，故总的速率为 32 × 64kbit/s = 2.048Mbit/s。

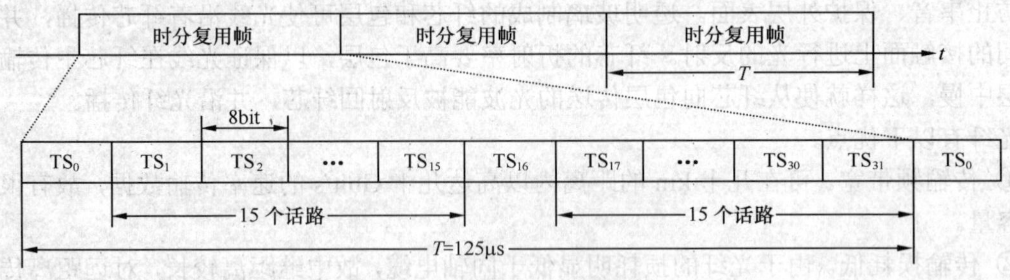

图 1-15 PCM 时分复用帧结构

随着传输系统的数字化、光纤化，传输容量和质量得到很大提高，目前 PDH 速率已达 565Mbit/s。但 PDH 有如下缺点。

① 只有地区性的标准（数字信号速率和帧结构）。

② 没有世界性的光接口，不同厂家的光纤系统要转换为电接口（G.703）后才能互相连通，不灵活。

③ PDH 是逐级复接的，分支上、下路不灵活，且有传输损伤。

④ PDH 帧结构中控制比特少，网络运行、管理、维护能力弱。

⑤ 网络拓扑缺乏灵活性，不适应新业务的需要，不利于向宽带业务发展。

表 1-1 所示为各类准同步数字体系的传输速率。

表 1-1 准同步数字体系 （Mbit/s）

层　次	北美各国	日　本	欧洲各国和中国
1	1.544(DS1)	1.544	2.048(E1)
2	6.312(DS2)	6.312	8.448(E2)
3	44.736(DS3)	32.064	34.368(E3)
	44.736 × N	100/400	140

DS1：24 × 64kbit/s　　DS2：4 × DS1，…

E1：32 × 64 kbit/s　　E2：4 × E1，…

1.6.3 同步数字体系

同步数字体系（SDH）是一种全新的传输网体制，它是 ITU-T1988 年在美国同步光网络（SONET）体制的基础上提出来的。SDH 和 SONET 只是在复用机制上有所不同，而其余技术均相似。下面简要介绍 SDH。

SDH 在全世界统一了网络节点接口（Network Net Interface，NNI），基本网元有终端复用器（Terminal Multiplexer，TM）、分插复用器（ADD/Drop Multiplexer，ADM）、同步数字交叉连接设备（Synchronous Digital Cross–Connect，SDXC）和再生中继器（REG）等，它们的功能各异，但都有标准的光接口，可实现互连互通。

1．SDH 网络元素

SDH 的网络元素主要有同步光纤线路系统、终端复用器（TM）、分插复用器（ADM）和同步数字交叉连接设备（SDXC）。TM 主要将支路信号复接成同步传送模式（Synchronous Transport Module，STM）信号并完成其光电转换和逆过程，ADM 具有灵活的插入和分出电路的功能，可以插入和分出如 ATM 交换机等信源产生的用户净荷到 SDH 帧中。SDXC 完成信号的交叉连接。典型的 SDH 应用是在光纤上的双环应用，双环结构采用自动保护倒换以实现双环自愈。

2．SDH 帧结构

SDH 每秒传送 8k SDH 帧（STM-N），STM-N 帧是以 STM-1 为基础的帧结构。STM-1 是 SDH 的基本传输模块，其速率为 155 520kbit/s，往上以 4 倍的关系增加，如表 1-2 所示。目前最高的同步传输模块为 STM-256。尽管 SDH 提供同步帧结构，但它并不强制用户净荷位于 SDH 帧中的特定位置，相反，它允许用户净荷在帧内浮动，使用帧头中的指针指出用户净荷的开始位置。在用户看来，SDH 是提供字节同步的物理层介质（而准同步数字体系 PDH

是提供比特同步的物理层介质）。

表 1-2　　SDH 的速率体系

等　　级	速率（Mbit/s）	通　　称
STM-1	155.520	155M 系统
STM-4	622.080	622M 系统
STM-16	2 488.320	2.5G 系统
STM-64	9 953.280	10G 系统
STM-256	39 813.120	40G 系统

3. SDH 应用情况

SDH/SONET 标准的制定，使北美、日本和欧洲这 3 个地区各种不同的数字传输体制在 STM-1 等级上获得了统一。各国都同意将这一速率以及在此基础上的更高的数字传输速率作为国际标准。这是第 1 次真正实现了数字传输体制上的世界性标准。现在 SDH/SONET 标准已成为公认的传输网体制，这对世界电信网络的发展具有重大的意义。SDH 标准也适合于微波和卫星传输的技术体制。

SDH 在我国通信、广电等部门也获得了广泛应用。我国电信部门 SDH 网的网络结构为 4 层平面结构。第 1 层为长途一级干线网，第 2 层为二级干线网，第 3 层为中继网，第 4 层为用户网或称接入网。“八五”期间，我国已经建成了 26 条共 37 000 万 km 的一级长途干线光缆网；“九五”期间，完成了“八纵八横”的光缆网建设，长途干线光缆总长 286 000 万 km；“十五”期间，SDH 进一步向大容量、宽带化发展。我国广电部门在有线电视网全国联网中采用了 SDH，在国家级、省级、市县级干线上全部采用 SDH 传输技术，形成一个全国性的 SDH 传送网，支持电视、声音、数据等多媒体业务传输。

1.6.4　下一代传送网

SDH 技术比较成熟，提供了保护和性能监视，同时支持 IP、以太网等业务灵活透明的混合传输。然而，SDH/SONET 是针对语音的业务进行优化的，具有严格的时分复用（TDM）设计，这样的设计无法实现突发数据流量有效使用带宽；并且 SDH 只能管理一根光纤上的单路波长传输，而单路波长的传输速率是有上限的。因而进一步扩大容量的出路是光传送网络（Optical Tranport Network，OTN），OTN 是下一代传送网技术。OTN 是为管理每个光纤上多个波长传输而设计的，它提供了管理每条光纤上每一个波长的能力，它是密集波分复用（Densive Wavelength Division Multiplexing，DWDM）系统能力的提升。

DWDM 网可实现在一根光纤上的多路波长传输，增加了现有的光纤带宽。但它缺乏 SDH 技术所固有的保护和管理能力。OTN 综合了 SDH 的优点和 DWDM 的带宽可扩展性，把 SDH 的管理控制功能应用到 DWDM 光网络中。

从功能上看，OTN 就是在光域内实现业务信号的传送、复用、路由选择、监控，并保证其性能指标和生存性。它和 SDH 有很多相似的地方，符合传送网的通用模型，遵循一般传送网组织原理、功能结构的建模和信息的定义，采用了相似的描述方式，因此，许多 SDH 传送网的功能和体系原理都可以移至 OTN。

与SDH传送网技术相比，OTN有以下特点。

① 因为OTN是按照信号的波长来进行信号处理，因此，对所传送数字信号的传输速率、数据格式及调制方式完全透明，这意味着光传送网不仅可以透明传送SDH、IP、以太网、帧中继和ATM信号等，而且也完全可以透明传送今后使用的新的数字业务信号。

② 因为OTN采用了DWDM传输技术，因此，不仅实现了超大容量的传输，更重要的是使光传送网具有极强的可扩充性，这使得光传送网可以不断地根据业务发展情况，进行网络扩容。

③ 因为OTN采用了光交叉技术，因此，光传送网具有极强的重新配置及保护、恢复特性。光传送网可以进行波长级、波长组级和光纤级灵活重组，特别是在波长级可以提供端到端的波长业务。此外，光传送网的恢复时间可以降低到100 ms量级。

④ 因为OTN简化了网络层次和结构，大量使用了光无源器件，进而简化了网络管理和规划难度，提高了网络的可靠性，从而大幅度降低了网络建设和运营维护的成本。

⑤ 因为OTN主要在光域内传送和处理信号，因而，消除了电子瓶颈。

⑥ 目前，OTN还缺乏光域内完整和足够的性能监测和故障管理能力，OTN的标准化工作还不成熟与完善。

OTN的主要优点是完全的向后兼容，这使得它可以建立在现有的SONET/SDH管理功能基础上。另外，OTN提供了IP等现有通信协议的完全透明性。

OTN是今后传送网技术发展的主要选择。可以预计，在不久的将来，光传送网技术会得到广泛应用。

1.7 支撑网

一个完整的通信网除了有以传递电话和数据信息为主的业务网外，还需要有若干个用以保障业务网正常运行、增强网络功能、提高服务质量的支撑网络。支撑网包括信令网、同步网和管理网。通过支撑网可传递和处理相应的监测和控制信号。

1.7.1 信令网

1. 信令的基本概念

在通信网中，除了传递业务信息外，还有相当一部分信息在网上流动，这部分信息不是传递给用户的声音、图像或文字等与具体业务有关的信号，而是在通信设备之间传递的控制信号，如占用、释放、设备忙闲状态、被叫用户号码等，这些都属于控制信号。信令就是通信设备（包括用户终端、交换设备等）之间传递的除用户信息以外的控制信号。任何通信网都离不开信令，信令系统是通信网的神经系统。

信令按其工作区域分为用户线信令和局间信令。用户线传令是用户和交换机之间的信令，它包括用户状态信令（摘机、挂机）、数字（电话号码）信令、铃流、拨号音、回铃音、忙音、空号音、催挂音等。局间传令是交换机之间的信令，它分成两类：一类是占用信令、拆线信令、被叫应答信令、被叫挂机信令等，这类信令是监视接续用的，反映出呼叫接续的进展情况；另一类是传送号码和控制接续的信令。任何通信网的信令都应该具有监视、选择、网络管理 3 种功能。其中完成监视功能的局间信令，因为在线路设备之间传送，称为线路信令；完成选择功能的信令在记发器之间传送，称为记发器信令。

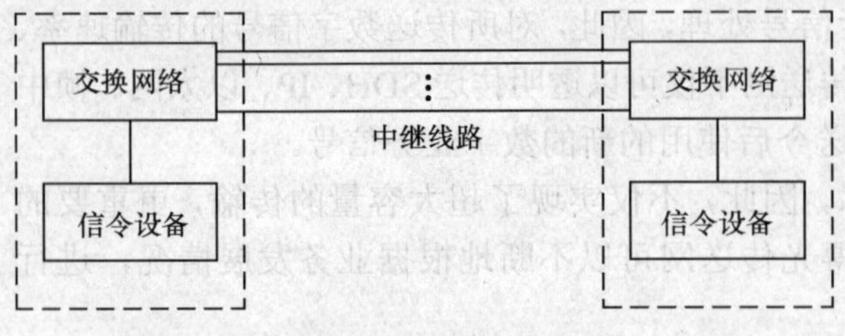

图 1-16　随路信令方式示意图

信令按其传送方式分为随路信令和共路信令。随路信令是信令和语音在同一通路上传送，其方式如图 1-16 所示，它主要用于模拟交换设备，部分数字交换机也采用随路信令。共路信令是把传送信令的通路和传送语音的通路分开，即把语音接续中的各种信令集中在一条公共信道上传输，其方式如图 1-17 所示。共路信令也叫公共信道信令。公共信道信令不但传送速度快，具有提供大量信令的潜力，便于开放新业务，在通话期间可以进行信令处理，而且成本低廉。

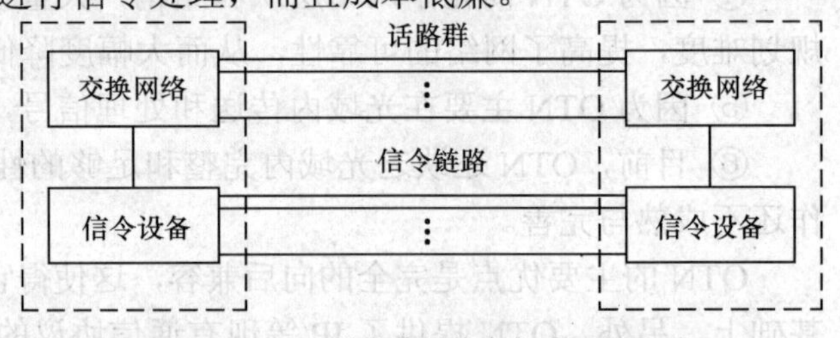

图 1-17　公共信道信令方式示意图

2．No.7 信令系统

目前得到广泛应用的 No.7 信令属于公共信道信令，主要用于以下方面。

① 电话网的局间信令。

② 电路交换数据网的局间信令。

③ ISDN 的局间信令。

④ 各种运行、管理和维护中心的信息传递业务。

⑤ 移动通信。

⑥ 用户专用小交换机 PBX 的应用。

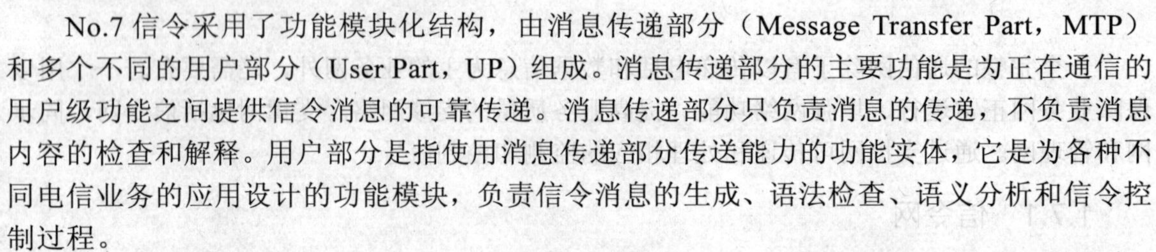

No.7 信令采用了功能模块化结构，由消息传递部分（Message Transfer Part，MTP）和多个不同的用户部分（User Part，UP）组成。消息传递部分的主要功能是为正在通信的用户级功能之间提供信令消息的可靠传递。消息传递部分只负责消息的传递，不负责消息内容的检查和解释。用户部分是指使用消息传递部分传送能力的功能实体，它是为各种不同电信业务的应用设计的功能模块，负责信令消息的生成、语法检查、语义分析和信令控制过程。

No.7 信令系统分为 4 个功能级：MTP 分为 3 级，各个 UP 为第 4 级中并行的功能单元，如图 1-18 所示。

从图 1-18 可以看出，MTP 包括下面 3 个功能级：第 1 级为信令数据链路功能级；第 2 级为信令链路功能级；第 3 级为信令网功能级。用户部分主要包括电话用户部分（TUP）、数据用户部分（DUP）和 ISDN 用户部分（ISDN-UP）等。各功能级的主要功能如下。

（1）第 1 级：信令数据链路功能

第 1 级定义了信令数据链路的物理、电气和功能特性以及链路接入方法。设有传输方向相反的两个信道，在采用数字传输设备的情况下，通常采用 64kbit/s 的数字信道，这也是 No.7 信令系统的最佳传送速率。原则上可利用 PCM 系统中的任一时隙作为信令数据链路。实际系统中，常常在 PCM 一次群中采用 TS_{16} 作为信令数据链路。这个时隙可以通过交换网络的半固定连接和信令终端相接。

一般情况下，信令链路还要通过复用设备和其他话路信道复用后，经由物理传输介质连接至对端。程控交换机中的数字中继电路就可以完成这一复用功能。

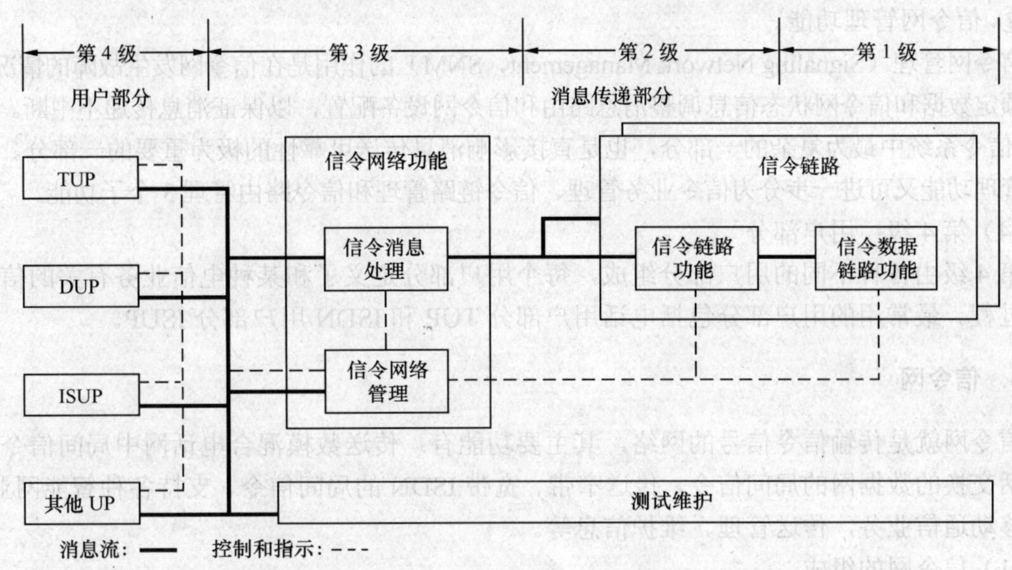

图 1-18 No.7 信令系统的 4 级功能结构

信令数据链路的一个重要的特性是链路是透明的。所谓“透明”是指某一个实际存在的事物看起来却好像不存在一样。链路透明是指“透明地传送比特流”，也就是比特流经该链路传输后没有发生任何变化，这个电路对该比特流来说是透明的。因此，在信令链路中不能接入回声抑制器、数字衰减器、A/μ律变换器等设备。

（2）第 2 级：信令链路功能

第 2 级定义了信令消息沿信令数据链路传送的功能和过程，它和第 1 级一起为两信令点之间的消息传送提供了一条可靠的链路。在 No.7 信令系统中，信令消息是以不等长的信号单元的形式传送的，第 2 级的功能如下。

① 信号单元的定界和定位。

② 信号单元的差错检测。

③ 通过重发机制实现信号单元的差错校正。

④ 通过信号单元差错率监视检测信令链路故障。

⑤ 故障信令链路的恢复过程。

⑥ 信令链路流量控制。

（3）第 3 级：信令网功能

第 3 级定义了关于信令网操作和管理的功能和过程。这些过程独立于各个信令链路，是各个信令链路操作公共的控制过程。第 3 级功能由以下两部分组成。

① 信令消息处理功能。

信令消息处理（Signaling Message Handling，SMH）的作用是当本节点为消息的目的地点时，将消息送往指定的用户部分；当本节点为消息的转接点时，将消息转送至预先确定的信令链路。该功能又可分为如下的 3 个子功能。

a. 消息鉴别：确定本节点是否为消息的目的地点。

b. 消息分配：将消息分配至指定的用户部分。

c．消息路由：根据路由表将消息转发至相应的信令链路。

② 信令网管理功能。

信令网管理（Signaling Network Management，SNM）的作用是在信令网发生故障的情况下，根据预定数据和信令网状态信息调整消息路由和信令网设备配置，以保证消息传递不中断。这是No.7 信令系统中最为复杂的一部分，也是直接影响消息传送可靠性的极为重要的一部分。信令网络管理功能又可进一步分为信令业务管理、信令链路管理和信令路由管理 3 个子功能。

（4）第 4 级：用户部分

第 4 级由各种不同的用户部分组成，每个用户部分定义了和某种电信业务有关的信令功能和过程。最常用的用户部分包括电话用户部分 TUP 和 ISDN 用户部分 ISUP。

3．信令网

信令网就是传输信令信号的网络，其主要功能有：传送数模混合电话网中局间信令，传送电话交换的数据网的局间信令，传送窄带、宽带 ISDN 的局间信令，支持各种智能网业务，支持移动通信业务，传送管理、维护信息等。

（1）信令网的组成

信令网的组成包括：信令点（SP）、信令转接点（STP）和信令链路。

信令点（SP）是信令消息的起源点或目的地点，它可以是具有 No.7 信令功能的各种交换局（电话交换局、电路交换的数据交接局和综合业务数字交接局），也可以是各种特服中心（运行、管理、维护中心，业务控制点等）。

信令转接点（STP）是负责把一条信令链路收到的信令消息转发至另一条信令链路的信令转接中心。STP 分为两种：一种是专用的信令转接点（独立的信令转接点），另一种是与交换局合并设在一起，称为具有信令点功能的信令转接点（综合式信令转接点）。

信令链路是信令网中连接信令点的最基本部件，它由 No.7 信令功能的第 1 级、第 2 级组成。目前的信令链路有 4.8kbit/s 的模拟信令链路、64kbit/s 和 2Mbit/s 的数字信令链路等多种。

（2）信令网的网络结构

信令网按网络结构的等级可分为无级信令网和分级信令网两类。

① 无级信令网。

无级信令网是未引入信令转接点的信令网。在无级网中信令点间都采用直连方式，所有的信令点均处于同一等级级别。

无级信令网结构比较简单，但有明显的缺点，信令路由都比较少，而信令接续中所要经过的信令点数都比较多；网状网虽无上述缺点，但当信令的数量较大时，局间连接的信令链路数量明显增加。

② 分级信令网。

分级信令网也叫水平分级信令网，是引入信令转接点的信令网。二级信令网是采用一级信令转接点的信令网；三级信令网是具有二级信令转接点的信令网，第 1 级信令转接点称为高级信令转接点（HSTP）或主信令转接点，第 2 级为低级信令转接点（LSTP）或次信令转接点。分级信令网的一个重要特点是每个信令点发出的信令消息一般需要经过一级或 *n* 级信令转接点的转接。

比较无级网和分级信令网的结构，分级信令网具有如下的优点：网络所容纳的信令点数多，增加信令点容易，信令路由多、传号传递时延相对较短。因此，分级信令网是国际、国内信令网常采用的形式。

我国信令网采用 3 级。第 1 级是信令网的最高级，称为高级信令转接点（HSTP），第 2 级是低级信令转接点（LSTP），第 3 级为信令点（SP）。信令点由各种交换局和特种服务中心（业务控制点、网管中心等）组成。

（3）信令网的可靠性措施

由于共路信令链路要传送大量话路的信令信息，共路信令网犹如电信网络的神经系统，因此它必须具有极高的可靠性。对共路信令网的基本要求是信令网的不可利用度至少要比所服务的电信网低 2～3 个数量级，而且当任一信令链路或信令转接点发生故障时，不应该造成网络阻断或容量下降。要实现这一目标，在网络结构上必须有冗余配置，使得任意两个信令节点之间有多个信令路由。

图 1-19 所示的双平面结构是最为经济实用的网络冗余结构。在这个结构中，所有 STP 均为双份配置，构成 A、B 两个完全相同的网络平面。任一 SP 的信令业务按负荷分担方式由网络的两个平面传送，每一平面分担 50%的业务量。两个平面中对应的 STP 间直接连接。当任一平面发生故障时，另一平面可以承担全部信令负荷。为了确保安全，两个平面的信令设备至少应相距 50km，避免因自然灾害等原因同时遭受破坏。

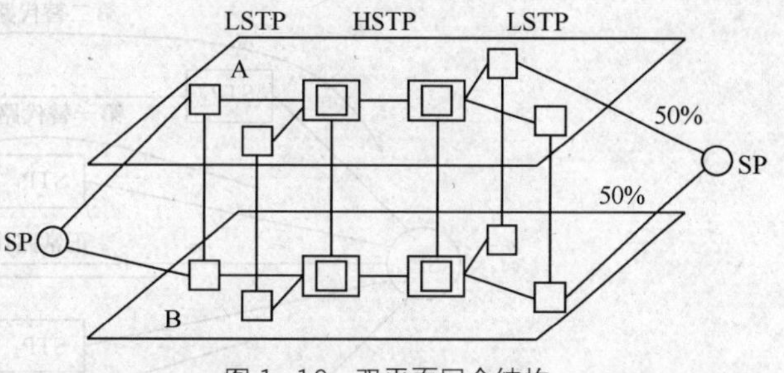

图 1-19 双平面冗余结构

通常有两种负荷分担方法：按呼叫分担和按电路分担。按呼叫分担方法在正常情况下，属于同一呼叫的所有消息都沿同一路由传送，属于另一呼叫的消息则沿另一路由传送。按电路分担的方法属于同一话路的消息都沿同一路由传送，属于另一话路的消息则沿另一路由传送。按电路分担的方法实现更为简单。No.7 信令系统主要就是采用这一方法，利用电路标识号（CIC）标志话路，凡 CIC 相同的消息均经由同一信令链路发送。

在双平面结构中，每两个邻接信令转接点之间的信令链路也可以双份配置，两条链路也采用负荷分担方式工作。这样形成所谓四备份冗余结构，这种结构具有更高的可靠性。另外，每一信令点都要设置一定数量的冗余信令终端设备，这些终端设备可以自动地或人工地分配给信令链路。

为了确保信令网的可靠性，除了上述冗余结构外，还必须有完善的信令网管理功能。信令网管理的主要功能是在信令链路发生故障时，利用网络的冗余结构重组信令网络，将故障链路上的信令业务倒换到替代链路和路由上传送。同时，在信令网发生拥塞时，及时调整信令话务或路由。

（4）信令点编码与信令路由

① 信令点编码。

为了识别每一个信令点、信令转接点，就需要给每个信令点、信令转接点分配一个编码。这与在电话网中为了识别每个交换局要给每个交换局分配一个局号是同一个道理。

根据原 CCITT/ITU-T 建议，各个国家的 No.7 信令网可以是一个网，也可以是两个网，即有两种编码方案：长途市话统一编码或长市分开编码。我国决定采用 24 位统一编码方案。

② 信令路由。

a．信令路由的分类。

在 No.7 信令网中，由产生消息的信令点、消息经由的信令转接点以及消息所指定的目的信令点所组成的预定通道称为信令路由。信令路由根据用途可分为正常路由和替代路由。

正常路由是指在正常工作情况下（未出现故障时）传送信令业务的路由。如果至目的地点有直达信令链路，则该链路为正常路由；若没有直达链路，则所经中间 STP 数最少的路由为正常路由。一个信令点通往双平面的负荷分担的信令链路地位平等，都应视为正常路由，如图 1-20 所示。

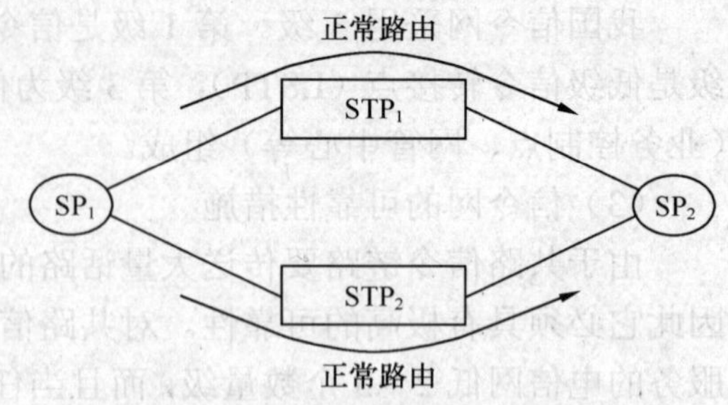

图 1-20　负荷分担方式正常路由

当正常的信令路由出现故障导致不能传送信令时，另外选择用来传送该信令的路由称替代路由或迂回路由。替代路由可以是一个路由，也可以是多个路由，当有多个替代路由时，应按经过信令转接点的多少，由小到大依次作为第一替代路由、第二替代路由等，如图 1-21 所示。

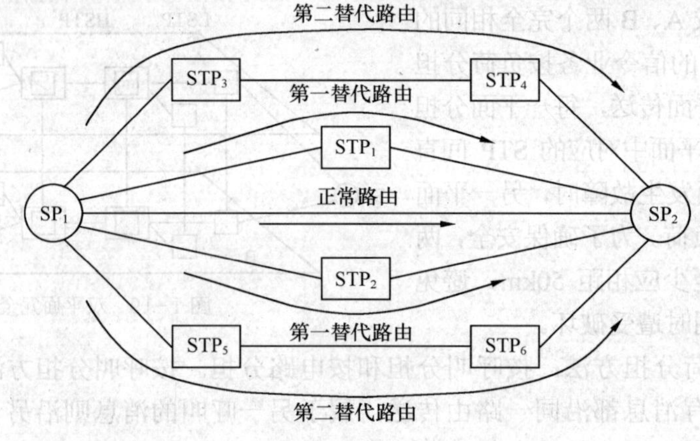

图 1-21　替代路由

b．信令路由的选择原则。

首先选择正常路由。如遇故障，则选择替代路由。

如果某信令点到目的地有多条替代路由时，则优先选择经过 STP 最少的第一替代路由；当第一替代路由不能使用时，再选择第二替代路由，依次类推。

如果在正常路由或替代路由中有多条（N）同一优先等级的路由，且它们之间采用负荷分担方式，则每个路由上将载送 $1/N$ 总信令负荷。当采用负荷分担方式工作的某个路由故障时，应将该路由上的信令业务转移到采用负荷分担方式的其他路由上。

1.7.2　同步网

同步网是在通信设备间提供基准定时信号的网络，以实现交换和传输设备之间时钟信号速率的同步。同步网是通信网正常运行的基础。

同步是指信号之间在频率或相位上保持某种严格的特定关系，也就是它们相对应的有效瞬间以同一个平均速率出现。

在模拟通信网中，载波传输系统两端机间的载波频率需要同步，即收发终端机的载波频率应该相等或基本相等，并保持稳定，以保证接收端正确地复原信号。

数字通信的特点是将时间上连续的信号通过抽样、量化及编码变成时间上离散的信号，再将各路信号的传送时间安排在不同时间间隙内。为了分清首尾和划分段落，还要在规定数目的时隙间加入识别码组，即帧同步码，形成按一定时间规律排列的比特流，如 PCM 信息码。在通信网内 PCM 信息码的生成、复用、传送、交换及译码等处理过程中，各有关设备都需要相同速率的时标（Time Scale）去识别和处理信号，如果时标不能对准信号的最佳判决瞬间，则有可能出现误码，为了使数字设备协调且准确无误地运行，需要各时标具有相同的速率，即时钟同步。此外数字网的同步还包括帧同步。这是因为在数字通信中，对比特流的处理是以帧来划分段落的，在实现多路时分复用或进入数字交换机进行时隙交换时，都需要经过帧调整器，使比特流的帧达到同步，也就是帧同步。

1. 网同步设备和定时分配链路

同步网实现了通信网中多个设备间的时钟同步。同步网由节点时钟设备和定时分配链路组成。此外还有同步网的监控管理网，用来保证同步网的正常运行。

（1）节点时钟设备

节点时钟设备主要包括独立型定时供给设备和混合型定时供给设备。独立型定时供给设备是数字同步网的专用设备，主要包括：铯原子钟、铷原子钟、晶体钟、大楼综合定时系统（BITS）以及由全球定位系统（Globe Positioning System，GPS，和 Global Navigation Satellite System，GLONASS）组成的定时系统。混合型定时供给设备是指通信设备中的时钟单元，它的性能满足同步网设备指标要求，可以承担定时分配任务，如交换机时钟、数字交叉连接设备（DXC）等。

铯原子钟的长期稳定性非常好，没有老化现象，可以作为自主运行的基准源。但是铯原子钟体积大、耗能高、价格贵，并且铯素管的寿命为 5～8 年，维护费用大，一般在网络中只配置 1～2 组铯原子钟做基准钟。铷原子钟与铯原子钟相比，长期稳定性差，但是短期稳定性好，并且体积小、重量轻、耗电少、价格低。利用 GPS 校正铷原子钟的长期稳定性，也可以达到一级时钟的标准。

晶体钟长期稳定性和短期稳定性比原子钟差，但晶体钟体积小、重量轻、耗电少，并且价格比较便宜，平均故障间隔时间长。因此，晶体钟在通信网中应用非常广泛。

（2）定时分配

定时分配就是将基准定时信号逐级传递到同步通信网中的各种设备。定时分配包括局内定时分配和局间定时分配。

① 局内定时分配。

局内定时分配是指在同步网节点上直接将定时信号送给各个通信设备，即在通信楼内直接将同步网设备（BITS）的输出信号连接到通信设备上。此时，BITS 跟踪上游时钟信号，并滤除由于传输所带来的各种损伤，例如抖动和漂移，能重新产生高质量的定时信号，用此信号同步局内通信设备。

局内定时分配一般采用星状结构，如图 1-22 所示。从 BITS 到被同步设备之间的连线采用 2Mbit/s 或 2MHz 的专线。

在通信楼内需要同步的设备主要包括：程控交换机、ATM、No.7 信令转接点设备、数字交叉连接设备（DXC）、SDH 网的终端复用设备（TM）和分插复用设备（Add Drop Multiplexing，ADM）、数字数据网（Digital Data Network，DDN）设备、智能网设备等，另外还有其他需要同步的设备。

② 局间定时分配。

局间定时分配是指在同步网节点间的定时传递。局间定时传递采用树状结构，通过定时链路在同步网节点间，将来自基准钟的定时信号逐级向下传递。上游时钟通过定时链路将定时信号传递给下游时钟。下游时钟提取定时，滤除传输损伤，重新产生高质量信号提供给局内设备，并再通过定时链路传递给它的下游时钟。目前采用的定时链路主要有PDH定时链路和SDH定时链路。

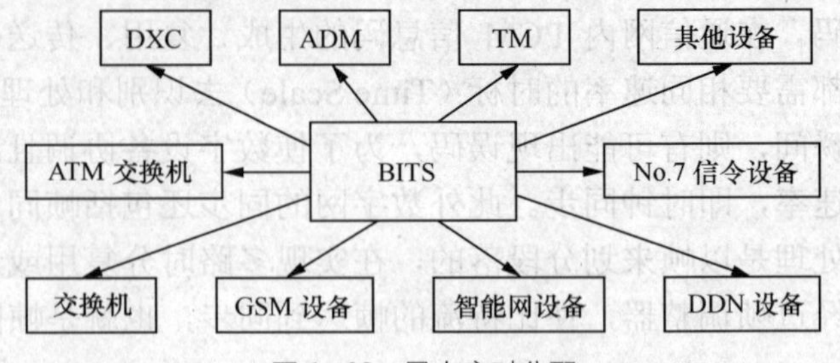

图 1-22 局内定时分配

传统的同步网建立在PDH环境下，由于PDH传输系统对定时是透明的，因此，PDH传输设备的2Mbit/s通道适合传送同步网定时信号，定时链路包括2Mbit/s专线和2Mbit/s业务线。

SDH定时链路是指利用SDH传输链路传送同步网定时。与PDH定时链路不同，SDH定时链路采用STM-*N*信号传递定时，SDH中普通的2Mbit/s信号不能用于传送同步网定时。在定时链路始端的SDH网元通过外时钟信号输入口接受同步网定时，并将定时信号承载到STM-*N*上，通过SDH系统传递下去。

在SDH系统内，由于STM-*N*信号是同步传输的，因此当采用SDH系统传递同步网定时时，SDH网元时钟将串入到定时链路中，这样SDH网元时钟和传输链路成为同步网的组成部分，需要纳入到同步网的管理维护范围内。

2．同步技术

网同步技术可分为两大类：准同步和同步。同步又有主从同步和互同步之分，它们又可分成各种不同的实施方法。同步的概念可用图1-23所示来加以说明。图1-23中的圆圈代表网中的各交换节点，线条和箭头代表网中控制的来源和方向。交换节点中的同步控制信号来自线条中的时钟信号和节点本地时钟信号之间的相位差值，或者直接来自线条中的控制信号。

不同的同步技术对节点时钟的控制将采用不同的方法。

① 单向控制：对同步的控制仅在传输链路的一个方向上进行，或者说仅对链路的一侧有效。强制同步都是单向控制的。主从同步是网中指定一个主时钟节点，所有其他从时钟节点都受主时钟节点的控制，如图1-23（b）所示。时间基准分配是从节点都接受时间基准的同步控制，如图1-23（c）所示。外部基准是利用通信网外的基准时钟来控制网中所有的节点，如图1-23（d）所示。

② 双向控制：网同步的控制在传输链路的两个方向上都使用，也就是链路两侧都受到控制。互同步方法中节点之间的控制是双向的，如图1-23（e）和图1-23（f）所示。

③ 单端控制：节点时钟的同步控制信号来自输入时钟信号和本地时钟信号的差值，也就是来自节点的本端。图1-23（b）所示的主从同步必然是单端的，图1-23（e）所示为单端互同步方式。

④ 双端控制：节点时钟的同步控制信号除来自本端输入时钟信号和本地时钟的相位差值外，还将发送时钟信号对端所得到的相位差值通过线路传送到本端作为控制信号。因为控制信号利用了两端的相位差值，所以称为双端控制。双端技术可以抵消传输链路时延变化的影响，提高网络的同步质量，时间基准分配和双端互同步方式都采用了双端控制，如图1-23（c）和图1-23（f）所示。图中除时钟信号传送线外，多了一条控制信号的传送线。

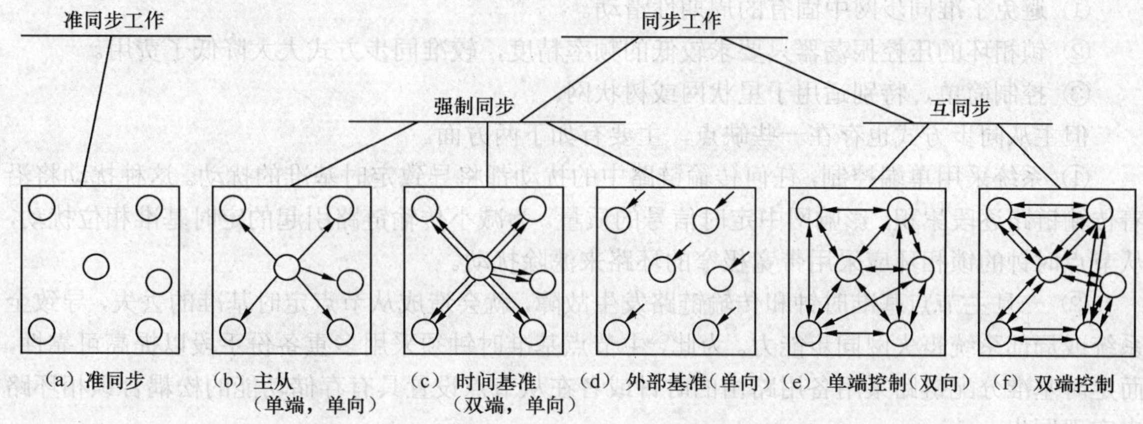

图 1-23 同步概念示意图

(1) 准同步

准同步方式中各交换节点的时钟彼此是独立的，但它们的频率精度要求保持在极窄的频率容差之中，网络接近于同步工作状态，通常称为准同步工作方式，如图 1-23 (a) 所示。

准同步工作方式的优点是网络结构简单，各节点时钟彼此独立工作，节点之间不需要有控制信号来校准时钟的精度。网络的增设和改动都很灵活，因此得到了广泛的应用。它特别适合于国际交换节点之间同步使用。各国军用战术移动通信网，为提高网同步的抗毁能力，也采用准同步方式工作。各国民用数字通信网，为提高网同步的可靠性，通常要求在所选用的网同步技术出现故障时利用准同步工作方式来过渡。

准同步方式有如下缺点。

① 节点时钟是互相独立的，不管时钟的精度有多高，节点之间的数字链路在节点入口处总是要产生周期性的滑动，这样对通信业务的质量有损伤。

② 为了减小对通信业务的损伤，时钟必须有很高的精度，通常要求采用原子钟，需要较大的投资，可靠性也差。为保证时钟的可靠性，节点时钟通常采用 3 台原子钟自动切换方式，这样将使时钟的管理维护费用增大。

采用准同步方式的网络，为了保证端到端的滑动速率符合要求，采用定期复位各节点输入口缓冲存储器的方法来实现同步。

(2) 主从同步

主从同步方式是指数字网中所有节点都以一个规定的主节点时钟作为基准，主节点之外的所有节点或者是从直达的数字链路上接收主节点送来的定时基准，或者是从经过中间节点转发后的数字链路上接收主节点送来的定时基准，然后把节点的本地振荡器相位锁定到所接收的定时基准上，使节点时钟从属于主节点时钟，如图 1-24 所示。与图 1-23 (b) 所示的简单星状网相比，图 1-24 所示是一个由两级星状网组成的树状网。主从同步方式的定时基准由树型结构传输链路的数字信息来传送。

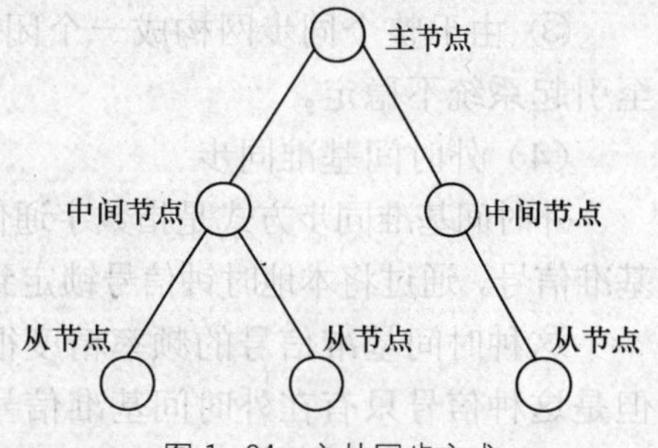

图 1-24 主从同步方式

主从同步方式主要有以下优点。

① 避免了准同步网中固有的周期性滑动。

② 锁相环的压控振荡器只要求较低的频率精度，较准同步方式大大降低了费用。

③ 控制简单，特别适用于星状网或树状网。

但主从同步方式也存在一些缺点，主要有如下两方面。

① 系统采用单端控制，任何传输链路中的扰动都将导致定时基准的扰动。这种扰动将沿着传输链路逐段累积，影响网中定时信号的质量。为减小传输链路引起的定时基准相位扰动，从节点时钟的锁相环应采用带宽极窄的环路来滤除扰动。

② 一旦主节点基准时钟和传输链路发生故障，就会造成从节点定时基准的丢失，导致全系统或局部系统丧失网同步能力。为此，主节点基准时钟须采用多重备份手段以提高可靠性，而定时基准分配链路采用备用路由的时钟或者在从节点设置具有存储功能的松耦合锁相环路来实现同步。

主从同步方式由于优点多，而缺点又可采取相应措施加以克服，因此广泛应用于公用电信网中。当数字网为分布式结构时，主从同步方式就不太适用了。

（3）相互同步

相互同步技术是指数字网中没有特定的主节点和时钟基准，网中每一个节点的本地时钟通过锁相环路受所有接收到的外来数字链路定时信号的共同加权控制。因此，节点的锁相环路是一个具有多个输入信号的环路，而相互同步网构成将多输入锁相环相互连接的一个复杂的多路反馈系统。在相互同步网中各节点时钟的相互作用下，如果网络参数选择得合适，网中所有节点时钟最后将达到一个稳定的系统频率，从而实现了全网的同步工作。

相互同步方式必然是一个双向控制系统，它可以是单端或双端控制的。单端控制技术无法消除传输链路时延变化的影响，只适用于局部地区的小网。双端控制技术消除了传输链路时延变化的影响，可以用在相当大的区域网中。

相互同步系统主要有如下优点。

① 当某些传输链路或节点时钟发生故障时，网络仍然处于同步工作状态，不需要重组网络，简化了管理工作。

② 可以降低节点时钟频率稳定度的要求，设备较便宜。

③ 较好地适用于分布式网路。

相互同步系统有如下缺点。

① 稳态频率取决于起始条件、时延、增益和加权系数等，因此容易受到扰动。

② 由于系统稳态频率的不确定性，因此很难与其他同步系统兼容。

③ 由于整个同步网构成一个闭路反馈系统，系统参数的变化容易引起系统性能变坏，甚至引起系统不稳定。

（4）外时间基准同步

外时间基准同步方式是指数字通信网中所有节点的时间基准依赖于该节点所能接收到的外来基准信号。通过将本地时钟信号锁定到外来时间基准信号的相位上，来达到全网定时信号的同步。

这种时间基准信号的频率精度很高（大都采用铯原子钟），传输路径与数字信息通路无关。但是这种信号只有在外时间基准信号的覆盖区才能采用，非覆盖区就无法采用。同时，外时间基准信号还得采用专门的接收设备。

目前常用的外时间基准信号是 GPS 或 GLONASS 系统。

3. 数字同步网结构

利用上述基本网络同步技术，可采用下列结构组建同步网。

(1) 全同步网

在全同步方式下，同步网接受一个或几个基准时钟控制。

当同步网内只有一个基准时钟时，同步网内的其他时钟就都同步到该基准时钟上，如图 1-25 所示。

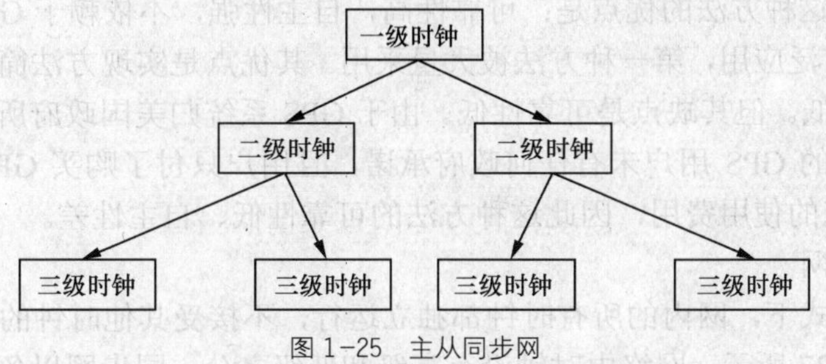

图 1-25 主从同步网

在这种类型的同步网中，最高一级时钟为符合 G.811 规定的性能的时钟，即基准时钟，也称为一级时钟。它作为主钟为网络提供基准定时信号。该信号通过定时链路传递到全网。二级时钟是一级时钟的从钟，从与一级时钟相连的定时链路提取定时，并滤除由于传输带来的损伤，然后将基准定时信号向下级时钟传递。三级时钟从二级时钟中提取定时，这样就形成了主从全同步网结构。

全同步网的另一种类型是在同步网中，存在着几个基准时钟，网络中的其他时钟接受这几个基准时钟的共同控制，典型结构如图 1-26 所示。

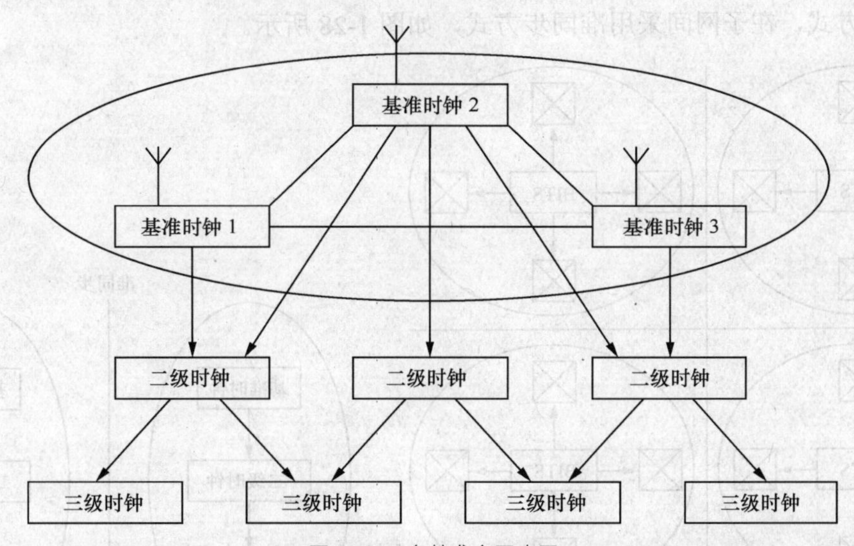

图 1-26 多基准全同步网

在这种结构的同步网中，存在着多个符合 G.811 建议的基准时钟。在基准时钟层面上，需要采用一定的方法对基准时钟进行校验，以保证基准时钟间的同步。目前，一般采用如下两种方法。

① 在所有的基准时钟上装配 GPS 接收机，使所有基准时钟通过 GPS 系统跟踪国际标准

协调时钟（Universal Time Coordinator，UTC），保持与 UTC 一致的长期频率准确度，从而达到全网同步运行的目的。

② 在基准时钟层面上，基准时钟间采用类似互同步的方法，每个基准时钟都与其他基准时钟相连，并进行对比计算，以获得一个更为准确的综合频率基准。然后去调整每个基准时钟，使网络同步运行。

第二种方法比较复杂，首先要通过地面链路将基准时钟组成网络；其次要对基准时钟进行长期的性能监测；然后再通过一套复杂的算法对网络进行加权计算；最后再对各个基准时钟进行控制调整。这种方法的优点是：可靠性高，自主性强，不依赖于 GPS 等外界手段。

由于 GPS 的广泛应用，第一种方法被大量采用。其优点是实现方法简单，只需配备 GPS 接收机，并且成本低。但其缺点是可靠性低。由于 GPS 系统归美国政府所有，受控于美国国防部，对世界各地的 GPS 用户未有任何政府承诺，且用户只付了购买 GPS 接收机的费用，并未支付 GPS 系统的使用费用，因此这种方法的可靠性低、自主性差。

（2）全准同步网

在全准同步方式下，网内的所有时钟都独立运行，不接受其他时钟的控制。网络采用分布式结构，如图 1-27 所示。网络内时钟没有高级和低级之分，同步网以各个时钟为中心，划分为多个独立的同步区，各时钟负责本区内设备的同步。在各个时钟之间不需要定时链路的连接，没有局间定时分配。

全准同步网要求网内各个时钟都具有很高的准确度和稳定度，时钟具有相同的级别，以保证业务网的同步性能。因此全准同步网应用不太普遍，只有一些地域小的国家采用这种方式。当网络规模较大时，这种结构的网络不仅成本高，而且难以控制管理，网络的同步性能难以保证。

（3）混合同步网

在混合同步方式下，将同步网划分为若干个同步区，每个同步区是一个子网，在子网内采用全同步方式，在子网间采用准同步方式，如图 1-28 所示。

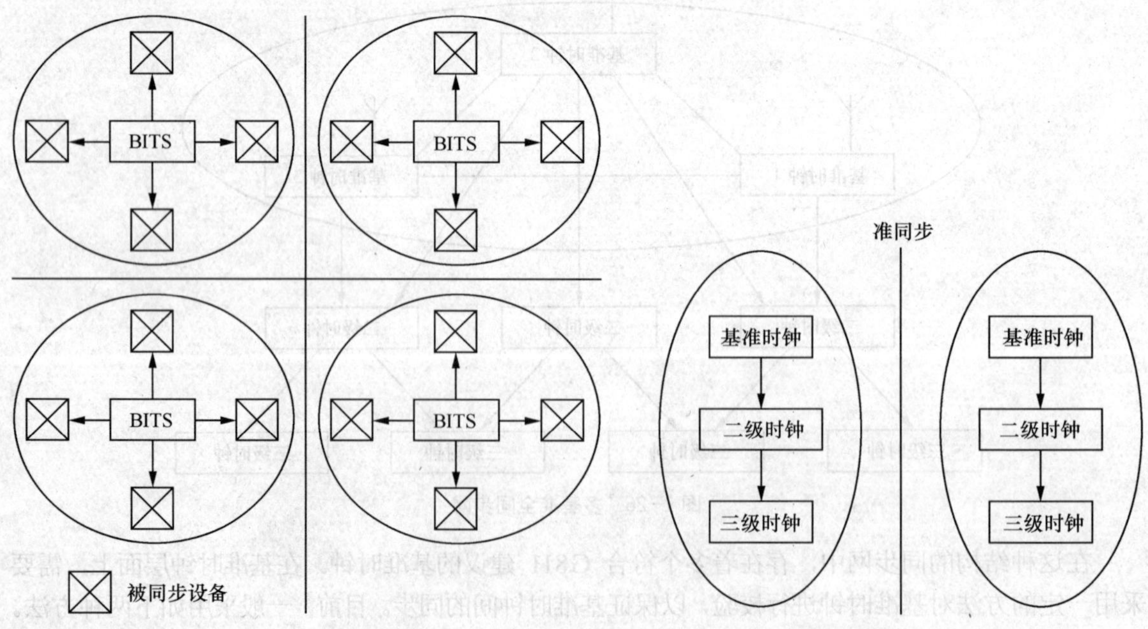

图 1-27　全准同步网　　图 1-28　混合同步网

在每个子网中，采用主从同步方式。一般设置一个基准时钟（为了提高网络的可靠性，在一个子网内也可以设置多个基准时钟）为网络提供基准定时。各级时钟提取定时，并逐级向下传递，在各个子网间采用准同步方式。

混合同步网与多基准时钟控制的全同步网的区别是：在全同步网内，各个基准时钟之间通过一定的方式（例如通过 GPS 跟踪 UTC 或各基准时钟间的比对调整）使各个基准时钟同步运行。全网具有很高的同步性能。而在混合方式下，子网与子网的基准时钟间不需要进行同步，它们是独立运行的。

1.7.3 管理网

网络管理就是指对网络的运行状态进行监测和控制，使网络能够有效、可靠、安全、经济地提供服务。这个定义有二层含义：一是实现对网络运行状态的监测；二是实现对网络运行状态的控制。通过监测了解网络当前状态是否正常，是否存在潜在的危险；通过控制对网络状态进行合理调节，提高性能，保证服务质量。监测是控制的前提，控制是监测的结果。

随着通信技术迅猛发展，网络规模不断扩大，网络的异构性和复杂程度都大大增加。而且，由于运行在网络上的新业务不断增多，人们对网络的可靠性、服务质量及灵活性提出了更高的要求，从而导致网络的运行、维护和管理的开销越来越大。20 世纪 80 年代以来，这一矛盾日益突出，传统的专用网络管理系统已不能适应信息时代的需要，迫切需要开放式、标准化的新的网络管理系统。1986 年，1TU-T 正式提出了电信管理网（Telecommunication Management Network，TMN）的概念。之后，1TU-T 制定了一系列的相关标准。

TMN 是收集、处理、传送和存储有关电信网维护、操作和管理信息的一种综合的手段，为电信部门管理电信网起着支撑作用，即协助电信部门管好电信网。TMN 规定了电信网络功能的设计与分析，以及电信管理网所需要的接口。TMN 基本目标是提供规划网络管理的开发和网络管理的通信联络方式的框架。TMN 用来支持广泛的管理领域，包括对电信网和电话业务的设计、安装、保障、操作、维护、管理和用户业务。关于 TMN 的系统结构，将在第 9 章详细介绍。

对于计算机网络等网络，则通常采用基于简单网络管理协议（Simple Network Management Protocol，SNMP）的网络管理系统。对于基于 SNMP 的网络管理系统，也将在第 9 章进行介绍。

当前网络管理发展面临以下问题。

（1）网络和设备的多样性

由于通信网上各种业务网的多样性及同一业务网上设备的多样性，导致对这些不同业务网进行管理有不同的要求；同一种类型业务网上的设备，由于采用的技术不同，对管理的要求也不同。因此，定义一套能适应各种业务网和各种设备的管理功能是很困难的。

（2）管理功能需求的不确定性

由于技术发展和业务质量的提高，网络运行商和业务提供商对网络管理的要求一直处于不断变化的状态。而且，由于竞争的需要，对于同一种网络，不同的网络运行商也会有不同的管理需求。因此。定义一套和网络运行商无关的管理功能也是很困难的。

要克服以上问题，新一代网络管理系统必须具备开放系统的可移植性、可互操作性、可伸缩性和易获得性等特征。各种新型设计模式、软件开发技术的运用，将极大提高网络管理系统的功能。

1.8 数字有线电视网

1.8.1 简介

有线电视（Cable Television, CATV）网是目前中国三大通信网之一，由广播电视部门运营和管理。目前的主要业务是单向电视广播、声音广播和数据通信，CATV 网传输介质主要有光纤和同轴电缆。

有线电视网和通信网的取长补短、互相融合将减少重复投资，能够极大地提高设备与线路的利用率。对于通信业务，CATV 网是个有利用潜力的网络，它有超过 1GHz 的带宽，且宽带直接连到末端用户，这是利用 CATV 网进行多媒体通信的优势。但是由于目前的 CATV 网是单向传输，并且该网络缺乏交换机制和网络安全管理的功能，使得通过 CATV 网提供双向对称/不对称业务非常困难。所以把现有的单向网络改造成双向网络，即在原有的树状广播网络中传输反向上行的信息，是利用 CATV 网实现多媒体通信业务的关键。目前人们颇为看重的光纤同轴混合（HFC）网络，就是传统 CATV 网的改造发展的结果。

下面我们介绍在 CATV 网上实现多媒体通信的方法。

1.8.2 光纤同轴混合网

光纤同轴混合（Hybrid Fiber Coax，HFC）网是在 1988 年提出来的。HFC 网是在目前覆盖面很广的有线电视网的基础上开发的一种居民宽带接入网。

有线电视网中从头端到用户的网络经改造后成为 HFC 网，这是一个经济实用的宽带接入网。在这个接入网中不仅可接入有线电视，而且可以实现点播电视、远程教育、电视会议等交互式多媒体接入业务及 Internet（包括 IP 电话）高速接入业务。

1. HFC 网络结构

HFC 网通常由光纤干线、同轴电缆支线和用户配线网络 3 部分组成，从有线电视台出来的节目信号先变成光信号在干线上传输；到用户区域后把光信号转换成电信号，经分配器分配后通过同轴电缆送到用户。

CATV 网所使用的同轴电缆系统具有如下一些缺点。首先，原有同轴电缆的带宽对居民所需的宽带业务来说仍嫌不足。其次，同轴电缆每 30m 就要产生约 1dB 的衰减，因此每隔约 600m 就要加入一个放大器。大量放大器的接入将使整个网络的可靠性下降，因为任何一个放大器出了故障，其下游的用户就无法接收电视节目。再次，信号的质量在远离头端处较差，因为经过了可能多达几十次的放大所带来的失真将是很明显的。最后，要将电视信号的功率很均匀地分布给所有的用户，在设计上和操作上都是很复杂的。

因此，HFC 网将原 CATV 网中的同轴电缆主干部分改换为光纤，并使用模拟光纤技术（见图 1-29）。在模拟光纤中采用光的振幅调制 AM，这比使用数字光纤更为经济。模拟光纤从头端连接到光纤节点（Fiber Node），它又称为光分配节点（Optical Distribution Node，ODN）。在光纤节点光信号被转换为电信号。在光纤节点以下就是同轴电缆。一个光纤节点可连接 1～6 根同轴电缆。采用这种网络结构后，从头端到用户家庭所需的放大器数目也就只有 4～5 个。这就大大提高了网络的可靠性和电视信号的质量。

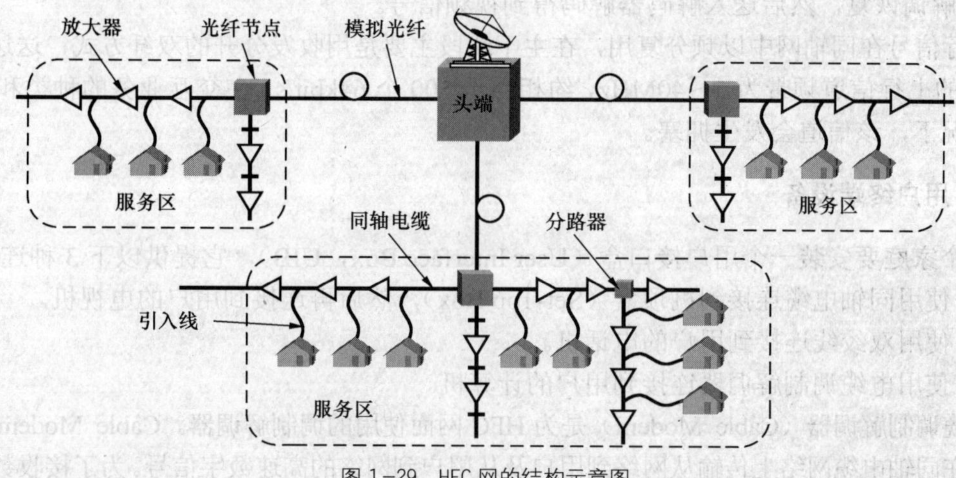

图 1-29 HFC 网的结构示意图

HFC 网还要在头端增加一些智能，以便实现计费管理和安全管理，以及用选择性的寻址方法进行点对点的路由选择。此外，还要能适应两个方向的接入和分配协议。

HFC 网引入了节点体系结构（Node Architecture）的概念。这种体系结构的特点是：从头端到各个光纤节点用模拟光纤连接，构成星状网；光纤节点以下是同轴电缆组成的树状网。连接到一个光纤节点的典型用户数是 500 左右，最大不超过 2 000。这样，一个光纤节点下的所有用户构成一个用户群（Cluster），或称为邻区（Neighborhood Area）。光纤节点与头端的典型距离为 25km，从光纤节点到其用户群中的用户则不超过 2～3km。

2. 双向传输 HFC 网的实现

传统 CATV 网是一个具有树状拓扑结构的单向广播式网络，传输介质主要使用同轴电缆，采用模拟技术的频分复用对电视节目进行单向传输。为了将交互式多媒体接入业务和 Internet 高速接入业务引入 CATV 网，必须将现有的 CATV 网改造为一个双向传输的 HFC 网。

在 HFC 网络中，为了解决反向回传，一般在干线上采用两根光纤分别进行收发，而在同轴电缆分配网中采用频率分割法实现单根电缆上的收发，如图 1-30 所示。频谱通常安排如下：5～40MHz 用于上行（由用户至局端或头端）电信服务；50～500MHz 为下行 CATV，可传 60～100 路电视节目；550～750MHz 给数字通道，其中 200 路用于点播电视，另 200 路为交互式数据业务；750MHz～1GHz 留作“个人通信”之用。

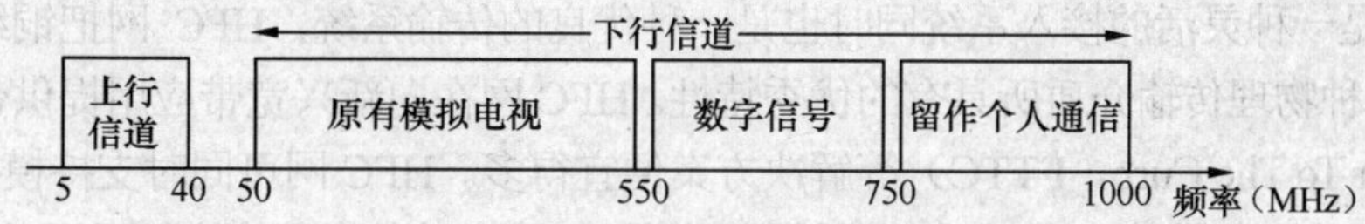

图 1-30 HFC 网在同轴电缆中频率分配

在局端低速和高速的数据信号分别采用不同的调制方式变成模拟信号，连同原本是模拟的 CATV 信号一起，经电/光转换成为光波并通过光缆传输到设在路边或大楼的光节点，经过光/电转换后进入同轴电缆系统传输和分配给用户，其中 CATV 信号仍直接送到用户电视，低速数据（包括语音）经 Modem 解调分送给电话机和计算机，高速数字信号经机顶盒内高速

Modem 解调恢复，然后送入解码器解码得到视频信号。

上行信号在同轴网中以频分复用，在主干线段主要是用收发分开的双纤方式，送达局端。HFC 网的上行信道频带为 5～40MHz，约相当于 500 个 64kbit/s，在交互业务的种类和数量较多的情况下，该信道会发生拥塞。

3．用户终端设备

每个家庭要安装一个用户接口盒（User Interface Box，UIB），它提供以下 3 种连接。

① 使用同轴电缆连接到机顶盒（Set-Top Box），然后再连接到用户的电视机。

② 使用双绞线连接到用户的电话机。

③ 使用电缆调制解调器连接到用户的计算机。

电缆调制解调器（Cable Modem）是为 HFC 网而使用的调制解调器。Cable Modem 的主要功能是在同轴电缆网络上传输从网络到用户及从用户到网络的高速数字信号。为了接收数字数据信号，下行方向 Cable Modem 必须将接收器调谐到 550～750MHz 之间的一个 6MHz 频带内。工业界选择 QAM 调制方式作为下行方向的调制技术。在上行方向，Cable Modem 采用突发 QPSK 调制技术实现数字信号发送，利用 5MHz～40MHz 之间的一个 6MHz 频带将信息传送到前端。

电缆调制解调器最大的特点就是传输速率高。其下行速率一般为 3～10Mbit/s，最高可达 30Mbit/s，而上行速率一般为 0.2～2Mbit/s，最高可达 10Mbit/s。

电缆调制解调器要有很好的抗干扰性能。在 HFC 网的上行频段正是无线电干扰和各种家电所产生的干扰较为集中的频段。此外，上行信号沿树状电缆向光纤节点传送时，噪声将不断地累计增大。许多厂商愿意采用正交相移键控（QPSK）作为上行信道中的调制手段，是因为 QPSK 具有良好的抗干扰性能。

电缆调制解调器的媒体接入控制（Medium Access Control，MAC）子层协议还必须解决上行信道中可能出现的冲突问题。产生冲突的原因是因为 HFC 网的上行信道是由用户群所共享的，而每个用户都可在任何时刻发送上行信息。这和以太网上争用信道是相似的。当所有的用户都要使用上行信道时，每个用户所能分配到的带宽就要减少。这在设计 HFC 网时应加以注意。

美国的有线电视实验室 CableLabs 制定的电缆调制解调器规约（Data Over Cable Service Interface Specifications，DOCSIS）的第一个版本 DOCSIS 1.0 已在 1998 年 3 月被 ITU-T 批准为国际标准。现在 DOCSIS 又有两个新的版本问世，即 DOCSIS 1.1 和 DOCSIS2.0。

1.8.3 通信应用

HFC 网既是一种灵活的接入系统同时也是一种优良的传输系统，HFC 网把铜缆和光缆搭配起来，同时提供两种物理传输介质所具有的优秀特性。HFC 网在向新兴宽带应用提供带宽需求上比光纤到路边（Fiber To The Curb，FTTC）等解决方案便宜得多。HFC 网可同时支持模拟和数字业务。

基于 HFC 网的宽带接入技术充分利用现有的 HFC 网络资源，避免了网络的重复建设，有效地解决了网络布线的困难，降低了用户小区整体投资的成本。HFC 网有充分的带宽资源可提供各种业务应用。这些业务按其类型可分为音频类、视频类及数字类等，是当前发展综合业务宽带接入网途径之一。同时，HFC 网络还可为各智能子系统（如三表远传、安保等系统）提供数据通道，以实现整个小区网络布线的优化与集成。

目前，HFC 网在通信上的应用主要体现在接入上。用户通过电缆调制解调器经 HFC 网接入

Internet，是当前 Internet 接入的一种重要手段。在未来，随着三网融合的推进以及下一代网络技术的发展，在有线电视网上还可以方便地提供电话等通信业务。

1.9 现代通信网络的发展趋势

1.9.1 在宽带 IP 网络中提供综合业务

N-ISDN 只能为用户提供 144kbit/s（2B+D）的带宽，且对分组处理能力不够，难以综合各种业务。B-ISDN 采用 ATM 技术，能够提供足够的带宽，且带宽管理灵活，能够保障各种多媒体业务的服务质量，但由于技术实现复杂，实现成本高，且缺乏应用业务，发展也不顺利。

而 Internet 发展则十分迅猛。因为互连成本低、业务开放，用户数量急剧增加，并且在 Web、电子邮件等数据业务之外，不断引入语音、视频等多媒体业务。未来的 IP 网络将是宽带 IP 网络，通过采用 IP 交换技术、智能分组流管理等提高 IP 传送服务质量，通过软交换对实时业务进行控制，将对电信网络、有线电视网络进行渗透和融合，这就是所谓的下一代网络。不过，与 ISDN、ATM 的演进历史一样，向下一代宽带 IP 网络演进也不会是一帆风顺的。

1.9.2 三网融合

三网融合是指电信网、计算机网、有线电视网的在技术上相互渗透，在网络层上实现互通，在应用层上共享相同的业务。三网融合对用户有很大好处，增加了接入网络的手段，增加了服务来源。但对各运营商则是各有利弊，都想渗透到其他领域，而不想丧失对原有业务的垄断。这就使得三网在政策和行业管制层面上难以统一。不过在技术上则基本达成共识，网络层上使用宽带 IP 技术可以实现互连互通，业务层上互相渗透和交叉。总之，三网融合是一种渐进式的长期演进过程，而绝非是一场革命性的突变。

1.9.3 下一代网络的发展趋势

1. 下一代网络的概念

所谓下一代网络（Next Generation Network，NGN）是在网络业务量和电信外部环境几乎同时发生巨大变化的前提下，电信业试图利用最新技术成果适应发展、变革和竞争需要而提出的下一步网络发展的总体设想和思路。通常，NGN 泛指一个以 IP 为中心，可以支持语音、数据和多媒体业务的融合或部分融合的全业务网络。一方面，NGN 不是现有电信网和 IP 网的简单延伸和叠加，也不是单项节点技术和网络技术，而是整个网络框架的变革，是一种整体解决方案。另一方面，NGN 的出现与发展不是革命，而是演进，即在继承现有网络优势的基础上实现的平滑过渡。

2. 下一代网络的特征

ITU-T 将 NGN 的主要特征归纳为：基于分组传送；控制功能与承载能力、呼叫/会晤、应用/服务分离；业务提供与网络分离，并提供开放接口；支持广泛的业务，包括实时/流/非实时和多媒体业务；具有端到端透明传递的宽带能力；与现有传统网络互通；具有通用移动性，即允许用户作为单个人始终如一地使用和管理其业务而不管采用什么接入技术；提供用户自由选择业务提供商的功能等。

由此可见下一代网概念涉及的内容十分广泛，不同专业和背景的人在应用时所指的内容不尽相同。从网络角度讲，实际涉及了从干线网、城域网、接入网、用户驻地网到各种业务网的所有网络层面。如果涉及业务网层面，则下一代网指下一代业务网（例如对于交换网，下一代网指软交换系统，包括 IP 多媒体子系统 IMS；对于数据网，下一代网指下一代 Internet 的 NGI；而对于移动网，下一代网指第三代移动网 3G）。如果涉及接入网层面，则下一代网指各种宽带接入网。如果涉及传送网层面，则下一代网往往指下一代智能光传送网。一句话，泛指的下一代网实际包容了几乎所有的新一代网络技术。

IP 网的飞速发展、巨大市场扩展、全球覆盖的现实，以及它所具有的开放性及可经济地支持多业务运行的特点，使人们容易接受在 IP 网基础上进一步演进提高，以较好地融合现有网络，平滑地向期望中的 NGN 发展。IP 技术将会进一步演进，通过保留与使用 IP 的合理成分、改进 IP 的一系列缺陷，网络融合的目标最终将得到实现。

1.10 现代通信网络中的一些基础概念

网络带宽、时延等网络服务性能指标，网络拓扑结构，网络互连原理与技术，是学习各种通信网络都需使用的基本概念。

1.10.1 网络服务质量

服务质量包括的内容很多，涉及的面也很广，主要分为网络服务质量和营业服务质量两大类。本书仅考虑网络服务质量。按照 ITU-T 的定义，网络服务质量（Quality of Service，QoS）是指用户对网络提供给他的服务满意程度主观评定意见的一种度量，可以用评分法具体地给出定量的评价，也可以用其他方法来评定。总之，网络服务质量是用户对服务是否满意的集中反映。网络服务质量是服务性能的综合体现，服务性能决定网络在多大程度上满足业务用户的要求。一般来说，产生 QoS 问题的原因是业务流量对网络资源的需求和网络实际能够提供资源之间的不匹配。当业务对网络资源的需求超过了网络实际供给能力时，业务的服务质量将不能得到有效保证。此时，需要根据业务类型及其对服务质量要求的不同，采用适当的 QoS 控制机制，合理分配网络资源。

电话通信网和数据通信网这两大类网络，各自都定义了详细的服务质量指标。对于电话通信网而言，网络服务质量主要包括传输质量、接续质量、稳定质量等。接续质量是指用户通信被接续的速度和难易程度，通常用接续损失（呼损）和接续时延来衡量。传输质量是指用户接收到的语音信号的清楚逼真程度，可以用响度、清晰度和逼真度来衡量。稳定质量是指通信网的可靠性，其指标主要有失效率（设备或系统工作 t 时间后单位时间发生故障的概率）、平均故障间隔时间、平均故障修复时间等。

对于采用分组交换技术的数据通信网，网络服务质量主要包括业务可用性、传输时延、时延变化、吞吐量、分组丢失率、分组差错率等。

① 业务可用性：用户到数据业务（如 IP 业务）之间连接的可靠性。

② 延迟：也称为时延（Latency），指两个参照点之间发送和接收数据包的时间间隔。

③ 迟抖动（Jitter）：指在同一条路径上发送的一组数据流中数据包之间的延迟差异。

④ 吞吐量：网络中发送数据包的速率，可用平均速率或峰值速率表示。

⑤ 丢包率：在网络中传输数据包时丢弃数据包的比例。数据包丢失一般是由网络拥塞引起的。

要保障分组交换业务的服务质量，就应为业务在网络中分配足够的带宽。在数据通信中，链路带宽表示在单位时间内某条链路上通过的“最高数据率”，网络带宽表示在单位时间内从网络中的某一点到另一点所能通过的“最高数据率”。带宽的单位是“比特每秒”，记为 bit/s。在这种单位的前面也常常加上千（k）、兆（M）、吉（G）或太（T）这样的倍数。

如何保证 IP 网络的服务质量，是目前网络发展的重点和难点问题。为业务预留足够的带宽，是保障服务质量的基本手段。但由于业务的突发性，并且每种应用系统对网络的要求有所不同，这使得带宽本身并不能完全解决网络服务质量问题。QoS 保障所追求的服务目标在于：数据包不仅要到达其欲传输的目的地址，而且要保证数据包的顺序性、完整性和实时性。通过 QoS 保障机制，网络可以按照业务的类型或级别加以区分，并能够依次对各级别业务进行处理。

1.10.2 网络拓扑结构

网络拓扑（Network Topologic）是研究通信网络结构的特点、性能及其关系的技术方法，是通信系统设计技术的一种，对网络性能、可靠性、可维护性、费用等有很大影响。网络拓扑结构是采用拓扑学方法给出的反映网络设备和通信线路连接关系的网络结构图。拓扑学方法是一种研究与大小、距离无关的几何图形特性的方法。在通信网络中常采用拓扑学方法，分析网络单元之间互连的形状与其性能的关系。具体而言，网络拓扑结构是把交换机、路由器、集中器、计算机、服务器等具体设备抽象成“点”，把通信传输介质抽象成“线”，得出的网络连接几何图形形式。网络拓扑结构主要包括星状（Star）、树状（Tree）、总线（Bus）、环状（Ring）以及网状（Mesh）等类型（见图 1-31）。

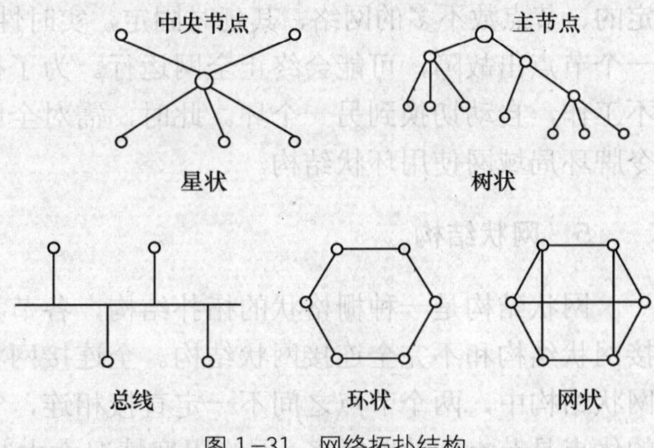

图 1−31 网络拓扑结构

1．星状结构

星状结构是最常见的一种网络结构，这种体系包含一个中央节点（即中央交换机或集中器）。其他节点都通过链路和中央节点连接，任何两个节点之间的通信都要通过中央节点转接。星状结构具有建网容易、易于控制等优点。缺点是属于集中控制，对于中央节点依赖性大，通信线路利用率不高。有时为提高可靠性，可采用双中心节点。星状结构可在有线局域网、无线局域网等网络中使用。

2．树状结构

树状结构是各节点连接成树的形状。树状拓扑结构往往画成倒放的树，各节点按照靠近主节点远近而分成不同的层次级别，越靠近主节点的节点，其级别越高，处理能力越强。主节点具有控制和协调网络通信的功能。树状结构具有一定容错能力，一般一个分支和节点的故障不影响另一分支节点的工作。与星状结构相比，降低了通信线路的成本，但增加了网络复杂性。有线电视网就是树状结构。

3．总线结构

总线结构是多个节点连到一条公用线路上。这条公用线路称为总线。总线上任何一个节点的信息都可以沿着总线向两个方向传输扩散，并且能被其他任何一个节点所接收。由于信息向四周传播，类似于广播电台，故总线网络也被称为广播式网络。总线型网络具有结构简单、成本低、安装方便等优点。由于多个节点共享一条总线，如果同一时刻有两个以上节点发送信息，就会造成碰撞，必须使用媒体访问控制协议加以解决，因而通信实时性较差。总线负载能力是一定的，因此，总线长度有一定限制，一条总线只能连接一定数量的节点。总线上任何一点故障，都会造成整个网络瘫痪。早期的以太网使用总线结构。

4．环状结构

环状结构由通信线路将各节点连接成一个闭合的环，数据在环上单向流动。环状网的特点是：每个节点都与其他两个节点直接连接，传输控制较简单。信息在网络中沿固定方向（顺时针或逆时针）流动，两个节点间仅有唯一的通路，大大简化了路径选择的控制。

环状网的缺点有：当节点过多时，网络传输时间变长，影响通信效率（不过对于一个确定的、节点数不多的网络，其延时固定，实时性可有一定保证）；由于环路封闭故扩充不方便；一个节点出故障，可能会终止全网运行。为了提高可靠性，可以使用双环结构，一旦一个环不工作，自动切换到另一个环。此时，需对全网拓扑和访问控制机制进行调整，较为复杂。令牌环局域网使用环状结构。

5．网状结构

网状结构是一种栅格状的拓扑结构，各节点之间有多条路径相连。网状结构可分为全连接网状结构和不完全连接网状结构。全连接网状结构中，任意两个节点都直接相连。不完全网状结构中，两个节点之间不一定直接相连，它们之间的通信依靠其他节点转接。网状结构的优点是节点间的路径多，网络阻塞情况大大减少，局部故障不会影响整个网络的正常工作，网络通信的可靠性较高。缺点是网络关系复杂，建网不容易，成本较高。

电话网常采用树状结构。在计算机局域网中较多采用星状结构和树状结构；在广域网、城域网中，往往采用由环状结构、星状结构、网状结构混合而成的复合结构。随着传输和交换技术的进步，各种网络拓扑结构的性能和适用范围将不断发展变化。

1.10.3 网络互连的基本知识

1．网络互连的基本概念

网络互连是现代通信网络的核心内容，也是现代通信网络的重要技术基础。网络互连是由各种网络参照一定的规范标准，使用一定的连接设备而构成新的更大的网络。事实上，互连在一起的网络要能进行通信才有价值。而要实现通信的目的又必须解决传输、交换、终端三大要素的问题。如不同的寻址方案，不同的最大分组长度，不同的网络接入机制，不同的超时控制，不同的差错恢复方法，不同的状态报告方法，不同的路由选择技术，不同的用户接入控制，不同的服务（面向连接服务或无连接服务），不同的管理与控制方式等。其实质就是要求解决网络连接、网络互连、互通的问题。

开放系统互连参考模型（OSI-RM）是网络互连的理论基础。在OSI-RM中规定，通信网内部执行下三层协议功能，即物理层、链路层和网络层，而传输层以上则为网络终端设备的功能。通过在不同层次上互连，两个网络间可以有多种互连方法。

对运营商而言，在网络互连时往往还要强调网络互通。网络互通不仅仅是指两个端系统间单纯的数据转移，还表现出各自业务间相互作用的关系，以完成它们间共同的任务。

2．网络互连的基本方式

网络互连要通过一个中间设备或中间系统，OSI的术语称之为中继（Relay）系统。根据中继系统所在层次，可以有以下几种方式。

① 物理层中继系统，即转发器（Repeater）。转发器是最简单的网络连接设备，用于两个网络物理层的连接，以增加其网段的有效长度。转发器不具有过滤功能，只是对所连接的网段进行信息流的简单复制，在OSI的第一层实现局域网（LAN）的连接。

② 数据链路层中继系统，即网桥或桥接器（Bridge）。网桥具有过滤功能，能对输入的数据帧进行分析，并根据目的MAC地址来决定数据的传送；网桥还具有对高层协议的透明性，适合广域网（WAN）的连接。

③ 网络层中继系统，即路由器（Router）。路由器其实就是一台专用计算机。它是主要的网络节点设备，工作在网络层（如IP层），具有互连多个子网、网络地址判断、最佳路由选择、数据处理和网络管理功能。可提供不同类型（如LAN或WAN）、不同速率的链路或子网接口。

④ 在网络层以上的中继系统，即网关（Gateway）。网关又称为网间连接器、信关或联网机。网关用于连接具有不同工作协议的主机设备，能通过在各种不同协议间的转换，实现网络间的互连。与其他互连网络设备不同的是，网关只需要某一高层的协议相同，而不需要关心低层的协议；若高层协议不同则需要进行协议的转换。

小　结

进入21世纪，人类社会正在向网络社会演进，人类的活动越来越多地依赖于网络，网络日益成为现代社会的基础结构，本章主要介绍了现代通信网络形成和发展，读者可了解现代通信网络的主要类型、基本结构原理及未来的发展，为深入学习现代通信网络奠定基础。

1．本章根据现代通信网络不同的应用目标和范围，将现代通信网络分为电话通信网、数据通信网、计算机通信网和综合业务网4种类型。电话通信网是现代通信网络的基础，也是本章学习的重点内容之一。因为只有较好地理解电话通信网，才能较好地学习和理解其他网络。

2．在电话通信网中，着重介绍了公用交换电话网（PSTN）、专用通信网和移动通信网。电话通信网的形成和发展，电话通信系统的三大组成部分：终端设备、传输线路和交换设备。在交换方面，着重分析了电话交换的基本交换原理和电话网的基本结构。交换技术经历了从人工到自动、从机电到电子，从布控到程控，从空分到时分，从模拟到数字，从电路交换到分组交换的发展过程。

3. 数据通信网是用于计算机间的通信，采用电路交换、电文交换和分组交换的三种方式。在分组交换数据通信网中，通常采用“数据报”和“虚电路”两种方式。

4. 计算机通信网是计算机与通信相结合的产物，本章重点分析了计算机通信网两级子网结构。

5. 综合业务数字网是现代通信网络的发展趋势。窄带综合业务数字网（N-ISDN）将向宽带综合业务数字网（B-ISDN）演进。

6. 传送网和支撑网是各种现代通信网络的基础设施。随着通信网络的演进，各类通信网络将实现基础设施的共享。

思考题与练习题

1-1 什么是现代通信网络？构建现代通信网络有哪些基本要素？

1-2 现代通信网络分为哪几类？

1-3 电话通信网包括哪些设备？

1-4 公用交换电话网的有哪些基本要求？

1-5 什么是公用交换电话网？并简述我国长途电话网网络结构。

1-6 机电交换与电子交换有什么不同？布控与程控有什么区别？

1-7 什么是空分交换？时分交换有什么新特性？

1-8 电路交换与分组交换有什么区别？简述其基本原理。

1-9 专用通信网有什么特点？

1-10 移动通信网是如何构成的？有哪些特点？

1-11 数据通信网的特征是什么？它是如何构成的？

1-12 为什么说计算机通信网是计算机与通信的结合？

1-13 现代通信网络的发展趋势如何？

1-14 什么是综合业务数字网？

1-15 什么是IP？如何看待Internet与电信网的融合？

1-16 什么叫支撑网？哪些网络属于支撑网？

第2章 电话网

电话通信是人们进行信息交流最常用的工具之一，电话的广泛应用使得电话通信网成为世界上形成最早、规模最大的通信网之一。供求关系的相互促进，使得电话通信网发展速度不断加快，业务不断扩展，功能不断增强，设备不断更新，因此，电话通信网是目前现代通信网的主要业务网络。

2.1 电话通信网的基本概念

电话通信完成人们所需要的远距离语音信息的交流任务，电话通信网则是通过合理的资源配置，扩充电话通信的数量和覆盖区域，使电话通信为更多的人们进行远距离语言交流服务。

2.1.1 电话通信的概念

电话（Telephone）的含义是利用电的方法传送人的语言的通信技术科学的总和。利用电的方法传送人的语言并完成远距离通信过程，必然包括声、电转换等在内的电路和机械。考虑到传输线路设备的经济性，常用的电话电路框图如图 2-1 所示。

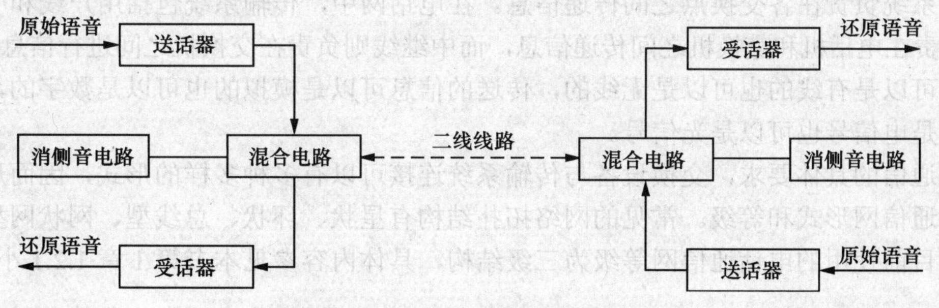

图 2-1 二线双向电话电路框图

图 2-1 所示的送话器、受话器、消侧音电路和混合电路等构成了电话机，完成声电转换和电声转换。

原始语音是空气中的声波，输入送话器引起机械振动并变换成电信号，经混合电路分配送往通信信道进行传输。信号到达对方后，经混合电路的选择与分配，送往受话器，把电信号转换成代表声音的机械声波，发出人们所需要的语言信息，从而完成通信的任务。

2.1.2 电话通信网的构成要素

为了使更多的用户在有限的信道资源上自由选取通信的对象，通常在合适的位置上配置交换设备，构成了电话通信网。依据电话通信的需要，电话通信网通常由终端设备、传输系统、交换设备 3 部分组成。网络组成如图 2-2 所示。

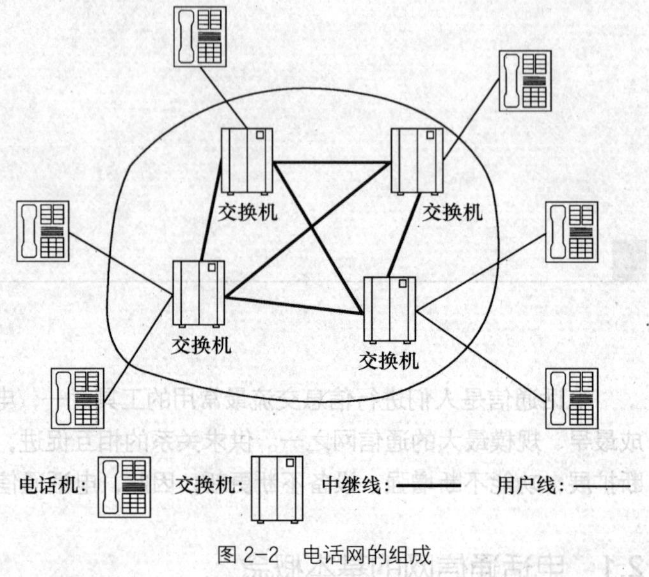

图 2-2 电话网的组成

1. 用户终端设备

电话网中的用户终端设备即电话机，是用户直接使用的工具，主要完成将用户的声音信号转换成电信号或将电信号还原成声音信号。同时，电话机还具有发送和接收电话呼叫的能力，用户通过电话机拨号来发起呼叫，通过振铃知道有电话呼入。用户终端可以是送出模拟信号的脉冲式或双音频电话机，也可以是数字电话机，还可能是各种传真机。

2. 交换设备

电话网中的交换设备称为电话交换机，主要负责用户信息的交换。它要按用户的呼叫要求给两个用户之间建立交换信息的通道，即具有连接功能。此外，交换机还具有控制和监视的功能。比如，它要及时发现用户摘机、挂机，还要完成接收用户号码、计费等功能。

3. 传输系统

传输系统负责在各交换点之间传递信息。在电话网中，传输系统包括用户线和中继线。用户线负责在电话机和交换机之间传递信息，而中继线则负责在交换机之间进行信息的传递。传输介质可以是有线的也可以是无线的，传送的信息可以是模拟的也可以是数字的，传送的形式可以是电信号也可以是光信号。

根据通信的具体要求，交换设备与传输系统连接可以有多种多样的形式，因而形成了不同的电话通信网形式和等级。常见的网络拓扑结构有星状、环状、总线型、网状网型和复合型。我国目前使用的电话通信网等级为三级结构，具体内容参见本书第 1 章 1.2.1 小节。

2.1.3 电话通信网的特点

1. 语音业务的特点

电话通信网的主要业务是语音业务，语音业务具有如下特点。

① 速率恒定且单一。用户的语音经过抽样、量化、编码后，形成 64kbit/s 的速率，网中只有这单一的速率。

② 语音对丢失不敏感。也就是说，语音通信中，可以允许一定的丢失存在，因为语音信息的相关性较强，不影响通信的双方用户对意思的理解。

③ 语音对实时性要求较高。语音通信中，双方用户希望像面对面一样进行交流，而不能忍受较大的时延。

④ 语音具有连续性。通话双方一般是在较短时间内连续地表达自己的通信信息。

2．电话通信网的特点

从设计思路上看，电话网一开始的设计目标很简单，就是要支持语音通信，因此语音业务的特点也就决定了电话网的技术特征。

归纳起来，电话网的特点有以下 4 点。

① 同步时分复用。在电话网中，广泛采用同步时分复用方式。同步时分复用是将多个用户信息在一条物理传输介质上以时分的方式进行复用，来提高线路利用率。在复用时，每个用户在一帧中只能占用一个时隙，且是固定的时隙，因此每个用户所占的带宽是固定的。这一点与语音通信的恒定速率是相适应的。

② 同步时分交换。在交换时，直接将一个用户所在时隙的信息同步地交换到对端用户所在时隙中，以完成两用户之间语音信息的交换。

③ 面向连接。在用户开始呼叫时，要为两用户之间建立起一条端到端的连接，并进行资源的预留（预留时隙）。这样，在进行用户信息传输时，不需要再进行路由选择和排队过程，因此时延非常小。电路交换的基本过程包括呼叫建立、信息传输（通话）和连接释放 3 个阶段，如图 2-3 所示。

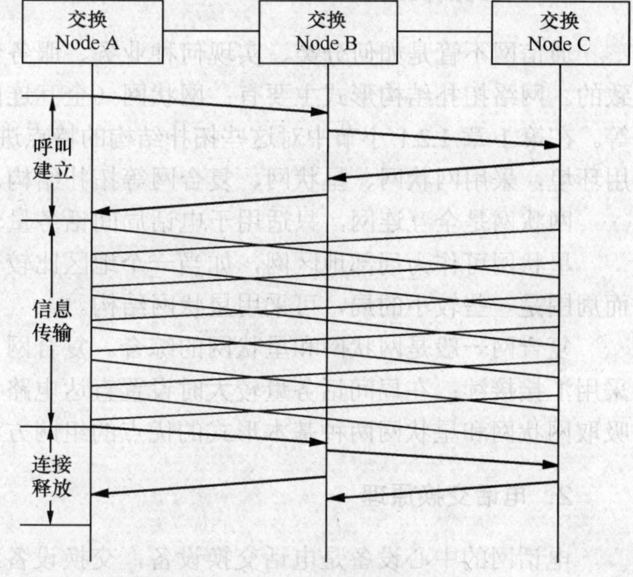

图 2-3　电路交换的基本过程

④ 对用户数据透明传输。透明是指对用户数据不做任何处理，因为语音数据对丢失不敏感，因此网络中不必对用户数据进行复杂的控制（如差错控制、流量控制等），可以进行透明传输。

从以上 4 点可以看出，面向连接的电路交换方式是最适合于语音通信的。传统的电话网只提供语音业务，均采用电路交换技术。因此，电话网又叫做电路交换网，它是电路交换网的典型例子。

2.1.4　电话交换网的分类

从不同的角度出发，电话通信网有不同的分类方法，使得同一个电话通信网会有不同的叫法，常见的分类方法如下。

① 按通信传输手段分：可分为有线电话通信网、无线电话通信网和卫星电话通信网等。

② 按通信服务区域分：可分为农话网、市话网、长途网和国际网或区域网、城域网和广

域网等。

③ 按通信对象分：可分为公用电话通信网、保密电话通信网和专用电话通信网等。

④ 按通信传输处理信号形式分：可分为模拟电话通信网和数字电话通信网等。

⑤ 按通信活动方式分：可分为固定电话通信网和移动电话通信网等。

2.2 固定电话网

2.2.1 固定电话通信网概念

固定电话通信网也称为公用交换电话网（Public Switch Telephone Network，PSTN），是人们最早使用的通信网络。尽管近年来随着科学技术的发展与进步，电话通信的方式及其网络有了较大的改进，新的语音通信形式不断出现，但是，到目前为止，固定电话作为语音通信的主要方式在语音通信领域仍然占有主导地位。

1. 网络拓扑结构

通信网不管是如何分类、实现何种业务、服务何种范围，其网络基本拓扑结构形式是一致的。网络拓扑结构形式主要有：网状网（全互连网）、星状网（辐射网）、复合网、环状网等。在第 1 章 1.2.1 小节中对这些拓扑结构的特点进行了介绍。固定电话通信网可根据具体使用环境，采用网状网、星状网、复合网等拓扑结构。

网状网是全互连网，只适用于电话局间话务量较大的情况，或分局数量较少的城市。

星状网可作为局部地区网，如当一个地区比较分散，其距中心的位置有一个较大的局，而周围是一些较小的局，可采用星状网结构。

复合网一般是网状网和星状网的综合。复合网以星状网为基础，在局间话务量小的时候采用汇接接续；在局间话务量较大时设置直达电路，构成部分直达式网。这是根据实际情况吸取网状网和星状网两种基本形式的优点的组网方法。显然，复合网在实用中显得经济合理。

2. 电话交换原理

电话网的中心设备是电话交换设备，交换设备经过长时间的发展，已由人工（磁石制、供电制）到自动（步进制、纵横制、程控制）、模拟到数字的演变。目前，数字交换机已成为电话网中的主流交换设备。下面以数字交换机为例来说明电话交换原理。

在数字交换机中，每个用户都占用一个 PCM 系统的一个固定的时隙，用户的语音信息经过抽样、量化、编码后就装载在这个时隙之中。例如在图 2-4 所示的甲、乙两个用户，甲用户的发话信息或受话信息都是固定使用 PCM1 的时隙 10（TS_{10}），而乙用户的发话信息或受话信息都是固定使用 PCM2 的 TS_{20}。

当两用户要建立呼叫时，就要根据两用户所使用的 PCM 线号和时隙号，在交换网络的内部建立通路，使用户信息从网络入端沿着已建立的通道流向网络出端完成交换。交换网络的内部通路被称为连接，对连接的控制是通过一张叫做“转发表”的表格实现的。

如图 2-4 所示，当这两个用户互相通话时，甲用户的语音信息 a 在 TS_{10} 时隙的时候由 PCM1 送至数字交换网络，数字交换网要按照输入 PCM 线号和时隙号查转发表，得到输出端的 PCM 线号和时隙号：PCM2 的 TS_{20}，数字交换网络就将信息 a 交换到 PCM2 的 TS_{20} 时隙上，这样在 TS_{20} 时隙到来时，就可以将 a 取出送至乙用户。同样地，乙用户的语音信息 b 也必须在 TS_{20} 时隙时由 PCM2 送至数字交换网络，数字交换网络将其交换到 PCM1 的 TS_{10} 时隙上，而在 TS_{10} 时隙到来时取出 b 送至甲用户，这样就完成了两用户之间的信息的交换。

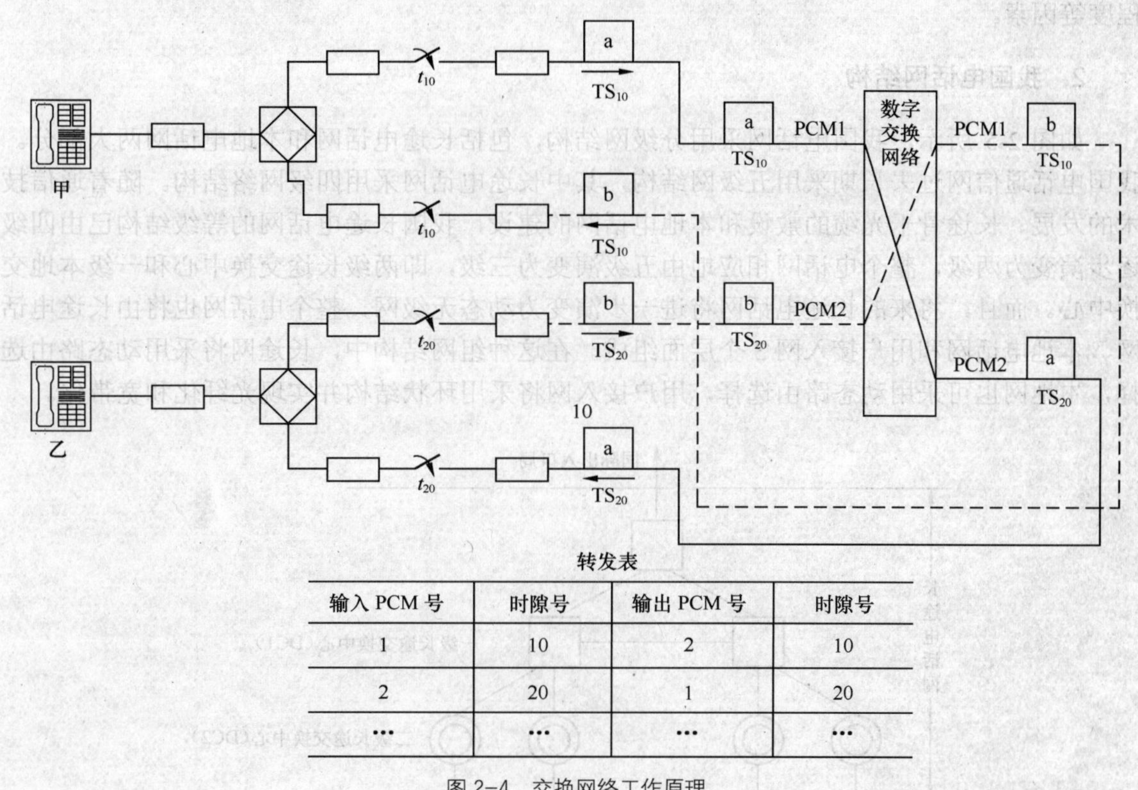

输入 PCM 号	时隙号	输出 PCM 号	时隙号
1	10	2	10
2	20	1	20
…	…	…	…

图 2-4　交换网络工作原理

2.2.2　电话网的网络结构

1．电话网的等级结构

网络的等级结构是指对网中各交换中心的一种安排。从等级上考虑，电话网的基本结构形式分为等级网和无级网两种。等级网中，每个交换中心被赋以一定的等级，不同等级的交换中心采用不同的连接方式，低等级的交换中心一般要连接到高等级的交换中心。在无级网中，每个交换中心都处于相同的等级，完全平等，各交换中心采用网状网或不完全网状网相连。

就全国范围内的电话网而言，很多国家采用等级结构。在等级网中，为每个交换中心分配一个等级；除了最高等级的交换中心以外，每个交换中心必须接到等级比它高的交换中心。本地交换中心位于较低等级，而转接交换中心和长途交换中心位于较高等级。低等级的交换局与管辖它的高等级的交换局相连，形成多级汇接辐射网即星状网。而最高等级的交换局间则直接相连，形成网状网。所以等级结构的电话网一般是复合型网。

在等级结构中，级数的选择以及交换中心位置的设置与很多因素有关，主要有以下几个方面。

① 各交换中心之间的话务流量、流向。

② 全网的服务质量，例如接通率、接续时延、传输质量、可靠性等。

③ 全网的经济性，即网的总费用问题、交换设备和传输设备的费用比等。

④ 运营管理因素。

⑤ 另外还应考虑国家的幅员，各地区的地理状况，政治、经济条件以及地区之间的联系程度等因素。

2．我国电话网结构

如图 2-5 所示，我国电话网采用分级网结构，包括长途电话网和本地电话网两大部分。我国电话通信网过去长期采用五级网结构，其中长途电话网采用四级网络结构。随着通信技术的发展、长途骨干光缆的敷设和本地电话网的建设，我国长途电话网的等级结构已由四级逐步演变为两级，整个电话网相应地由五级演变为三级，即两级长途交换中心和一级本地交换中心。而且，将来的长途电话网将进一步演变为动态无级网，整个电话网也将由长途电话网、本地电话网和用户接入网 3 个层面组成。在这种组网结构中，长途网将采用动态路由选择，本地网也可采用动态路由选择，用户接入网将采用环状结构并实现光纤化和宽带化。

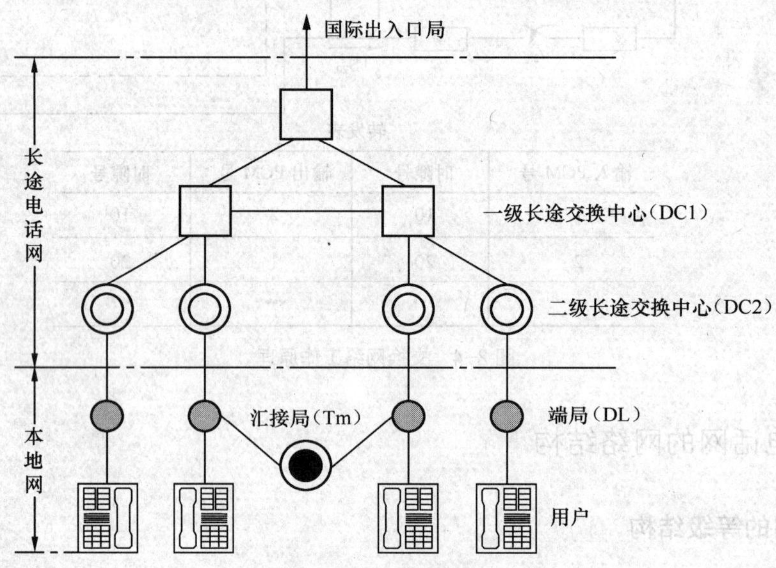

图 2-5 三级网等级结构图

2.3 长途通信网

2.3.1 国内长途电话网

长途电话网由各城市的长途交换中心、长市中继线和局间长途电路组成，用来疏通各个本地网之间的长途话务。长途电话网中的节点是各长途交换局，各长途交换局之间的电路即为长途电路。

1．长途网等级结构

二级长途网的结构如图 2-6 所示。二级长途网由 DC1、DC2 两级长途交换中心组成，为复合型网络。

（1）一级长途交换中心

一级长途交换中心（DC1）为省级交换中心，设在各省会城市，主要职能是疏通所在省的省际长途来话、去话业务，以及所在本地网的长途终端业务。

（2）二级长途交换中心

二级长途交换中心（DC2）为市级交换中心，设在各地区城市，主要职能是汇接所在本地网的长途终端业务。

DC1 之间以网状网相互连接，形成高平面，或叫做省际平面。DC1 与本省内各地市的 DC2 局以星状相连，本省内各地市的 DC2 局之间以网状或不完全网状相连，形成低平面，又叫做省内平面。同时，根据话务流量流向，二级长途交换中心（DC2）也可与非从属的一级长途交换中心（DC1）之间建立直达电路群。

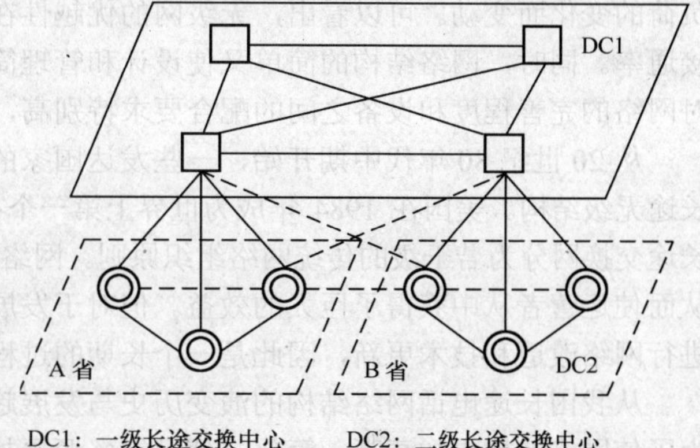

图 2-6 我国长途电话网结构示意图

较高等级交换中心可具有较低等级交换中心的功能，即 DC1 可同时具有 DC1、DC2 的交换功能。

由于两级长途电话网简化了网络的等级结构，也使长途路由选择得到了简化，但仍然应遵循尽量减少路由转接次数和少占用长途电路的原则，即先选直达路由，后选迂回路由，最后选择由基干路由构成的最终路由。

2．长途交换中心的设置原则

长途交换中心用来疏通长途话务，一般每个本地网都有一个长途交换中心。在设置长途交换中心时应遵循以下原则。

省会（自治区、直辖市）本地网至少应设置一个省级长途交换中心，且采用可扩容的大容量长途交换系统。地（市）本地网可单独设置一个长途交换中心，也可与省（自治区）内地理位置相邻的本地网共同设置一个长途交换中心，该交换中心应使用大容量的长途交换系统。

随着长途业务量的增长，为保证网络安全可靠、经济有效地疏通话务，允许在同一本地网设置多个长途交换中心。当一个长途交换中心汇接的忙时话务量达到 6 000～8 000Erl（或交换机满容量时），且根据话务预测两年内该长途交换中心汇接的忙时话务量将达到 12 000Erl 以上时，可以设第二个长途交换中心；当已设的两个长途交换中心所汇接的长途话务量已达到 20 000Erl 以上时，可安排引入多个长途交换中心。

直辖市本地网内设一个或多个长途交换中心时，一般均设为 DC1（含 DC2 功能）。省（自治区）本地网内设一个或两个长途交换中心时，均设为 DC1（含 DC2 功能）；设 3 个及 3 个以上长途交换中心时，一般设两个 DC1 和若干个 DC2。地（市）本地网内设长途交换中心时，所有长途交换中心均设为 DC2。

3．无级长途网简介

无级长途网是指网中所有交换中心不分等级，完全平等，各长途交换机利用计算机控制可以在整个网络中灵活选择最经济、最空闲的通路，即在任何时候都可以充分利用网络中的空闲电路疏通业务。而且，在完成同样的接续中，可选择的路由及选择的顺序随时间或网中负荷的变化而变动。可以看出，无级网的优越性在于灵活性和自适应性，从而大大地提高了接通率。同时，网络结构的简单又使设计和管理简化，节省费用，降低投资。但无级长途网对网络的完善程度和设备之间的配合要求特别高，是网络运行的理想情况。

从20世纪80年代中期开始，一些发达国家的长途交换网络均进行了结构变革，采用了长途无级结构。美国在1984年成为世界上第一个在长途网上采用无级网的国家，从而打破了长途交换网分为若干级的传统网络组织原则。网络结构的简化提高了长途交换网的网络性能，从而使运营者从中获得了巨大的效益。但对于发展中国家来说，必须要有充分的时间和投资进行网络改造和技术更新，因此是一个长期的过程。

从我国长途电话网络结构的演变历史与发展趋势来看，总的目标和要求是一致的，都是为了使网络结构更加清晰、简化，使网络资源更加均衡合理，运行效率充分提高，使网络管理工作迈上新台阶，这也是电话网络技术发展对网络等级结构发挥宏观指导作用的主要表现。根据无级网本身的特点和国外发展的经验，结合我国电话网规模庞大，各地话务负荷不均匀的特点，我国长话网络结构的发展趋势是无级网。但要实现无级网困难很大，应在网络组织工作中减少交换节点和机型，多开DC1、DC2两个平面上和平面之间的直达电路，积极创造条件，尽早与世界先进技术和网络接轨。

2.3.2 国际长途网

1．国际长途网

国际长途网由国际交换中心和局间长途电路组成，用来疏通各个不同国家之间的国际长途话务。国际电话网中的节点称为国际电话局，简称国际局。用户间的国际长途电话通过国际局来完成，每一个国家都设有国际局。各国际局之间的电路即为国际电路。

2．国际长途网络结构

国际网的网络结构如图2-7所示，国际交换中心分为CT1、CT2和CT3三级。各CT1局之间均有直达电路，形成网状网结构，CT1至CT2，CT2至CT3为辐射式的星状网结构，由此构成了国际电话网的复合型基干网络结构。除此之外，在经济合理的条件下，在各CT局之间还可根据业务量的需要设置直达电路群。

CT1和CT2只连接国际电路。CT1局是在很大的地理区域汇集话务的，其数量很少。在每个CT1区域内的一些较大的国家可设置CT2局。CT3局连接国际和国内电路，它将国内和国际长途局连接起来，各国的国内长途网通过CT3进入国际电话网，因此CT3局通常称为国际接口局，每个国家均可有一个或多个CT3局。我国是大国，在北京和上海设置了两个国际局，并且根据业务需要还可设立多个边境局。

国际局所在城市的本地网端局与国际局间可设置直达电路群，该城市的用户打国际长途电话时可直接接至国际局，而与国际局不在同一城市的用户打国际电话则需要经过国内长途局汇接至国际局。

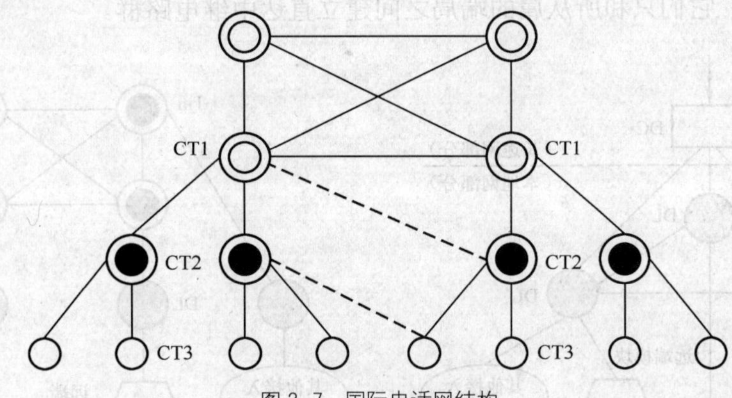

图 2-7　国际电话网结构

2.4　本地电话网

2.4.1　本地电话网及其网络结构

1．本地电话网

本地电话网是指在同一个长途编号区范围内的电话通信网，是由该地区内所有的交换设备、传输系统和用户终端设备组成的电话网络。本地电话网简称为本地网。

本地网交换局主要包括端局和汇接局。端局是通过用户线直接连接用户的交换局，仅有局内交换和来话、去话功能，端局直接与用户连接。根据组网需要，端局以下还可以设置远端模块、用户集线器和用户交换机（Private Automatic Batch eXchange，PABX）等用户设施。汇接局用于汇接本汇接区内的本地或长途业务。由于本地网属于同一个长途编号区，因此，本地网内部的电话呼叫不需要拨打长途区号。在同一个长途编号区服务范围内可根据需要设置一个或多个长途交换中心，但长途交换中心及长途电路不属于本地网。

2．本地电话网网络结构

依据本地网规模大小和端局的数量，本地网结构可分为两种：网状网结构和二级网结构。

（1）网状网结构

网状网结构中仅设置端局，各端局之间个个相连组成网状网。网状网结构如图 2-8 所示。

网状网结构主要适用于交换局数量较少，各局交换机容量大的本地电话网。现在的本地网中已很少用这种组网方式。

（2）二级网结构

本地电话网中设置端局（DL）和汇接局（Tm）两个等级的交换中心，组成二级网结构。二级网的基本结构如图 2-9 所示。

二级网结构中，各汇接局之间个个相连组成网状网，汇接局与其所汇接的端局之间以星状网相连。在业务量较大且经济合理的情况下，任一汇接局与非本汇接区的端局之间或者端局与端局之间也可设置直达电路群。

在经济合理的前提下，根据业务需要在端局以下还可设置远端模块、用户集线器或用户交换机（PABX），它们只和所从属的端局之间建立直达中继电路群。

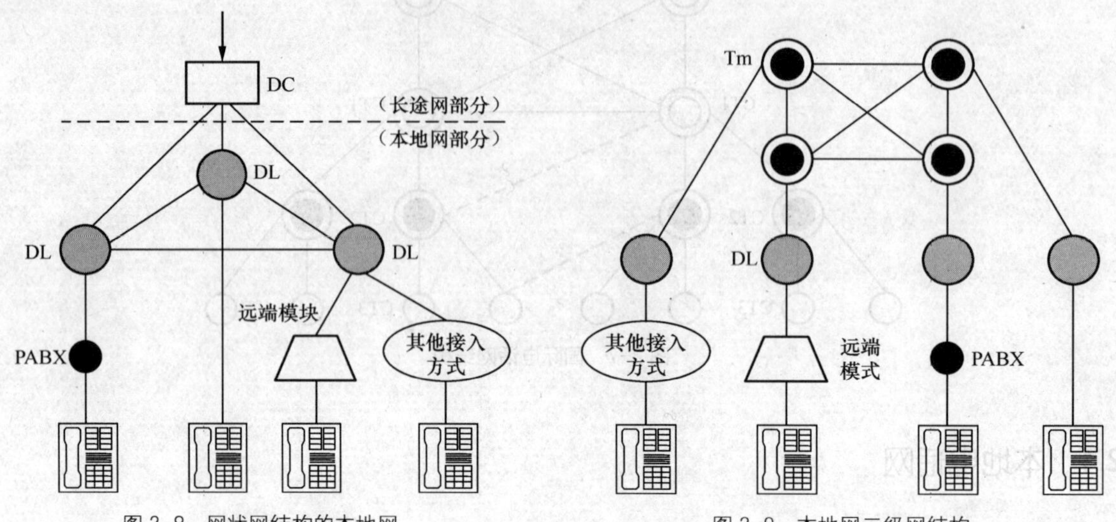

图 2-8　网状网结构的本地网　　　　图 2-9　本地网二级网结构

二级网中各端局与位于本地网内的长途局之间可设置直达中继电路群，但为了经济合理和安全、灵活地组网，一般在汇接局与长途局之间设置低呼损直达中继电路群，作为疏通各端局长途话务之用。

二级网组网时，可以采取分区汇接或集中汇接。当网上各端局间话务量较小时，可按二级网基本结构组成来话、去话分区汇接方式的本地网。当各端局容量增加、局间话务流量增大时，在技术经济合理的条件下，为简化网络组织，可组成去话汇接方式、来话汇接方式或集中汇接方式的二级网。

我国本地网一般采用两级网络结构，典型的组网结构如图 2-10 所示。图 2-10 中，LS（Local Switch）是端局。Tm 是汇接局，用于汇接各端局之间用户的话务。智能业务交换点（Service Switching Plane，SSP）是电话网（PSTN）或综合业务数字网（ISDN）与智能网的连接点，SSP 可以检测智能业务呼叫，当检测到智能业务时向业务控制点（Service Control Plane，SCP）报告，并根据 SCP 的指令完成对智能业务的处理。SCP 是智能网的业务控制核心，SCP 接收

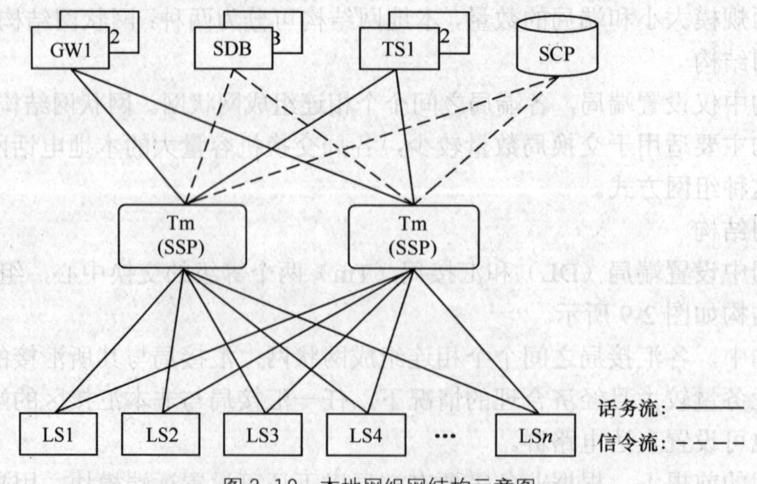

图 2-10　本地网组网结构示意图

从SSP送来的智能业务触发请求，运行相应的业务逻辑程序，查询相关的业务数据和用户数据，向SSP发送控制指令，控制完成有关的智能业务。SDB是集中的用户数据库，用于存储电话用户信息和业务签约信息等。GW是关口局，用于疏通到其他运营商的来话、去话业务。TS是设置在本地网的长途交换中心，其功能是汇接所在本地网的长途终端话务。

本地网内，一般设置一对或多对汇接局，各汇接局之间设置低呼损直达电路群。各端局到汇接局也设置低呼损直达电路群，端局双归属到两个汇接局的中继电路群采用负荷分担方式工作。

2.4.2 电话网中用户的接入

电话网中用户的接入方式大致有传统双绞铜线接入、光纤接入、无线接入等几种，根据不同的使用场合用户可以采用不同的接入方法。

1. 传统铜线接入

目前我国绝大多数用户是通过双绞铜线接入交换机的，每个交换局的服务半径通常在5km以内，城市密集区则为2～3km。

这种传统的用户环路已经沿用了一百多年，特别适合于用户密集的城市地区。由于市话用户线的平均长度较短，且用户较密集，双绞铜线用户线的综合造价较低，因此在城市中采用这种有线接入方式是比较适合的。

为了提高用户线的利用率，降低用户线的投资，在本地网的用户线上可以采用一些延伸设备，包括远端模块、用户集线器、用户交换机等。这些设备一般装在离交换局较远的用户集中区，目的是为了集中用户线的话务量，提高线路设备的利用率和降低线路设备的成本，但仍属于传统双绞铜线接入方式。

传统双绞铜线接入的缺点有：用户环路采用音频传输，其利用率很低；同时用户环路的传输距离和带宽受到很大的制约，其传输带宽不利于支持非语音业务，更难以支持宽带业务；当用户比较分散时，用户环路的费用明显上升，因此这种方式不大适合用户分散的情况，特别是地理环境复杂的农村，如山区等地方。当用户距离交换机为5km时，会遇到高环阻的困难，通话质量无法保证，必须引入光纤接入或无线接入的方式。

2. 无线用户环路

目前我国城市电话普及率比较高，而农村电话普及率则相对较低，农话市场存在着巨大的需求潜力。由于农村用户比较分散，用户线距离长，地形复杂，维护不便，因此传统有线接入难以解决或费用较高。而无线用户环路由于安装快捷，扩容方便，维护费用低等特点，适用于平原、丘陵、山区的农村通信，因此，近年来无线用户环路在我国得到了广泛应用。

无线用户环路是一种提供基本电话业务的数字无线接入系统，是目前应用最广泛的一种无线接入技术，从交换端局到用户终端可以部分或全部采用无线手段。其网络侧有标准的有线接入二线模拟接口或 2Mbit/s 数字接口，可直接与本地交换机相连。在用户侧与普通电话机相连，主要特点是以无线技术为传输介质向用户提供固定终端业务服务。无线用户环路上的用户基本上是固定终端用户或移动性有限的终端用户。

无线用户环路由3部分组成，即由控制中心、基站和用户终端设备组成。无线用户环路一般与电话网相连并作为它的一部分。图 2-11 所示为无线用户环路的典型结构。

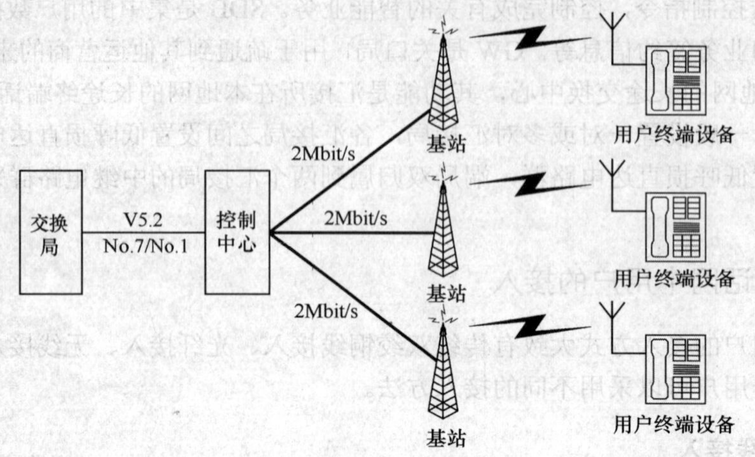

图 2-11 无线用户环路的典型结构

控制中心负责对无线信道进行分配，并提供系统与交换机之间的信令接口与语音转换；基站提供与用户终端设备相连的无线收发信道；用户终端用以连接各种通信终端设备，如电话、传真机等。

控制中心利用标准的 2Mbit/s 链路与基站连接，同时通过 V5.2 接口与本地交换机相连。控制中心具有灵活的局向设定功能，各基站可设置不同局向。同时，控制中心还用来保证各基站覆盖区域内用户号码与本地网中用户的编号保持一致。用户终端由天线和用户固定台构成，提供连接普通话机、传真机、调制解调器的 Z 接口，基站与用户终端之间采用无线接入方式。这样，可以经济地解决农村用户的接入，便于实现村村通电话。

3. 光纤接入系统方式

另外一种用户接入的方式是光纤接入系统。事实上，由于光传输技术的日趋成熟，光纤接入系统一般不仅仅用于电话接入，而是一个综合宽带接入系统，可以支持多种用户终端，如普通电话、数字数据网（DDN）和 CATV 等业务。光纤接入方式近年来得到了极大的发展。关于宽带网将在以后的章节中介绍，这里只介绍利用光纤进行电话用户的接入。

光纤接入系统的结构如图 2-12 所示，主要包括光线路终端（Optical Line Terminal，OLT）、光网络单元（Optical Network Unit，ONU）等部分。

OLT 通过 V5 接口与本地交换机相连，通过光纤与 ONU 相连，OLT 将交换机提供的电话业务经过光传输系统透明地传输至 ONU。ONU 提供与用户终端的接口，支持用户的业务。

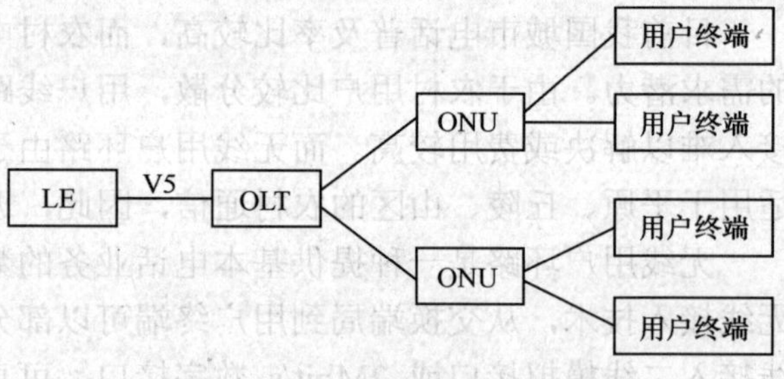

LE —V5— OLT — ONU — 用户终端 / 用户终端；OLT — ONU — 用户终端 / 用户终端

图 2-12 光纤接入系统结构图

从技术上比较，V5 接口接入系统较之传统的远端模块有诸多优点，因此，即使只有语音业务，很多分散的地方或小区仍采用 V5 接口接入系统来替代远端交换模块。

2.5　路由选择

电话网中，当任意两个用户之间有呼叫请求时，网络要在这两个用户之间建立一条端到端的语音通路。当该通路需要经过多个交换中心时，交换机要在所有可能的路由中选择一条最优的路由进行接续，即进行路由选择。交换机负责将呼叫从源接续到宿，它是任何一个网络的体系、规划和运营的核心部分。

2.5.1　路由的概念及分类

1．路由的概念

电话网中的路由是指在电话网中源节点和目的节点之间建立的一个传送信息的通路。路由可以由单段链路组成，也可以由多段链路经交换局串接而成。而所谓链路是指两个交换中心节点间的一条直接电路或电路群。如图 2-13 所示，AB、BC 均为链路，交换局 A、B 之间的路由由单段链路 AB 组成，交换局 B、C 之间的路由由单段链路 BC 组成，而交换局 A、C 之间的路由则由链路 AB、BC 经交换局 B 串接而成。

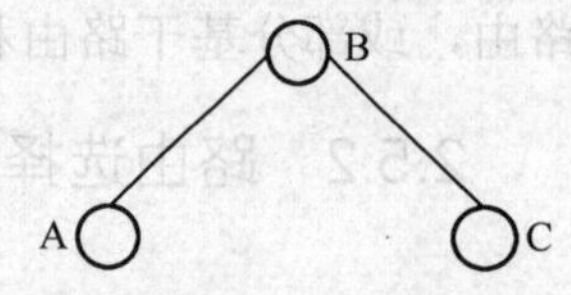

图 2-13　路由示意图

2．路由的分类

电路是根据不同的呼损指标进行分类的。所谓呼损是指在用户发起呼叫时，由于网络或中继的原因导致电话接续失败，这种情况叫做呼叫被损失，简称呼损。呼损可以用损失的呼叫占总发起呼叫数的比例来描述（这只是表述呼损的方法之一）。按链路上所设计的呼损指标不同，可以将电路分为低呼损电路群和高效电路群。

低呼损电路群上的呼损指标应小于 1%，低呼损电路群上的话务量不允许溢出至其他路由。所谓不允许溢出是指在选择低呼损电路进行接续时，若该电路拥塞，不能进行接续，也不再选择其他电路进行接续，故该呼叫就被损失，即产生呼损。因此，在网络规划过程中，要根据话务量数据计算所需的电路数，以保证满足呼损指标。而对于高效电路群则没有呼损指标，其上的话务量可以溢出至其他路由，由其他路由再进行接续。

路由也可以相应地按照呼损进行分类，分为低呼损路由和高效路由，其中低呼损路由包括基干路由和低呼损直达路由。若按照选择顺序分，则有首选路由和迂回路由。

（1）基干路由

基干路由由具有上下级汇接关系的相邻等级交换中心之间以及长途网和本地网的最高等级交换中心（指 C1 局、DC1 局或 Tm）之间的低呼损电路群组成。基干路由上的低呼损电路群又叫基干电路群。电路群的呼损指标是为保证全网的接续质量而规定的，应小于 1%，且话务量不允许溢出至其他路由。

（2）低呼损直达路由

直达路由是指由任意两个交换中心之间的电路群组成的，不经过其他交换中心转接的路由。低呼损直达路由由任意两个等级的交换中心之间的低呼损直达电路组成。两交换中心之间的低呼损直达路由可以疏通两交换中心间的终端话务，也可以疏通由这两个交换中心转接的话务。

（3）高效直达路由

高效直达路由由任意两个等级的交换中心之间的高效直达电路组成。高效直达路由上的电路群没有呼损指标，其上的话务量可以溢出至其他路由。同样地，两交换中心之间的高效直达路由可以疏通其间的终端话务，也可以疏通由这两个交换中心转接的话务。

（4）首选路由与迂回路由

当某一交换中心呼叫另一交换中心时，对目标局的选择可以有多个路由。其中第一次选择的路由称为首选路由，当首选路由遇忙时，就迂回到第 2 路由或者第 3 路由。此时，第 2 路由或第 3 路由称为首选路由的迂回路由。迂回路由一般是由两个或两个以上的电路群转接而成的。对于高效直达路由而言，由于该路由上的话务量可以溢出，因此必须有迂回路由。

（5）最终路由

当一个交换中心呼叫另一交换中心，选择低呼损路由连接时不再溢出，由这些无溢出的低呼损电路群组成的路由，即为最终路由。最终路由可能是基干路由，也可能是低呼损直达路由，或部分基干路由和低呼损直达路由。

2.5.2 路由选择

1. 路由选择概述

路由选择也称选路（Routing），是指一个交换中心呼叫另一个交换中心时在多个可能的路由中选择一个最优的。对一次呼叫而言，直到选到了可以到达目标局的路由，路由选择才算结束。

电话网的路由选择可以采用等级制选路和无级选路两种结构。所谓等级制选路是指路由选择是在从源节点到宿节点的一组路由中依次按顺序进行，而不管这些路由是否被占用。无级选路是指从源节点到宿节点的一组路由，在路由选择过程中，这些路由可以互相溢出而无先后顺序。

路由选择时，有固定路由选择计划和动态路由选择计划两种。固定选路计划是指交换机的路由表一旦生成后在相当长的一段时间内保持不变，交换机按照路由表内指定的路由进行选择。若要改变路由表，需人工进行参与。而动态选路计划是指交换机的路由表可以动态改变，通常根据时间、状态或事件而定，如每隔一段时间或一次呼叫结束后改变一次。路由表的这些改变可以是预先设置的，也可以是实时进行的。

2. 路由选择原则

不论采用什么方式进行路由选择，都应遵循一定的基本原则，主要有以下 5 个方面。

① 要确保信息传输质量和信令信息的可靠传输。

② 有明确的规律性，确保路由选择中不会出现死循环。

③ 一个呼叫连接中串接的段数应尽量少。

④ 不应使网络设计或交换设备过于复杂。

⑤ 能在低等级交换中心中疏通的话务量，尽量不在高等级交换中心疏通。

2.5.3 固定等级制选路规则

在等级制网络中，一般采用固定路由计划，等级制选路结构，即固定等级制选路。下面以我国电话网为例，介绍固定等级制选路规则。

1. 长途网路由选择

我国长途网采用等级制结构，选路也采用固定等级制选路。这里，请注意区分这两个不同的概念，等级制结构是指交换中心的设置级别，而等级制选路则是指在从源节点到宿节点的一组路由中依次按顺序进行选择。依据有关体制，在我国长途网上实行的路由选择规则有以下几点。

① 网中任一长途交换中心呼叫另一长途交换中心时所选路由局数最多为 3 个。

② 路由选择顺序为先选直达路由，再选迂回路由，最后选最终路由。

③ 在选择迂回路由时，先选择直接至受话区的迂回路由，后选择经发话区的迂回路由。所选择的迂回路由，在发话区是从低级局往高级局的方向（即自下而上），而在受话区是从高级局往低级局的方向（即自上而下）。

④ 在经济合理的条件下，应使同一汇接区的主要话务在该汇接区内疏通，路由选择过程中遇低呼损路由时，不再溢出至其他路由，路由选择即终止。

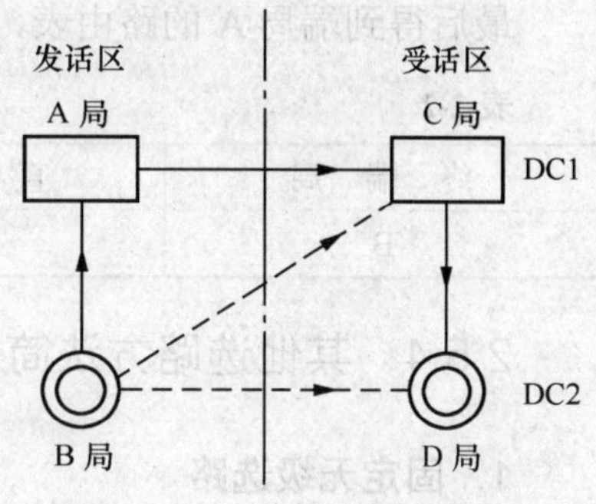

图 2-14　长途网路由选择示例

如图 2-14 所示的网络，按照上面的选路规则，B 局到 D、C 局的路由选择采用如下规则。

（1）B 局到 D 局

B 局到 D 局有如下的路由选择顺序。

① 先选直达路由 B 局→D 局。

② 若直达路由全忙，再依次选迂回路由 B 局→C 局→D 局。

③ 最后选最终路由 B 局→A 局→C 局→D 局，路由选择结束。

（2）B 局到 C 局

B 局到 C 局有如下的路由顺序。

① 先选直达路由 B 局→C 局。

② 若直达路由全忙，再选迂回路由 B 局→A 局→C 局，路由选择结束。此时，只有一条迂回路由，该迂回路由也是最终路由。

最后得到 B 局的路由表，如表 2-1 所示。

表 2-1　B 局的路由表

终 端 局	直 达 路 由	第 1 迂回路由	第 2 迂回路由
D	B→D	B→C→D	B→A→C→D
C	B→C	B→A→C	—

2. 本地网路由选择

本地网路由选择规则如下。

① 先选直达路由，遇忙再选迂回路由，最后选基干路由。在路由选择中，当遇到低呼损路由时，不允许再溢出到其他路由上，路由选择结束。

② 数字本地网中，原则上端到端的最大串接电路数不超过 3 段，即端到端呼叫最多经过两次汇接。当汇接局间不能个个相连时，端至端的最大串接电路数可放宽到 4 段。

③ 一次接续最多可选择 3 个路由。

如图 2-15 所示的网络，端局 A 呼叫端局 B 时，路由有如下选择顺序。

① 选高效直达路由端局 A→端局 B。

② 直达路由全忙时，选迂回路由端局 A→汇接局 Tm2→端局 B。

③ 选迂回路由端局 A→汇接局 Tm1→汇接局 Tm2→端局 B，选路结束。

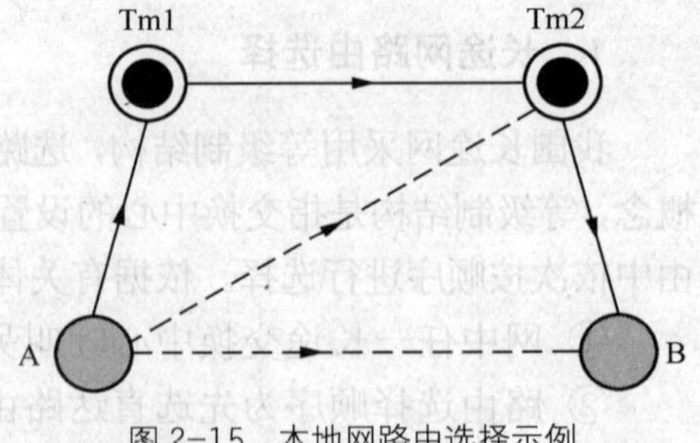

图 2-15　本地网路由选择示例

最后得到端局 A 的路由表，如表 2-2 所示。

表 2-2　　端局 A 的路由表

终　端　局	直 达 路 由	第 1 迂回路由	第 2 迂回路由
B	A→B	A→Tm2→B	A→Tm1→Tm2→B

2.5.4　其他选路方法简介

1．固定无级选路

根据相关技术体制，结合我国电话网络组织和运行管理的实际情况，长途二级网中将分别在省际交换中心 DC1 之间（高平面）以及省内的 DC2 之间（低平面）引入“固定无级”选路方式。“固定无级”是指选路计划采用“固定”，选路结构在同一平面采用“无级”的一种选路规则。这样，在平面内选路时，平面上的任一交换中心在满足一定规则条件时，均可作为其他两个交换中心之间迂回路由的转接点，并且呼叫在同一平面上所经的路由串接段数最多为 2。即在高平面内，各省的 DC1 可作为其他省的 DC1 之间迂回路由的转接点，发端局至目标局间的呼叫可以通过其他的 DC1 局进行迂回，并且这个迂回路由是预先确定好的，固定不变的。在低平面上，DC2 可作为省内其他 DC2 之间设置迂回路由的转接点，疏通少量的省内转接话务，低平面内发端局至目标局间的呼叫可以通过其他的 DC2 局进行迂回，这个迂回路由同样是预先确定好的，是固定的。

实施无级固定选路的基本条件是同一平面上各交换节点形成网状网。目前高平面已经具备了这个条件，有望在近期实现固定无级选路。低平面大部分省份目前还不具备这个条件，只有个别经济发达地区的省份，实现了 DC2 之间的网状相连，有望实现低平面无级固定选路。

2．动态选路

动态路由选择是根据网络当前的状态信息进行选路的。这种状态信息可以是提前预设的，也可以是当时对网络进行测量的结果，前者的路由表是周期的，每隔一段时间（如一小时或 10 分钟等）改变一次，后者的路由表是由交换机根据测量结果实时进行改变的。

西方发达国家从 20 世纪 80 年代起就开始研究动态路由，比较典型的动态路由选择方法有动态无级选路（Dynamic Non-Hierarchical Routing，DNHR）、实时网络选路（RealTime Network Routing，RTNR）、动态受控选路（Dynamically Controlled Routing，DCR）、动态迂回选路（Dynamic Alternate Routing，DAR）等。这些方法中有的采用预设的路由表，有的采用实时的路由表。

（1）动态无级选路

美国 AT&T 公司于 1987 年在美国长途网中用动态无级选路（DNHR）取代了原来的固定

选路，使得网络效率提高，网络费用下降。DNHR 实现的前提是无级网（如二级网的高平面）。它采用了集中的路由表，并利用公共信道信令 CCS 从全网各个节点收集和分配路由信息。

图 2-16 所示为 DNHR 的示意图，表 2-3 所示为 A 局到 B 局的路由。每一个交换机到其他节点的路由都有两类：一个直达路由和若干条迂回路由。如图 2-16 所示，节点 A 的迂回路由表中列出了当直达路由故障或全忙时从 A 点到 B 点可选的双链路的迂回路由 A→C→B，A→D→B 等，最多可以有 4 个迂回路由。在路由选择时，首先选择直达路由，若直达路由全忙，再按顺序选择表中的迂回路由。当第 1 条阻塞时，溢出到第 2 条路由，再次阻塞时，溢出到第 3 条路由，以此类推，直到选到一条可用的路由。

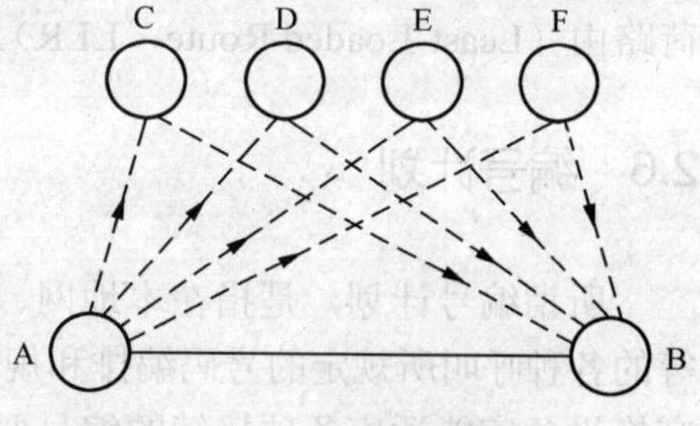

图 2-16 DNHR 示意图

在使用 DNHR 的网络中，具有曲回控制的能力。所谓曲回，是公共信道信令的一种消息功能，它允许将已阻塞的呼叫返回给发起方的交换机，以便在其他路由上进行迂回选路。在选择某一条路由时，若中间节点发现链路阻塞，不能进行接续时，可通知网络，网络再将该消息通知发端交换机，发端交换机选择路由表中的下一路由接续该呼叫。

表 2-3　A 局→B 局的路由

直 达 路 由	第 1 迂回路由	第 2 迂回路由	…
A→B	A→C→B	A→D→B	…

路由表中迂回路由的顺序不是确定不变的，而是动态变化的，路由表的更新可以每小时进行一次。路由表中迂回路由顺序的设置有一个原则：尽量把业务分配给负荷较轻的路由，这依赖于网络对当时业务负荷的预测。显然，这种路由方法成功与否与业务量的预测是否准确有很大关系，对于小网络，业务量预测比较简单，而对于大型网络，业务量预测是非常困难的，这也是这种路由方法的缺点和问题所在。

（2）动态迂回选路

英国电信公司 BT（British Telecom）使用动态迂回选路（DAR）方法。动态迂回选路是一种自适应的选路策略，它选择迂回路由时是随机的，而不是事先确定好的。在 DAR 方法中，同样首选直达路由，当直达路由全忙或故障时，溢出的话务量由迂回路由进行迂回。先选上一次接续成功的迂回路由，若成功，则由该迂回路由进行接续，并且在下次选择时仍先选该路由；若该迂回路由阻塞，再随机选择一个新的路由。

由此可见，在 DAR 中路由选择时，正常情况下始终锁定在一个成功的迂回路由上，直到这个路由失败。一旦该路由失败，立即搜索其他的路由。这可以看作是一种带学习的选路策略：若选择成功，则下次被选择的概率为 1；若不成功，则下次被选择的概率为 0。经过足够长的一段时间后，每一个迂回路由都会被选中同样的次数。

（3）实时网络选路

实时网络选路（RTNR）也是一种自适应选路的方法，1991 年，AT&T 公司在网络中实现了 RTNR，取代了 DNHR，进一步改善了网络性能，从而带来更大的经济效益。RTNR 中不再进行集中选路，但公共信道信令仍然在网络中起着重要的作用。RTNR 中的路由表每次呼叫变化都是实时的。

像前两种方法一样，在RTNR中，仍然首选直达路由。若直达路由不能完成此次接续时，发端交换机通过CCS和终端交换机交换信息，终端交换机把所有与其相连链路的忙闲情况报告给发端交换机，发端交换机再和自己所连的链路进行比较，从中选择一条到终点的最小负荷路由（Least-Loaded Route，LLR）。

2.6 编号计划

所谓编号计划，是指在本地网、国内长途网、国际长途网，以及一些特种业务、新业务等的各种呼叫所规定的号码编排和规程。编号计划是使自动电话网正常运行的一个重要规程，交换设备应能适应各项接续的编号要求。

电话网编号计划遵循ITU-T E.164建议。目前，国际号码的最大位数不超过15位，我国国内有效电话用户号码的最大位长可为13位，结合我国的实际情况，目前我国实际采用了最大为11位的编号计划。除国家码由ITU-T规定外，长途区码和本地网号码的总位数和编号计划由一个国家或地区的电信主管部门规定。

1. 本地编号

在一个本地电话网内，采用统一的编号，一般采用等位制编号，号长根据本地网的长远规划容量来确定，但要注意本地网号码加上长途区号的总长不超过11位。

本地电话网的用户号码包括两部分：局号和用户号。其中局号可以是1～4位，用户号为4位。如一个8位长的本地用户号码可以表示为：PQRS（局号）+ABCD（用户号）。

在同一本地网范围内，用户之间呼叫时拨统一的本地用户号码。例如直接拨PQRSABCD即可。

2. 长途编号

（1）长途号码的组成

长途呼叫是指不同本地网用户之间的呼叫。呼叫时需在本地电话号码前加拨长途字冠“0”和长途区号，即长途号码的构成为：0+长途区号+本地电话号码。

按照我国的规定，长途区号加本地电话号码的总位数最多不超过11位（不包括长途字冠“0”）。

（2）长途区号编排

长途区号一般采用固定号码系统，即全国划分为若干个长途编号区，每个长途编号区都编上固定的号码。长途编号可以采用等位制和不等位制两种。等位制适用于大、中、小城市的总数在1 000个以内的国家，不等位制适用于大、中、小城市的总数在1 000个以上的国家。我国幅员辽阔，各地区通信的发展不平衡，因此采用不等位制编号，采用2、3位的长途区号。

① 首都北京，区号为“10”。其本地网号码最长可以为9位。

② 大城市及直辖市，区号为2位，编号为“2X”，X为0～9，共10个号，分配给10个大城市。如上海为“21”、南京为“25”、广州为“20”等。这些城市的本地网号码最长可以为9位。

③ 省中心、省辖市及地区中心，区号为3位，编号为“X1X2X3”，X1为3～9，X2为0～9，X3为0～9。全国分成7个编号区，分别以区号的首位3～9来表示；区号的第2位代表编号区内的省；区号的第3位：省会为1，地市为2～9。如哈尔滨为“451”，拉萨为“891”。这些城市的本地网号码最长可以为8位。

④ 首位为“6”的长途区号除60、61留给台湾外，其余号码为62X～69X共80个号码作为3位区号使用。

长途区号采用不等位的编号方式，不但可以满足我国对号码容量的需要，而且可以使长途电话号码的长度不超过 11 位。显然，若采用等位制编号方式，如采用两位区号，则只有100个容量，满足不了我国的要求；若采用3位区号，区号的容量是够了，但每个城市的号码最长都只有8位，满足不了一些特大城市的号码需求。

3．国际编号

国际长途呼叫时需在国内电话号码前加拨国际长途字冠“00”和国家号码，即：00+国家号码+国内电话号码。其中，国家号码加国内电话号码的总位数最多不超过15位（其中不包括国际长途字冠“00”）。国家号码由1～3位数字组成，根据ITU-T的规定，世界上共分为9个编号区，我国在第8编号区，国家代码为86。

4．号首分配

第1位号码的分配规则如下。

①“0”为国内长途全自动冠号。

②“00”为国际长途全自动冠号。

③“1”为特种业务、新业务及网间互通的首位号码。

④“2”～“9”为本地电话首位号码，其中，“200”、“300”、“400”、“500”、“600”、“700”、“800”为新业务号码。

5．新业务编号

对于在电话网上提供的新业务，其编号方案如表2-4所示。

表2-4　　**DTMF话机的新业务编号**

业务类型	设置	取消	验证	应用
恶意追踪	事前登记			按R键*33#
遇忙前转	*40*B’#	#40#	*#40*B’#	
无应答前转	*41*B’#	#41#	#41*B’#	
缩位拨号	*51*MN*B#	#51*MN#		**MN
热线服务	*52*B#	#52#		5秒延时后接通
呼出限制	*54*KSSSS#	#54*KSSSS#	#54#	
闹钟服务	*55*H1H2M1M2#	#55#	#55*H1H2M1M2#	
免扰服务	*56#	#56#		
直接前转	*57*B’#	#57#	#57*B’#	
呼叫等待	*58#	#58#		
遇忙回叫	*59#	#59#		

表2-4中，B为被叫号码，B’为临时前转号码；K为1表示限制全部呼出，K为2表示限制国际和国内长途呼出，K为3表示限制国际长途呼出；SSSS为密码；MN为缩位的号码；H1H2为小时，M1M2为分钟。

小　　结

电话通信网是目前现代通信网的主要业务网络。本章主要讨论了电话通信网的基本概念、固定电话通信网、长途电话网、本地电话网、电话网的路由选择及其编号计划等内容。

1. 电话通信网通常由终端设备、传输系统、交换设备 3 部分组成。电话网中的用户终端设备即电话机，完成声电转换和电声转换。电话网中的交换设备称为电话交换机，主要负责用户信息的交换。传输系统负责传递信息。在电话网中，传输系统包括用户线和中继线。电话通信网包括固定电话通信网和移动电话通信网。

2. 固定电话通信网的网络拓扑结构形式主要有：网状网、星状网、复合网、环状网等。随着技术的发展，我国电话网网络结构由五级演变为 3 级，即两级长途交换中心和一级本地交换中心。数字交换基于语音编码技术，每个用户占用 PCM 系统的一个固定的时隙，语音信息存于对应的时隙中，完成时隙之间内容的互换即实现了对应的话路交换。

3. 长途电话网包括国内长途网和国际长途网。我国国内长途电话网由两级长途网组成，国际长途网由 3 级组成。

4. 本地电话网是指在同一个长途编号区范围内的电话通信网。电话网中用户的接入方式大致有传统双绞铜线接入、光纤接入、无线接入等几种，根据不同的适用场合用户可以采用不同的接入方法。

5. 路由选择是指一个交换中心呼叫另一个交换中心时在多个可能的路由中选择一个最优的。路由选择应遵循一定的规则，在等级制网络中，一般采用固定路由计划，发展趋势是动态路由选择。

6. 编号计划是使自动电话网正常运行的一个重要规程，交换设备应能适应各项接续的编号要求。电话网编号计划遵循 ITU-T E.164 建议。

思考题与练习题

2-1　简述电话通信系统的组成及电话交换的概念。

2-2　简述我国电话网的分级结构。

2-3　长途电话网的路由选择顺序是如何规定的？

2-4　什么是本地电话网？

2-5　电话网编号的基本原则有哪些？

第3章 ISDN和ATM

早在20世纪70年代末期，人们就意识到这样一个问题：随着技术的进步和社会对信息处理需求的增长，电信网络的发展存在着“诸网并存”的局面。例如，电话网提供语音业务，用户电报网提供电报业务，数据通信网提供数据通信业务，有线电视网提供广播电视和广播可视图文业务等。显然，这种用许多专门的网络来提供不同电信业务的方式经济性差、效率低、各管理部门间关系复杂，无论对于用户还是对于运营管理部门来说都很麻烦。而且，大量的网络和不同的硬件使运营维护成本大大增加，也妨碍了新业务的迅速引入。

为了克服电信网络中“诸网并存”的问题，必须考虑用单一的网络来提供各种不同类型的业务，实现完全的开放系统互连和通信，这个网络就是综合业务数字网（Integrated Services Digital Network，ISDN）。

本章先介绍窄带ISDN的基本概念，ISDN的业务，ISDN的网络结构，ISDN的协议和ISDN的演进过程。然后介绍宽带ISDN及其采用的异步传递模式（Asynchronous Transfer Mode，ATM）技术，阐述ATM网络中的一些基本概念，ATM业务，ATM的参考模型和协议，ATM网络接口和交换结构，以及ATM网络性能、网络流量管理和拥塞控制。

3.1 ISDN的基本概念

1984年，国际电联（ITU-T）（原国际电话电报咨询委员会（CCITT）制定了一整套关于ISDN的建议，编为I系统建议，纳入红皮书。其中对ISDN定义为：ISDN是这样一种网络，它由电话综合数字网（IDN）演变而来，提供端到端的数字连接，以支持一系列广泛的业务（包括语音和非语音业务），它为用户进网提供一组有限的标准多用途用户—网络接口。

从这个定义中可以看出ISDN有3个基本特性：端到端的数字连接、综合的业务、标准的入网接口。

1．端到端的数字连接

ISDN是一个数字网络，网络中的一切信号都以数字形式进行传输与交换。这就是说，不论原始信号是语音、文字、数据还是图像都先在终端设备中转换成数字信号，然后通过数字信道将信号传送到ISDN网络，由网络负责将这些数字信号传递到通信另一方的终端设备。

而在现有的PSTN网络中，虽然广泛使用了数字交换与数字传输技术，已实现了网络内部的数字化，但是在用户入网接口上仍然采用了模拟传输。因此，实现用户线的数字化以提供端到端的数字连接是电话网向ISDN过渡的一个重要工作。

2．综合的业务

由于ISDN实现了端到端的数字连接，因此，从理论上讲，任何形式的原始信号只要能够转变成数字信号，都可以利用ISDN来进行传送和交换，实现用户间的通信。ISDN能够支持包括语音、数据、文字、图像在内的各种综合业务，不仅覆盖了现有各种通信网的全部业务，而且还包括了多种多样的新型业务。

3．标准的入网接口

标准化、多用途的用户—网络接口是ISDN的关键。为保证ISDN用户—网络接口的通用性，ITU建议了几种接口的标准，对于接口上的信道速率、信道组成、插头插座的形状、控制信号格式及通信过程等都有明确的规定。接口的标准化促成了终端设备的可携性，不同厂家、不同业务类型的终端设备，只要是ISDN标准终端就可以通过无处不在的网络插口方便地接入网络。同时，接口的标准化还简化了网络的管理工作，网络不再关心在一个接口上使用的是哪种类型的终端设备，只管理"接口"本身。

ISDN概念的提出并不是通信技术的革命，而只是已有通信技术的综合运用和发展，将新的思想注入传统的通信网，使其具有新的生命力。国际标准化组织一直非常注重ISDN的研究和试验，1976年ITU-T成立第18研究组专门负责对ISDN的研究，1984年，在红皮书中首次公布了ISDN的I系列建议，随后I系列建议一直在完善中。

在这里需要指出的是，标准化一方面带给人们很多的好处，另一方面由于标准从建立到成熟直至被市场接受往往需要一个过程，而在这期间又有更先进的技术出现，所以标准总是在一定程度上落后于最新技术的，而且一个在理论上非常合理的标准是否最终能得到广泛的运用也受到很多实际因素的影响。

3.2 ISDN业务

ITU-T在I.112中对ISDN业务定义如下：一项业务就是管理或运营部门为了满足一个特殊的通信要求而向用户提供的服务。ISDN的根本任务就是向用户提供业务。

业务（Service）有时又称为服务，ITU-T将ISDN业务纳入标准化轨道的目的就在于实现国际范围内终端用户之间的高质量通信。不论这些用户使用哪家工厂制造的终端设备，也不管他们国内的通信网络属于哪种类型，都可以相互通信。

一项标准的业务必须具备以下特点。

① 必须是完整的，能够保证端到端的兼容性。

② 必须使用符合标准的终端以及标准的业务过程。

③ 必须将它的用户列入一个国际性的号码簿中。

④ 必须采用符合ITU-T标准的测试和维护过程。

⑤ 必须具备一定的计费规则。

ISDN 业务包括一系列极其广泛而又全然不同的性能，从简单的建立通信，到复杂的信息处理，还有信令的交换等。因此，实现业务标准化的首要问题就是用国际公认的定义和精确的术语来描述这些不同的性能。

ISDN 业务包括基本业务（Basic Service）、补充业务（Supplementary Service）两部分。其中基本业务又有承载业务（Bearer Service）和用户终端业务（Tele Service）两大类业务组成。

承载业务、用户终端业务和补充业务又各自包含了许许多多具体的业务。为了准确地描述每一项 ISDN 业务，ITU-T 首先归纳了这 3 大类业务的特征（Attribute），然后定义了每一个特征可能采取的全部特征值（Value），只要指出某一类业务的所有特征值，就能准确地定义一项具体业务，不会有歧义。这种描述业务的方法叫做特征方法。

3.2.1 ISDN 基本业务

ISDN 基本业务是指 ISDN 向用户提供的基本服务，它是由承载业务和用户终端业务两种基本业务组成。

图 3-1 所示为承载业务和用户终端业务的范围及功能。由图看出，承载业务在 ISDN 用户—网络接口处提供，网络用电路交换方式或分组交换方式将信息从一个用户—网络接口透明地传送到另一个用户—网络接口。用户终端业务则在终端设备的人机界面上提供，是面向用户的业务，如电报、传真、可视图文业务等。显然，用户终端业务是在承载业务的基础上增加了高层功能而形成的。在一般情况下，网络并不具备高层功能，而只是简单地传递信息。但是当 ISDN 提供增值业务时，网络必须具备高层功能，以便对用户信息进行处理。

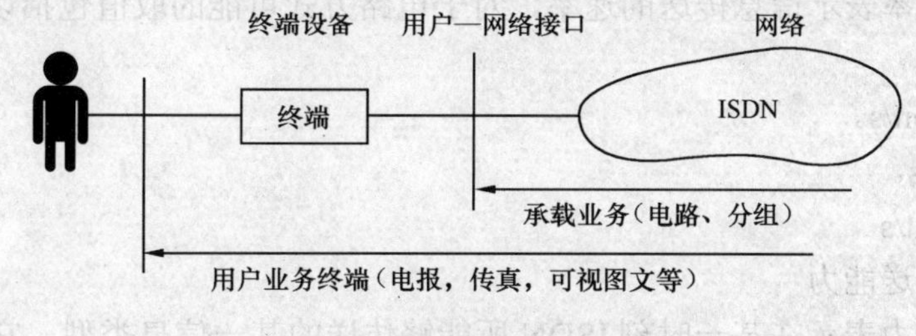

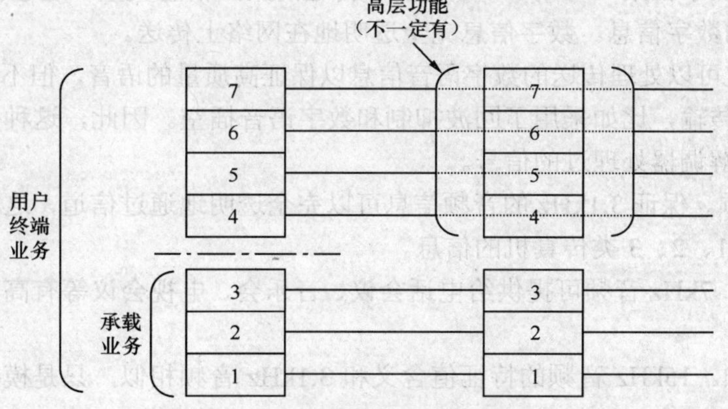

图 3-1 ISDN 的承载业务和用户终端业务

承载业务是由网络（交换系统）提供的，而用户终端业务则是由发起业务请求的终端提供的。用户终端业务通过网络提供的承载业务实现。

1．承载业务

承载业务是单纯的信息传送业务，由网络提供，任务是将信息由一个地方搬运到另一个地方而不作任何处理。承载业务对应于OSI模型的低三层功能，它的定义关系到信息传送特征、接入特征，以及商业和运行特征。

承载业务是ISDN交换机提供的信息传送能力。ITU-T主要从以下6个方面来定义每一项ISDN承载业务。

① 信息传送方式。

② 信息传送速率。

③ 信息传送能力。

④ 信息传送结构。

⑤ 通信的建立。

⑥ 对称性。

根据以上6个方面的具体取值来确定每一项ISDN承载业务，它们的意义及具体取值如下。

（1）信息传送方式

信息传送方式表示用户信息的传送方式。传送方式包括电路、分组两种方式。

① 电路传送。信息的传送依靠建立电路连接来实现。

② 分组传送。信息的传送采用分组技术。

（2）信息传送速率

信息传送速率表示信息传送的速率，对于电路方式可能的取值包括以下4种。

① 64kbit/s。

② 2 × 64kbit/s。

③ 384kbit/s。

④ 1 920kbit/s。

（3）信息传送能力

信息传送能力表示在某一时刻ISDN所能够传送的某一信息类型。它包括以下6种。

① 不受限制的数字信息。数字信息完全透明地在网络上传送。

② 语音。信道可以处理传送的数字语音信息以保证高质量的语音，但不能保证端到端的数字信息完全透明传输，比如采用了回波抑制和数字语音插空。因此，这种传送能力不能传送数据或者经调制解调器处理过的信号。

③ 3.1kHz音频。保证3.1kHz的音频信息可以完全透明地通过信道，这样就可以用于传送调制解调器的或1、2、3类传真机的信息。

④ 7kHz音频。7kHz音频可提供给电话会议、音乐会、电视会议等有高质量放音要求的场合用。

⑤ 15kHz音频。15kHz音频的特征值含义和3.1kHz音频相似，只是模拟信号的频带更宽一些。

⑥ 视频。视频是指符合一定编码规律的数字化视频信号的传送。

（4）信息传送结构

信息传送结构表示在传递信息时保持数据完整性的能力。

① 8kHz 结构。8kHz 结构是指用户之间传送信息的同时，另外传送一个 8kHz 的定时信息，以保证用户信息的 8kHz 结构（即 125ms 为一帧）。

② 业务数据单元结构。业务数据单元结构是指数据的传送保持数据块的结构，即发端在一个数据块中递交的所有比特在传送时始终保持在同一数据块中。

③ 无结构。无结构不保证用户信息结构的完整性。

（5）通信的建立

这个特征表示一个给定通信的建立和释放方法，它有以下 3 个特征值。

① 即时。即时是指按照用户的需要来建立和释放通信，即在用户请求时建立通信或拆除通信。

② 预订。预订是指通信的建立和终止时间都是由用户预先约定的，网络按照用户预定的时间来建立或拆除通信。

③ 常设。常设是指按用户的要求建立一个连接，用户可以利用这个连接进行通信。这个连接一直保持，直到用户请求撤消这个连接。

（6）对称性

对称性用来说明在通信的两个方向上是否具有相同的信息传送特性。

根据以上特征的组合，可以将承载业务分为电路方式的承载业务和分组方式的承载业务。

（1）电路方式的承载业务

电路方式的承载业务有以下几种。

① 64kbit/s、8kHz、不受限的数字信息业务。可用于 64kbit/s 的语音、数据、图像的传输。

② 64kbit/s、8kHz 的语音业务。用于语音传输，不适于数据及图像的传输。

③ 64kbit/s、8kHz、3.1kHz 音频信息业务。只用于语音和经过调制解调器得到的音频频带的数据或 1、2、3 类传真机的信息，不适于数据的透明传输，如 4 类传真机业务。

④ 64kbit/s、8kHz 结构、7kHz 音频信息业务。应用于语音质量要求较高的电话会议、音乐会、电视会议等语音传输。

⑤ 2 × 64kbit/s、8kHz 结构、不受限制的数字信息业务。两个 B 信道绑在一起进行信息透明传输，用于语音、数据、图像的传输。

⑥ 1 920kbit/s、8kHz 结构、不受限制的数字信息业务。H 信道上 1 920kbit/s 数字信息的透明传输。

（2）分组方式的承载业务

分组方式的承载业务有以下两种。

① 虚呼叫业务。该业务要求用户进行通信时首先利用专门的 X.25 分组请求网络建立一条虚电路连接用户，而在通信结束时再发送 X.25 分组通知网络拆除这条虚电路。

② 永久虚电路业务。该业务不需要建立电路和拆除电路的过程，用户可以直接向永久虚电路上传送数据。ISDN 提供这种业务的目的是为了使连到 ISDN 的用户能够和连到分组交换网的用户以同样的方式工作。

ITU-T 的 I.200 系列建议对承载业务的定义、特征和特征值都有详尽的说明，并建议了一系列具体的承载业务。

2. 用户终端业务

ISDN 的用户终端业务是一种面向用户的通信或信息处理业务，由网络和终端设备共同提供，包含了 OSI 模型 1~7 层的全部功能。用户终端业务是在人和终端的接口上提供，而不是在 S/T 参考点上提供，因此用户终端业务既包含了网络的功能，又包含了终端设备的功能。图 3-2 所示为 4 种提供 ISDN 用户终端业务的方式。

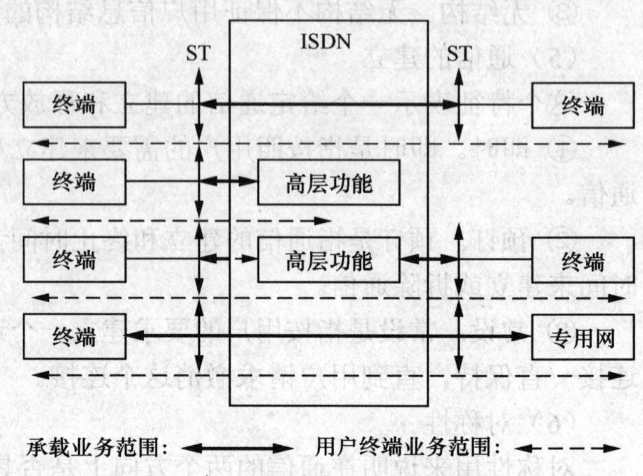

图 3-2 提供用户终端业务的方式

第 1 种方式是直接连接两个具有高层功能（High Layer Function, HLF）的 ISDN 终端（例如 ISDN 电话机）。

第 2 种方式是连接一个 ISDN 终端和 ISDN 内的一个高层功能。

第 3 种方式是通过 ISDN 内部的高层功能连接两个具有不同技术特性的 ISDN 终端，这时 ISDN 内的 HLF 执行规程转换（例如一边是利用 64kbit/s 电路的智能用户电报终端，另一边是虚电路终端）。

第 4 种方式是连接一个 ISDN 终端和专用网中的高层功能（例如分组交换网中的一个可视图文服务器）。

传统的电话、用户电报、可视图文、智能用户电报等都可以看做是用户终端业务，只是没有按照 OSI 模型的概念来规范化。用户终端业务定义的标准化比承载业务还要困难，承载业务可以比喻为一列火车，终端业务就像火车上装载的货物。用户可根据自己的需要选择不同的车厢装载不同的货物。至今用户终端业务的开发还远远落后于承载业务，但 ITU-T 的目标就是在 OSI 概念的基础上建立一个适用于任何用户终端业务的描述模型。

用户终端业务的正式描述包含在 ITU-T 的 I.210 建议中。和承载业务一样，用户终端业务的描述也采用特征方法。用户终端业务的特征分成 3 类。

（1）低层特征

低层特征和承载业务的信息传送特征及接入特征基本相同。这是因为用户终端业务是要依靠承载业务来实现信息传送的。

（2）高层特征

高层特征描述用户发送和接收的信息的类型以及执行的高层（4~7 层）协议。在某些情况下，一项用户终端业务可以有一些附加特征，用以说明某一层特征的具体参数（如图形分辨率等）。

（3）一般特征

一般特征包括可以提供的补充业务、业务质量、互通的可能性、操作原则和费率结构等。

以下给出了 7 种常见的用户终端业务。

（1）电话

电话（Telephony）业务向用户提供经网络可交换的实时双向对话能力。电话业务的语音频带是 3.1kHz，用户的语音信息在 B 信道上传送，控制信令在 D 信道上传送。

（2）智能用户电报

智能用户电报（Teletex）业务提供端到端的报文通信。信息传送可采用电路方式或分组方式。

（3）4 类传真

4 类传真（Telefax4）提供端到端的传真通信，它使用标准的图形编码、分辨率和通信协议。它的高层特征建立在 ITU-T 关于 4 类传真建议的基础上，信息传送可以采用电路方式或分组方式。

（4）可视图文

ISDN 的可视图文（Videotex）业务是对现有可视图文业务的增强。它在原可视图文业务的基础上增加了文字、图形信息的检索和电子信箱功能，信息传送可采用电路方式或分组方式。

（5）用户电报

用户电报（Telex）提供交互式的报文通信。

（6）高保真电话业务

高保真电话（Telephony 7kHz）业务可向用户同时提供经网络可交换的实时的双向的语音和图像业务，其中的语音和图像可在一个 B 信道中传送，也可在两个 B 信道中传送，而上述情况的决定权取决于可视电话终端的设置。

（7）微机通信

微机通信（PC-Communication）业务可向用户提供异地计算机之间通信。该业务也可以是工作站和服务器之间实时的双向数据通信业务。

3.2.2 ISDN 补充业务

ISDN 的补充业务是在 ISDN 基本业务基础上附加的一种业务，因此，也称为附加业务。它不能单独存在，总是和承载业务或用户终端业务一起提供，其目的是为了向用户提供更多、更方便的服务。实际上，当前的很多通信业务中都存在一些补充业务，但它们并没有单独定义，而只是被称作“性能”（Facility）。ISDN 的补充业务就相当于普通电话业务中的新业务部分，但其内容比新业务的内容更丰富。

为了使补充业务能够规范化，使每一种补充业务的定义和实现并不依赖于某种特定的承载业务或用户终端业务，ITU-T 在 I.250～I.257 建议中定义和描述了补充业务。但要用一个规范的方法来定义和描述所有的补充业务是十分困难的，为此，ITU-T 采用了两个相互补充的方法：一种是特征方法，即找出对所有补充业务都适用的特征，然后按照这些特征来定义补充业务；第二个是过程方法，即精确地描述一项补充业务的过程。

补充业务的特性主要根据以下因素确定。

① 激活这项补充业务的实体（网络、本地用户、远端用户等）。

② 实现这项补充业务的必要参数（地址、双方号码等）。

③ 激活的方式（一个呼叫接一个呼叫，或是在特定时间范围内有组织地进行等）。

④ 激活/解除激活的方法，对参数的操作、操作方法等。

⑤ 应用范围（有关的电信业务）。

⑥ 计费原则。

⑦ 和其他补充业务的兼容程度。

对一项补充业务的过程描述则用“动态描述”来实现，所谓“动态描述”，就是用状态转移图来表示该项业务在正常情况下和异常情况下的执行过程。

1. 补充业务的分类

ITU-T 规定了以下 7 类补充业务。

（1）号码识别类补充业务

号码识别类补充业务包括以下 8 种。

① 直线拨入（Direct-Dialling-In，DDI）。

② 多用户号码（Multiple Subscriber Number，MSN）。

③ 主叫线识别提供（Calling Line Identification Provision，CLIP）。

④ 主叫线识别限制（Calling Line Identification Restriction，CLIR）。

⑤ 被叫线识别提供（Connected Line Identification Provision，COLP）。

⑥ 被叫线识别限制（Connected Line Identification Restriction，COLR）。

⑦ 恶意呼叫识别（Malicious Call Identification，MCID）。

⑧ 子地址（Sub-addressing，SUB）。

（2）呼叫提供类补充业务

呼叫提供类补充业务包括以下 6 种。

① 呼叫转移（Call Transfer，CT）。

② 遇忙呼叫前转（Call Forwarding Busy，CFB）。

③ 无应答呼叫前转（Call Forwarding No Reply，CFNR）。

④ 无条件呼叫前转（Call Forwarding Uncondition，CFU）。

⑤ 呼叫转向（Call Deflection，CD）。

⑥ 寻线（Line Hunting，LH）。

（3）呼叫完成类补充业务

呼叫完成类补充业务包括以下 4 种。

① 呼叫等待（Call Waiting，CW）。

② 呼叫保持（CALL Hold，CH）。

③ 对占线用户呼叫的完成（Completion of Calls to Busy Subscriber，CCBS）。

④ 终端迁移性（Terminal Portability，TP）。

（4）多方通信类补充业务

多方通信类补充业务包括以下 2 种。

① 会议呼叫（Conference Calling，CONF）。

② 三方业务（Three Party Service，3PTY）。

（5）社团类补充业务

社团类补充业务包括以下 3 种。

① 闭合用户群（Closed User Group，CUG）。

② 专用编号计划（Private Numbering Plan，PNP）。

③ 多级优先（Multi-level Precedence and Preemption，MLPP）。

（6）计费类补充业务

计费类补充业务包括以下两种。

① 计费通知（Advice of Charge，AOC）。

② 反向计费（Reverse Charging，REV）。

（7）附加信息转移类补充业务

附加信息转移类补充业务有：用户—用户信令（User-to-User Signaling，UUS）。

2．常用 ISDN 补充业务的介绍

（1）多用户号码

多用户号码（MSN）业务用于当交换机给一个 BRA 接口分配多个 ISDN 号码后，使用其中的任何一个号码都可以呼叫到该接口上。一个 U 口通过 S/T 口最多可以接入 8 个终端。每一个终端可以设定自己的号码（可以设一个或几个），那么每个设备就有独立的 ISDN 号码，可以单独地接受入呼叫，并且每个设备可以单独计费。

（2）子地址

子地址（SUB）业务使被服务用户可以扩充其寻址能力，不局限于一个指定的 ISDN 号码。对同一个 S/T 口上不同的终端设备可以指定不同的子地址（1～4 位），使每个终端设备都可以独立寻址。每个设备的地址由号码和子地址组成，号码和子地址之间用“*”或其他方式分开（各厂家规定不一）。

（3）主叫线识别提供和主叫线识别限制

主叫线识别提供（CLIP）：主叫用户呼叫时向被叫提供主叫号码和子地址，而被叫号码在振铃期间可以观察到主叫用户的号码和子地址。

主叫线识别限制（CLIR）：主叫用户可以限制自己的号码和子地址不被泄露。呼叫时，主叫用户的号码和子地址不会在被叫用户终端上显示出来。

（4）被叫线识别提供和被叫线识别限制

被叫线识别提供（COLP）：当被叫用户摘机应答时，被叫用户的号码和子地址会在主叫用户的终端上显示出来。

被叫线识别限制（COLR）：被叫用户有权保护自己的号码和子地址。摘机应答时，被叫自己的号码和子地址不泄露给主叫用户。

（5）用户—用户信令

用户—用户信令（UUS）业务允许用户通过用户—网络接口向与另一个用户发送/接收一些有限的用户提供的信息。这些信息是通过网络透明传输的。一般来说，网络无须解释这些信息。用户—用户信息交换的确认规程不由网络控制，而由用户之间的高层消息来控制。

UUS 可以使 ISDN 用户终端之间利用信令通道（D 信道）进行发送或接收有限的信息，如一些简短的电文或数据信息。主叫用户可以利用此功能将姓名、公司名称等字符传给被叫用户，被叫用户可以一目了然地知道主叫是谁。

根据用户预约的业务种类，网络提供的与电路交换呼叫相关的UUS业务有以下3类业务，这 3 类业务在每个信息单元中最多允许传送 131 个字节。

业务 1：在呼叫建立及清除阶段，将用户—用户信息（UUI）装载在基本呼叫控制消息中传递。

业务 2：在呼叫建立阶段，使用独立于呼叫控制消息的消息传送 UUI。

业务 3：在呼叫进行阶段，使用独立于呼叫控制消息的消息传送 UUI。

（6）终端迁移性

终端迁移性（TP）允许话机在通话期间，在同一个 S 接口上将一个话机从一个插口移动到另一个插口，或者在通话期间，在同一个 S 接口上将一个呼叫从一个话机移动到另一个话机。

3.3 ISDN 的结构

3.3.1 ISDN 的网络结构

ITU-T 在 I.300 建议中对 ISDN 的网络结构进行了描述，其基本结构如图 3-3 所示。从图可以看到 ISDN 的用户—网络接口、网络功能和 ISDN 的信令系统。

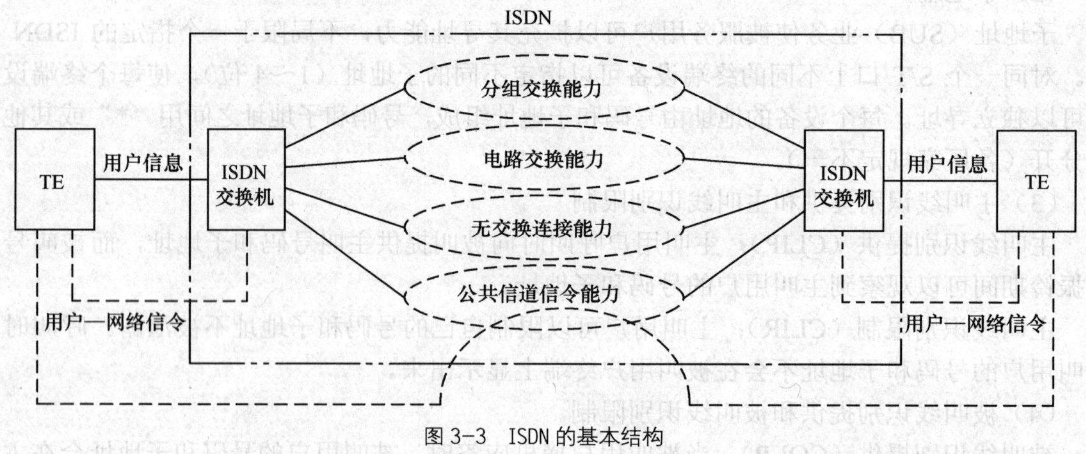

图 3-3 ISDN 的基本结构

ISDN 终端设备通过标准的用户—网络接口接入 ISDN。窄带 ISDN 有以下两种不同速率的接口。

① 基本速率接口（Basic Rate Access，BRA），速率为 144kbit/s，支持两条 64kbit/s 的用户信道和一条 16kbit/s 的信令信道。

② 一次群速率接口（Primary Rate Access，PRA），其速率和 PCM 一次群速率相同（2 048kbit/s 或 1 544kbit/s），支持 30 或 23 条 64kbit/s 的用户信道和一条 64kbit/s 的信令信道。

这两种接口都可以用双绞电缆作为传输介质。

ISDN 具有以下多种能力，用以承载不同的业务。

① 电路交换能力。

② 分组交换能力。

③ 无交换连接能力（或称非交换连接能力）。

④ 公共信道信令能力。

在一般情况下，网络只提供底层（OSI 模型 1～3 层）功能。当一些增值业务需要网络内部的高层（OSI 模型 4～7 层）功能支持时，这些高层功能可以在 ISDN 网络内部实现，也可以由单独的服务中心来提供。

ISDN 具有以下 3 种不同的信令。

① 用户—网+络信令。

② 网络内部信令。

③ 用户—用户信令。

这 3 种信令的工作范围不同：用户—网络信令是用户终端设备和网络之间的控制信号；网络内部信令是交换机之间的控制信号；用户—用户信令则透明地穿过网络，在用户之间传送，是用户终端设备之间的控制信号。ISDN 的全部信令都采用公共信道信令方式，因此在用户—网络内部也存在单独的信令信道，和用户信息信道完全分开。

3.3.2 ISDN 用户—网络接口

1. ISDN 用户—网络接口的参考配置

ISDN 用户—网络接口的参考配置（参考模型）如图 3-4 所示，它是 ITU-T 对用户—网络接口进行标准化而建立的一种抽象化的接口安排，它给出了需要标准化的参考点和与之相关的各种功能群。

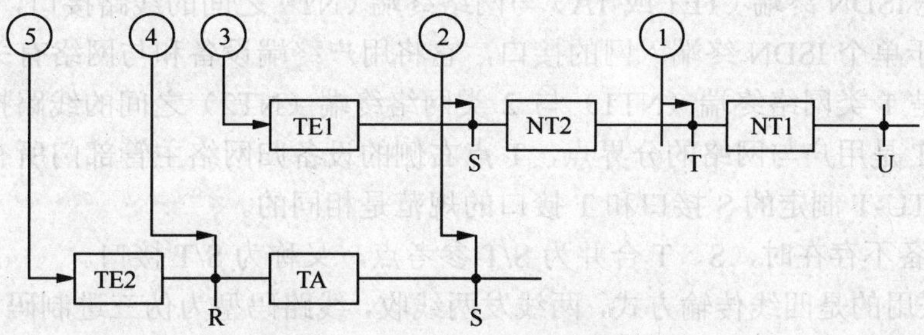

图 3-4 ISDN 用户网络接口参考配置

功能群（Functional Group）：图 3-4 中的方框表示功能群。它是 ISDN 用户接口上可能需要的各种功能的组合和安排，在实际的应用中，若干个功能群可能由一种设备来实现。

参考点（Reference Point）：图 3-4 中十字交叉点表示参考点。它是划分功能群的概念性参照点，它可以是用户接入中各设备单元间的物理接口。当多个功能群合在一个设备中实现时，功能群之间的参考点仅仅是在概念上存在，观察不到实际的物理接口。

2. 参考点

（1）U 参考点

U 参考点是网络与用户之间的线路接口，又称 U 接口。参考点 U 对应于用户线，这个接口用来描述用户线上的双向数据信号。按照 ITU-T 规范的规定，“U 接口”是特指 ISDN BRA

用户和网络之间的线路接口，PRA 用户和网络之间的线路接口不叫“U 接口”。但对照图 3-4 参考模型和 PRA 的实际应用场合，可以认为 PRA 应用场合的实际 E1 线路就是图 3-4 的“U 接口”。ITU-T 还没有建立 U 接口的标准。

BRA U 接口规定了传输线路码型。U 接口利用的是原有模拟用户线，为了能在双绞线上传输数字信号，需要尽可能地降低传输衰耗。降低传输衰耗的一种办法是把线路上的传输速率降下来，即用一个电平来传递 2 位二进制信息。我国 U 接口采用的传输线路码型是 2B1Q 码，即线路上传输的是 4 个电平，每一个电平表示两位二进制码的一种组合。具体对应关系表示如下。

二进制码	线路电平
00	−3V
01	−1V
10	+3V
11	+1V

这样传输线路上的速率比二进制码速率降低一半，减小了传输衰耗。

采用 2B1Q 线路编码时，线路上的码元速率（波特率）为 80kbit/s，对应的带宽为 160kbit/s。带宽分配如下。

2B 信道：业务信道，速率为 128kbit/s。

D 信道：信令信道，速率为 16kbit/s。

（2）S 参考点和 T 参考点

S 参考点是 ISDN 终端（TE1 或 TA）与网络终端（NT）之间的线路接口，又称为 S 接口。参考点 S 对应于单个 ISDN 终端入网的接口，它将用户终端设备和与网络有关的通信功能分开。T 参考点是 1 类网络终端（NT1）与 2 类网络终端（NT2）之间的线路接口，又称为 T 接口。参考点 T 是用户与网络的分界点，T 点右侧的设备归网络主管部门所有，左侧的设备归用户所有。ITU-T 制定的 S 接口和 T 接口的规范是相同的。

当 NT2 设备不存在时，S、T 合并为 S/T 参考点，又称为 S/T 接口。

S/T 接口采用的是四线传输方式，两线发两线收，线路码型为伪三进制码，又称 AMI 码。AMI 码是将二进制码的 1 转换成正脉冲或负脉冲，正负脉冲前后交替；将二进制的 0 转换成零电平。二进制码与 AMI 码的对应关系如图 3-5 所示。

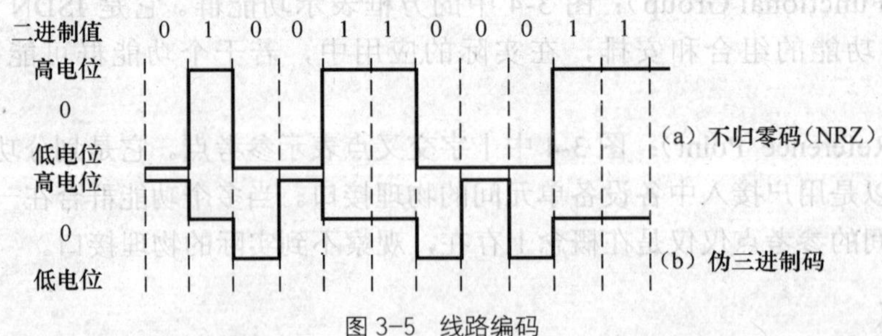

图 3-5　线路编码

（3）R 参考点

R 参考点是非标准 ISDN 终端接口，又称 R 接口，如 RS-232 接口、IEEE-488 接口、模拟电话接口等。参考点 R 提供非 ISDN 标准终端的入网接口，它位于 TE2 和 TA 之间。在典型的情况下，这个接口符合 ITU-T X 系列或 V 系列的建议。

3．功能群

按照图 3-4 所示的参考配置，用户接入 ISDN 网的功能可划分成以下几个功能群，这些功能群被一些参考点分开。

（1）网络终端 1

网络终端 1（Network Terminal Type 1，NT1）提供 U 接口和 S/T 接口，用于连接 ISDN 终端和 ISDN 交换机的设备，主要功能是在 U 接口和 S/T 接口之间进行码型转换，如中国标准的 2B1Q/AMI 码型转换。NT1 可能属于网络运行管理部门所有，是网络的边界，这个边界使用户设备不受用户线上传输方式的影响。此外，NT1 还支持多个信道（如 2B+D）的传输，这些信道的信息在第 1 层上用同步时分复用方法复用成统一的数字比特流。最后，NT1 还以点对多点的方式支持多个终端设备同时接入。

NT1 一般是纯物理层设备，包含 OSI 第 1 层的功能，即用户线传输终端的有关功能，不具有软件智能，但具有线路维护和性能监控功能，保证 ISDN 终端和网络的时钟同步。

（2）网络终端 2

网络终端 2（Network Terminal Type 2，NT2）又叫做智能的网络终端，可以包含 OSI1～3 层的功能。NT2 可以完成交换和集中的功能。NT2 的例子有数字 PBX、集中器和局域网。数字 PBX 和局域网可以将一定数量的终端设备连接成局部地区的专用网络，提供本地交换功能，并经过 T 参考点和 NT1 将局部网络和 ISDN 沟通。集中器不能进行本地交换，但是它将一群本地终端的通信业务量集中起来，再和 ISDN 相连，以提高用户－网络接口上信道的利用率。

（3）1 类终端设备

1 类终端设备（Terminal Equipment Type 1，TE1）是 ISDN 标准终端，它具有标准 S 接口，可以通过 S 接口直接与 NT1 或 NT2 相连。常见 TE1 设备包括 ISDN 数字电话机、G4 传真机、可视电话等。TE1 完成用户侧 1～3 层的功能以及面向某种应用的高层功能。

（4）2 类终端设备

2 类终端设备（Termianl Equipment Type 2，TE2）是指非 ISDN 标准终端，它不具备 S 接口，不能直接与 NT1 或 NT2 相连。必须通过 TA（终端适配器）接入 S 口。常见 TE2 设备包括普通 PC、普通电话机、X.25 分组终端、G3 传真机等。TE2 完成面向某种应用的高层功能以及和非标准接口（R 参考点）有关的底层功能。

（5）终端适配器

终端适配器（Terminal Adaptor，TA）完成适配器功能（包括速率适配及协议转换），使 TE2 能接入 ISDN 的标准接口。TA 具有 OSI 第 1 层的功能以及高层功能。

由于非 ISDN 标准终端不具备共路信令信道（D 信道）功能，所以非 ISDN 标准终端（TE2）必须经过 TA 的速率适配及协议转换后，才能接到 S 接口或 U 接口上。

某些 TA 内置了 AT 命令集。AT 命令集是计算机操作 MODEM 的一种通用命令格式，它支持从计算机上直接发起呼叫及应答呼叫，即把 AT 命令转换为 D 信道信令。这样计算机经终端适配器可以同时打电话和传数据。

以上各功能群的功能如表 3-1 所示。

表 3-1　　ISDN 功能群的功能

NT1	NT2	TE	TA
① 用户线传输终端 ② 线路维护和性能监视 ③ 时钟同步 ④ 供电 ⑤ 第1层多路复用 ⑥ 接口终端（包括具有第1层冲突裁决的多点接口终端）	① 第2、3层协议处理 ② 第2、3层复用 ③ 交换 ④ 集线 ⑤ 维护功能 ⑥ 接口终端和其他第1层功能	① 协议处理 ② 维护功能 ③ 接口功能 ④ 和其他设备的连接功能	接口特性变换（包括速率适配，协议转换及必要的模数转换等）

图 3-4 所示的参考配置和 ISDN 业务有一定的关系，图中的①点和②点（即参考点 T 和 S）是承载业务的接入点，基本的业务概念是相同的。例如，一项电路方式 64kbit/s、8kHz 结构的不受限制的数字信息承载业务可以在①点和②点中的任一点上得到。究竟从①点还是从②点接入，取决于用户一侧的通信设备的配置。

接入点④点（即参考 R）使不符合 ISDN 标准的终端设备能够经过终端适配器的转换之后接到 ISDN 的承载业务接入点。

③点和⑤点是用户终端业务的接入点。使用 ISDN 标准终端的用户终端业务从③点接入；使用非 ISDN 标准的用户终端业务从⑤点接入。

4．接入配置

定义了用户－网络接口的功能群和参考点之后，ITU-T 在此基础上建议了各种可能的物理配置（见图 3-6）。这些实际的物理配置可能不同于图 3-4 的参考配置：在用户处可能同时存在 S 和 T 接口；也可能只有 S 没有 T；或者只有 T 没有 S；还可能是 S 和 T 接口重合在一起。

第 1 种配置最容易理解（见图 3-6（a）、图 3-6（b））：一个或多个设备对应于一个功能群，每一个参考点都对应于一个实际的物理接口，就像上一节介绍的参考配置一样。

第 2 种配置（见图 3-6（c）、图 3-6（d））只有 S 接口，没有 T 接口，原因是 NT1 和 NT2 的功能合并了，即传输终端功能和其他 ISDN 接口功能结合起来了。出现这种情况的例子是在一些国家中，电信业务由一家垄断，没有竞争，物理的主管部门既提供 NT1 功能，又提供计算机、局域网和数字 PBX 设备，因此 NT1 的功能可以综合到这些设备中去。还有一些国家（例如美国），NT1 功能不由物理提供，而是由数量众多的厂商来竞争，这样，制造局域网和数字 PBX 的厂商就很可能将 NT1 的功能也综合到他们的设备中去，从而使 NT1 和 NT2 合并，T 接口消失。

第 3 种配置只有 T 接口，没有 S 接口，在两种情况下可能出现这种配置：一种是 NT2 和 TE 的功能合并了（见图 3-6（e））。例如一个多用户计算机系统，主机在支持多个终端操作的同时还通过 T 接口连到 ISDN，使每个终端都能对外通信。另一种是 NT2 和 TA 的功能结合到一起（见图 3-6（f））。例如一个 PBX 或 LAN，一方面以某种非 ISDN 的标准接口（例如以太网接口）支持各种终端设备的接入，另一方面还通过 T 接口和 ISDN 相连。

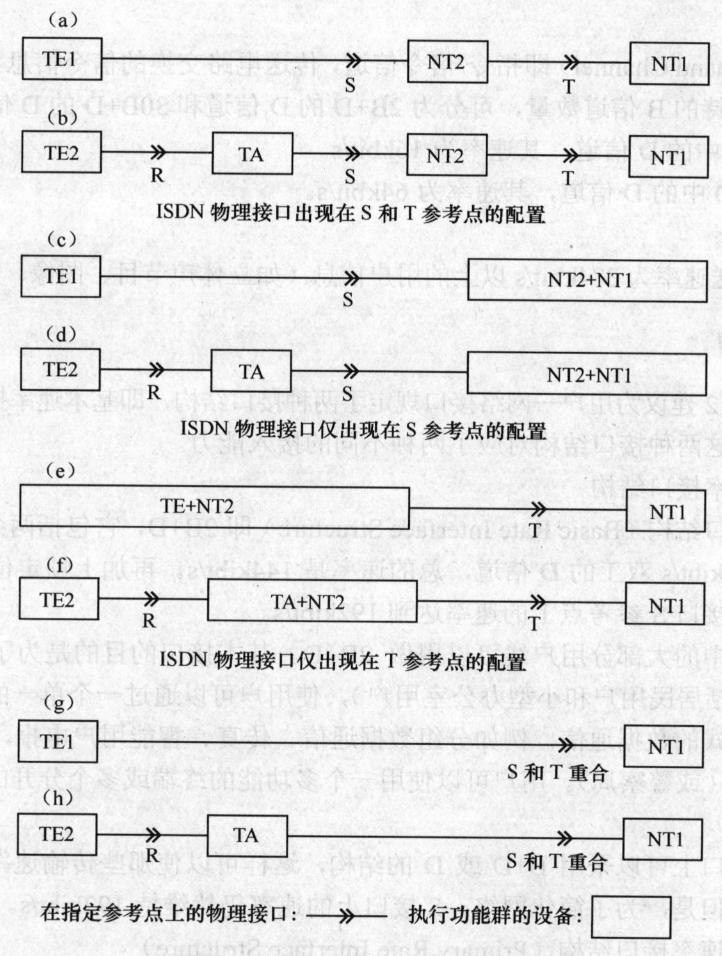

图 3-6 用户—网络接口物理配置举例

在最后的一种配置中，S 和 T 接口重合到一起，这时不存在 NT2 的功能（见图 3-6（g）、图 3-6（h）），TE1 或 TE2+TA 直接连到 NT1。这种配置表明了 ISDN 接口的一个重要特性，即高度兼容性：一个 ISDN 终端设备，可以直接连到用户线的终端设备，也可以连到 PBX 和 LAN，而并不需要做任何接口的改变。这个特性保证了 ISDN 用户设备的可移动性。

图 3-6 说明了一个问题：一个给定的 ISDN 功能可以用不同的技术实现，而不同的 ISDN 功能可以综合到同一个设备。以 NT1 和 NT2 为例，在第 1 种配置中，两个功能分别由不同的设备实现；在第 2 种配置中，这两个功能由一台设备提供；在第 3 种配置中，NT2 功能和 TE 或 TA 功能合并到同一设备中；第 4 种配置的情况与前三种都不同，这说明在某些条件下，NT2 的功能可以省略。

5. 信道结构

ISDN 信道类型是指用户—网络接口的信道通路类型。

（1）B 信道

B 信道（Bearer Channel）即承载信道，供用户传递信息用（如语音、数据、图像等信息），速率为 64kbit/s，可以实现电路交换、分组交换和半永久连接。

（2）D信道

D信道（Demand Channel）即指令/信令信道，传送电路交换的信令信息和分组数据信息。根据D信道所支持的B信道数量，可分为2B+D的D信道和30B+D的D信道两种。

D16：2B+D中的D信道，其速率为16kbit/s。

D64：30B+D中的D信道，其速率为64kbit/s。

（3）H信道

H信道是传送速率为384kbit/s以上的用户信息（如立体声节目、图像、数据等）的通道。

6．接口结构

ITU-T的I.412建议为用户—网络接口规定了两种接口结构，即基本速率接口结构和一次群速率接口结构，这两种接口结构对应了两种不同的接入能力。

（1）基本速率接口结构

基本速率接口结构（Basic Rate Interface Structure）即2B+D，它包括两条64kibt/s双工的B信道和一条16kibt/s双工的D信道，总的速率是144kibt/s。再加上帧定位，同步以及其他控制比特，基本接口S参考点上的速率达到192kibt/s。

目前电话网中的大部分用户线可以用做2B+D。基本接口的目的是为了满足大部分单个用户的需要（包括居民用户和小型办公室用户），使用户可以通过一个单一的物理接口同时进行语音和多种形式的数据通信，例如分组数据通信、传真、智能用户电报，或将告警信号传送到中心服务站（或警察局）。用户可以使用一个多功能的终端或多个分开的终端来同时进行这些业务。

有时基本接口上可以采用B+D或D的结构，这样可以使那些传输速率要求不高的用户节省一些开支。但是，为了简化网络，S接口上的速率仍然维持192kibt/s。

（2）一次群速率接口结构（Primary Rate Interface Structure）

一次群速率接口结构如30B+D、23B+D，又叫做基群接口。这种接口的设计，是为了满足那些有大量通信要求的用户，如装有PBX或LAN的用户。因为各国数字传输系统的体系不同，无法用一个统一的数据传输速率来定义这个接口。在美国、加拿大和日本，1 544kibt/s作为一次群速率接口的比特率，而在中国、欧洲和其他地方采用2 048kibt/s的比特率，因此相应地有23B+D和30B+D。在这两种情况下，D信道的速率都为64kibt/s。同样，为了照顾那些通信要求较小的用户，国际电联（ITU）也承认那些B信道较少的一次群速率接口。这些接口的信道结构可用nB+D来表示（$n \leqslant 23$ or $n \leqslant 30$）。此外，某些有大业务量的用户可能用多个一次群速率接口来和网络相连，在这种情况下，一个接口上的D信道可能满足全部信令要求，因而其他接口上就不再需要D信道，它们可以只包含B信道（24B或31B）。

一次群速率接口还可以用来支持H信道。这时接口上可以包含一个64kibt/s的D信道，作为控制信令用，也可以不包含D信道。如果没有D信道，说明属于同一用户的其他接口上D信道提供了全部控制信令。国际电联（ITU）作为一次群速率接口建议了3种支持H信道的结构。

① 一次群速率接口H_0信道结构。一次群速率接口H_0信道结构结构包含多个384kibt/s的H_0结构，可以是$3H_0$+D或$4H_0$（1 544kbit/s接口），也可以是$5H_0$+D（2 048kibt/s接口）。

② 一次群速率接口 H_1 信道结构。根据不同的 PCM 制式，一次群速率接口可以采用两种 H_1 信道结构：H_{11} 信道结构包括一个 1 536kibt/s 的 H_{11} 信道；H_{12} 信道包括一个 1 920kibt/s 的 H_{12} 信道和一个 64kibt/s 的 D 信道。

③ 一次群接口速率 B 和 H_0 混合结构。一次群接口速率 B 和 H_0 混合结构包括 1 个 H_0 信道和 1 个 D 信道，加上在接口容量范围内任何可能的 B 信道和 H_0 信道的组合（例如 $3H_0$+5B+D 和 $3H_0$+6B）。

表 3-2 所示归纳了上述各种接口结构。

表 3-2　　ISDN 用户—网络接口结构

接口类型	用户信道类型	信道结构	接口速率（kbit/s）	D 信道速率（kbit/s）
基本接口	B 信道	2B+D	192	16
一次群速率接口	B 信道	23B+D 30B+D	1 544 2 048	64
	H_0 信道	4 H_0 3 H_0+D 5 H_0+D	1 544 1 544 2 048	
	H_1 信道	H_{11} H_{12}+D	1 544 2 048	
	B/ H_0 混合信道	nB+m H_0+D	1 544 2 048	

3.3.3　ISDN 的地址结构

由于 ISDN 是在电话网的基础上发展起来的综合业务网络，因此，它的编号制度应满足以下两个条件：一是和现有电话网的交换设备相兼容；二是能够和现有公用网的编号制度互通。

一个好的编号制度既有利于网络的实施和扩展，又便于用户记忆和使用，对通信网有着十分重要的意义。为此，ITU-T 对 ISDN 的编号制度进行了设计，这种编号制度具有以下特点。

① 目前 ISDN 的编号制度由 ITU-T E.164 建议规定。

② ISDN 的编号与业务类型（如数据或语音）及连接性能特性无关。

③ ISDN 编号是十进数字序列（不使用字母）。

④ ISDN 和 ISDN 的互通只需使用 ISDN 号码就能实现。

在 ISDN 中，号码和地址是两个概念。ISDN 号码和 ISDN 网络以及编号制度有关，ISDN 号码所包含的信息足以使网络确定呼叫的路由。例如，ISDN 号码可以对应于用户接入网络的位置，即 T 参考点。ISDN 地址由 ISDN 号码和附加的寻址信息所组成，这个附加的寻址信息并不是用来供网络选择呼叫路由，而是使被叫用户能将呼叫分配到合适的终端。例如，ISDN 地址可以对应于单个终端。图 3-7 所示是一个 ISDN 地址和号码关系的例子，在这个例子中，一些终端连接到 NT2（PBX 或 LAN），NT2 作为一个整体，具有一个 ISDN 号码，而每一个终端具有不同的 ISDN 地址。ISDN 号码和地址的另一种解释方法是“ISDN”号码对应于一个 D 信道，这个 D 信道为一群用户设备提供公共信道信令，而每一个用户设备具有一个 ISDN 地址。

图 3-8 所示为 ISDN 的地址结构。ISDN 地址由以下 4 部分组成。

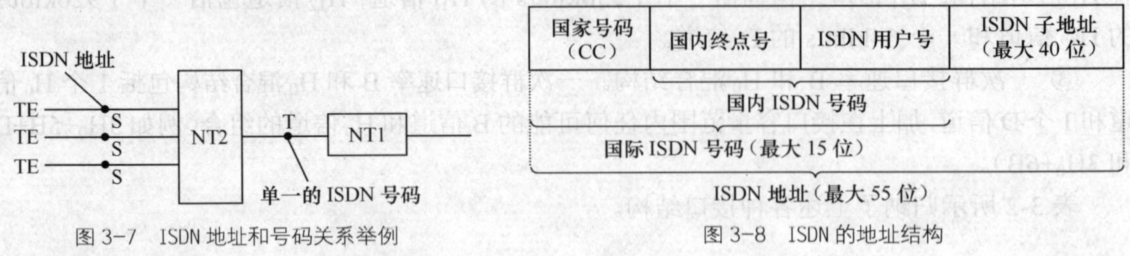

图 3-7　ISDN 地址和号码关系举例

图 3-8　ISDN 的地址结构

（1）国家号码

国家号码（Country Code，CC）表示用户所在的国家（或地区），由 1～3 位十进数字组成。国家号码的编码由 E.163 建议规定，它与目前电话号码计划中的国家号码完全一致。例如美国是 1，中国是 86，日本是 81，等等。

（2）国内终点号码

国内终点号码（National Destination Code，NDC）用来识别用户在国内所处的位置。如果一个国家内有多个 ISDN 和多个公用电话网，NDC 可以用来标识用户所在的网络；NDC 也可以是国内的地区号码，用来标识用户所在的城市或地区；NDC 还可以是以上两种功能的组合，既用来区分网络，又表示地理位置。NDC 的长度是可变的，NDC 的编码由各个国家自行确定。在中国，地区号码由 1～4 位组成，北京是 10，上海是 21，南京是 25，等等。

（3）ISDN 用户号码

ISDN 用户号码（Subscriber Number，SN）用来在一个网和一个地区识别具体的用户。SN 的长度也是可变的，它的编号由各个国家自行规定。

（4）ISDN 子地址

子地址（Subaddress）是附加的地址信息，供被叫用户选择适当的终端，子地址可以用来标识业务类别、终端类别或单个终端。网络对这部分信息不作任何处理。子地址并不包含在一个国家的编号计划内，但是子地址提供了 ISDN 的附加寻址能力。子地址的长度是可变的，最大长度不超过 40 位。

国内终点号码 NDC 加上 ISDN 用户号码 SN，组成了国内 ISDN 号码。国内 ISDN 号码再加上国家号码 CC 组成了国际 ISDN 号码。目前，ITU-T 规定国际 ISDN 号码的最大长度是 15 位。ISDN 子地址加到国际 ISDN 号码上就形成了 ISDN 地址，它的最大长度为 55 位。

3.4　ISDN 协议

ISDN 协议是 ISDN 的各种设备（包括用户终端设备及网络中的交换机等设备）在通信过程中必须遵守的规则。协议（Protocol）又称规程，是两个（或多个）通信实体在相互通信时必须遵循的一系列规则。ISDN 协议是 ISDN 标准化的重要组成部分，只有经过各方面的协商建立统一的协议，才能使各个国家及不同厂商生产的设备可以在 ISDN 网络中协调地工作。由于 ISDN 采用了公共信道信令，使用户信息和控制信令分别在不同的信道中传送，因此用户信息和控制信令将遵守不同的协议。此外，由于业务的多样化，使 ISDN 的协议比一般通信网来得复杂。ISDN 协议包括两个部分：用户—网络接口通信协议及网络内部通信协议。

3.4.1 ISDN 协议的结构模型

基于 OSI 模型，ITU-T 在 I.320 建议中为 ISDN 协议设计了一个立体的结构模型（见图 3-9）。这个模型表示一个 ISDN 终端或网络节点所包含的全部协议。模型由 3 个平面组成，分别对应着 3 种不同类型的信息。

（1）控制平面

控制平面（C）是关于控制信令的协议，它覆盖了所有对呼叫和对网络性能的控制，共 7 层。

（2）用户平面

用户平面（U）是关于用户信息的协议，它覆盖了在用户信息传送的信道上实行数据交换的全部规则，共 7 层。

（3）管理平面

管理平面（M）是关于终端或 ISDN 节点内部操作功能的规则，不分层。

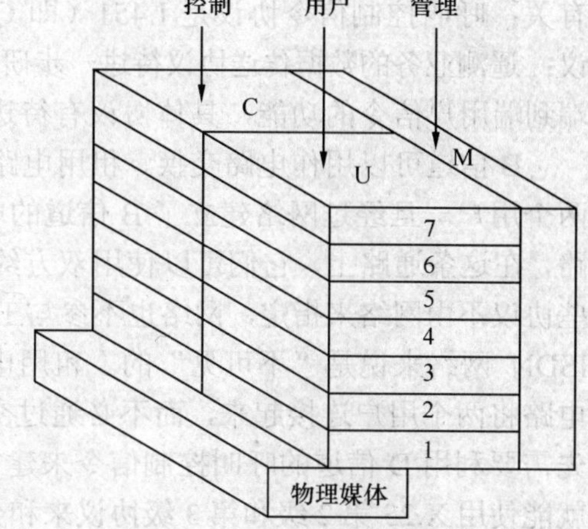

图 3-9 通用 ISDN 协议模型

一般说来，C 平面和 U 平面都可以通过原语和管理平面 M 进行通信，由 M 平面中的管理实体来协调 C 和 U 之间的动作。C 和 U 之间不直接通信。

这个立体的结构模型较好地描述了 ISDN 中多种功能同时存在的情况，又解决了不同协议之间相互关联的问题。

3.4.2 用户—网络接口协议

用户终端设备和网络之间的控制协议结构如图 3-10 所示。在这个接口上的信道主要有两类：B 信道和 D 信道。每个信道上又可以传送不同的信息，而每种信息传送都可以有不同的协议，这里我们关心的主要是低层（1～3 层）协议，因为高层（4～7 层）协议一般都是终端到终端的信息交换规则，和网络无关。

<table>
<tr><td>应用层</td><td rowspan="4">端到端
用户信令</td><td colspan="5" rowspan="4"></td></tr>
<tr><td>表示层</td></tr>
<tr><td>会话层</td></tr>
<tr><td>运输层</td></tr>
<tr><td>网络层</td><td>呼叫控制
I.451</td><td>X.25
分组级</td><td>待研究</td><td colspan="2"></td><td>X.25 分组级</td></tr>
<tr><td>数据
链路层</td><td colspan="3">LAP-D (I.441)</td><td colspan="2"></td><td>X.25LAP-B</td></tr>
<tr><td>物理层</td><td colspan="6">I.430 I.431</td></tr>
<tr><td></td><td>信令</td><td>分组</td><td>遥测</td><td>电路交换</td><td>租用电路</td><td>分组交换</td></tr>
<tr><td></td><td colspan="3">D 信道</td><td colspan="3">B 信道</td></tr>
</table>

图 3-10 用户网络接口协议结构

在第1层上，因为B信道和D信道复用在同一个物理传输介质上，所以这两种信道使用相同的协议：I.430和I.431分别是基本速率接口和一次群速率接口的第1层协议。从第2层向上，B信道和D信道开始使用不同的协议。在D信道上，第2层的协议是I.441（即Q.921），这是一种新的数据链路层标准，专为ISDN的D信道设计，又叫做LAP-D（Link Access Protocol-D channel），即D信道的链路接入协议。第3层的协议和D信道上传送的信息种类有关：呼叫控制信令协议是I.451（即Q.931）；分组数据使用X.25第3级（即分组级）协议；遥测业务的数据传送协议待进一步研究确定。D信道的高层（4～7层）可能会有一些提供端到端用户信令的功能，具体协议有待进一步确定。

B信道可以用作电路交换、租用电路（半永久电路）以及分组交换。对于电路交换业务，两个用户一旦经过网络建立了B信道的电路连接之后，它们之间就存在一条双向的透明的通路，在这条通路上，它们可以使用双方约定的任意一种通信协议（指第2层以上的协议），这些协议不由网络来指定，网络也不参与工作，因此在电路交换时，B信道上4～7层的协议对ISDN网络来说是“不可见”的。租用电路的情况和电路交换十分相似，只是它采用半永久电路将两个用户连接起来，而不必通过交换来建立连接。当B信道用作分组交换时，用户首先需要利用D信道的呼叫控制信令来建立B信道的电路连接，这个连接一旦建立之后，用户就能使用X.25第2级和第3级协议来和分组交换节点机（ISDN交换机或分组网中的节点机）进行通信，先请求建立虚电路，然后和被叫用户交换分组数据。

在以上提到的协议中，只有I.430、I.431、I.441和I.451是专为ISDN设计的，因此，在本节中只讨论这几个协议。

1. 物理层协议（1.430/1.431）

物理层协议（1.430/1.431）是S/T参考点上的物理层协议，其中I.430是关于基本速率接口（2B+D）的协议，I.431是关于一次群速率接口（30B+D）的协议。由于I.431和PCM系统的协议十分相似（实际上部分引用了PCM协议），在本节中不进行介绍。

I.430协议定义了基本速率接口S/T参考点的参考配置、信号在线路上的编码方式、帧结构、多个终端对D信道竞争的裁决方法、激活和解除激活的方法等内容。以下介绍这些方面的规范。

（1）参考配置

ISDN基本速率接口S/T参考点的参考配置如图3-11所示。图中主要的设备是TE（终端设备）和NT（网络终端），TE位于S/T参考点的用户一侧，NT位于该参考点的网络一侧。图中表示了4种类型的拓扑结构。

图3-11（a）所示是点对点结构。只有一个TE连接到NT。TE和NT之间的最大距离是1km（采用0.6mm线径时）。这主要是线路传输衰耗的限制，为了信号正常的传送，要求在96kHz时的传输衰耗不大于6dB。

图3-11（b）所示是NTl星状结构。每个TE都以点对点方式接到NTl、TE和NTl之间的最大距离是lkm。

图3-11（c）所示是短无源总线结构。一组TE以总线方式接到NT，每个TE可以在总线的任意一点接入。这种方式的传输距离比点对点方式要短得多，原因有两个：第一是每个TE在接入总线时都会带来传输的损耗和失真；第二是不同的TE到NT的距离不同，它们传

到 NT 的数字脉冲具有不同的时延，这给 NT 中接收器的同步带来了困难。在这两个原因中，后一个原因是限制总线传输距离的主要因素。为了使接收器能正常工作，必须使总线在没有 TE 接入时环路传输时延不大于 2μs，这相当于把总线的最大长度限制在 100～200m 之内（和线径有关）。由于每个 TE 接入都会引起附加的衰耗和传输时延，因此把总线上的最大 TE 个数限制为 8 个，TE 到总线上插口之间的连线长度限制在 10m 之内。

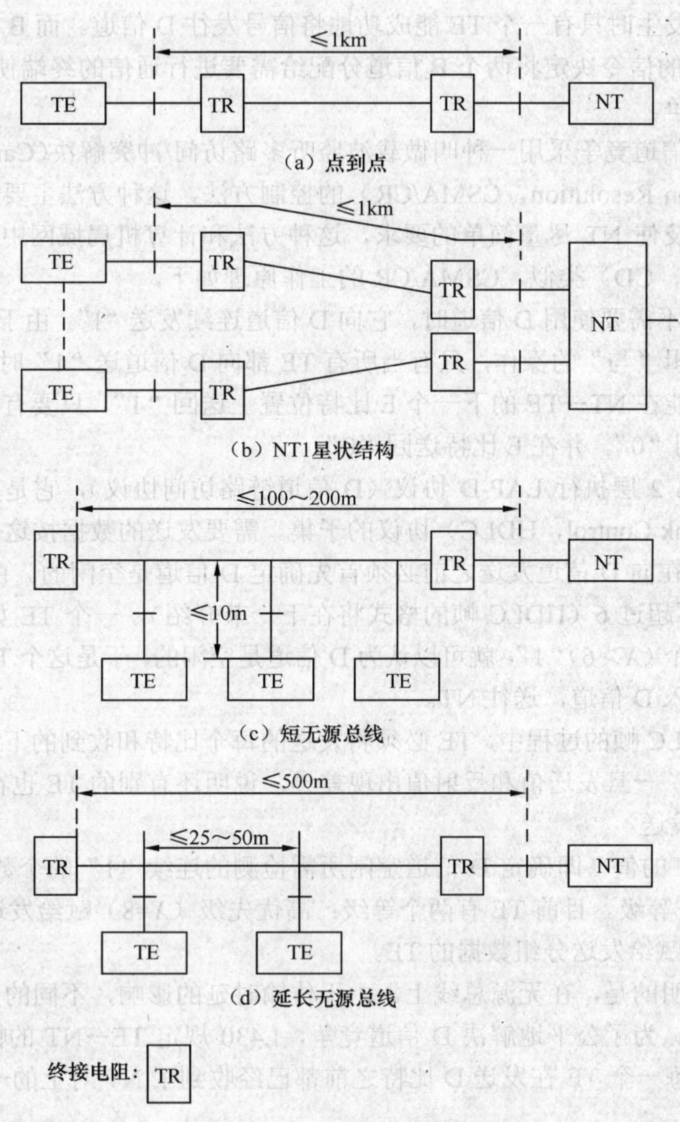

图 3-11 S/T 接口的参考配置

图 3-11（d）所示的结构称为延长的无源总线，它的特点是将所有的 TE 都集中在总线一端的小范围之内（这个范围是 25～50m），以使 NT 到不同 TE 的环路时延之差仍小于或等于 2μs。再考虑到传输衰耗的影响，延长总线的最大长度可定为 500m，TE 最大个数为 4。这 3 个参数（总线长度，TE 在总线上分布的跨度以及最大 TE 个数）在满足传输特性要求的前提下是可以相互调剂的。以上的数值是 ITU-T 的建议，各国的电信部门可以根据情况作出自己的决定。

（2）D信道接入竞争

在用户-网络接口上，当S/T参考点采用总线配置时，会有多个TE接到同一总线上的情况，这时，总线上所有的TE在任何时候都可以通过D信道向NT（并通过NT向网络）发送信令或分组数据。如果在某一时刻，两个或两个以上的TE同时企图向D信道发送信号，就产生了接入竞争。因此，D信道上需要有一个机制来解决竞争，既使每个TE都有机会接入D信道，又使竞争发生时只有一个TE能成功地将信号发往D信道。而B信道的情况不同，网络根据D信道中的信令决定将两个B信道分配给需要进行通信的终端使用。这就是说，B信道的接入没有竞争。

ITU-T解决D信道竞争采用一种叫做载波监听多路访问/冲突解决（Carrier Sense Multiple Access with Collision Resolution，CSMA/CR）的控制方法，这种方法主要考虑到了S/T接口无源总线的特点以及使NT尽量简单的要求，这种方法和计算机局域网中常用的CSMA/CD（Collision Detection，CD）类似。CSMA/CR的工作原理如下。

① 当一个TE不需要使用D信道时，它向D信道连续发送“1”。由于多个TE发送的信号在总线上进行逻辑“与”的操作，只有当所有TE都向D信道送“1”时，NT在D信道中才能收到“1”，才能在NT→TE的下一个E比特位置上送回“1”。只要有一个TE向D信道送“0”，NT就收到“0”。并在E比特送回“0”。

② D信道的第2层执行LAP-D协议（D信道链路访问协议），它是高级数据链路控制（High-level Data Link Control，HDLC）协议的子集。需要发送的数据按这个协议组装成帧送到第1层，第1层在向D信道发送之前必须首先确定D信道是空闲的。由于在HDLC帧中连续“1”的个数不超过6（HDLC帧的格式将在下一节介绍），一个TE如果在收到的E比特中连续检测到X个（$X>6$）“1”，就可以认为D信道是空闲的，于是这个TE就可以将HDLC帧中的数据逐个插入D信道，送往NT。

③ 在发送HDLC帧的过程中，TE必须将发送的每个比特和收到的下一个E比特（D反射比特）进行比较，一旦发送值和反射值出现差异，说明还有别的TE也在使用D信道，这个TE应立即停止发送。

④ 通过改变X的值（即确定D信道空闲所需检测的连续“1”的个数），可以使不同的TE具有不同的优先等级。目前TE有两个等级：高优先级（X=8）赋给发送控制信令的TE；低优先级（X=10）赋给发送分组数据的TE。

有一点需要说明的是，在无源总线上，由于传输时延的影响，不同的TE收到D反射比特的时间是不同的。为了公平地解决D信道竞争，I.430规定TE→NT的帧比NT→TE的帧延迟2bit，以确保每一个TE在发送D比特之前都已经收到了NT对上的一个D比特的反射信号。

（3）激活和解除激活

I.430规定了S/T接口上激活和解除激活的过程。这一过程是通过TE和NT之间一系列控制信号的交换以改变TE和NT的状态来实现的，使TE和NT在需要通信时进入工作状态，工作完毕之后转入低功耗状态。其目的是为了降低TE和NT的功耗。

第1层的激活和解除激活过程由第2层通过原语（Primitive）来激发的，TE和NT的第1层和第2层之间有以下原语。

PH-AR（Activate Request）：激活请求。

PH-AI（Activate Indication）：激活指示。

PH-DI（Deactivate Indication）：解除激活指示。

此外，第 1 层的激活/解除激活受到管理实体的控制。第 1 层和管理实体之间有以下原语。

MPH-AI（Activate Indication）：激活指示。

MPH-DR（Deactivate Request）：解除激活请求。

MPH-DI（Deactivate Indication）：解除激活指示。

MPH-EI（Error Indication）：错误指示。

2．数据链路层协议

（1）总体考虑

I.440/I.441（即 Q.920/Q.921）建议中规定了用户—网络接口 D 信道上的数据链路层协议（第 2 层协议）是 LAP-D（Link Access Protoco1 D channel），这个协议定义了实体经 D 信道交换信息的规则。LAP-D 必须满足以下两点要求。

① 这个协议必须支持接口上多个终端的工作，因为在 ISDN 中多个终端经同一接口接入网络。这些终端可以随意接入和拆除，并不需要事先向网络注册，而只要在使用之前和网络联络一下就行。为了对多个终端进行控制，LAP-D 规定在同一 D 信道上可以建立多条相互独立的链路，而且还有一套对终端标志的管理办法。

② 这个协议必须支持多个第 3 层实体的接入。因为 D 信道上除了控制信令之外，还可以传送分组数据或遥控遥测数据，不同类型的数据在第 3 层是由不同的实体来处理的。为了使这些实体都能得到第 2 层的服务，LAP-D 在 2、3 层的接口上设立了多个业务接入点（Service Access Point，SAP），并给每个 SAP 赋以不同的标志符。

LAP-D 的主要功能如下。

① 帧的分割、同步和透明传输。

② 将 D 信道上需要传送的信息按照一定的格式组装成帧，并实现接收和发送之间的同步，采取一定的措施来保证信息的透明传输。

③ 同一 D 信道上多个数据链路的复用。

④ 允许在同一 D 信道上建立多条数据链路，并使它们相互独立地工作。

⑤ 保持帧接收的顺序和发送的顺序一致。

⑥ 检测数据链路上的传输错误、格式错误和操作错误，用重发的方法来纠正传输错误。

⑦ 当发生了不可纠正的错误时通知管理实体。

⑧ 进行流量控制。

⑨ 物理层的激活管理。

⑩ 接收器和发送器之间进行工作速度的协调。

LAP-D 提供以下两种信息传送方式。

① 非证实信息传送方式。非证实信息传送（Unacknowledged Information Transfer Mode）方式下，传送用户数据的帧不带编号，传送之后不需要证实。这种方式不提供任何差错和流量控制，它不能保证发送的数据正确地到达接收端。接收端发现传输错误时可以将帧丢掉，但它无法通知发送端。这种方式可以支持点到点的通信（网络和一个用户通信），也可以支持广播式的通信（网络同时向几个用户终端发送信息）。这种方式的

主要用途是提供快速的数据传送，例如管理实体之间的告警消息和需要向多个终端广播的消息。

② 证实信息传送方式。证实信息传送方式（Acknowledged Information Transfer Mode）是一种面向连接的信息传送方式，即在传送数据之前，先要建立两个第2层实体之间逻辑连接，数据传送之后，需要拆除这个逻辑连接。LAP-D 使用的连接方式是异步平衡模式（Asynchronous Balanced Mode，ABM）ABM 是 HDLC 的一种工作方式，按照这种方式，链路两边的通信实体不分主次，任意一个都可以主动发送数据，不需要对方的许可。数据传送采用带编号的帧。在连接建立阶段，接口的任一侧都可以发出建立异步平衡模式连接的请求，当得到对方的肯定回答之后，逻辑连接就已经建立起来，双方可以进入数据传送阶段。逻辑连接的存在意味着 LAP-D 的功能实体正在对连接两侧所发送和接收的帧进行监视，以便进行差错控制和流量控制。在数据传送阶段，所有发送的帧都能得到对方送回的证实信号，这样保证了数据的正确传送。在连接拆除阶段，连接的任一侧都可以提出终止连接的请求，当对方响应之后，通信即终止。

证实信息传送方式提供了可靠的数据传送，它比非证实方式用得更为广泛，绝大部分信令和分组数据都用证实信息传送方式传送。在同一 D 信道上，证实信息传送方式和非证实信息传送方式可以同时存在。

（2）帧结构

LAP-D 的帧结构如图 3-12 所示，一帧由 5 种字段组成：标志段 F，地址段 A，控制段 C，信息段 I 和帧检验序列段 FCS，下面分别介绍这些字段的内容及用途。

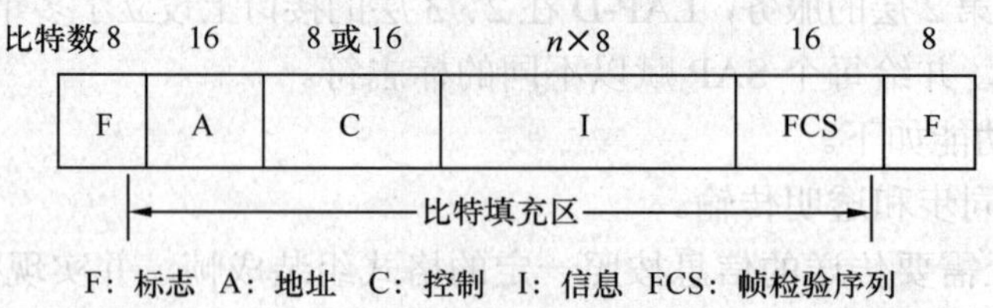

图 3-12 LAP-D 的帧结构

① F：标志段。标志段（Flag）的作用是标志一帧的开头和结尾，它用一个特殊的 8bit 码组 01111110 表示。一个标志段可以既作为上一帧的结束标志，又作为下一帧的开始标志，以达到帧同步的目的。一旦发现这个码组，便认为一帧已经结束，所以在接收到的一帧中除了 F 之外的其他字段内都不允许出现这样的码组。为了保证数据的透明传送（即对用户向信道上发送的数据内容不加限制和不作改变），LAP-D 采用比特填充的方法来防止其他字段中出现的 01111110 码组干扰帧同步。具体的做法是发送端除了 F 段以外，每发送 5 个连续的“1”比特之后就要插入一个“0”比特，而接收端对两个 F 之间的数据作相反的处理，即收到连续的 5 个“1”之后立即将随之而来的一个“0”比特删掉。比特填充的原理如图 3-13 所示。由图 3-13 可以看到，并非每一个插入的“0”比特对于防止虚假 F 码组都是必须的，但是这种算法比较简单，容易实现。

② A：地址段。地址段（Address）的主要用途是标志 D 信道上的多个数字链路，地址段的长度是 16bit，包括 TEI、SAPI、C/R、EA 等 4 个组成部分，地址段格式如图 3-14 所示。

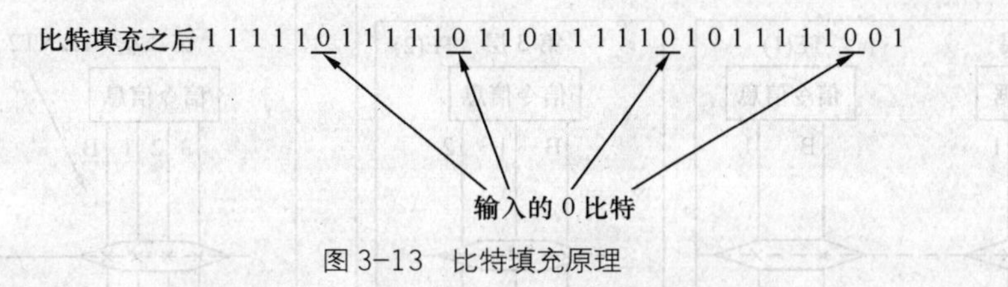

图 3-13 比特填充原理

终端端点标志（Terminal Endpoint Identifier，TEI）用来区别不同的用户终端设备。有时可以给一个用户设备分配多个 TEI（例如终端集中器），但是同一接口上的多个设备不能使用相同的 TEI。

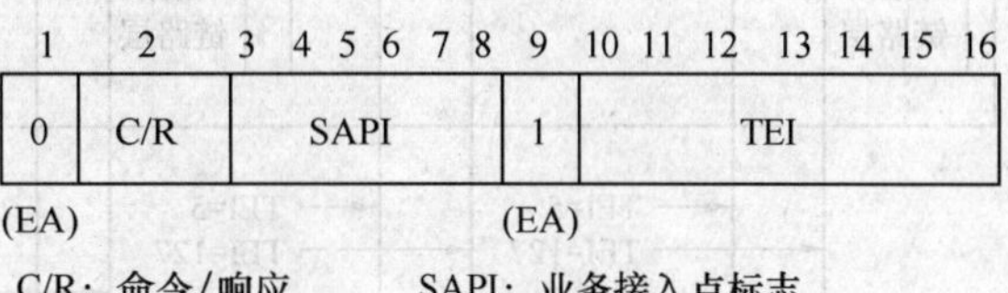

图 3-14 地址段格式

TEI 有自动分配和人工分配两种方法，它的取值范围如表 3-3 所示。

表 3-3 **TEI 的取值范围**

TEI 值	用 户 类 型
0～63	非自动分配 TEI 的用户设备
64～126	自动分配 TEI 的用户设备
127	广播链路连接中终端设备群的的标志

业务接入点标志（Service Access Point Identifier，SAPI）用来区别不同的第 3 层实体和管理实体。SAPI 值的分配如表 3-4 所示。目前已经分配了 4 个值：“0”对应于第 3 层的呼叫控制实体，其功是按照 I.451 建议控制 B 信道上的呼叫；“16”对应于 X.25 第 3 层实体，用于处理 D 信道上的分组方式通信；“63”对应于第 2 层的管理实体；“1”是 1988 年才定义的 SAPI 值，对应于使用 I.451 的分组方式通信实体，它的用途是处理用户到用户信令。

表 3-4 **SAPI 值的分配**

SAPI 值	对应的第 3 层实体或第 2 层管理实体
0	呼叫控制过程
1	使用 I.451 建议的分组方式通信实体
16	使用 X.25 第 3 层协议的分组方式通信实体
63	第 2 层管理过程
其他	备用

在一个用户终端设备中（同一个 TEI），可能存在不同的第 3 层实体；它们对应不同的 SAPI。TEI 和 SAPI 加在一起，既标识了一个用户侧第 3 层实体，又标识了 D 信道上一个独特的逻辑连接，因此 TEI+SAPI 又叫做数据链路连接标志（Data Link Connection Identifier, DLCI）。图 3-15 所示为在一个 D 信息上的多重数据链路连接。

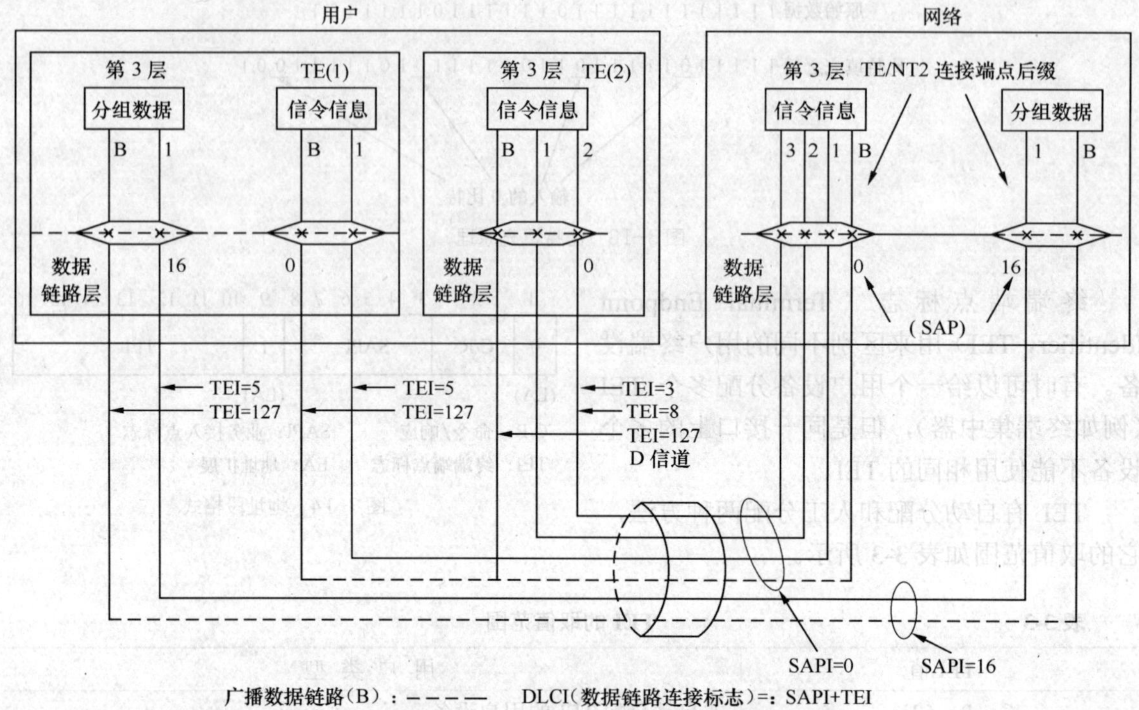

图3-15　D信道上的多重数据链路连接

TEI+SAPI 便是区分不同数据链路连接的标志。在发送端，由第 3 层实体来指定这个地址；在接收端，根据这个地址将数据送到指定的第 3 层实体。

C/R 比特是地址段的第 2 个比特，它的用途是区分该帧是命令帧还是响应帧，C/R 比特的赋值方法如表 3-5 所示。

表 3-5　　　　C/R 比特赋值

命令/响应	方　向	C/R 值
命令	网络→用户	1
	用户→网络	0
响应	网络→用户	0
	用户→网络	1

EA 是地址扩展比特，地址段中每个字节的第 l 位都是 EA 比特。EA=0 表示下一字节仍是地址段，EA=l 表示本字节是地址段的最终字节。EA 的设置是为了适应地址长度可变的协议，在 LAP-D 中，因地址长度固定为 2 字节，因此，第 1 个 EA 固定为“0”，第 2 个 EA 固定为“1”。

③ C：控制段。LAP-D 定义了 3 种类型的帧。

a．信息帧（I 帧）用来传送用户数据，但在传用户数据的同时，I 帧还捎带传送流量控制和差错控制信息，以保证用户数据的正确传送。

b．监视帧（S 帧）专门用来传送控制信息，当流量和差错控制信息没有 I 帧可以“搭乘”时，需要用 S 帧来传送。

c．末编号帧（U 帧）有两个用途：传送链路控制信息以及按非证实信息传送方式传送用户数据。

这 3 种帧的控制段（Control）的格式是不同的（见图 3-16）。I 帧和 S 帧控制段的长度为 2 字节，U 帧控制段长 l 字节。控制段的第 1 个比特或第 1、2 两个比特用来区分帧的类型。I 帧的控制段包含该帧（正在发送的帧）的序号 N（S）以及发送侧正在等待的（准备接收的）帧序号 N（R）。S 帧仅包含准备接收的帧号 N（R）。N（S）和 N（R）供差错控制和流量控制用。U 帧不包含这两个数据。S 帧中的 SS（第 3、4 比特）是监视功能的编码。U 帧中的 5 个 M 比特（3、4、6、7、8 比特）是链路控制功能的编码。

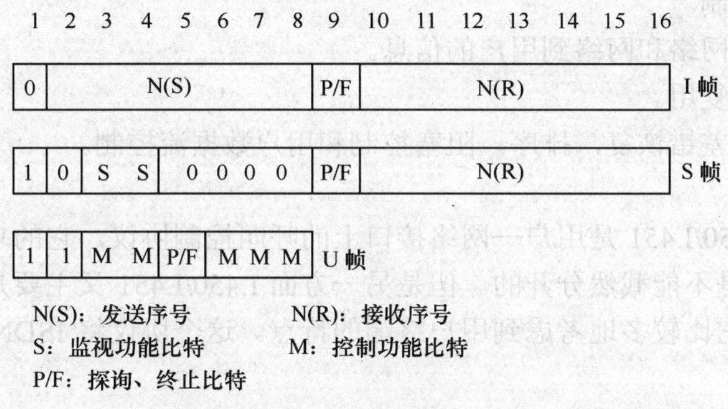

图 3-16 控制段格式

所有帧的控制段都含有（探询/终止 P/F）比特。在命令帧中，这个比特按 P 解释，需要探询时，将 P 置成“1”，表示要求对方发回响应。在响应帧中，这个比特按 F 解释，如 F 被置成“1”，表示这个响应帧是对对方探询（P=1）的回答。

④ I：信息段。信息段（Information）仅在 I 帧和某些 U 帧中出现，S 帧不含信息段。信息段包含的是用户数据，可以是任意的比特序列，它的长度必须是 8 的整数倍（即整数个字节），I.441 建议中规定信息段的最大长度为 260 个字节。

⑤ FCS：帧检验序列。帧检验序列（Frame Check Sequence，FCS）又称错误检验码，长度为 16bit，由发送端根据所需发送的数据内容，按照一定的算法计算而产生。FCS 和需要发送的数据一起送往接收端。接收端只需将收到的数据和 FCS 的值按照同样的算法进行计算，就能发现传输的错误。

FCS 具有很强的检错能力，它能检验出在任何位置上的 3 个以内的错误，所有的奇数个错误，16bit 之内的连续错误以及大部分的大量突发错误。这里说的 1 个错误就是 1 个比特的信号在传输过程中改变了它的值（“0”变“1”或“1”变“0”）。

3．第 3 层呼叫控制协议

用户—网络接口 D 信道上第 3 层的呼叫控制协议由 I.450/I.451（即 Q.930/Q.931）建议定义。它规定了 B 信道上连接的建立过程以及 D 信道上提供用户—用户信令业务的过程。

（1）总体考虑

ISDN 的呼叫控制协议必须具有通用性。首先，它必须适应大量业务以及业务性能的要求；其次，它应该能使所有的用户设备进入公用网和专用网。

I.450/I.451 建议规定呼叫控制层的主要功能如下。

① 处理第 3 层消息，并和交换机的呼叫控制及资源管理实体通信，共同完成呼叫处理工作。

② 与相邻层用原语进行通信。

③ 必要的资源管理（信道、呼叫参考值等）。

④ 提供用户所要求的基本业务和补充业务性能。

⑤ 选路和中继。

⑥ 网络连接控制。

⑦ 传递用户到网络和网络到用户的信息。

⑧ 网络连接的复用。

⑨ 差错检测，差错恢复，排序，阻塞控制和用户数据流控制。

⑩ 重新启动。

应该注意到 I.450/I.451 是用户—网络接口上的呼叫控制协议，它的功能和网络的呼叫处理、资源控制功能是不能截然分开的。但是另一方面 I.450/I.451 又主要是关于用户接入网络的信令规则，因此它比较多地考虑到用户终端的特点。这个协议将 ISDN 支持的用户终端设备划分成以下两类。

① 终端。终端（Functional Terminals）是指一些智能的终端设备。它们可以使用 I.451 的全部呼叫控制消息和参数，它们将全部呼叫请求信令信息组合成一个控制消息向网络发送，这种方式叫做整体发送（En Bloc Sending）。

② 激励型终端。激励型终端（Stimulus Terminals）是指一些信令功能比较低下的设备，例如简单的数字电话机就是激励型终端。这类终端向网络送的消息一般都是由于用户的动作（例如摘机、按键等）而产生的，消息的内容基本局限于描述人—机接口上发生的事件。因此，激励型终端向网络送信令信息的方式是一次送一个事件或一位数字，这种方式叫做重叠发送（Overlap Sending）。网络向激励型终端送的信令消息只包含需要终端操作执行的简明命令（例如接通 B 信道，开始振铃等等）。显然，对于激励型终端，呼叫控制的功能集中在交换机中，因此任何功能的扩展都要由交换机来实现。

（2）消息

为了实现对呼叫的控制，用户侧和网络侧的第 3 层实体需要进行对话，这种对话是通过在 D 信道上交换消息（Message）来实现的。消息是一些长度不等的数据块，由第 3 层产生和处理，放在第 2 层的 UI 或 I 帧的数据段中进行传送。图 3-17 表示消息的传送过程，由图可以看出第 3 层消息和第 2 层（I.440/I.441）帧以及第 1 层（I.430）帧的关系。第 3 层产生的消息要在第 2 层加上头尾，组装成第 2 层帧，然后逐个比特地插入第 1 层 I.430 帧的 D 信道位置，和两个 B 信道的信息复用在一起，才能传送到线路上去。在接收端，经过第 1 层的分路，D 信道和 B 信道分开，又经过第 2 层的处理，消息才能到达第 3 层。应该说明的是，图 3-17 的第 1 层协议是以 S/T 参考点的协议 I.430 为例，而在 U 参考点，数据的格式与此不同。

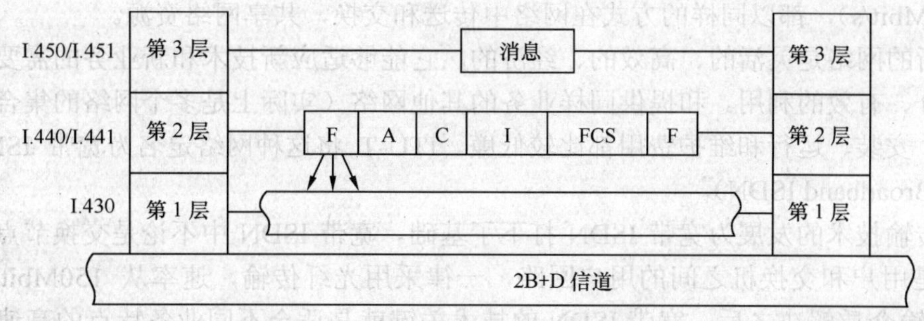

图 3-17 消息的传送过程

3.4.3 ISDN 网络协议——No.7 信令系统

在 ISDN 网络内部，交换机之间的信令也采用公共信道信令，这些信令和网络中传送的用户信息完全分开，自成系统。No.7 信令系统是目前国际上使用的最先进的一种公共信道信令系统，它由 ITU-T 在 1980 年提出，1984 年和 1988 年两次修改，比较完善。

No.7 信令系统采用开放的结构，在一个公共的基础之上可以附加各种各样的应用部分。这个特点使 No.7 信令系统可以用于各种各样的电路交换数字网络。No.7 信令系统虽然最初是为数字电话网而设计的，但经过扩展完全适合 ISDN 的要求，它提供了 ISDN 网络的内部控制以及智能化的功能。No.7 信令系统中的 ISDN 用户部分为 ISUP，关于 No.7 信令系统可参见第 1 章 1.7.1 小节。

3.5 ISDN 的演进

目前窄带 ISDN 已进入实用化阶段，很多国家的通信网中都加入了 ISDN。但是到目前为止，ISDN 还没有收到预期的效果，人们对窄带 ISDN 的反应并不像原先估计的那样热烈，这可能是因为窄带 ISDN 还缺乏吸引人的新业务，特别是在那些发达国家，原有通信网水平较高，语音和非话业务都开展得很好，用户不愿意丢掉原有设备重新投资建设 ISDN。

窄带 ISDN 之所以不能提供更新业务的原因是信息的传送速率受到限制，由于采用传统的铜线，受当时技术条件的限制，窄带 ISDN 在用户入网接口处的速率不能高于 PCM 一次群的速率，这个速率不可能用来传送电视信号，也不能提供相应的视频业务。

窄带 ISDN 是在数字电话网的基础上演变而成的，因此它的主要业务仍是 64kbit/s 电路交换业务。这种业务对技术发展的适应性很差，例如采用自适应差分 PCM 编码（ADPCM），语音编码之后的速率是 32kbit/s，将来还会有更低速率的语音信号。这些低于 64kbit/s 的信号必须经过速率适配之后才能使用 B 信道，这时 ISDN 网络内部的资源并没有得到有效的利用。

窄带 ISDN 虽然也综合了分组交换业务。但是这种综合仅在用户接入接口上实现，在网络内部仍由分开的电路交换和分组交换实体来提供不同的业务，这种综合是不完全的。

为了克服窄带 ISDN 的局限性，人们从 20 世纪 80 年代初期（当时窄带 ISDN 刚刚产生）就在寻求一种更新的网络，这种网络能够提供高于 PCM 一次群速率的传输信道，能够适应全部现有的和将来可能的业务，从速率最低的遥控遥测（几 bit/s）到高清晰度电视 HDTV

（100～150Mbit/s），都以同样的方式在网络中传送和交换，共享网络资源。

这个新的网络是灵活的、高效的、经济的，它能够适应新技术和新业务的需要，它的资源得到充分、有效的利用。和提供同样业务的其他网络（实际上是多个网络的集合）相比，它的生产、安装、运行和维护费用都比较低廉。ITU-T 将这种网络定名为宽带 ISDN，又称 B-ISDN（Broadband ISDN）。

光纤传输技术的发展为宽带 ISDN 打下了基础。宽带 ISDN 中不论是交换节点之间的中继线，还是用户和交换机之间的用户回路，一律采用光纤传输，速率从 150Mbit/s 直到几 Gbit/s。传输介质解决之后，宽带 ISDN 的技术关键就是适合不同业务特点的高速信息传送和交换。在交换节点上，需要用超大规模高速集成器件来传递和处理信息，还需要以全新的概念来组成网络，合理分配网络和终端设备的功能，简化网络的处理功能，使网络具有高速处理能力。

宽带 ISDN 不是现有通信网演变的产物，原因很简单：现有的任何通信网（甚至窄带 ISDN）都不可能适应这样大的速率跨度以及不同类型业务在特性上的差异。宽带 ISDN 是一种全新的网络，它的信息传送方式、交换方式、用户接入方式、通信协议都是全新的。

3.6 ATM 网络的基本概念

20 世纪 70 年代以来，人们就开始寻求一种通用的通信网络，以适应现在和将来各种不同类型业务的传输、复用、交换和接入（统称为传递）要求。为此引入了窄带综合业务数字网（N-ISDN），实现语音和数据在单一网络上的传递。随着新业务特别是多媒体业务的出现（如高速数据通信、会议电视、HDTV、VOD 等），N-ISDN 显得无能为力。1986 年国际电联正式提出了宽带综合业务数字网络（B-ISDN）的概念，以区别窄带综合业务数字网。B-ISDN 的发展目标是以一个综合的、通用的网络来承载全部现有的和将来可能出现的业务。为此需要开发新的信息传递技术，以适应 B-ISDN 业务范围大、通信过程中比特率可变的要求。人们在研究、分析了电路交换和分组交换技术之后，认为快速分组交换是唯一可行的技术。国际电联于 1988 年正式把这种技术命名为异步传递模式（ATM），并推荐其作为未来宽带网络的信息传递模式。

3.6.1 ATM 的定义和特点

根据 ITU-T 在 I.113 建议中定义：ATM 是一种传递模式，在这种模式中，信息被分装成信元（Cell）。由于一个通信过程的各信元不需要严格按照一定的规律出现，因此这种传递模式是异步的。“传递模式”是指电信网络所采用的复用、交换和传输技术，即信息从一点“传递”到另一点所用的传递方式。

ATM 作为 ITU-T 建议的 B-ISDN 的传递方式，具有以下技术特点。

① ATM 是一种统计时分复用技术。它将一条物理信道划分为多个具有不同传输特性的虚电路提供给用户，实现网络资源的按需分配。

② ATM 利用硬件实现固定长度分组的快速交换，具有时延小、实时性好的特点，能够满足多媒体数据传输的要求。

③ ATM 是支持多种业务的传递平台，并提供服务质量保证。ATM 通过定义不同的 ATM

适配层（ATM Adaptation Layer, AAL）来满足不同业务对传输性能的要求。

④ ATM 是面向连接的传输技术，在传输用户数据之前必须建立端到端的虚连接。所有数据，包括用户数据、信令和网管数据都通过虚连接进行传输。永久虚连接（Permanent Virtual Connect, PVC）可以通过网管功能建立，但交换虚连接（Switched Virtual Connect, SVC）必须通过信令过程建立。

3.6.2 ATM 信元

信元是 ATM 所特有的分组单元，语音、数据、视频等各种不同类型的数字信息均可被分割成长度一定的数据块（信元）。ATM 信元长度为 53 个字节，分为两个部分：5 个字节的信头用于表征信元去向的逻辑地址、优先级等控制信息；48 个字节的信息段用来装载来自不同用户、不同业务的信息。

信元通过 ATM 网络时经过两种类型的接口，一种是位于终端用户接入到网络的接口（UNI），另一种是位于网络内交换机之间的接口，即网络节点接口（NNI）。图 3-18 所示为 ITU-T 建议 I.361 定义的在不同接口上的 ATM 信元结构。

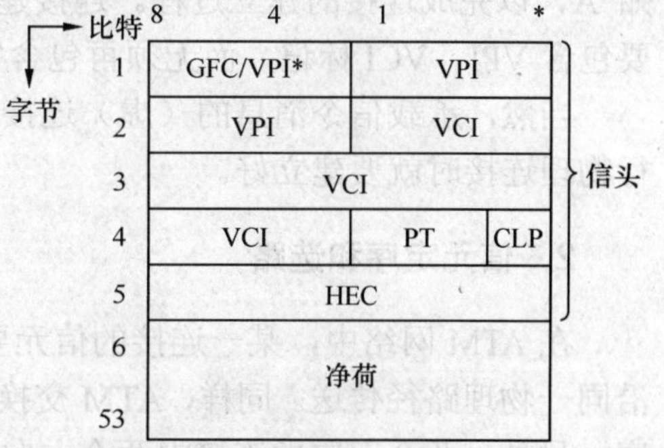

图 3-18 ATM 信元的格式

在信元中，各字段的作用如下。

① 一般流量控制（GFC）：只作用于 UNI，其功能是为了控制用户接入的业务流量，以避免网络拥塞。

② 虚通路标识符（VPI）和虚信道标识符（VCI）：虚电路（Virtual Path, VP）和虚信道（Virtual Channel, VC）是虚电路的两种形式；VPI 和 VCI 是它们的编号，也就是一种标记、标签，主要用于路由选择和资源管理等。

③ 净荷类型（PT）：包括用户信息和业务适配信息，也可用于区分信元净荷是用户数据或是管理数据。

④ 信元丢失优先级（CLP）：在网络拥塞时，用于决定丢弃信元的先后次序。

⑤ 头标差错控制（HEC）：用于针对信元头的差错检测，并起信元定界作用。

⑥ 净荷（Payload）：用于装载用户信息或数据。

3.6.3 ATM 网络的一般通信过程

ATM 网络以面向连接的方式提供端到端的信息通信服务。终端用户在进入正式通信之前，首先要经过呼叫建立过程。连接建立好后，ATM 网络按一定路径顺序转移所服务的信元。

1．呼叫建立

为在端到端之间建立连接，源端点（A）用户需向 ATM 网络发送请求消息，要求与宿端点（B）通信（见图 3-19）。请求消息通常包括呼叫目的地址、所要求的带宽、业务质量（QoS）等参数。用于启动、撤除和修正连接的呼叫控制消息，通称为信令消息。UNI 和 NNI 上通信的信令消息分别遵从 UNI 信令协议和 NNI 信令协议。

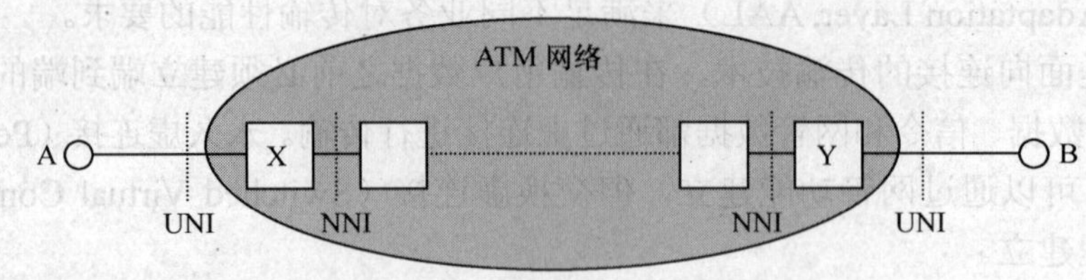

图 3-19 ATM 网络端点间的连接

信令消息也被装入到 ATM 信元进行传送，不过其信头内的 VCI 被置为专用值。与源端点（A）相连接的 ATM 交换机（X）将执行呼叫接纳控制（Connection/Call Admission Control，CAC）功能，并与网络中的其他节点交换机一起，来确定是否支持新的连接。

如果 ATM 网络支持新的连接，由与 B 相连接的交换机（Y）以信元形式向 B 发送建立消息。而若 B 同意接收，则 B 用一个呼叫接受消息应答 Y，并经 ATM 网络送达 X，然后通知 A，以完成连接的建立过程。连接建立后，A、B 间就可以传输信元，这时每个信元中只要包含 VPI、VCI 标记，而无须再包含完整的地址。

当然，承载信令消息的（虚）连接必须在上述连接建立之前建立，即在端点与交换机进行物理连接时就要建立好。

2．信元定序和选路

在 ATM 网络中，某一连接的信元要确保按顺序到达。对于特定的连接，ATM 信元一般沿同一物理路径传送。同样，ATM 交换机在交换过程中，也要确保每条连接中的信元传送顺序。另外，两个双向虚连接中两个方向上的数据流，也通常沿同一物理路径传送。

选路过程是在 ATM 网络确定连接是否支持的同时完成的。交换机在收到连接请求后，如果有充足的资源可以处理连接，则以选路信息和网络资源信息为基础来确定输出链路。而网络中下一段的交换机重复同样的过程，直到宿端点为止。

3.6.4 虚信道连接和虚通路连接

为了适应不同应用的需要，ATM 网络被制定为两级选路，即虚通路（VP）选路和虚信道（VC）选路。

1．虚信道连接

ATM 网络中的每条物理链路，在概念上被划分为若干逻辑虚信道。物理链路中的虚信道由 VCI 区分和标识。经过一条链路的任何通信，必须先由 ATM 交换机分配一条虚信道（即分配 VCI 值），然后才能交换数据。

一条虚信道连接（Virtual Channel Connection, VCC），是通过一定路径上各条链路分配的 VCI 来区分和标识的。换言之，通信双方的虚连接，就是由一系列、与连接双方的物理路由相对应的各条链路上的虚信道组合而成的。

2．虚通路连接

对于规模较大的 ATM 骨干网，进入交换机的 VC 可能成千上万。如果针对每个 VC 都维护一个信息入口，则必然带来对存储器和处理器的较高要求。将具有等同业务流和 QoS 特性的连接组合成一个整体，以便在 ATM 网络的连接管理中增加灵活性和便利性。虚通路就是指示一组具有共同特性的虚信道的符号。与 VCC 相对应，虚通路连接（Virtual Path Connection, VPC）由沿同一物理路由的各个物理链路上的虚通路组织而成。

一条物理链路中的每个 VP 由若干虚信道组成，并由一个唯一的标识符（VPI）来标识。因此，ATM 的虚连接有两级标识符：VPI 和 VCI。与此相对应，在 ATM 信元头中包括了 VPI 和 VCI 字段。ATM 交换机就是根据信元中 VPI/VCI 标记进行交换的。

3.7 ATM 业务

宽带业务也分为用户终端业务和承载业务两类。

用户终端业务是指业务提供者在网络业务的基础上向用户提供的高层业务应用，包括 VOD、会议电视、远程教育、远程医疗等。而承载业务是指网络为用户提供承载的连接属性和传递能力。此外，ATM 网络还具有为用户提供额外的业务能力，称为补充业务。

3.7.1 承载业务

承载业务的划分主要基于下列参数。

① 源端点与目的地端点之间的定时关系（需要或不需要）。

② 比特率（固定的或可变的）。

③ 连接模式（面向连接的或面向无连接的）。

根据这 3 种参数，承载业务可划分为 4 种业务类型 A、B、C 和 D，如表 3-6 所示。

表 3-6 承载业务类型

	类型 A	类型 B	类型 C	类型 D
源端点与目的地端点之间的定时关系	需要		不需要	
比特率	固定	可变		
连接模式	面向连接			无连接

ATM 交换机应能对于各种通信连接结构支持所有的承载业务。

1．业务类型

业务类型分为以下几种。

① 永久虚连接（PVC）ATM 信元中继业务。

② 交换虚连接（SVC）ATM 信元中继业务。

③ PVC 帧中继业务。

④ E1 电路仿真业务。

（1）ATM 信元中继业务

ATM 信元中继业务是基于信元的信息传输业务，它使用户能直接接入到 ATM 层。信元中继业务能够灵活地传送各种用户应用业务流，并支持固定比特率及可变比特率的应用。

ATM信元中继业务可通过永久虚连接（PVC）来支持，也可通过交换虚连接（SVC）来支持。

（2）帧中继业务

帧中继业务是一种面向连接的数据传输业务，在用户网络接口之间提供用户信息流的双向传送，并保持原顺序不变。帧中继业务提供可变长度的分组数据传输。目前要求支持基于PVC的帧中继业务，今后应能支持SVC帧中继业务。

（3）电路仿真业务

使用ATM传输固定比特率（CBR）信号的业务（或电路交换业务）称为电路仿真业务。目前仅要求支持E1电路仿真业务。

在ATM交换设备提供与非ATM网络互连的情况下，这种由用户应用产生的周期性的比特信号应使用AAL类型1传送。

2．业务属性

承载业务可由一系列低层特性和一般特性来描述，这些特性称为属性。一种承载业务是由唯一的一组属性值定义的。

承载业务的属性值划分为下列3类。

（1）信息传递属性（低层）

信息传递属性包括以下几个低层特性。

① 信息传递方式。

② 信息传递速率。

③ 信息传递能力。

④ 结构。

⑤ 通信的建立。

⑥ 对称性。

⑦ 通信配置。

（2）接入属性（低层）

接入属性包括以下低层特性。

① 接入信道和速率。

② 接入协议。

（3）一般属性

一般属性包括以下一般特性。

① 提供的补充业务。

② 服务质量（面向网络的）。

③ 互通能力。

④ 运行和经营方面。

图3-20所示为承载业务各属性组间的关系及其适用的范围。

以下介绍基于ATM的B-ISDN承载业务的主要业务属性值。

（1）信息传递方式

信息传递属性描述通过B-ISDN网络传递（通过传送和交换）用户信息的操作方式，此属性值为ATM。

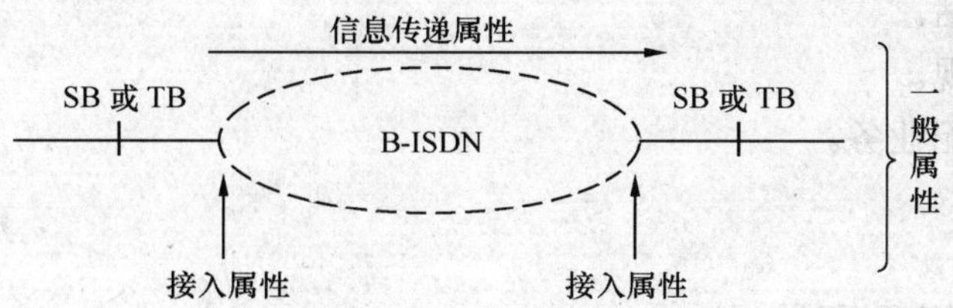

图 3-20 属性间的关系和适用范围

在 ATM 网络中增加下列 4 种子属性来描述业务要求。

① 连接方式：描述面向连接的传递或无连接的传递。

② 业务量类型（在 VC 或 VP 内）：ATM 交换机应支持下列 5 种业务量类型。

a．恒定比特率（CBR）的比特流。

b．实时可变比特率（rt-VBR）的比特流。

c．非实时可变比特率（nrt-VBR）的比特流。

d．非限定比特率（UBR）的比特流。

e．可用比特率（ABR）的比特流。

③ VC 和 VP 的端到端定时。

④ VP 业务的 VCI 透明性。

（2）信息传递速率

信息传递速率（比特率参数）主要由下列两个子属性描述。

① 峰值比特率。

② 平均比特率。

3.7.2 用户终端业务

根据宽带通信及其应用的形式，用户终端业务分为两种类型：交互型业务和分配型业务，如图 3-21 所示。

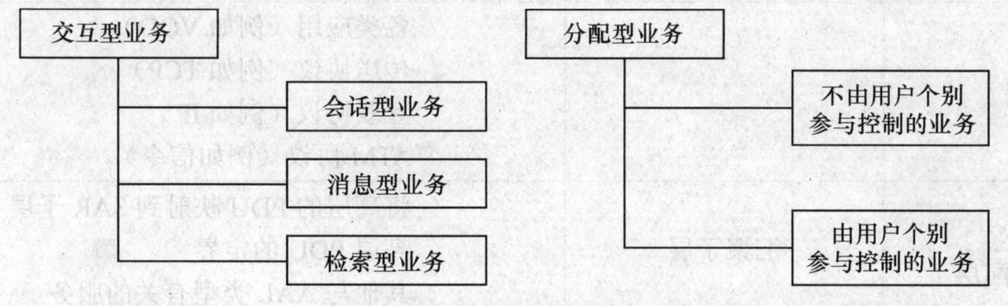

图 3-21 宽带用户终端业务的分类

常用的用户终端业务应用如下。

① LAN 互连。

② LAN 仿真。

③ 高效数据传输。

④ 宽带可视图文业务。

⑤ 宽带可视电话。

⑥ 宽带会议电视。

⑦ 宽带电视分配业务。

⑧ 宽带HDTV。

3.8 ATM的参考模型和协议

ATM协议的制定，参考了OSI协议7层模型的方法，采用分层的体系结构来表述和定义有关功能和接口规范。

3.8.1 分层模型

总的说来，ATM协议包括4个分层：物理层、ATM层、ATM适配层（AAL）和高层，如图3-22所示。

图3-22所描述的模型是基于交换式点到点网络的假设之上。如果ATM协议运行于共享媒体（比如同轴电缆网络等）之上，为了支持ATM层，模型中需要增加一个媒体访问控制（Media Access Control，MAC）层（见图3-23）。模型中各层的功能由表3-7简要说明。

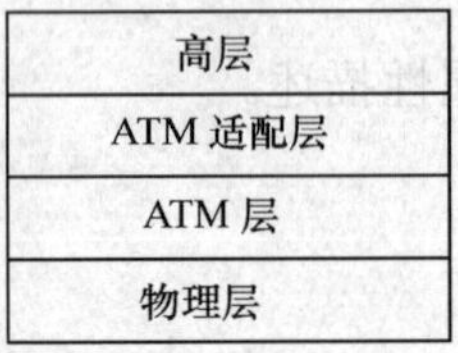

高层
ATM适配层
ATM层
物理层

图3-22 ATM分层协议模型

高层
ATM适配层
ATM层
MAC层
物理层

图3-23 针对共享媒体的ATM分层协议模型

表3-7 ATM分层协议模型中各层功能

层	子 层	功能说明
高层		各类应用（例如VOD） 传送协议（例如TCP） 互联协议（例如IP） ATM协议（例如信令）
ATM适配层	汇聚子层	将高层的PDU映射到SAR子层 高层PDU的定界 其他与AAL类型有关的服务
	SAR子层	分段和重装
ATM层		信元头的生成和提取 信元VPI和VCI变换 信元复用和解复用 用未分配信元实现信元速率的解耦
MAC层		媒体访问控制和一般流量控制

续表

层	子　层	功 能 说 明
物理层	传输汇聚子层	用空信元实现信元速率的解耦 HFC 生成和检验 信元定界 传输帧适配 传输帧生成和恢复
	PMD 子层	位传输功能：位定时、同步、线路编码、光电转换 各种物理传输介质（比如铜线、同轴电缆、光纤）

3.8.2　多平面模型

ISO 制定的 OSI 7 层协议模型，其设计目标，是在针对数据通信的分组交换网之间，提供互操作的协议框架。而 ITU 所设计的 B-ISDN 除了支持数据之外，还要支持音频和视频等大量的不同应用，因此 OSI 模型显得不很充分。另外，OSI 模型没有处理面向连接业务的问题，也没有为支持面向连接业务的连接管理协议。为此，ITU 以分层的概念为基础，为 B-ISDN 定义了正式的协议参考模型（Protocol Reference Model，PRM）。

PRM 中，除了上面提到的 3 个基本协议层之外，将 ATM 协议组织成不同的协议平面：用户、控制和管理（见图 3-24）。这 3 个平面分别表示用户数据传送协议、用于呼叫和连接控制信令协议，以及管理协议。

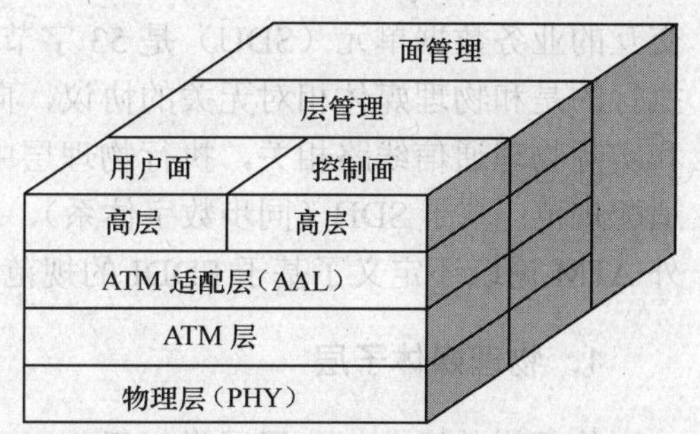

图 3-24　B-ISDN ATM 的协议参考模型

尽管在 OSI 模型中同样需要交换控制信息，但没有为控制信息划分出分立的平面。实际上，OSI 的控制信息，以与用户信息一样的方式发送和接收。换一个说法，OSI 模型采用带内（In-band）信令，而 B-ISDN 采用带外（Out-band）信令。

用户平面与控制平面的分立发生在 AAL 层及其上层，而不是在 ATM 层和物理层。这是因为，ATM 层并不关心 ATM 信元中的净荷内容。无论信元是控制信元还是用户信元，均通过不同的 VCC 在 ATM 层被复用及解复用。管理平面在所有层次上均与用户和控制分立，因为每一层都需要管理协议来支持。

1．用户平面

在 AAL 及其上层，协议功能被分为用户平面和控制平面。用户平面是指在 ATM 端点之间和交换机之间，用于用户数据交换的那些协议。用户平面的分层结构已介绍。用户平面协议只能通过事先建立的虚连接（VPC 和 VCC）承载。用户平面也包括各种业务流量管理协议，如拥塞控制和差错恢复等。

2．控制平面

控制平面由用于呼叫和连接控制的协议组成，这些协议即为信令协议。信令协议负责连接的启动和拆除，它还包括在多方连接中参加方的加入和拆离。通过信令协议控制的这些动态连接，被称为交换式虚连接（SVC）。控制平面同样包含前面叙述过的基本的分层体系结构，在这个方面与用户平面是类似的。

3．管理平面

PRM的管理平面包括所有针对ATM的管理协议。除了常规的网络管理功能之外，管理协议还包括在永久虚连接（PVC）中的连接控制功能。PVC是通过管理协议启动和拆除的，它的处理过程与信令协议对SVC的过程是类似的。

管理平面有两个方面内容：一是层管理，另一个为面管理。层管理由ATM分层结构中各个层的管理协议组成，主要有物理层管理、ATM层管理和AAL层管理。层管理只处理那些流向特定层的操作、维护和管理（OAM）信息。

面管理，由管理各个平面（用户、控制和管理面）的协议组成，是针对整个ATM系统的管理，因此没有分层结构。

3.8.3 物理层功能

物理层完成的主要功能分别是信元和传输系统比特流适配、实际媒体中传输信号定时和与媒体特性有关的功能等，为此将物理层进一步分为传输会聚（Transmission Convergence, TC）和物理媒体（Physical Medium, PM）两个子层。ATM协议参考模型中，物理层向上与ATM层交互的业务数据单元（SDU）是53字节的信元，对下则必须适配不同的传输系统。TC子层执行的是和物理媒体相对无关的协议，向ATM层提供业务接入点SAP。而相应的PM子层和实际物理通信线路相关，执行物理层中和物理媒体有关的功能。ITU-T定义了3种传输帧适配规范：基于SDH（同步数字体系）、基于PDH（准同步数字系统）和基于信元的规范。此外ATM论坛还定义了基于FDDI的规范。

1．物理媒体子层

物理媒体（PMD）子层类似于OSI参考模型的物理层。它在发送方向的基本功能是在链路中“透明传输比特流”，在接收方向检测和恢复比特流。PMD子层提供比特流传输、定时和媒体物理接入。

（1）PMD子层的物理媒体

ITU-T为用户/网络接口使用的媒体定义了电接口和光接口，电接口的参数由G.703规定，其传输速率和距离与电媒体的传输衰耗有关。ITU-T为ATM规定的光接口速率为155.520Mbit/s和622.080Mbit/s。

（2）比特定时和线路编码

正常工作模式下，发送端时钟锁定在接口处收到的定时基准时钟上。出错时，时钟基准信息则由用户本地设备供给。

ITU-T相关建议规定155.520Mbit/s电接口采用符号变换码（Coded Mask Running Inversion，CMI）；155.520Mbit/s和622.080Mbit/s的光接口则采用NRZ（Non-Return to Zero）编码。

（3）供电方式

电源供电有两种方式：一种是由网络运营商规划，用户本身供电；另一种是网络运营商将用户设备的供电系统与网络的特定电源相连，采用类似于电话网的统一供电。

（4）操作模式

B-ISDN 设备终端有 3 种工作状态：激活态、静默态和应急态。激活状态时，终端处于工作方式。静默状态时，终端不工作，但处于待命状态。应急态是指系统供电出现故障，系统只启动最基本操作以完成最低限度的通信要求。

2．传输汇聚子层

传输汇聚（TC）子层中有关传输帧适配、传输帧的产生/恢复和具体的传输介质及相应的传输格式有关。ITU-T 分别就同步数字序列 SDH、准同步序列 PDH 以及基于信元的传输系统制定了 ATM 信元流和相应的格式转换协议。下面主要给出与传输系统媒体特性无关的操作功能。

（1）信头差错控制

ATM 信元头部的一个差错控制字节由物理层的 TC 子层产生和处理。信头差错控制（Header Error Control，HEC）覆盖整个信头，选用 8bit 校验码能够纠正单比特错误或检测多比特错误。

（2）信元定界

ITU-T 建议 I.432 要求信元定界（Cell Delimitation）的算法必须是自承的（Self Supporting），即这种算法可以在任何网络接口上进行，它和采用的传输系统无关。从连续比特流中分离出信元的功能称为信元定界。目前建议的信元定界方法是基于信头的前 4 个字节和 HEC 的关系来设计的，即在比特流中连续的 5 个字节满足 HEC 的产生算法，可以认为是某个信元的开始。考虑到信元的其他部分也可能满足 HEC 算法，所以一般需要连续若干个 53 字节中的前 5 个字节满足 HEC 算法才认为找到真正信元边界。

（3）信元速率解耦

物理层传输的信元包括未分配信元、分配信元和物理层的 OAM 信元。前两种是 ATM 层和物理层共见的，表示已经使用和尚未使用的信道容量，后者用于物理层的管理和控制。这 3 种信元组成的信元流速率可能小于物理媒体所允许的传输容量。这样，在发送端当信元递交给物理层以适配相应传输系统时，系统必须插入空闲信元。在接收端则执行相反的操作，去除空闲信元。这种空闲信元插入和去除过程称为"信元速率解耦"。

（4）扰码

为了增强 HEC 信元定界的安全性和牢靠性，使信元信息字段假冒信头的概率减至最小，需要通过扰码（SCrambling）使信元流负载字段中的数据随机化。

3.8.4 ATM 层功能

ATM 层的主要功能包括：将不同连接的信元复用在一条物理通路上，并向物理层送出单一形式的信元流，及其逆过程；信元标识（VPI/VCI）的翻译变换，以达到 ATM 交换或交叉功能；通过 CLP 来区分不同 QoS 的信元；发生拥塞时在用户信元头中增加拥塞指示；将 AAL 递交的 SDU 增加信元头，并在逆向提取信元头；在 UNI 上实施一般流量控制。

ITU-T I.361 建议详细描述了 ATM 信元的编码。ATM 层最基本的处理单元是信元，信元包括两部分：信头和负载。信头长度为 5 字节，用于标识信元所归属的虚连接，网络根据信头内容进行路由选择。信元负载长度为 48 字节，用于装载负载信息。UNI 和 NNI 接口的信元结构稍有不同，图3-25给出两种信元结构。

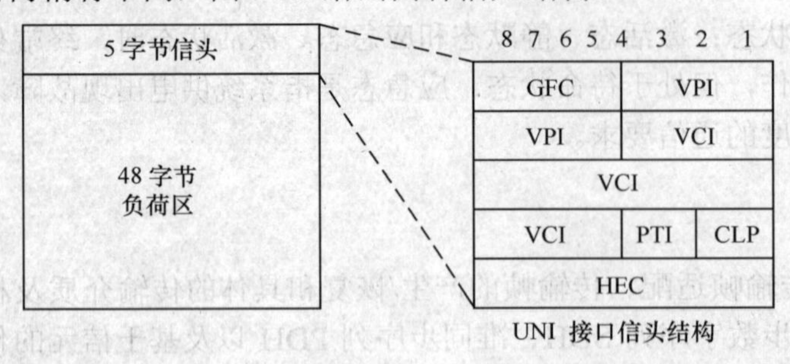

图3-25 ATM信元结构

UNI和NNI接口信头格式的区别是：前者第1字节的5～8bit用作通用流量控制GFC域，而后者将该4bit作为VPI标志的一部分。信元传送的顺序是从信头的第1字节开始，按顺序进行。在一个字节中的发送顺序是从第8bit开始然后递减传送。UNI和NNI信元的差别对物理层是屏蔽的。

ITU-T规定VCI值中0～15作为特定的信道分配，用户不能用于建立连接。下面分别介绍ATM信头各域的含义。

1. 通用流量控制

由于B-ISDN的UNI接入终端数量多（可达上百个）、业务种类复杂（包括各种速率的宽带业务和传统的窄带电路和分组业务）、接口配置复杂（有总线方式、星状方式以及环状方式等），为此ITU-T专门规定了UNI接口上的4bit GFC用以向各终端提供通用流量控制（GFC）完成业务的接入。

2. 虚通路/虚信道标识

连接相邻交换节点之间的虚信道称为虚信道链路（VCL），VPL与VCL定义相似，虚信道连接（VCC）是网络中两个用户之间建立的端到端的虚电路，因此VCC是由VCL串接而成的，虚通路连接（VPC）则由VPL串接而成。VPI/VCI用以标识虚通路链路（VPL）和虚信道链路（VCL），ATM网络中VP和VC上的通信可以是对称双向、不对称双向或单向。但是ITU-T建议对一个通信的两个传输方向分配同一个VCI值，对VPI值也按同样方法分配。这种分配方法容易实现，且有利于辨别同一通信过程所涉及的两个传输方向的虚信道链路（或虚通路链路）。VPI用于标识同一物理传输路径中的VPL，VCI则用于标识同一虚通路中不同的VCL。在同一物理接口归属不同VP的VC链路可以使用相同的VCI进行标识，所以要确定具体的虚信道链路VCL必须同时给出VPI和VCI值。

在ATM的用户/网络接口，VCI和VPI共有24bit，也就是在用户和网络之间可以建立2^{24}（即16M）条连接，实际建立的连接要远小于这个数。ITU-T规定VPI/VCI赋值必须符合下面的规定：VPI和VCI域使用的比特位必须是连续的；VPI和VCI域赋值从低位开始；未赋值的VPI和VCI域中的比特位置“0”。

3. 负载类型指示

ATM信头设置了3bit的负载类型指示（Payload Type Indication，PTI），用以表示信元负载的信息类型。PTI实际是用于区分在同一虚信道中的不同的信元类型。

PTI中第1位标识传输的信元是用户数据或网络信息。用户数据用于传输用户信息，网络信息用于网络管理和网络控制。如果是用户信息，其中第2位代表拥塞指示（Congestion Indication，CI），表明信元在传送过程中是否经历过拥塞。而此时第3位表示ATM用户到用户指示（ATM User-to-User Indication，AUU），表示ATM用户之间交换的信息，具体的应用在AAL协议中介绍。如果传输的是网络信息，后2位表示传输数据的类型。PTI值具体说明如表3-8所示。

表3-8　　PTI值含义

PTI	第1位（信息类型）	第2位（拥塞指示）	第3位（AUU指示）	PTI含义
000	0—用户数据	0—未经拥塞	0—0类型	用户数据、未拥塞、AUU=0
001	0—用户数据	0—未经拥塞	1—1类型	用户数据、未拥塞、AUU=1
010	0—用户数据	1—经拥塞	0—1类型	用户数据、经拥塞、AUU=0
011	0—用户数据	1—经拥塞	1—1类型	用户数据、经拥塞、AUU=1
100	1—网络数据	00—端（节点间）维护		OAM中和端有关信元
101	1—网络数据	01—端到端维护		OAM中和端到端有关信元
110	1—网络数据	10—网络资源管理		用于资源管理
111	1—网络数据	11—保留将来使用		未来开发使用

根据OSI参考模型的分层原则，作为ATM层的协议控制指示（PCI）的信头部分的所有信息应该由本层产生和解释，但事实上，PTI域的值是由上层AAL指示的，同样下面介绍的信元丢失优先级（CLP）也是如此。HEC的产生和使用则由下面的物理层完成。这样设计是为了提高协议处理效率、减少传输开销。

4．信元丢失优先级

信元丢失优先级（Cell Loss Priority，CLP）长度为1 bit，用于指示信元丢失的优先级。如果CLP=1说明信元携带的业务数据并非十分重要，在网络出现拥塞时可以丢弃。如果CLP=0，说明信元携带的数据比较重要，在建立连接时用户和网络协商的网络资源必须足以传输这些信元，因此不能丢弃。

5．信头差错控制

信头差错控制（Header Error Control，HEC）为8bit，HEC用于保护信元头部，该域信息由物理层产生和处理，前面已作介绍。

3.8.5　ATM适配层功能

ATM层提供的只是一般意义的定长数据的传送能力，为了使ATM能够承载不同业务，并具有端到端的差错控制能力，需要在ATM端系统中增加业务适配层（AAL层）。AAL层实际上是增强ATM的数据传输能力，以适应各种通信业务的要求。考虑到现在和未来业务对传输要求的不同，即使AAL层也无法完全适配所有的业务。ITU-T把所有业务划分成4种类型进行适配，每类业务对AAL有一定的特殊要求。业务的划分基于下列3个基本参数。

① 信源和信宿之间的时间关系：信息传送是否需要实时进行，即实时性或时间透明性要求。

② 比特率：信息传送的速率是否恒定。一些业务具有固定的比特率，称为 CBR（Constant Bit Rate）业务；另一些业务是可变比特率，称为 VBR（Variable Bit Rate）业务。

③ 连接方式：信源和信宿之间的通信是否采用面向连接方式。对于实时业务和数据量比较大的通信过程，一般采用面向连接方式，这样可以减少信息单元的选路开销。但是对于短消息的传送，没有必要采用面向连接方式，可以直接采用数据报方式进行通信，即使用无连接方式传送信息。

3 个基本参数，可有 8 种不同组合。但是，事实上某些组合是不可能的。去掉 4 种网络不可能支持或者不可能存在的业务类型，可以得到 ITU-T 建议 I.363 给出的 4 种业务类型，如图 3-26 所示。

业务类型	A 类	B 类	C 类	D 类
定时关系	实时		非实时	
比特率	恒定	变比特率		
连接特性	面向连接			无连接
应用举例	64kbit/s 语音	变比特语音/视频	面向连接数据	无连接数据

图 3-26 AAL 支持的业务类型

① A 类：信源和信宿之间存在定时关系，具有恒定的比特率，业务是面向连接的。A 类业务具有类似于电路交换网络提供的业务特点，因此，把 ATM 网络提供的这类业务称为“电路仿真（Circuit Simulation）”业务。

② B 类：信源和信宿之间存在定时关系，业务也是面向连接的，但是信息传送可以是变比特率的。A、B 类的不同点是业务是否具有恒定比特率。显然类型 B 具有更大的自由度，适合恒定质量的压缩信息，如音频、视频传送。但是这种业务类型对网络的资源管理、流量监测和控制提出了更高的要求。

③ C 类：信源和信宿之间不存在定时关系，传输速率是可变的，但具有面向连接特征。此类业务适合于面向连接的数据和信令传输。和传统的 X.25 协议支持的业务是一致的。

④ D 类：信源和信宿之间不存在定时关系，传输速率可变且具有无连接特征。适合传送面向无连接的数据，例如 IP 数据包在 ATM 上的传送。

上述业务类型可以分为实时传送业务和数据传送业务。由于实时业务必须采用面向连接的方式，但是有速率是否恒定之分，因此 ITU-T 制定了 AAL1 和 AAL2 两种适配协议，分别针对实时业务的 A 和 B 两种类型。对于数据传输业务，计算机数据或信令信息的速率一般是可变的，区别在于是否采用面向连接方式。ITU-T 制定的 AAL3/4 适配协议和 ATM 论坛提出的 AAL5 适配协议都可支持 C 和 D 两类数据业务的传送。

1. ATM 适配层 AAL1

ATM 适配类型 1（AAL1）适用于要求在连接端点间建立起虚电路之后，以一个恒定的比特率传递信息的业务。例如 CBR 音频和视像。AAL1 向用户提供的业务有：传递恒定比特率业务数据单元（SDU），并以相同的比特率向终端用户提交；在信源和信宿之间传递定时信息；数据结构信息的传递；在需要时报告 AAL 本身无法恢复的丢失或差错信息。

AAL1 进一步分为两个子层：分段和重装子层（Segmentation and Reassembly Sublayer, SAR）和汇聚子层（Convergence Sublayer, CS）。下面分别予以介绍。

（1）分段和重装子层

发端分段和重装（SAR）子层从汇聚（CS）子层接收 47 字节的数据块，然后加上 1 个字节的控制信息，组成 SAR-PDU。接收端 SAR 子层从 ATM 层获得 48 字节数据块，然后分离控制信息，把 47 字节 SAR-PDU 净荷上送 CS 子层。AAL1 的 SAR 子层协议数据单元结构如图 3-27 所示，SAR-PDU 头部为1字节，包含在携带 AAL1 数据的 ATM 信元负载区。它由汇聚子层指示（Convergence Sublayer Indicator，CSI）、序号（Sequence Code，SC）、循环冗余检验（CRC-3）和奇偶校验位（P）构成。CSI 用于传送 CS 子层间的信息（如定时和结构信息），SC 用于 SAR-PDU 的编号；CSI 和 SC 由 3bit 循环冗余校验码（CRC-3）保护。整个头部由奇偶校验位保护。

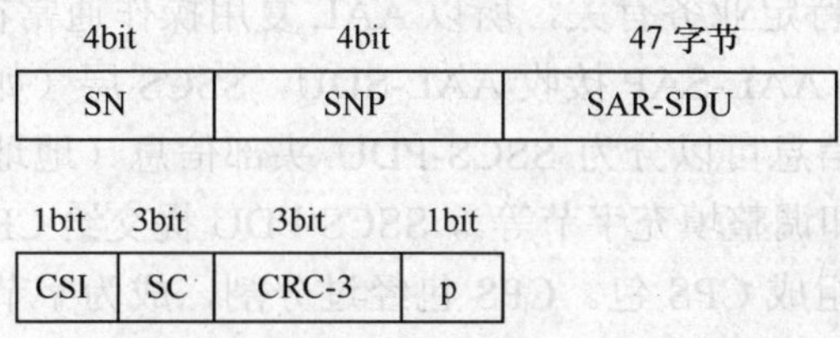

SN：Sequence Code（序号） SNP：Sequence Code Protection（序号保护）

图 3-27 SAR 协议数据单元

在发送端，SAR 接收 CS 传来的 47 字节数据块，并在每个数据块附加 SAR-PDU 头，构成 SAR 子层协议数据单元（SAR-PDU）。除了从 CS 接收 CSI 和 SC 之外，SAR 子层要计算 CRC-3 和奇偶校验位，对 SAR-PDU 头进行保护。接收端 SAR 接收 48 字节的 SAR 子层协议数据单元，在提交 47 字节负载信息之前，对信元的丢失和误插入情况进行检测。如果 SAR 子层不能纠正 CSI 和 SC 中的错误，它将向 CS 子层报告。

（2）汇聚子层

汇聚子层（CS）和特定的业务密切相关，AAL1 汇聚子层完成下列功能：信元时延变化（CDV）处理；定时信息传递；信源和信宿之间结构信息传递；丢失或误插入信元的监视及可能的纠错动作；根据 AAL 的推断，报告端到端性能状况；对用户信息段的误码监视及可能的纠错动作；对 AAL 协议控制信息（PCI）的误码监视及可能的纠错动作。

2．ATM 适配层 AAL2

AAL2 用于传送要求具有端到端定时关系的面向连接的可变比特率业务，根据适配的业务特点，AAL2 必须完成以下功能。

① 由于数据传输速率是可变的，因此 VBR 业务和 AAL1 所支持 CBR 业务是不同的。任意时间段内信息长度是可变的，这样传送数据结构信息时，就不能够采用 AAL1 的 1bit CSI 标志方法。

② 由于信源和信宿之间存在定时关系，即业务是实时传送的。发送端必须将信源编码产生的数据及时送出，意味着即使信元负载区尚未填充满，但为了降低信息传送的时延抖动（在发送端尽量减少打包时延），必须将未填满业务信息的信元送出。

③ 由于信源和信宿之间进行实时业务传送，所以必须采取面向连接工作方式，以降低信元寻径开销，减少网络时延。此外由于传送的信息具有变比特率，为了降低网络带宽分配的复杂性，同时也是终端间通信的需要，允许同一 ATM 虚信道连接复用多个 AAL2 连接过程。

下面主要介绍 AAL2 的结构。

AAL2 采用和 AAL1 相同的分层方法，分为汇聚子层（CS）和分段重装子层（SAR）。CS 子层进一步划分为与业务相关的业务特定汇聚子层（Service Specific Convergence Sublayer，SSCS）和汇聚子层公共部分（Common Part Convergence Sublayer，CPCS）。其中 SSCS 和特定业务相关，可以为空。而 CPCS 和 SAR 是所有 AAL2 协议所必须的，因此又将 CPCS 和 SAR 合并称为公共部分子层（Common Part Sublayer，CPS）。

AAL2 用户可以选择满足特定 QoS 要求的 AAL-SAP 以完成业务数据传送。AAL2 利用下层 ATM 层的传输能力，不同的 AAL 连接可以复用在一条 ATM 连接上，即可以在 AAL 层上进行连接复用。由于 SSCS 和特定业务有关，所以 AAL 复用操作通常在 CPS 层完成。

如图 3-28 所示，AAL2 层从 AAL-SAP 接收 AAL-SDU，SSCS 层（如果存在）添加相应的 SSCS-PCI 信息，SSCS-PCI 信息可以分为 SSCS-PDU 头部信息（地址、长度指示等）和 SSCS-PDU 尾部信息（校验序列和调整填充字节等），SSCS-PDU 提交给 CPS，成为 CPS-SDU。CPS-SDU 和 CPS 包头 CPS-PH 组成 CPS 包。CPS 包经过分割，成为字节格式，加上相应的开始字段（Start Field，STF）构成 CPS-PDU。注意，由于在 CPS 内完成两层封装，CPS-PH 相当于 CPCS-PCI，而 STF 相当于 SAR-PCI，所以没有特定的 CPS-PCI 域。

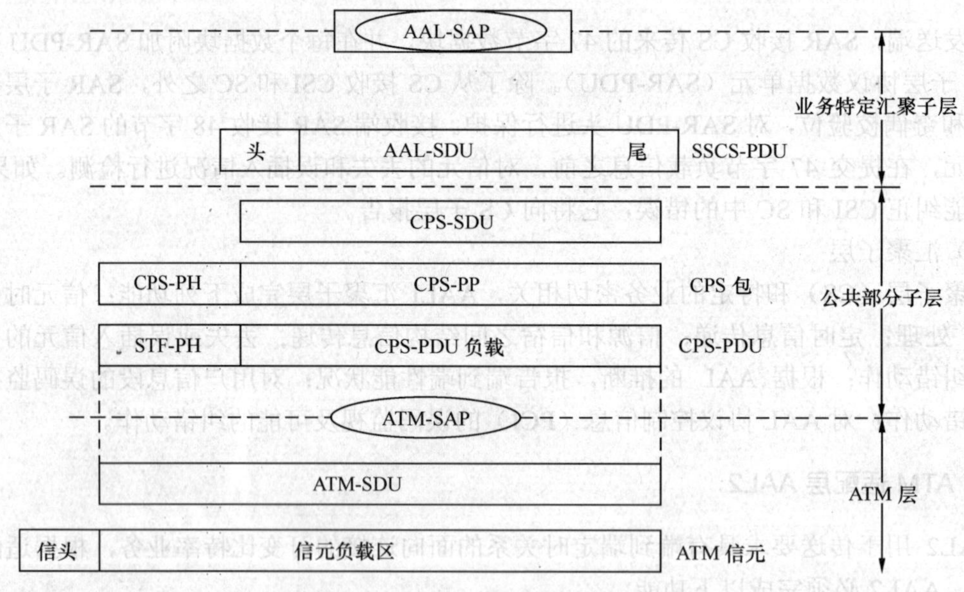

图 3-28　AAL2 协议单元格式

公共部分子层（CPS）完成在收、发端 CPS 之间 CPS-SDU 传递。CPS 用户可以分成两类：SSCS 实体和层管理实体（Layer Management，LM）。CPS 具体完成的功能是：CPS-SDU 数据传送，CPS-SDU 最大数据长度为 45 字节（默认）或 64 字节；AAL2 信道的复用和解复用；传输时延处理、定时信息传递和时钟恢复；CPS-SDU 数据的完整性检验。

AAL2 公共部分子层数据结构这里不再详细介绍。

3. ATM 适配层 AAL3/4

AAL3/4 用于承载信源和信宿间不需要传递定时关系的、面向连接或无连接的可变比特率业务，主要支持那些对丢失敏感而对时延不敏感的数据业务。为适应传输速率变化大（数据突发性）的要求，AAL3/4 定义了两种工作模式：消息模式（Message Mode）和数据流模式（Streaming Mode）。AAL3/4 使用较少，需要了解详细内容请参阅相关书籍。

4. ATM 适配层 AAL5

ITU-T 建议的 AAL3/4 并不能真正满足终端用户设备制造商和面向连接的高速数据业务的用户要求。这是因为 AAL3/4 中每个 48 字节 SAR-PDU 的开销高达 4 个字节，且仅用 10bit CRC 来检验数据块，用 4bit 序号来检测段的丢失和误插入，因此难以保护长数据块的可靠传送。为了解决 AAL3/4 的传送效率和检错问题，ATM 论坛定义了一种新的 AAL 称为 AAL5，其目的是在 CPCS 层以下提供一种开销较低而检错较好的适配协议。AAL5 与 AAL3/4 类似，用于可变比特率业务适配，但是它不需要在信源和信宿之间传递定时关系。AAL5 由业务特定汇聚子层（SSCS），汇聚子层公共部分（CPCS）和分段重装子层（SAR）构成。AAL5 除了不能支持复用以外，和 AA13 / 4 提供的业务是基本相同。如果需要 AAL5 支持复用功能的话，将由 SSCS 子层来完成。

（1）AAL5 SAR 子层

AAL5 的 SAR 子层功能如下。

① SAR-SDU 的保护和定界，由 SAR-SDU 结束指示完成。

② 拥塞处理，在 SAR 以上各层和两端用户 ATM 层之间传递拥塞信息。

③ 丢失优先等级处理，在 SAR 以上各层和两端 ATM 层之间传递信元丢失优先级 CLP 信息。

（2）AAL5 CS 子层

AAL5 汇聚子层公共部分功能如下。

① CPCS-PDU 的保护：利用 SDU 类型指示，提供 CPCS-SDU 的分隔和透明性。

② CPCS 用户到用户信息的保护：利用 CPCS-PDU 的 CPCS-UU 域，透明传递 CPCS 用户到用户信息。

③ 差错检测和处理：利用长度指示和 CRC-32 校验，检测 CPCS-SDU 差错。

④ 业务撤销：放弃部分传递的 CPCS-SDU。

⑤ 填充：调整 CPCS-PDU，使它满足 48 字节倍数的要求。

⑥ 拥塞处理：在 CPCS 以上各层和两端 SAR 层之间传递拥塞信息。

⑦ 丢失优先级信息处理：在 CPCS 以上各层和两端 SAR 层之间传递信元丢失优先级 CLP 信息。

3.9 ATM 网络接口和地址结构

3.9.1 ATM 网络接口

ATM 标准为各设备制造商设备的互连奠定了基础，这种互连包括 ATM 网和非 ATM 网，现在和未来网络应用之间的互连互通。ATM 接口定义了涉及 ATM 网络各部分的互连性和互操作性，例如 ATM 终端和 ATM 交换系统、ATM 交换系统之间以及 ATM 业务接口之间。ITU-T 和 ATM 论坛定义的 ATM 网络概念性结构及接口如图 3-29 所示。

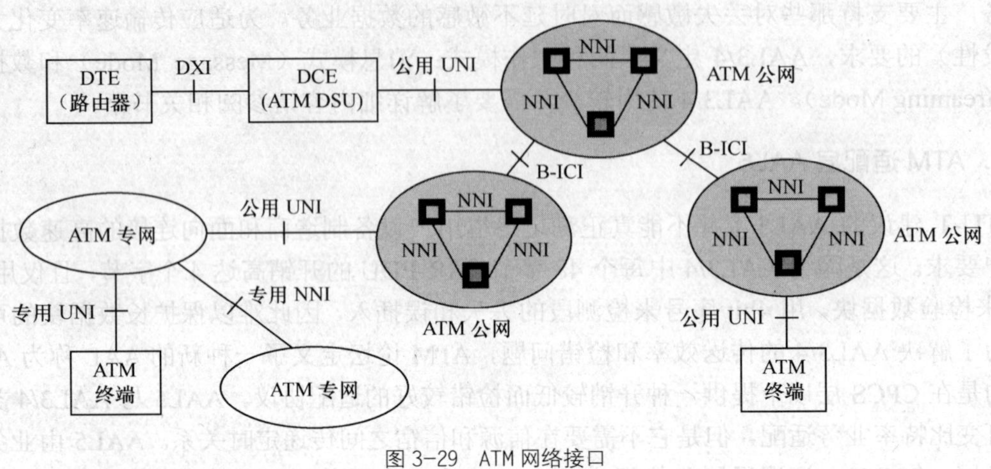

图 3-29　ATM 网络接口

1. 用户/网络接口

用户/网络接口（UNI）是用户设备与网络之间的接口，直接面向用户。按其所在位置不同又可分为公用 UNI 和专用 UNI（PUNI），PUNI 不必像公网接口考虑严格的一致性，因而 PUNI 接口形式更多、更灵活。UNI 技术规范包括各种物理接口、ATM 层接口、管理接口和相关信令的定义。

2. 网络节点接口

网络节点接口（NNI）含义较为广泛，它可以是两个公用网络之间的界面，也可以是两个专用网的界面。此外，NNI 还可以是交换机间接口，对于公用网它是网络节点接口，对于专用网它是交换接口。公用 NNI 和专用 NNI（PNNI）的差别很大，如公用 NNI 的信令为 No.7 信令体系的宽带 ISDN 用户部分（BISUP），而 PNNI 则完全基于 UNI 接口，仍采用 UNI 信令结构。网络节点接口标准包括各种物理接口、ATM 层接口、管理接口和相关信令的定义。

3. ATM 数据交换接口

ATM 数据交换接口（DXI）允许路由器等数据终端设备和 ATM 网络互连，而不需要其他特殊的硬件设备。数据终端设备和数据通信设备协同工作提供用户/网络接口，而 DXI 定义在数据终端设备（DTE）和数据连接设备（DCE）之间。DCE 完成了不符合 ATM 标准的数据终端到 ATM 的适配过程，相当于终端适配器。ATM 数据交换接口技术规范包括数据链路协议、物理层接口、本地管理接口和管理信息库的定义。

4. 宽带互连接口

宽带互连接口（B-ICI）是 ATM 论坛定义的运营者（Carrier）与运营者（Carrier）之间的接口，它是公用 ATM 网络之间的接口，不包括专用 ATM 网络间的接口。宽带互连接口技术规范包括各种物理层接口、ATM 层管理接口和高层功能接口。高层功能接口用于 ATM 和各种业务的互通，如交换的多兆比数据业务（SMDS）、帧中继（FR）、电路仿真（CES）和信元中继（CRS）。根据 B-ICI 版本 1.0 的定义，宽带互连接口同时也是网络节点接口，但反过来，网络节点接口不一定是宽带互连接口。目前 ATM 论坛已经给出了 B-ICI2.0 规范。

ITU-T 定义的 UNI 物理层接口速率主要有：1.5Mbit/s、2Mbit/s、25.6Mbit/s、51.8Mbit/s、155.520Mbit/s、622.080Mbit/s。NNI 接口有：155.520Mbit/s、622.080Mbit/s、2.5Gbit/s 等。ATM 论坛定义的标准接口速率有：1.5Mbit/s、2Mbit/s、6.3Mbit/s、25Mbit/s、45Mbit/s、51Mbit/s、155.520Mbit/s、622.080Mbit/s。此外还有网络业务互通接口，如 LANE、CES、FUNI、DXI 等。ATM 论坛定义的接口速率实用且多样，考虑了利用原有的各种传输系统，在 ATM 建网初期这些接口具有很强的实用性和经济性。

3.9.2 ATM 网络地址结构

ITU-T 建议的 B-ISDN 地址结构如图 3-30 所示。

其中：B-ISDN 号码格式符合 E.164 编号方案
附加地址为子地址信息

图 3-30 B-ISDN 地址格式

ITU-T 建议的 B-ISDN 号码格式如图 3-31 所示。

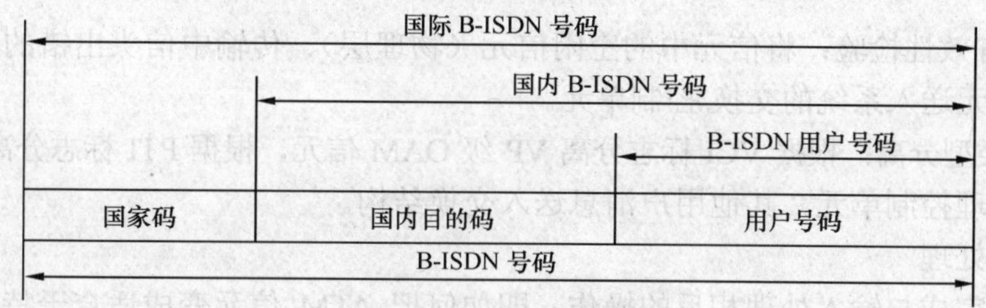

图 3-31 B-ISDN 号码格式

3.10 ATM 网络交换结构与信令

3.10.1 交换的基本概念和要求

ATM 交换是 ATM 网络的核心技术，其设计对 ATM 网络的性能（如信元丢失率、时延和时延抖动等）起着决定性的作用。本节主要介绍 ATM 交换机的工作原理及基本组成，宽带业务对 ATM 交换机的要求，ATM 的 4 种基本交换单元。

1. ATM 交换机的基本组成

如图 3-32 所示，ATM 交换机的基本组成包括 3 个部分：输入处理和输出处理部件、ATM 交换结构和 ATM 管理控制单元。其中 ATM 交换结构完成交换的实际操作（将来自入线的输入信元交换到出线上去）。ATM管理控制单元控制ATM交换结构的具体动作（VPI/VCI翻译、路由选择）。输入处理对各入线上的ATM信元进行处理，使它们成为适合ATM交换结构内部处理的形式。输出处理则是对ATM交换单元送出的ATM信元进行处理，使它们成为适合在线路上传输的形式。ATM交换实际上就是相应的VP/VC交换，即进行VPI/VCI翻译和将来自于特定VPC/VCC的信元根据要求输出到另一特定的VPC/VCC上。下面简要介绍ATM交换机组成部件的基本功能。

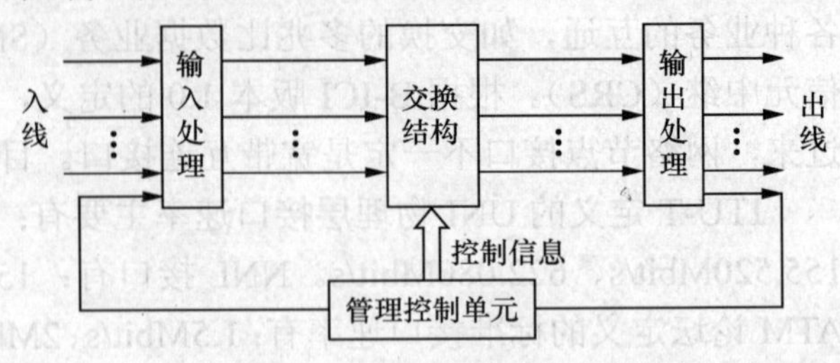

图3-32 ATM交换机基本组成

（1）输入处理

在传输线路上，消息以比特流形式传递，而ATM交换必须以信元为单位。即将53字节（53×8＝424bit消息）作为一个整体同时进行交换，而不是逐比特进行。同时入线速率远低于交换机内部的速率，如何在规定的时间内将各条入线上的信元送入交换单元的特定位置，也是需要解决的问题。另外，传输线路上的消息格式是以光形式为主，而目前的ATM交换机则以电信号为主，因此光/电转换是必不可少的。其中最为基本的操作是比特流和信元流的转换，实际上就是B-ISDN协议参考模型中的物理层和ATM层之间的信息转换。输入处理完成的功能如下。

① 信元定界：将基于不同传输系统的比特流（如SDH、PDH等不同的帧结构形式）分解成为53字节为单位的信元。信元定界的基本原理通过HEC和信头中前4个字节消息的关联确定。

② 信元有效性检验：将信元中的空闲信元（物理层）、传输中信头出错的信元等丢弃，然后将有效信元送入系统的交换/控制单元。

③ 信元类型分离：根据VCI标志分离VP级OAM信元，根据PTI标志分离VC级OAM信元并提交管理控制单元，其他用户消息送入交换结构。

（2）输出处理

输出处理完成与输入处理相反的操作，即如何把ATM信元变成适合于特定传输介质的比特流形式。具体功能如下。

① 复用：将交换单元输出信元流、控制单元的OAM信元流以及相应的信令信元消息流复合，形成送往出线的信元流。

② 速率适配：将来自ATM交换机的信元适配成适合线路传输的速率。例如当收到的信元流速率过低时，填充空闲信元；当速率过高时，使用存储区予以缓存。

③ 成帧：将信元比特流适配成特定的传输介质所要求的格式，例如PDH和SDH帧结构格式。

（3）管理控制单元

管理控制单元负责建立和拆除VCC和VPC，并对ATM交换结构进行控制。同时处理和生成OAM消息，主要功能如下。

① 连接控制：VCC和VPC建立和拆除操作。例如在接收到一个建立VCC的信令后，如果经过控制单元分析处理允许建立，控制单元就向交换单元发出指令，指示交换结构凡是

VCI 等于该值的 ATM 信元均被输出到特定的出线上去。拆除操作执行相反的处理过程。

② 信令信元发送：在进行 UNI 和 NNI 应答时，控制信元必须可以发送相应的信令信元以使用户/网络之间的协商过程得以顺利进行。

③ OAM 信元处理和发送：根据接收到的 OAM 信元，进行操作维护处理。如性能统计或者进行故障处理，同时控制单元能够根据本节点接收到的传输性能参数或故障情况发送相应的 OAM 信元。

（4）交换结构

交换结构是实际执行交换动作的部件，其实现的好坏直接关系到交换机的效率和性能，因此人们在讨论宽带交换系统时往往十分注重交换单元的设计。考虑到输入处理和输出处理完成的功能和网络终端中相应 ATM 层和物理层功能是一致的，下面侧重介绍交换结构和管理控制单元，特别是交换结构内容的介绍。ATM 基本交换单元完成的工作是将特定入线的信元根据交换路由选择指令输出到特定输出线上。大容量 ATM 交换机的交换网络是由若干功能相同的基本交换单元级连而成。

2. 宽带业务对 ATM 交换机的要求

宽带网络必须能够传送从远程控制、语音、数据直到高质量视频等各种业务信息。这些业务对速率（恒定比特率或可变比特率）、语义透明性（信元丢失率和比特差错率）和时间透明性（时延和时延抖动）有不同的要求。因此宽带 ATM 交换机必须能够同时适应这些不同业务的要求。下面主要介绍速率和连接方式以及在性能方面对 ATM 交换机提出的要求。

（1）速率和连接方式

① 多速率（Multi-Rate）交换：由于宽带网络支持的业务包括现在和将来的所有应用，这样网络就必须支持从一般工业控制的几十 bit/s 至几 kbit/s，到视频通信的几 Mbit/s 到几十 Mbit/s 的速率交换。ATM 交换机定义用户端口的基本接入速率 155.520Mbit/s 显然可以满足这一要求。如何快速（针对分组交换中共享存储交换速率低的缺陷）和高效（充分利用网络资源，针对电路交换中的信道容量固定的缺点）地实现多速率交换是 ATM 交换首先要解决的问题。

② 多点（Multi-Point）交换：在点对点连接方式的基础上，宽带网络还必须能提供点到多点的广播/组播（Broadcast/Multicast）连接功能。这就要求 ATM 交换机可以实现将一条入线的信元输出到多条出线上的操作，而不是简单地要求用户通过申请多个连接完成多点通信。例如，在视频点播 VOD 中允许视频服务中心将分散用户所要求的具体影片传送给用户。

③ 多媒体（Multi-Media）业务支持：ATM 网络允许接入的业务有不同的形式。如语音、数据、静止图像、视频或者它们的某种组合。每种媒体有不同的服务质量要求，如带宽（传输速率）、时延、信号失真度（误码率）等诸多不同的参数要求。

（2）性能

在 ATM 网络中，吞吐量、拥塞率、信元丢失率、信元错插率、交换时延以及时延抖动等是交换机性能的主要指标。有些性能要求可通过采用高速器件（如高速 CMOS 电路等）来解决。ATM 交换机性能主要体现在下列 3 个参数。

① 连接拥塞：ATM 网络以面向连接的方式进行通信，也就是通信开始前必须在信源和信宿之间建立一条合适的逻辑连接。但是 ATM 网络采用面向连接方式并不意味 ATM 交换机

内部采用面向连接的方式，这就是说如果在交换机的入线和出线上存在足够的资源，那么其内部不会发生连接拥塞。一旦在 ATM 交换机的入线和出线之间没有足够的资源保证现有的和新的连接质量要求时，系统就会发生连接拥塞。拥塞分为两种情况：一种是外部拥塞，例如多个信元争抢同一个出口，发生出线冲突；另一种是内部拥塞，即使入线和出线都是空闲的，但入线和出线间在 ATM 交换单元中的部分交换路由被其他通信过程占用。因此在尽量扩大 ATM 交换机入线和出线规模的同时，设计内部无拥塞（Non-Blocking）的交换结构是解决连接拥塞的关键。

② 信元丢失/信元错插率：ATM 交换机中，可能会出现短暂时间内许多信元争抢同一链路（该链路可能是交换机内部也可能是外部的），导致信元丢失。为了能够支持多媒体业务，ATM 交换机必须能将此概率限制在最低程度，如 10^{-8}～10^{-11}（至少小于信道传输的误码率）。在发生信元丢失的同时可能会出现交换机内部路由选择出错，这些信元将被送到其他的逻辑连接上，导致信元误插入。误插入的概率也必须保持在很小范围内，一般比信元丢失率低 1 000 倍或更小。

③ 交换时延：ATM 交换机完成信元交换的时延在端到端传输的时延中占较大比重（相对于光的传播速度，信元在信道中的传输时延是有限的，网络内部的时延主要发生在交换机内部的交换时延上），这就要求交换机在路由选择、信元缓冲上采取优良的算法和排队机制。

3.10.2 基本交换单元

交换的实质是将一条入线的信息传送到另一条出线上，任意时刻入线和出线之间可能出现的关联可以有多种形式：一对一连接、一对多的连接、入线和出线空闲状态等。根据交换性能和规模要求，ATM 交换结构通常是选择相应数量的基本交换单元以特定的拓扑结构互连而成。ATM 交换结构的基本构造方法有空分法和时分法，也有 ATM 交换结构采用局域网信息传输原理，即总线和令牌环方式。下面主要介绍 4 种构造 ATM 交换结构的基本交换单元。

1. 空分交换单元

ATM 交换的最简单构建方法是将每一条入线和每一条出线相连接，在每条连接线上装上相应的开关，根据信头 VPI/VCI 决定相应的开关是否闭合以实现特定输入和输出线路的接通，也就是将某入线上信元交换到出线上去。这种思想实现的最简单方法是采用空分交叉开关（Crossbar），称为矩阵式交换单元。矩阵交换基本原理如图 3-33 所示。

空分交换单元是一个无拥塞的网络，当某条入线和某条出线同时处于空闲状态时，总能建立起一个连接。但是如果存在两条或两条以上的入线信元同时希望送往同一条出线，就会发生出线冲突，出线冲突属于外部冲突。解决出线冲突涉及两方面的问题：如何从被拥塞的多条入线中选择一条入线完成信元的传送，以及怎样处理其他入线上的拥塞信元。

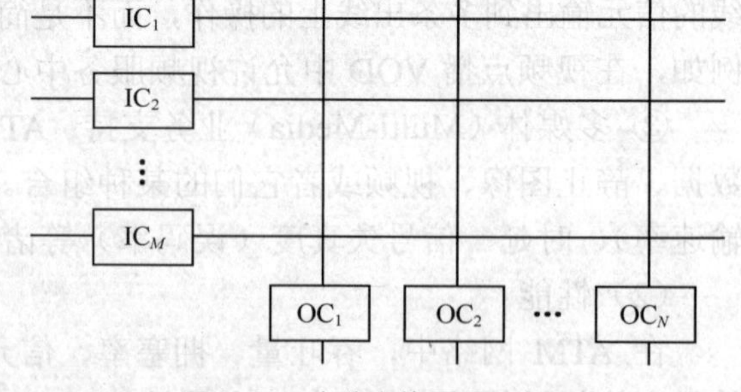

图 3-33 空分交换原理示意图

（1）入线选择策略

当出线冲突时，只有一条入线的信元可以交换到出线，其他入线信元将被延迟，这里就必须采用仲裁机制选择“获胜信元”。仲裁机制必须考虑不同入线上具有相同服务质量要求的信元是否具有同样被服务的权利，或者对实时性或差错率有严格要求的信元流是否可以得到优先服务等因素。此外，信元丢失率、信元延迟和抖动也是必须解决的问题，下面简单介绍5种服务策略。

① 随机法：从多条竞争的入线中随机地选取一条入线为其服务，并把入线上的信元传递到出线。该策略实施简单，在负载较轻时不会对系统服务质量产生负面影响。当网络负载较重时，可能会有多条入线竞争同一出线，从而无法保证对实时业务的及时处理。

② 固定优先级法：为每条入线分配一个固定的优先级，具有不同优先级的入线竞争同一出线时，优先级高的入线将获得发送信元的权利。该方法实现简单，但无法保证服务的公平性，不能很好地满足不同业务对传输质量的要求。这是因为各条入线上承载的业务对误码和时延的要求不同，从统计角度看，各入线上信元具有相同的平均优先级，因此各入线的优先级也应该相同。

③ 轮换优先级法：各条入线的优先级并不是固定不变，而是轮流拥有高优先级。该方法实现趋于复杂，对所有的入线的服务是公平的。但是却仍旧没有兼顾每条入线上具有不同服务质量要求的业务传输，无法支持对时延敏感业务的通信要求。

④ 缓冲区状态确定法：在ATM交换机中设置缓冲区以存放无法得到立即服务的信元，然后根据缓冲区的充满程度选择传输的信元。由于决策是依据系统的状态而非信元本身的状态，与前面几种方法类似仍旧无法满足对实时性要求高业务的支持，且实现策略较为复杂。

⑤ 信元状态确定法：把信元丢失率（CLP）作为对信元服务先后顺序的依据。如果信元优先级相同可以采用随机法、固定优先级法或缓冲区法以确定具体服务的信元。如果采用缓冲区状态法，那么解决出线冲突时实际考虑了连接的服务质量和系统总的服务效率，因此可以在提高系统运行质量同时满足对不同业务的服务质量要求。但是由于ATM本身对业务的特性描述参数有限，为了保证业务的质量必须借助其他控制策略（如连接接纳控制CAC、业务检测和控制等）。

（2）拥塞信元缓冲策略

采用缓冲存储方法将交换单元无法立即服务的信元暂时缓冲起来，等待下一次服务。根据缓冲区设置在交换单元中的位置不同可以分为输入缓冲、输出缓冲和中央缓冲3种方式。

① 输入缓冲：缓冲区设置在输入处理单元，所有进入交换系统的信元首先在入线所在的缓冲区中进行排队。先到达的信元先送往交换单元进行交换，当多条入线的缓冲区队列队首信元交换到同一输出线时，将发生出线冲突。这时只能选择一个信元送出，其他的缓冲区信元受阻。这时候有可能交换单元还存在空闲的输入和输出线对可以满足受拥塞缓冲区后续信元的传送，但是由于服务策略限制，ATM交换机只能从选择队首信元。那些本可以得到网络服务的信元也受到拥塞，称为线头拥塞（Head of Line Blocking）。这种拥塞降低了系统的通过量，使得系统无法按设计的规模运行。因此可以改进缓冲区的服务策略，一是根据输出线路速率，在每条入线处设置相应速率的缓冲区，就是将原来M条输入线路的M个缓冲区变成为$M \times N$个缓冲区（其中N是出线的数量）。在完成线头信元的传输选择以后，根据出线的空闲情况选择业已被拥塞线路缓冲区中的后续信元进行交换（当然这里同样存在不同出线上信元的竞争问题，可以沿用上面介绍的方法），这种方法对系统的计算速度和缓冲区大小提出了新的要求。

② 输出缓冲：缓冲区设置在每条出线的输出处理之前，信元在出线冲突时不必在输入缓冲区中等待，而是直接将信元传送到出线，出线缓冲区对来自不同线路的信元进行缓冲。可见输出缓冲的方法可以较好地解决出线冲突。但是如果入线信元同时到达交换单元，可能会出现几个信元同时到达输出缓冲区的情况，将会导致缓冲区访问冲突。解决缓冲区访问冲突有两种方法。第一种方法是提高交换网络的速率。如果有 M 条输入线，那么可以将交换速率提高 M 倍，相当于在原先进行一个信元传输的时间内可以同时输送 M 个信元，这样即使出现 M 条入线都交换到同一出线上，也能在原先的一个交换时间内完成（分成 M 步进行，分时到达出线缓冲区）。显然这种方法在技术上有很大的局限性。第二种方法是采用类似入线缓冲的策略，为系统设置 $M \times N$ 个缓冲区。分成 N 组（N 为出线数），分别设置在每条出线处，将所有的 M 条入线共享一条出线缓冲区改成 M 条入线分别向 M 个端口输出消息。这是一种以空间换取效率的策略，在计算量上占有优势，但是缓冲区增大 M 倍。

③ 中央缓冲：中央缓冲策略是在每个交叉接点设置缓冲区，以 $M \times N$ 个缓冲区替代交叉接点的闭合开关。交换矩阵的计算量进一步分散，输出时只须对出线上的所有交叉点的缓冲区进行仲裁，仲裁策略可采用上面介绍的方法。中央缓冲和上述需要 $M \times N$ 个缓冲区方案具有同样的局限性，即需要较多的缓冲区，而且缓冲区无法共享。

2. 时分交换单元

电路交换采用 PCM 时分交换（可称为同步时分复用 STM 的时分交换），ATM 本质上是一种异步时分（Asynchronous Time Division，ATD）复用，借鉴同步时分复用 STM 的时分交换概念，同样可以设计异步时分的交换结构。

在 PCM 电路交换中，路由选择是在连接建立时进行的，所以在信息传送过程中输入线路上所有时隙的路由是确定的，一个连接在整个会话期间始终使用同一时隙。但在 ATM 交换中，复用是通过标记进行的，输入线路特定位置上传输的信息并不属于固定的连接过程，所以一般也不可能传送到相同的出线。这就要求这种以缓存为基础的 ATM 交换必须具有较高的计算能力（对任意需要传递的信元，都必须判断信元写入缓冲区的位置）和较大的存储容量（PCM 交换中信息传送单位是字节，ATM 交换中信息传输单位是信元）。

首先，ATM 交换机需要高速缓存，但缓冲区的访问速率则和制造工艺有关，所以基本的 ATM 交换单元的规模是有限的，为了构造较大规模的 ATM 交换结构只能将多个 ATM 基本交换单元按一定的拓扑结构级连。另外，在 ATM 交换设备中，中间缓存不再是每条出线仅有一个信元（如时分交换方式），可能会出现多个信元在同一时刻输出到相同地址的存储区，即出线冲突。因此必须有相应的出线冲突解决措施，如采用前面空分交换中的缓冲策略。考虑到时分交换的核心是缓存的方法，所以可以通过加大内部缓存容量的方法解决出线冲突。内部缓存策略分为分区法和共享法两种。

（1）分区法

根据出线的数目，将缓冲区分成若干等份，对于每条出线可以缓冲若干信元。ATM 交换单元根据信元的 VPI/VCI 值确定信元写入缓冲区的位置，如果发生缓冲区溢出可以采取按一定策略丢弃信元。

（2）共享法

缓冲器不分区，只要缓冲区中有空间就可将信元写入。当执行读出操作时，根据当前输出时隙标记，转换成对应的信元 VPI/VCI 值，交换系统根据该标记值在缓冲区中查找相应的信元，并将其写入相应的输出时隙。

显然，分区法计算比较简单，进行 TSI 交换时只须在写入缓冲区时判断信元的 VPI/VCI 值，而在信元读出缓冲区时只需对相应的存储位置执行读操作。但是分区法的存储空间利用率比较低，当某条出线缓冲区填满时，即使整个缓冲区还有存储空间，送往该出线的输出信元也会被丢弃。共享法有利于提高存储区利用率，从而提高交换吞吐量。但是对于高速 ATM 交换，从缓冲区选择合适的输出信元无疑需要巨大的计算量，因此对计算能力提出了很高的要求。

3．总线交换单元

总线技术最早用于计算机系统的设计，后来又拓宽到计算机局域网络。总线结构的主要特点是：多个输入、输出部件共享相同的通信通道——总线，总线为各个部件的通信提供了物理基础。如果将连在总线上的部件设想成为交换单元的输入、输出线，总线机制显然可以完成信息的交换，ATM 交换设备可以使用同样的原理构造。

计算机和局域网总线仲裁机制应用背景是总线传送负载的不均衡性，计算机内部通信中 CPU 占用总线的绝大多数时间并处于管理位置，局域网中数据传送呈现突发特性，而且一般工作在较低速率下，低于 ATM 交换机的传输速率，所以上述两种解决总线占用传输的方法显然不适用于 ATM 交换机。从统计平均的角度看，ATM 交换机的各条入线的负载是基本平衡的，同时总线上的速率和时分交换中存储器访问速率相近，为 Gbit/s 数量级，难以采用申请—仲裁或监听的方式进行。ATM 交换设备采取时分方式，将时间分成若干时隙，将这些时隙分给不同的入线。入线在规定的时隙内将信元发送到总线，出线则连续监听信道上信元检查传送消息的 VPI/VCI 值，确定消息的目的地是否为自己接收。如果端口速率为 155.520Mbit/s，即在 1s 内端口可向总线传输比特数为 155.520Mbit/s，入线处不必设置缓冲区。但是如果 M 条入线上信元传送速率与目的出线相同，总线通过速率和最大出线接口速率是相同的，即 $M\times 155.520$ Mbit/s，这样出线接口速率必须为入线速率 M 倍，但实际出线速率和入线速率是相同的，所以在出线处应设置缓冲区。缓冲区应具有高速访问的特点。

为了减轻总线的负担，可以采用多总线方法。在 ATM 交换单元中通常使用多组总线而不是一组。由于每条入线就使用一组总线，这样总线的速率降低，避免了总线冲突，所以不需要专门的总线管理器。但是与此同时，出线控制电路必须连接多组总线，对每组总线必须做缓冲和信头判决工作。

上述两种总线方案都是由出线进行判断是否接收信元以及进行出线信元缓冲，而入线负担较轻。也可以将信头判决的功能交由输入处理完成，而出线冲突仍由出线控制，这样可以得到和空分交换等价的多总线交换结构。

4．环状交换单元

如果将输入和输出处理通过一个环互连，就可构成一个环形交换单元。环状交换单元是高速局域网所采用的一种信息交换形式。如果环的传输容量等于所有入线容量之和，原则上采用固定时隙分配方式为每条入线分配时隙。入线在相应的时隙将其承载的信元送上环路，而在任意出线处进行 VCI/VPI 判断，决定是否接收环上信元。如果环的传输容量小于所有入线容量之和，必须采取灵活的时隙分配机制。当然时隙分配机制也需要一定的开销。

与总线交换相比，环状交换具有时隙可以重复使用的优点，即采用适当的策略安排出线和入线位置，并且不将时隙固定分配给每条入线。同时出线可以强制将接收时隙释放，那么一个时隙可以在一次巡回中被多次使用。如果采用这种输出处理时隙腾空方法，传输效率可以超过100%。

3.10.3 交换结构

前面介绍的几种基本交换单元，由于工艺、技术、制造等方面的因素，其容量是有限的；而且直接使用空分、时分、总线或环状结构组建大容量交换机也是没有必要的。可以使用规模较小的ATM基本交换单元级连构建大容量的交换机构，这样不仅方便系统的设计和制造，而且模块化的交换结构便于ATM系统的升级。

交换结构又称为多级互连网络（Multi-stage Interconnect Network，MIN），如图3-34所示，将一些基本交换单元互连到一个网络中构成ATM交换结构，这种交换结构通常具有大量的入线和出线。交换结构通常由一定数量、结构相同的基本交换单元组成，这些基本交换单元如同图3-33描述的那样。从功能上讲，各种基本交换单元的功能是等效的，都可以用交换矩阵图来表示。图3-34示例由三级2×2基本交换单元构成的8×8交换结构，每一级有4个基本单元。级间互连要求交换结构的8条入线都能到达所有的8条出线，因此入线和出线必须保证全互连。值得注意的是基本交换单元并非一定是2×2，也可以是32×32。显然，采用32×32的基本交换单元构成大容量交换结构比采用2×2的基本交换单元互连级更少。

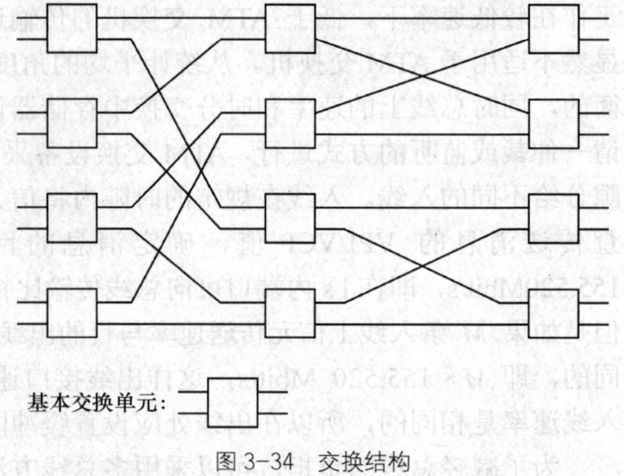

图3-34 交换结构

最初，MIN用于电路交换网络。C.Clos是20世纪50年代著名的学者，他发明了一种无拥塞网络——Clos网，现广泛应用于电路交换结构。这里所说的无拥塞是指所有的外部呼叫（即连接）在呼叫建立期间可以实现内部连接无拥塞。20世纪70年代后，MIN网络开始应用于分组交换，主要用在并行计算机系统。其中最著名的MIN是Banyan网络，最早由Goke和Lipovski于1972年提出。Banyan网络的主要特征是：任何一条入线与任何一条出线之间存在有且仅有一条通路，即路径唯一性。Banyan网络派生出许多子类，其中Banyan-Delta网是最具代表性的一种。Delta网具有自选路由的特性。所谓自选路由就是：不论信元（分组）从哪条入线进入Delta网络，它总能到达正确的出线。信元经过的路径由一串数字来标识，称为路由标签，路由标签包含出线地址，如图3-35所示。目的地址的连续比特（即路由标签）在网络内部被逐级解释。如果位标签是"1"，则选择2×2交换单元上面一条出线；如果是"0"，则选择下面一条出线。这与信元从哪条入线进入网络无关。图3-35的粗线路径表示了两个信元都到达目的地001的情况，第1个信元从入线110进入，第2个信元从入线100进入。对于上述两条路径，在每一级上采取相同的选路策略（即选择上或下出线），不依赖于各级交换单元的具体位置。为了使交换单元的选路功能与其处在第几级上无关，路由标签可在内部逐级移位，每次移位 1bit 或一个数字位置，以使得每个交换单元总是解释第 1 个比特（数字）。自选路由网络可以由大于 2 × 2 的交换单元来构造。在这种情况下，就需要更多比特来完成选路功能。例如，采用 16 × 16 交换单元，每一级上需要解释 4bit 的路由标签。

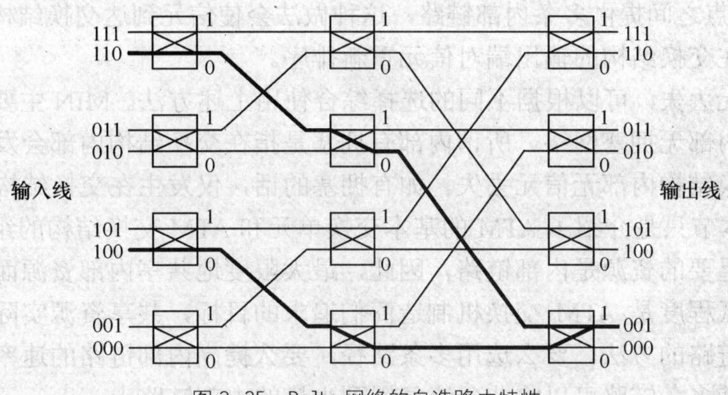

图 3-35 Delta 网络的自选路由特性

自选路由网络非常适合于分组交换应用。由于通过少量的操作即可完成路由选择功能，因此可以用硬件实现选路以取得高速度。此外，MIN 允许信元以并行方式通过交换网络。MIN 网络在构造 $N \times N$ 交换结构时具有以下主要的特征。

① 由一定数量的、结构相同的 $n \times n$ 基本交换单元构成（$n<N$）。

② 其规则性和互连模式非常适合进行大规模的芯片集成。

③ 具有自选路由特性，从输入到输出所需路由标签长度为 $\log_n N$ bit。

④ 交换结构由 $\log_n N$ 级组成，每一级含有 N/n 个基本交换单元。

如图 3-35 所示，Banyan-Delta 网络可以同时交换多个信元。但是其内部存在拥塞，因为信元可能会在内部竞争同一资源（队列、链路等）。因此，如果不采取措施，将丢失信元。由图 3-36 可见，即使信元含有不同的目的地址（如 011、001），仍然发生了冲突。

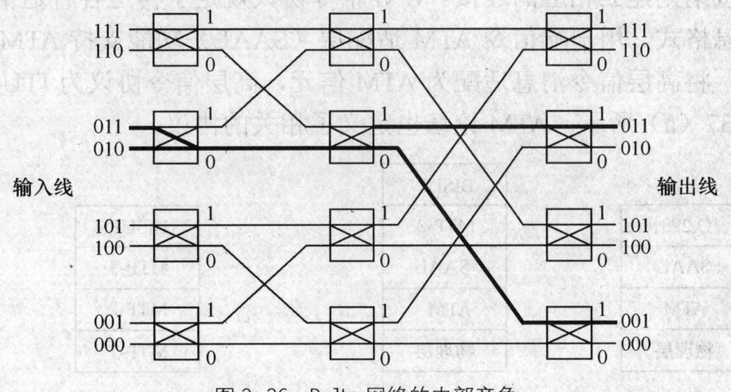

图 3-36 Delta 网络的内部竞争

另一种情况是在交换结构的出线上会发生碰撞，因为几个信元可能以同一出线为目的地，但是，这种出线碰撞并不是交换结构本身的拥塞。可以采取下列方法来降低交换结构内部的拥塞。

① 在交换结构的每个基本交换单元内设置缓冲区（队列）。

② 提高内部链路的速率（相对于外部速率而言），这样可降低内部链路负荷，使竞争的概率实际为“0”。

③ 在交换节点之间采用反压（Back-Pressure）机制以延缓拥塞信元的发送。

④ 在入线和出线之间使用多个并行网络（多个平面）提供多条通路。

⑤ 在交换节点之间提供多条内部链路，这种做法会使信元到达交换结构出线的顺序发生变化，因此需要在交换结构的输出端对信元重新排序。

为了减少信元丢失，可以根据不同的选择综合使用上述方法。MIN 主要分成两大类：内部有拥塞网络和内部无拥塞网络。所谓内部有拥塞是指在交换结构内部会发生信元丢失。而无拥塞则指在交换结构内部无信元丢失，如有拥塞的话，仅发生在交换结构的边缘上。

鉴于篇幅，本节只是介绍了 ATM 的基本交换单元和 ATM 交换结构的组建方法。对于交换结构来说，最重要的资源是内部链路，因此，最大限度地共享内部资源而把代价（队列和链路）降低到最低程度是 ATM 交换机制造商们追求的目标，共享资源实际上就是选择一种合适的共享内部链路的方法。要么选用多条路径，要么提高内部链路的速率，使其远远高于外部链路速率，使多条链路可以将业务流复用到少量的内部链路上。

3.10.4 ATM 网络信令的基本概念

ATM 是一种面向连接的网络技术，信令是网络设备间进行连接控制和管理的对话语言。ATM 信令的主要功能是控制网络的呼叫和接续，在用户与网络节点和网络节点与节点之间，动态建立、保持/修改和释放各种通信连接，为连接协商和分配网络资源；支持点到点以及点到多点通信；支持对称和非对称通信。用户和网络之间的信令为 ATM 接入信令；ATM 网络节点与节点之间的信令为局间信令，ATM 网络信令协议结构如图 3-37 所示。

在用户/网络接口（UNI），网络接入信令是用户操作的可见部分。实现用户和网络的交互过程，完成所有与用户通信有关的操作。如在建立连接时，用户向网络提供通信参数（被叫地址、带宽和时延要求、时延抖动容限和差错率要求等），网络根据这些通信参数判断是否接纳，如果可以接纳则建立相应的连接。UNI 信令协议规定了传送各种通信参数和通知相应结果的过程和消息格式。用户端信令 ATM 适配层（SAAL）功能支持 ATM 层以上可变长度信令消息的适配，将高层信令消息适配为 ATM 信元，高层信令协议为 ITU-T Q.2931（原为 Q.93B），如图 3-37（a）所示。ATM 论坛也定义了相关的协议。

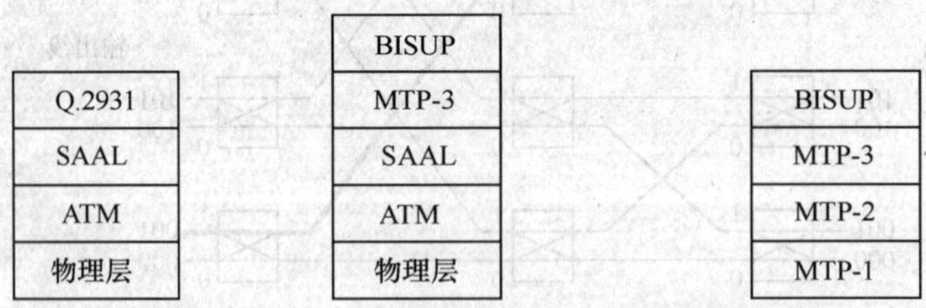

图 3-37　ATM 网络信令协议结构

在网络节点接口（NNI），信令是用户的不可见部分。它根据用户和网络的协商结果完成相应网络中各节点间操作状态和指令的传送。NNI 信令采用源于 No.7 信令的 ISDN 用户部分，称为 BISUP。ATM 现以两种方式支持 BISUP：一是直接通过 ATM 网络，增加相应的信令适配层SAAL和No.7信令的消息传送部分第3层（MTP-3）支持BISUP，如图3-37（c）所示；另一种方式是通过现有的No.7信令网（MTP-1至MTP-3）支持BISUP，如图3-37（b）所示。

信令消息以信元的形式通过ATM网络进行传送。信令信元由虚信道识别符识别并在信令虚信道（SVC）中传递。对于点到点信令，信令信元被分配到信令虚信道。点到多点信令只用于用户/网络接口，如多个用户共享一个用户/网络接口。在点到多点信令结构中，采用元信令来管理多个通信实体，负责分配、更改和取消信令虚信道。

UNI和NNI高层协议实体之间传递的基本数据单元是Q.2931和BISUP消息，而低层ATM网络传递和处理的53字节信元。如图3-38所示，SAAL协议在AAL5基础上增加一个业务特定的协议来实现增强的功能，完成高层协议信息和ATM层信息格式的转换，并向上提供可靠的通信连接。信令ATM适配层由公共部分（CP）和与业务有关的业务特定会聚子层（SSCS）组成。SSCS分为业务特定协调功能（SSCF）和业务特定面向连接协议（SSCOP）。SSCF只是完成消息和命令在上层和下层SSCOP之间的转换，并实现特定的功能。有两种不同的SSCF：在UNI接口为Q.2130，用于将Q.2931协议映射到UNI；在网络节点接口为Q.2140，用于将MTP-3协议映射到NNI。SSCOP利用AAL5提供的非确保传送，提供可变长度数据业务的可靠传递。SSCOP完成类似于传统数据链路层的功能，包括顺序控制、差错检测和重传差错校正；并具有流量控制和链路管理能力等。

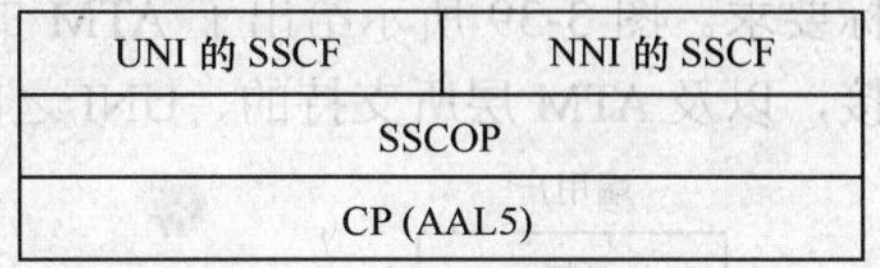

图3-38 SAAL层协议

ITU-T和ATM论坛分别为ATM网络制定了相应的信令协议，两个标准化组织研究策略不尽相同，因此给出的协议内容也有所不同。作为国际标准化组织的ITU-T采取稳健方式分以下3个阶段制定ATM网络信令协议（称为信令能力集）。

第1阶段（Release 1）1994信令能力集1（CS1）：支持基本呼叫，点到点连接。

第2阶段（Release 2）1995/6信令能力集2（CS2）：在CS1基础上增加点到多点，多媒体呼叫。

第3阶段（Release 3）信令能力集3（CS3）：在CS2基础上增加多点到多点，多方通信，移动通信信令功能等。

ITU-T主要的UNI和NNI信令协议规范如下。

Q.2931　B-ISDN数字用户信令2（DSS2）基本呼叫/连接信令规范。

Q.2010　B-ISDN概述CS1。

Q.2100　B-ISDN信令适配层概述。

Q.2110　面向连接的特定业务协议规范（SSCOP）。

Q.2120　B-ISDN元信令协议。

Q.2130　UNI业务特定协调功能（SSCF）。

Q.2761　No.7信令B-ISDN用户部分功能描述。

Q.2762　No.7信令B-ISDN用户部分功能描述，消息和信令的一般功能。

Q.2763　No.7信令B-ISDN用户部分功能描述，格式及编码。

Q.2764　No.7信令B-ISDN用户部分功能描述，信令过程。

Q.2764　BISUP信令规范。

Q.2140　NNI 业务特定协调功能。

ATM 论坛主要的信令协议规范如下。

UNI V3.0/V3.1（1994）和 V4.0（1996）。

B-ISDN 运营者接口规范（BICI）V1.0（1996）。专用网络节点接口（P-NNI）V1.0（1996）。

3.11　ATM 网络性能参数

在 ATM 网络的设计和规划中，需要考虑一些重要的性能参数，需要遵守一定的性能指标要求。图 3-39 所示给出了 ATM 的网络性能模型，它描述了 ATM 网络节点之间物理层连接，以及 ATM 层所支持的、UNI 之间的端到端连接。

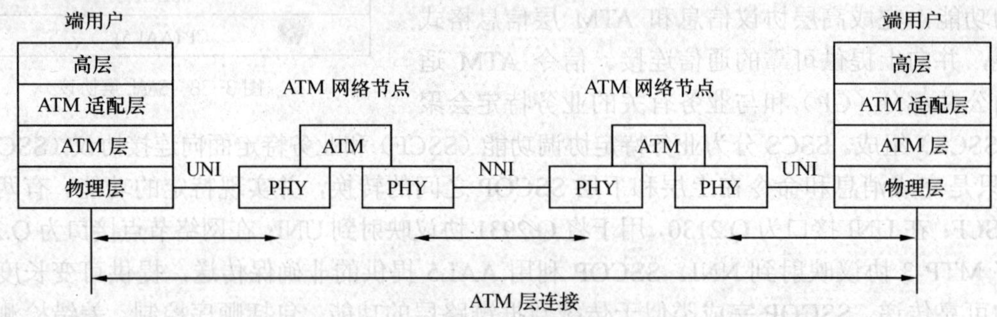

图 3-39　ATM 网络的性能模型

ATM 网络的性能参数是评价 ATM 网络服务质量的依据。从对这些参数的直接测量中，可以进一步了解网络性能。而从所给出的性能参数水平，用户可方便地了解 ATM 网络的服务质量。此外，ATM 网络的性能参数，不仅是考虑网络性能的依据，也是对 ATM 网络维护和管理的重要依据。

ATM 网络的性能参数，主要有信元差错比（Cell Error Ratio，CER）、信元丢失比（Cell Loss Ratio，CLR）、信元误插率（Cell Mis-insertion Rate，CMR）以及信元转移延时（Cell Transfer De1ay，CTD）。这些参数的说明如表 3-9 所示。表 3-9 所列参数，在一些网络性能的研究中是不完整的，可能还要引入其他参数，比如，平均信元转移延时等。

表 3-9　　ATM 层性能参数

性 能 参 数	定　义
信元差错比（CER）	接收的信元净荷区域有差错的信元个数与发送信元总数之比
信元丢失比（CLR）	丢失信元个数与发送信元总数之比
信元误插率（CMR）	在每个给定的时间内产生的误插入信元数，即单位时间内产生的插入信元个数
信元转移延时（CTD）	从 UNI 出发的信元到另一个 UNI 时，传送信元所要求的时间

3.12　ATM 网络流量管理和拥塞控制

3.12.1　流量管理

基于 ATM 技术的 B-ISDN 是为了在一个较大的传输速率范围内满足不同的传输应用。如何确保各个通信连接按照协商的网络带宽和性能要求共享网络资源是一个至关重要的问题。为此，ATM 引入了流量控制。ITU-T 的 I.371 建议指出，B-ISDN 流量控制的主要作用是保护网络和用户，使之能达到预先规定的性能（如信元丢失率、时延和时延抖动等）。此外，流量控制的作用还体现在对网络资源的优化和网络效率的提高。概况地讲，流量控制是网络为了避免拥塞而采取的一系列主动操作。拥塞是由不可预测的统计业务流量波动或 ATM 网络内部的错误状态导致的，这些错误状态可能会引起信元丢失或不可接受的端到端信元传递时延。控制 ATM 网络的拥塞采取两种办法：一是在网络正常工作时采用流量控制技术以预防网络拥塞；二是在拥塞发生时采用拥塞控制技术减小拥塞程度，即减少拥塞时间和防止拥塞扩散，直至拥塞消失，网络恢复到正常状态。

3.12.2 流量控制

ATM 网络流量控制和拥塞控制功能可细分为：连接接纳控制、用户/网络参数控制、网络资源管理、选择信元丢失、业务流整形、显式拥塞指示、显式拥塞控制。其中连接接纳控制和用户/网络参数控制是两个基本的控制功能。通过对其他功能的组合使用，可以较好地实现管理和流量控制的要求。

1. 连接/呼叫接纳控制

连接/呼叫接纳控制（Connection/Call Admission Control，CAC）位于交换机内部，它是在呼叫建立阶段或再协商呼叫请求时，网络决定是否接纳呼叫而采取的一系列操作。ATM 网络只有在网络资源允许时，才同意接纳新的呼叫，并建立连接。此时，分配给已建立连接的资源不应受到影响，其服务质量也不应因新的连接建立而发生变化。连接接纳控制算法根据源端提供的业务流描述参数和服务质量要求作出是接纳/拒绝呼叫的决定。其中峰值信元速率（PCR）和信元时延变化容限（CDVT）为必选参数，可维持信元速率（SCR）、信元突发速率容限（BT）为可选项。服务质量参数包括信元丢失比（CLR）、吞吐量、信元转移时延（CTD）和时延抖动（TDJ）等。

根据用户建立连接时提出的要求，UNI 信令把这些参数提交 CAC 算法。连接接纳控制建立在资源分配的基础上。对于一个呼叫，CAC 算法综合考虑网络中的带宽、队列存储、交换机处理资源等。由于实现 CAC 的全部初衷有一定的难度，所以制造商们往往仅作带宽资源的计算，且仅考虑简单的 PCR、SCR、CLR 几个参数。在网络处于负载很轻的情况下，可以认为网络满足一定的带宽要求就间接地满足了 CDV、CTD 等参数要求，但是当网络在重载和超载的时候就不同了。如果网络承载的全部是 CBR 业务流，那么确定每个连接所需的带宽很容易，就等于用户申请的 PCR。对于其他业务，可以利用随机复用特性节省带宽，所期望的网络带宽应小于 PCR 而大于 SCR。一个呼叫所期望的网络带宽叫做“等价带宽（Equivalent Bandwidth）”。如果网络不能满足等价带宽要求，呼叫将被拒绝。具体的 CAC 算法各厂商不完全相同，所以算出的等价带宽值也不同。对于相同的网络模型来说，可传输的业务量自然也不相同。

2. 用户/网络参数控制功能

用户/网络参数控制（UPC/NPC）操作分别在用户/网络接口 UNI 和网络节点接口 NNI 进

行，对已建立的 ATM 连接与其协商的业务量协议之间的一致性进行监视，当发现违约时丢弃信元。UPC/NPC 的主要目的是强化每一个 ATM 连接与其已协商的业务量协议之间的一致性。

在入口处由网络实时监视流入信元流是否违反约定，违约时立即丢弃违约的信元（No-tagging），或者由网络对违约信元打上标记再向网络内部转发（Tagging）。网络内部根据情况，当发生拥塞时将打上拥塞标记的信元丢弃。UPC 机制对于 VP 和 VC 的算法是相同的，由于 VC 的数量远远大于 VP 的数量，所以有时只选择对 VP 进行 UPC 操作。这种选择具体是由网络运营者控制的。NPC 和 UPC 的功能相似，只是作用点不同。ITU-T I.371 建议推荐在用户/网络接口使用 UPC 功能，在网络节点接口使用 NPC 功能。由于 UPC 和 NPC 十分相似，下面仅介绍 UPC。

ATM 对所有经过 UNI 的连接进行监视，UPC 可同时对用户的 VPC、VCC 和信令虚信道（SVC）进行控制。对于 VCC，UPC 检查 VPI 和 VCI 的有效性，并监视活动 VCC 上的信元流以确保不违反约定。对于 VPC 的检查和监视与 VCC 基本相同，但主要检查 VPI 的有效性。UPC 监视和控制信元流所涉及的参数与 CAC 的源业务流参数基本相同，包括信元峰值速率、可维持信元速率、信元时延变化容限和峰值速率容限等。UPC 算法的评价主要根据反映时间和透明性两个指标。反映时间是指算法获得一组参数，并据此作出 VPC 或 VCC 业务流是否符合约定判断所需的时间，实际就是算法的执行时间。透明性是指获得参数后，对于不匹配的连接采取适当措施的准确度和对于匹配的连接避免采取不合适措施的准确度。对于违约信元，UPC 最简单的处理方式就是将其丢弃。还可进一步将此连接定义为错误连接并将其放弃。如果违约信元对网络不会造成大的危害，可打上标记暂不丢弃。条件许可时，携带标记的信元可以转化成正常信元。这样可减少重发过程，提高网络的效率。

3. 网络资源管理

网络资源管理用于控制网络资源的分配，目的是按照业务特性区分不同的流量。VP 是流量控制管理网络资源的一个十分有效的手段，因为它把对多个 VC 的处理转化成了对一个 VP 的统一管理，大大简化了 CAC 和 UPC 的控制。通过 VP，可以根据业务流类型申请不同的服务质量，很好地支持优先级控制。此外，简单的 VP 管理技术对统计复用也有很好的支持，可防止复用信息流中已确保的传输质量受到干扰。VPC 在网络资源管理中起作用的关键是它预留了一部分网络带宽，大大减轻了建立 VCC 的审核工作。预留多少网络带宽取决于增加网络带宽的代价和降低控制代价的平衡和统筹兼顾。具体由网络运营商自己决定。

4. 业务流整形

业务流整形（Traffic Shaping）的目的是改善（或平滑）VPC 或 VCC 连接上信元流的业务特性，以降低信元峰值速率，限制突发信元流的的持续时间。经过整形后的业务流消除了时延抖动，从而可更好地满足服务要求。对于 ATM 端设备，业务流整形是为了实现指定 VPC 和 VCC 连接上信元流特性。对于专用 ATM 交换设备，业务流量整形则是为了改善信元流的特性。业务流整形不仅可以使线路利用率更加平稳，各类业务更加公平的传送，而且还可提高业务（尤其是实时业务）质量。

3.12.3 拥塞控制

拥塞是指网络内部出现了阻塞，阻塞的位置可能位于链路接口上、交换节点上，甚至是整个子网都阻塞了。出现阻塞的地方，信元排队长度急剧增加，导致信元排队时延加大和被丢弃。网络应该采取预防性的措施，尽量避免拥塞的出现。当出现拥塞时，则需要采取相应的疏导控制措施。

由于早期用户设备没有实现对 ATM 拥塞的反应机制，所以网络内部的控制更加重要。流量控制分为隐式和显式两大类。隐式控制依赖于用户端的高层协议，如 TCP/IP 采用滑动窗口机制。显式控制是一种闭环反馈系统，它基于虚电路进行控制，连续不断地传递网络拥塞状态，使网络内部各节点根据收到的状态实时地进行调节。控制过程分为 3 个阶段：第 1 阶段是拥塞状态检查，拥塞检查点查出拥塞发生并迅速向相关控制点发出通知；第 2 阶段是启动拥塞回避措施，立即限制业务量流入网内；第 3 阶段是启动解除拥塞限制。通常，当网络发生拥塞时，采取以下 3 种措施。

1. 选择性信元丢弃

当网络发生拥塞时，即使业务流遵守约定，也要丢弃信元，防止网络拥塞程度升级和扩散，以便网络恢复正常运行。但信元丢弃并不是对所有信元一视同仁，而是针对信元的丢弃优先级（CLP）进行有选择的丢弃。网络资源一旦出现危机，网络首先丢弃低优先级（CLP=1）信元，如还无法缓解拥塞状况，再丢弃高优先级（CLP=0）信元。

2. 显示拥塞指示

显示拥塞指示分为前向传送和后向传送两种。当网络节点发现自己处于或即将处于拥塞时，网络设备就会在信元头设置拥塞指示位，并向目的终端或信源发送拥塞指示。目的终端监视拥塞指示，向信源回送拥塞信元。信源收到拥塞指示后，利用高层功能降低信元接收或发送速率，以达到消除拥塞的目的。拥塞指示是一个特殊的信元，它包含所有的拥塞信息。这里，处于或即将处于拥塞指的是网络设备已超过或工作于其设计能力的边缘，如何判断是否工作于拥塞或即将拥塞状态并无统一标准。只有 ABR 业务才能进行显示拥塞控制，CBR 业务不能调节速率，而 VBR 业务速率也不是能够随意调节的。

3. UPC/NPC 故障时的措施

当网络发生拥塞时，对用户/网络参数控制（UPC/NPC）发生故障的链路进行隔离，限制链路上的信元流进入节点交换矩阵。

小　结

1. ISDN 是这样一种网络，它由电话综合数字网（IDN）演变而来，提供端到端的数字连接，以支持一系列广泛的业务（包括语音和非语音业务），它为用户进网提供一组有限的标准多用途用户—网络接口。它有 3 个基本特性：端到端的数字连接、综合的业务、标准的入网接口。

2. ISDN 业务是指管理或运营部门为了满足一个特殊的通信要求而向用户提供的服务。

ISDN 业务包括基本业务、补充业务）两部分。其中基本业务又有承载业务和用户终端业务两大类业务组成。承载业务在 ISDN 用户—网络接口处提供。用户终端业务则在终端设备的人机界面上提供，是面向用户的业务。ISDN 的补充业务是在 ISDN 基本业务基础上附加的一种业务，也称为附加业务。补充业务不能单独存在，总是和承载业务或用户终端业务一起提供，其目的是为了向用户提供更多、更方便的服务。

3. ISDN 用户—网络接口的参考配置中包含 S、T、U 和 R 4 种参考点，另外还包含有 TE1、TE2、NT1、NT2 和 TA 5 个功能群。ISDN 用户—网络接口规定了两种接口结构：基本速率结构（2B+D）和基群速率接口（30B+D）。

4. ISDN 协议包括两个部分：用户—网络接口通信协议及网络内部通信协议。基于 OSI 模型，ITU-T 在 I.320 建议中为 ISDN 协议设计了一个立体的结构模型。这个模型表示一个 ISDN 终端或网络节点所包含的全部协议。模型由控制（C）平面、用户（U）平面和管理（M）平面组成，分别对应着 3 种不同类型的信息。

5. 在 ISDN 中，号码和地址是两个概念。ISDN 号码和 ISDN 网络以及编号制度有关，ISDN 号码所包含的信息足以使网络确定呼叫的路由。ISDN 地址由 ISDN 号码和附加的寻址信息所组成，这个附加的寻址信息并不是用来供网络选择呼叫路由，而是使被叫用户能将呼叫分配到合适的终端。

6. ISDN 用户网络接口协议是 I.430、I.431、I. 441、I.451，ISDN 网络协议为 No.7 信令系统。

7. ATM 是 ITU-T 确定用作宽带综合业务数字网（B-ISDN）的复用、传输和交换的模式。ATM 交换是固定长度的信元中继，采用面向连接的方式。

8. ATM 业务分为用户终端业务和承载业务两类。此外，ATM 网络还能够为用户提供额外的业务能力，称为补充业务。

9. ATM 协议包括 4 个分层：物理层、ATM 层、ATM 适配层（AAL）和高层。

10. ATM 层的主要功能包括：将不同连接的信元复用，并向物理层送出单一形式的信元流，及其逆过程；信元标识（VPI/VCI）的翻译变换，以达到 ATM 交换或交叉功能；通过 CLP 来区分不同 QoS 的信元；发生拥塞时在用户信元头中增加拥塞指示；将 AAL 递交的 SDU 增加信元头，并在逆向提取信元头；在 UNI 上实施一般流量控制。

11. ITU 以分层的概念为基础，为 B-ISDN 定义了正式的协议参考模型（PRM）。在 PRM 中，除了上面提到的 3 个基本协议层之外，将 ATM 协议组织成不同的协议平面：用户、控制和管理。管理平面有两个方面内容：一是层管理，另一个为面管理。

12. ITU-T 和 ATM 论坛定义的 ATM 网络概念性结构及接口有如下 4 种：用户/网络接口（UNI）、网络节点接口（NNI）、ATM 数据交换接口（DXI）、宽带互连接口（B-ICI）。

13. ATM 交换是 ATM 网络的核心技术，ATM 交换机的基本组成包括 3 个部分：输入处理和输出处理部件、ATM 交换结构和 ATM 管理控制单元。

14. ATM 交换结构的基本构造单元有空分交换单元、时分交换单元、总线交换单元、环状交换单元。将一些基本交换单元互连到一个网络中构成 ATM 交换结构，常见的交换结构有 Clos 网和 Banyan 网。

15. 控制 ATM 网络的拥塞采取两种办法：一是在网络正常工作时采用流量控制技术以预防网络拥塞；二是在拥塞发生时采用拥塞控制技术减小拥塞程度，即减少拥塞时间和防止拥塞扩散，直至拥塞消失，网络恢复到正常状态。

思考题与练习题

3-1 什么是ISDN？它有哪3个基本功能？

3-2 ISDN 有哪两种基本业务？什么是承载业务？什么是用户终端业务？什么是补充业务？

3-3 请画出ISDN网络的基本结构，并写出ISDN网络具有哪些能力。

3-4 请画出ISDN用户—网络接口的参考配置，并写出各参考点和功能群的含义。

3-5 ISDN有哪两种基本接口结构？

3-6 请画出ISDN协议的结构模型。

3-7 请写出用户—网络接口协议中物理层协议、数据链路层协议和第 3 层呼叫控制协议的主要功能。

3-8 请讲述宽带ISDN对信息传送方式的要求。

3-9 什么是ATM？ATM具有哪些技术特征？B-ISDN与ATM有何关系？

3-10 ATM信元结构是怎样的？信元首部包含哪些字段？各有何用处？

3-11 ATM如何实现信元定界？

3-12 ATM业务有哪几类？

3-13 ATM的协议参考模型包含哪3个平面，它们的作用是什么？

3-14 请叙述ATM协议参考模型中各协议层的主要功能。

3-15 ATM网络接口有哪几种？

3-16 ATM网络中有哪几种基本交换单元？常见的交换结构有哪几种？

3-17 ATM网络信令有哪几种？

3-18 ATM网络主要的性能参数有哪几种？

3-19 ATM网络流量控制和拥塞控制功能可细分为哪些？

第 4 章 IP 技术基础

前几章介绍了 ISDN、ATM 技术，它们都是电信界提出并发展的通信网络技术。本章介绍 IP 网络及局域网、广域网技术，它们是由计算机界提出的，思路上和电信界有所不同。各类计算机网络开放性更强，网络末端的计算机也参与通信，并可提供业务，使通信子网更简单。本章重点是 IP 技术和转发原理。

4.1 协议和体系结构的概念

4.1.1 计算机网络体系结构的形成

计算机通信是很复杂的，它涉及线路的驱动、误码的检查与纠正、路由选择、流量控制、通信双方的协调等技术。在计算机领域对于复杂的系统往往采用分层的方法加以处理，将复杂的系统转化为若干较简单的独立的部分分别加以解决。计算机网络的发展也是如此，各种计算机网络都采用了分层的结构。

然而，由于开始时缺乏标准，加上各自的利益因素，各厂家的具体分层方法也不一样。1969 年美国诞生了世界最早的计算机网络 ARPAnet，它逐步演变为 Internet，TCP/IP（Transmission Control Protocol/Internet Protocol）也是从中演变而来的。现在 Internet 是世界上最大的计算机网络，TCP/IP 成为网络互连事实上的标准。此外，IBM 公司在 1974 年推出了系统网络结构（SNA），目前世界上有相当多的计算机网络是 SNA。DEC 公司也推出了其网络体系结构——分布式网络结构（DNA），其网络产品称为 DECnet。

4.1.2 OSI 参考模型

各厂家的网络体系结构是不兼容的，它们的计算机网络产品不能互连。为了制定统一的标准，国际标准化组织（International Standards Organization，ISO）在 1983 年推出了开放系统互连参考模型（OSI/RM）的标准 ISO 7498。OSI 参考模型采用 7 层协议结构，如图 4-1 所示。

1. 物理层

物理层（Physical Layer）对物理线路进行数字化，以便透明地传送比特流。“透明”是指上层交给的数据流不会被过滤掉或屏蔽掉，能够原样传到对方。如在模拟电话线路上进行计算机通信，需要使用调制/解调器。发方调制/解调器对数字信号进行调制后发送到模拟线路上，收方调制/解调器对模拟信号进行解调后恢复出数字信号。调制/解调器属于物理层，它对计算机的接口通常为 RS-232，这是典型的物理层接口标准。

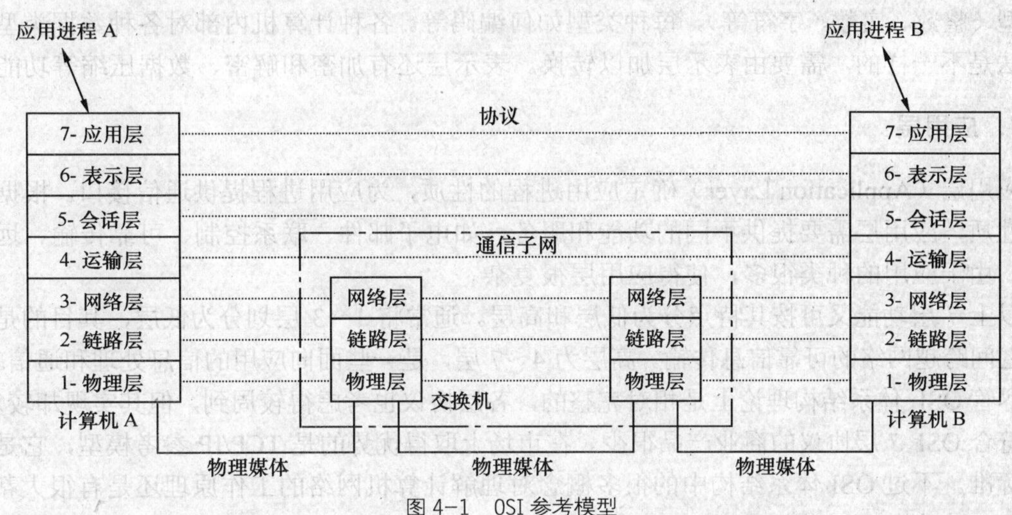

图 4-1 OSI 参考模型

2. 数据链路层

数据链路层（Data Link Layer）在相邻节点之间无差错地传送以帧为单位的数据。帧包含控制信息和上层数据。帧中有地址、序号、校验等控制信息，可以进行差错控制、流量控制等。收方如果查出帧有错误，就要通知发方重发该帧。

3. 网络层

网络层（Network Layer）在网络端—端之间传送分组。网络层需要选择合适的路由，使分组通过一段段的数据链路传到网络另一端。对大型网络，路由选择和流量控制较复杂。网络层服务可分为面向连接服务和无连接服务。面向连接服务也可称为虚电路服务，是一种可靠的、保证顺序的、无丢失的服务。无连接服务也常称为数据报服务，不保证顺序，可能有丢失，但简单、易于实现。网络层提供的服务使它的上层不需处理网络中的数据传输和交换问题。

4. 运输层

运输层（Transport Layer）在网络层提供的端—端服务基础上，为端—端用户提供可靠的通信服务。运输层只存在于用户计算机中，网络交换机中没有运输层。如果网络层服务质量较高（如虚电路服务），运输层协议就较简单。如果网络层服务质量不高（如数据报服务），运输层协议就较复杂。

5. 会话层

会话层（Session Layer）管理和协调两个计算机之间的信息交互。提供建立和使用连接的方法，一个连接就叫一个“会话”。对会话进行管理，如单/双工选择。为方便重传而进行通信任务分解和同步，当运输层连接出现故障时，整个通信活动不必重头开始，只需从同步点进行重传。

6．表示层

表示层（Presentation Layer）解决用户信息的语法表示问题。例如，用户可以有哪些数据类型（整数、实数、字符等），每种类型如何编码等。各种计算机内部对各种数据类型的表示方法是不一样的，需要由表示层加以转换。表示层还有加密和解密、数据压缩等功能。

7．应用层

应用层（Application Layer）确定应用进程的性质，为应用进程提供通信接口。根据不同应用性质，应用层需要提供不同的功能和服务，如电子邮件、联系控制、可靠传输、远地操作等。由于应用的种类很多，使得应用层很复杂。

以上 7 层功能又可按其特点分为低层和高层。通常将 1～3 层划分为低层，其目的是保证系统之间跨越网络的可靠信息传输。高层为 4～7 层，是一些面向应用的信息处理和通信功能。

尽管 OSI 体系结构理论上是相对完整的，各层协议也考虑得较周到，但其实现却较复杂，完全符合 OSI 7 层协议的商业产品很少。在市场上取得优势的是 TCP/IP 参考模型，它是事实上的标准。不过 OSI 体系结构中的很多概念对理解计算机网络的工作原理还是有很大帮助。例如 OSI 中有如下一些概念。

① 协议：不同系统中同一层实体（称为对等层实体。在许多情况下，实体就是一个特定的软件模块）进行通信的规则的集合。它规定协议数据单元（PDU）的格式，通信双方所要完成的操作，给上层提供的服务。数据链路层的 PDU 就是帧，网络层的 PDU 就是分组，运输层以上层的 PDU 统称为报文。

② 服务：在同一系统中下层实体给上层实体提供的功能称为服务。下层为服务提供者，上层为服务使用者（用户）。服务用户只看得见下层的服务而看不见下层协议，下层协议对上层用户是透明的。在体系结构中，协议是水平方向的，服务是垂直方向的。

③ 服务访问点（Service Access Point, SAP）：在同一系统中相邻两层之间的交换信息的地点。它实际上就是下层向上层提供服务的逻辑接口，有时也称为端口（PORT）或插口/套接字（SOCKET）。网络层向上层提供服务的接口常称为 N-SAP（N 表示网络层）。

④ 服务原语：在同一系统中相邻两层要按服务原语的的方式交换信息。这些服务原语的交换地点是服务访问点。服务原语有 4 种类型：请求、指示、响应和证实。原语中可以包含对方的地址、要传送的内容、所要求的服务质量等信息。

4.1.3 TCP/IP 参考模型

TCP/IP 与 OSI/RM 有着很大的区别，如图 4-2 所示。为了与具体的物理传输介质无关，TCP/IP 中并没有对最低两层做出规定。TCP/IP 中没有会话层和表示层，因为实际经验表明它们对应用没有多大用处。IP（Internet 协议）相当于 OSI 的网络层，它是一种数据报协议。TCP 和 UDP 相当于 OSI 的运输层。TCP（传输控制协议）提供面向连接服务。UDP（用户数据报协议）提供无连接服务。

由于 IP 比较简单，易于在各种广域网、局域网实现，能在各种物理媒体（如拨号线、专线、卫星、无线、光纤）上运行，具有很好的适应性，使得整个网络具有灵活的拓扑结构，便于网络互连和扩展。这些特点使 IP 成为不同网络互连的通用标准。

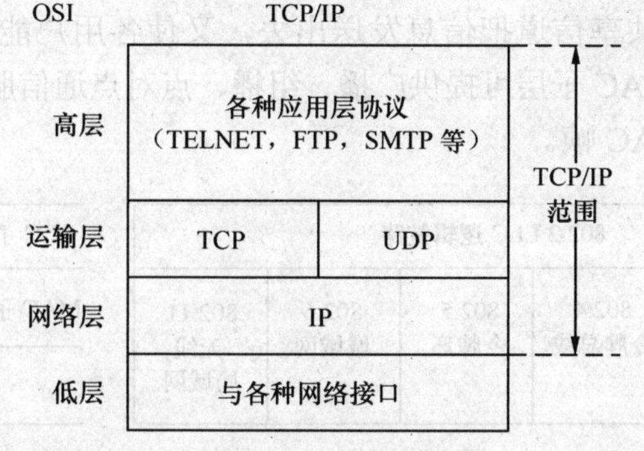

图 4-2 TCP/IP 参考模型

4.2 局域网基本知识

4.2.1 局域网体系结构

计算机网络从距离范围上分为局域网（Local Area Network，LAN）和广域网（Wide Area Network，WAN）。在一座办公大楼、一栋大厦、一个校园或一个企业内的网络是局域网，其范围通常在几公里之内。当距离较远时，就是广域网。局域网通常要比广域网具有高得多的传输速率，如目前 LAN 的传输速率为 10/100/1 000Mbit/s。国内目前广域网速率通常为 64kbit/s～2Mbit/s。

局域网的标准由美国电气和电子工程师学会 IEEE 802 委员会制定。所制定的标准都以 802 开头，目前共有 14 类与局域网有关的标准。

① IEEE 802.1—— 通用网络概念、体系结构、互连、管理和性能测量等。

② IEEE 802.2 —— 逻辑链路控制等。

③ IEEE 802.3 —— CSMA/CD 访问方法及物理层规定。陆续制定的 10 兆比特/100 兆比特/吉比特以太网标准都属于此类的一个分项。

④ IEEE 802.4 —— 令牌总线结构、访问方法及物理层规定。

⑤ IEEE 802.5 —— 令牌环访问方法及物理层规定等。

⑥ IEEE 802.6 —— 城域网（MAN）的访问方法及物理层规定。

⑦ IEEE 802.7 —— 宽带局域网。

⑧ IEEE 802.8 —— 光纤技术。

⑨ IEEE 802.9 —— 综合语音数据局域网。

⑩ IEEE 802.10 —— 网络的安全与互操作。

⑪ IEEE 802.11—— 无线局域网。

⑫ IEEE 802.12 —— 高速局域网 100VG-AnyLAN。

⑬ IEEE 802.16 —— 城域无线宽带系统。

⑭ IEEE 802.20 —— 移动宽带无线接入（MBWA）。

如图 4-3 所示，在局域网中，数据链路层分为两个部分：媒体访问控制（Media Access Control，MAC）子层和逻辑链路控制（Logical Link Control，LLC）子层。

MAC 子层的功能是实现共享信道的动态分配，它的任务是控制和管理信道的使用，实现一对多通信（即多址访问）：用一个共有信道将多个用户连接起来，实现他们之间的相互通信，既保证多个用户能从共享信道把信息发送出去，又使各用户能从这些信号中识别出发给自己的信号并接收信息。MAC 子层可提供广播、组播、点对点通信服务，是无连接的数据报服务，其信息传送单位是 MAC 帧。

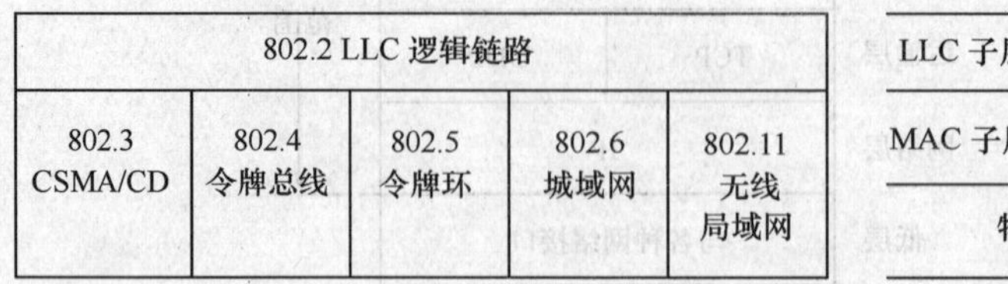

图 4-3　局域网体系结构：IEEE 802 标准

LLC 子层具有差错控制和流量控制功能，可实现数据帧在两个站点之间的可靠传送。LLC 与传输介质无关，向上层提供统一的服务接口。LLC 提供以下 4 种类型服务。

① 不确认的无连接服务。

② 面向连接服务。

③ 带确认的无连接服务：用于令牌总线。

④ 高速传送服务：用于城域网。

LLC 可利用服务访问点（SAP）标识符为上层提供复用功能。

由于 MAC 子层实现了多个站点之间相互通信，所以共享式局域网没有必要设置分组交换机来实现多个站点之间的相互通信，局域网体系结构中也就没有网络层。网络层原有的虚电路复用的功能由 LLC 实现，即 LLC 能使一个站点同时和多个站点通信。虽然局域网体系结构中没有网络层，但各种网络产品如 Novell NetWare、Microsoft Windows 95/NT、UNIX 等往往在局域网协议之上使用 IP、IPX 等网间互连协议，以便实现网络互连。

不过随着局域网的发展，速度慢、效率低的共享式局域网已不能满足要求，出现了交换式局域网。即使这样，局域网体系结构仍然没有网络层，因为局域网交换机是在 MAC 层上进行交换的。局域网的进一步发展导致了所谓交换式路由器或路由式交换机的出现，也可叫**第 3 层交换机**，它工作在互连网络层，较严格地说应该是 3.5 层，可用硬件实现 IP、IPX 等分组的转发。这时网络在逻辑上划分为多个虚拟局域网，多个虚拟局域网之间用 IP 或 Novell 的 IPX 进行互连，各虚拟网络的 IP、IPX 子网号可能不同，需要由交换式路由器转发。

4.2.2　以太网

1．载波监听多路访问/冲突检测

早期以太网中多个站点共享总线信道，对信道的占用采用竞争的方式。不过也不是完全自由的竞争。各站都要根据网络情况协调自己的行为，以提高信道利用率。这就是载波监听多路访问/冲突检测（Carrier Sense Multiple Access with Collision Detection，CSMA）的基本思想。

在 CSMA 中，一个站点在发送之前要先监听信道。如果发现信道空闲，则发送；如果发现信道上有载波，即处于忙状态，则不发送。这样就大大减少了碰撞次数。但仍会发生碰撞，比如，当信道由忙转为空闲时，如果有多个站同时在监听，这些站将会同时发送而产生碰撞。因此，如何监听信道需要认真考虑，并应选取适当的载波监听策略。由此，便得出不同的 CSMA 系统，

如坚持型 CSMA 和非坚持型 CSMA。在坚持型 CSMA 中，如果监听到信道上有信号，则一直监听下去，直到信道空闲。在非坚持型 CSMA 中，如果监听到信道上有信号，就不再监听下去，并根据一定的算法延迟一个随机时间后重新监听。如果监听到信道空闲，则发送数据。

无论坚持型 CSMA 还是非坚持型 CSMA，都存在由于多个站同时发送而产生的碰撞，但各站并不知道已经发生碰撞，仍会将数据帧发送完毕，这就浪费了信道。为此，CSMA/CD 增加了边发边听的功能，一旦发生冲突，双方都能监听到，并停止发送，根据一定的后退算法延迟一个随机时间重新监听、发送。监听策略仍是坚持、非坚持等类型。在实际网络中常用 1 坚持，因为实现上更简单。在 IEEE 802.3 以太网中，采用 1 坚持 CSMA/CD 协议，后退算法为截断二进制指数算法，MAC 帧的长度范围是 64～1 518 字节。

截断二进制指数算法实现过程如下。

第 1 次重发时，从[0，1]中随机选择一个数 r，后退 $r \times 2\tau$ 的时间（2τ为端到端往返传播时间，在 IEEE 802.3 中规定为发送 512bit 所需时间）。

第 2 次重发时，平均后退步长比第一次重发时加倍，即从[0，1，2，3]中随机选择一个数 r，后退 $r \times 2\tau$的时间。

……

第 10 次重发时，从[0，1，2，…，$2^{10}-1$]中随机选取一个数 r，后退 $r \times 2\tau$时间。

第 11 次重发，后退步长不再加倍，从[0，1，2，…，$2^{10}-1$]中随机选取 r。

……

第 15 次重发，从[0，1，2，…，$2^{10}-1$]中随机选取 r。

如果仍不成功，则丢弃该数据帧，并向上一层协议报告。最大发送次数为 16 次。在前 10 次重发中，步长每次都加倍，这就是所谓“二进制指数”。在第 10 次重发后，后退步长不再加倍，这就是所谓的“截断”。

二进制指数截断算法具有自适应性。第 1 次重发，后退步长较小，如果网络负载较轻，则再次碰撞的概率较小；如果网络负载较重，则再次碰撞的概率较大，在下一次重发时会在更大步长范围内后退。这样，对较轻、较重的网络负载有很好的适应性。

2．传统网桥

共享式以太网连接的站点较多时，总线上的碰撞较多。为此，可以使用网桥将一个较大的 LAN 分割为多个网段。网桥还可将两个以上的 LAN 互连为一个逻辑 LAN。无论哪种情况，LAN 上的所有用户都可互相访问。两个网桥可通过远程线路进行互连。

工作原理：通过监听网络上所有的帧，网桥可以建立各网段站点地址表。当从一个网段收到一个目的地址不是本网段的 MAC 帧时，网桥要向别的网段转发。如果该帧是发往同一网段上某一站的，网桥则不转发，而将其滤除。当两个网段使用的 MAC 协议不同时，网桥还要进行协议的转换。传统网桥对帧的转换、转发是用软件来实现的，如图 4-4 所示。

因为网桥起到了隔离网段的作用，在一定条件下具有增加网络带宽的作用。

传统网桥缺点如下。

① 端口少。

② 用软件进行交换使得转发速率慢。

③ 不滤除广播帧，故有广播风暴。

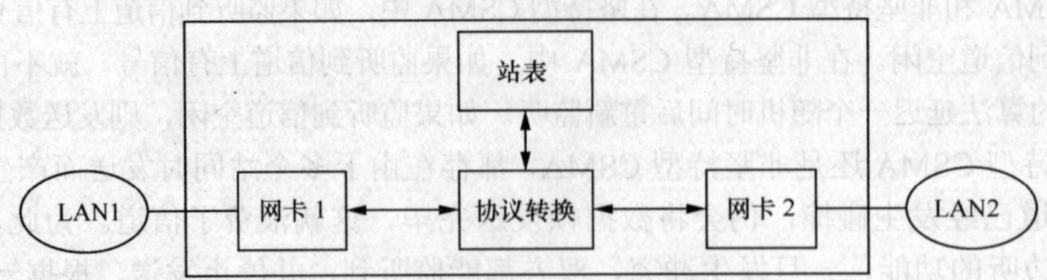

图 4-4 用软件实现协议转换的传统网桥

3. 交换式集线器

集线器（Hub）可连接多台计算机设备。集线器一般具有 10～30 个端口，通过双绞线和计算机相连。集线器之间可级连，级连线路可用双绞线或光纤。集线器分为两种：共享式集线器和交换式集线器。

共享式集线器内部通过一个总线把各端口连在一起，在同一时刻只有一个端口能发送。共享式集线器使用的协议通常为 IEEE 802.3（CSMA/CD），也就是以太网协议。

交换式集线器也叫作局域网交换机。交换式集线器使用带有交换芯片的高速背板来连接各个端口。交换芯片是一个 $N\times N$ 的交叉开关矩阵，N 为端口数，通过识别 MAC 帧的目的地址来实现 MAC 帧的转发。各对端口之间可同时通信。已无共享信道，也就没有必要使用 CSMA/CD、令牌环等多路访问协议。但为了与各种局域网兼容，仍支持常用的帧格式，因此就有以太网交换机、令牌环交换机等产品。有些模块化产品同时支持多种帧格式。用硬件进行交换的交换式集线器如图 4-5 所示。

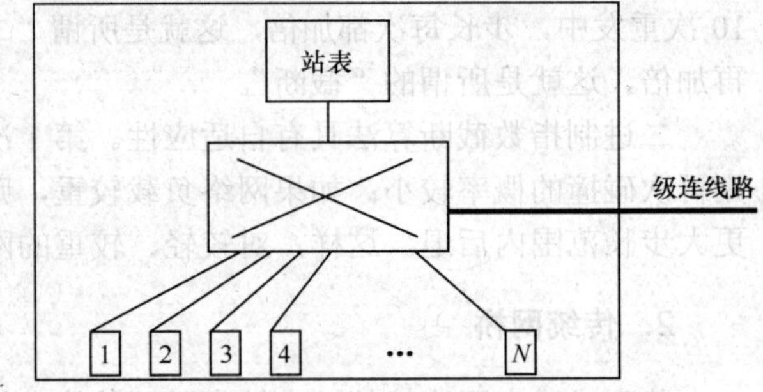

图 4-5 用硬件进行交换的交换式集线器

交换式集线器优点如下。

① 端口多。

② 转发速率快。

③ 支持虚拟网络（VLAN）。

④ 可限制广播流量，使广播风暴减少。

⑤ 增加安全性。

交换式以太网端口类型有以下 3 种。

10M：10BASE-T。

100M：100BASE-T。

1 000M：1000BASE-T。

它们的帧格式皆为 IEEE 802.3。

4. 虚拟局域网

（1）传统局域网根据物理连接来分段

传统局域网中，连在一个集线器/交换机上的计算机组成一个物理网段。不同的物理网段之间用网桥/交换机来互连。网桥/交换机具有学习功能，能建立站点表以记录各站点的 MAC 地址和所属网段/端口。当网桥/交换机收到一个数据帧时，能根据其 MAC 地址来查询站点表以向目的网段/端口转发；如果站点表中没有该 MAC 地址或是一个广播帧，则向所有网段/

端口转发，这种方法称为洪泛法（FLOODING）。由于传统局域网对广播帧和未知MAC地址的帧都采用洪泛法向其他网段转发，使得任何一个网段上的广播帧都会出现在其他网段上，降低了网络带宽的有效利用率，容易造成广播风暴和网络拥塞。另一方面，任何一个站点只要知道别的网段上站点的MAC地址，就可以和它通信，网络的安全性较差。

（2）虚拟局域网

为了克服传统网桥/交换机的局限性，需要对局域网之间的互连做适当限制，把分布在全网上的各站点在逻辑上（而不是根据它们的物理位置）分成一些工作组，组内各站好像接在一个局域网上（它们的广播包只在组内传播）；组间通信则有一定的控制，如安全检查，一个站点即使知道另一个网段上站点的MAC地址，也不能把MAC帧发给该站点。每个工作组就称为一个虚拟局域网（Virtual LAN，VLAN）。

交换机收到某个站点发出的MAC帧后，要判断该站点和目的站点是否属于同一VLAN。如果它们属于同一VLAN，则向目的端口转发。如果它们不属于同一VLAN，则它们之间不能用MAC地址直接通信，要根据VLAN之间互连的方法来处理（见后文“VLAN之间互连”）。

（3）VLAN划分原则

VLAN划分原则如下。

① 按工作性质划分：如财务部门之间组成一个VLAN，技术部门组成一个VLAN。

② 按共同使用的协议来划分：如把用IPX的站划分为一个VLAN，把使用IP的站划分为另一个VLAN。

③ 按IP子网地址划分。

VLAN划分示例如图4-6所示。

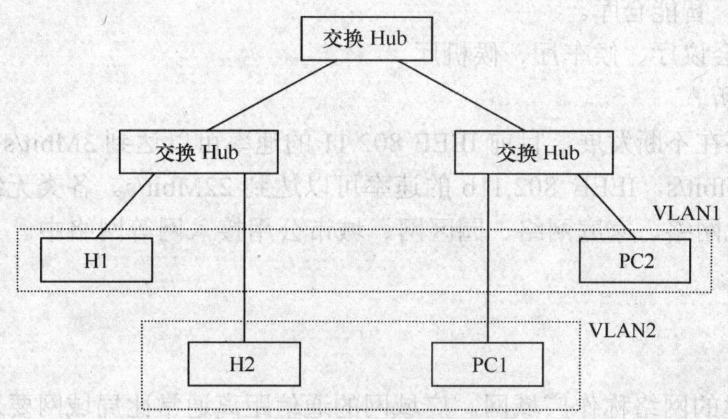

图4-6 VLAN划分示例

（4）VLAN之间互连

由于不同VLAN之间不能用第2层的MAC地址直接通信，它们的互连要在第3层的IP上进行。因此，它们的互连通常就要使用外部路由器。由于路由器通常使用软件对IP包进行存储、转发，速率比交换机低，路由器成了VLAN中的通信瓶颈。

为了解决路由器速率低的问题，多层交换机就应运而生。多层交换机不仅在第2层的MAC层、CELL层交换，在第3层的IP层也交换（传统上是用路由器），而且MAC、CELL、IP之间也可能直接交换。这样，VLAN之间互连通信可在交换机内部直接高速完成。

4.2.3 无线局域网

无线局域网的国际标准 IEEE 802.11 已在 1997 年获得通过。该标准包含了无线局域网的物理层和 MAC 子层。其物理层可采用红外线、跳频扩频和直序扩频。IEEE 802.11 MAC 层中基本算法载波监听多路访问/冲突避免（Carrier Sense Multiple Access with Collision Avoidance，CSMA/CA），CSMA/CA 是根据无线环境的特点，对 CSMA 进行一些改进，为数据业务提供服务。对于实时业务，则由中心站点采用轮询方式进行信道分配。

无线局域网一般使用无线接入点（Access Point，AP）进行无线组网。无线接入点（AP）通过无线链路接收到终端发来的 MAC 帧后，根据目的 MAC 地址向其他终端或上级网络转发。无线接入点（AP）一般都带有有线局域网接口，以连接上级网络。

目前，无线局域网越来越多地被使用。这是因为它能在大厦内、城市内弥补有线通信的不足，使得人们能够随时随地、不受空间环境限制地进行数据和语音、甚至图像信息的交换。移动通信建网迅速、通信灵活，能够实现近、中、远距离通信，使用户不必担心高昂的电话线路租用费用和线缆费用，又避免接插件松动、短路带来的故障。计算机可在一定范围内移动，网络增删节点也较容易。

目前，无线接入点（AP）和无线网卡的价格已经非常便宜，无线局域网获得了广泛的应用。在室外应用时，主要用于难于布线的室外环境和远程局域网互连。在室内应用时，主要是把便携终端（笔记本电脑、掌上电脑等）连接到网络中。对于以下特定场所往往设有无线局域网，发挥无线接入的便捷性。

① 大型办公室、车间。

② 超级商场、智能仓库。

③ 展览馆、会议厅、候车厅、候机厅。

④ 证券交易所。

无线局域网还在不断发展。目前 IEEE 802.11 的速率可以达到 3Mbit/s，IEEE 802.11a 的速率可以达到 54Mbit/s，IEEE 802.11b 的速率可以达到 22Mbit/s。各类无线计算机网络可以应用到身边计算机网络、家庭网络、园区网、城市公用接入网等网络中。

4.3 广域网

通信距离较远的网络称作广域网。广域网的通信距离通常比局域网要远，远程局域网之间需经过广域网实现互连。我国邮电部门在 20 世纪 90 年代中前期建立了 PSPDN（CHINAPAC）和 DDN（CHINADDN），并在其上开放了分组数据（X.25）、租用电路以及帧中继业务。X.25、数字数据网（Digital Data Network，DDN）、帧中继是使用较早的广域网技术；ATM 性能更好，是目前广域网主干技术。ATM 已经在第 3 章做了介绍，本节介绍 X.25 网、DDN、帧中继。

4.3.1 X.25 网

公用分组网的用户网络接口符合原 CCITT X.25 标准，故公用分组网常简称为 X.25 网。X.25 标准定义了 3 层：物理层、帧层和分组层。这些层定义了 OSI 模型中物理层、数据链路层和网络层中的功能。X.25 分组网采用存储/转发方式，能在一条物理线路上提供多条的永久虚电路（PVC）、交换虚电路（SVC）基本业务以及众多的用户可选业务如闭合用户群、快速选择、反向计费、集线群等。另外，为了满足大集团用户的需要还提供虚拟专用网（VPN）业务。从而用户可以借助公用网资源，将属于自己的终端、接入线路、端口等模拟成自己的专用网，并可设置自己的网管设备对其进行管理。

由于分组网采用动态复用方法，可提高信道的利用率、简化物理接口（一条物理线可支持多条虚电路），而且能使不同速率的终端相互通信，也为分布式处理创造了条件。

分组网最初主要是建立在模拟信道的基础上工作的。由于模拟信道质量较差，为可靠传送数据，分组网的协议在纠正信道差错方面需考虑周全，处理比较复杂，因而网络延迟较大。另外，分组网提供的用户端口速率一般不大于 64kbit/s。我国公用分组网 CHINAPAC 已遍及全国县以上城市，端口总容量已达 10 万，基本满足我国数据通信业务要求。

X.25 分组网主要适用于交互式短报文，数据传输速率在 64kbit/s 以下，网络的分组平均延迟达 1s 左右，如金融业务、计算机信息服务、管理信息系统等。它不适用于多媒体通信，另外，分组网传送 TCP/IP 的 IP 包传输效率不如帧中继。

4.3.2 数字数据网

数字数据网（DDN）是利用数字通道提供半永久性连接电路，以传输数据信号为主的数字传输网络。DDN 实际上是在物理层上直接组网，主要提供中高速率、高质量点到点和点到多点的数字专用电路，以便向用户提供租用电路业务。DDN 线路的通信速率为 2.4～19.2kbit/s、$N \times 64$kbit/s（$N = 1$～32）。

DDN 的数据信道主要是光纤传输系统，其传输质量主要决定于光纤系统的传输质量，一般信道误码率小于 10^{-7}。对用户来说 DDN 信道是无协议的透明信道，用户只需注意物理接口是否符合要求，信道产生少量差错由用户设备自行解决。DDN 主要适用于用户所需的中高速点到点和点到多点的专线场合，如用 DDN 作为用户专线或用它组成专用计算机网来传送数据、图像、语音、多媒体信息等。当前我国的 DDN 除提供租用电路业务外，还提供 DDN 的增值业务如帧中继业务，8kbit/s、16kbit/s 和 32kbit/s 压缩语音业务，G3 传真业务。

我国 DDN 已遍及全国大部分县城以上城市，端口总容量达 10 万个。

4.3.3 帧中继

网络节点在收到一个数据链路帧中的目的地址后，就立即转发该帧，无须等到收完该帧后再转发，这就是帧中继。帧中继是面向连接的网络，它在第 2 层上提供虚电路服务，从这点上看它与 ATM 技术类似。它的帧长度是可变的，这与 ATM 不同。ATM 的信元长度是固定的，所以 ATM 可以叫做信元中继。

帧中继是在 X.25 和 DDN 之后发展起来的，其发展原因主要有如下两方面。

① 用户对低延迟、高吞吐量的突发式数据传输业务的需求越来越高，如分布式处理、高速局域网互连、多边交互的 CAD/CAM 的发展等，帧中继特别适合计算机通信的需求。

② 光纤数字系统在通信网中的大量应用，通信质量大大改善，从而不必对通信传输差错作过多的处理，可以简化 X.25 协议以便减少协议开销、传送延迟以及提高信道传送效率。

帧中继协议与 X.25 协议相比主要有如下变动。

① X.25 有物理层、链路层和分组层 3 层功能，而帧中继只有物理层和链路层两层。

② X.25 提供近似无差错的虚电路业务，而帧中继只告诉用户有无差错而不加以纠正，也就是说，X.25 网负责数据的可靠传送，而帧中继网则由用户负责数据的可靠传送。

③ X.25 的动态交换和复用在第 3 层完成，而帧中继在第 2 层完成帧的交换，实现端到端的数据连接和复用。

④ X.25 提供交换虚电路（SVC）业务与永久虚电路（PVC）业务，而帧中继目前只提供 PVC 业务，不久将能提供 SVC 业务。

在 20 世纪末，帧中继是比较适合计算机通信需求的技术，所以当时世界上帧中继业务发展迅速。在我国通信部门也建立了全国性的帧中继网 CHINAFR。

帧中继虽然成本低，但也存在以下一些缺点。

① 速率受限制，一般可到一次群，最高可到 3 次群。对于要求更高数据速率的协议（如 B-ISDN）仍不够。

② 帧中继允许可变长度的帧。对不同的用户，这可能产生可变的时延。帧中继交换以同样的方式处理各种不同大小的帧。如果这些大小不同的帧都去同一个接口，就会存储在同一个队列中。小帧跟在大帧之后的时延可能与小帧跟在另一个小帧之后的时延不同；小帧的用户通信性能受到损害。

③ 由于时延可变，且不受用户控制，因而帧中继不适宜发送对时延敏感的数据，如实时音频或视频。

4.4 IP

4.4.1 IP 地址格式

首先介绍 Internet 协议（Internet Protocol, IP）地址的格式和分类。

1. IP 地址格式

IP 地址的长度是 32 比特，根据高位比特的值，可以分成 A、B、C、D、E 类，具体结构如表 4-1 所示。

表 4-1　IP 地址格式

高位比特	格式	类型
0	7 比特的网络号，24 比特主机号	A
10	14 比特的网络号，16 比特主机号	B
110	21 比特的网络号，8 比特主机号	C
1110	组播地址	D
111110	保留为今后使用	E

通常将 32 比特地址用分成 4 节的 12 个数字表示，如

11111011 10000000 00000100 00000001

上述地址是一个 E 类地址，可记为 251.128.4.1。

A 类地址的范围是：1.0.0.0～127.255.255.255。

B 类地址的范围是：128.0.0.0～191.255.255.255。

C 类地址的范围是：192.0.0.0～223.255.255.255。

A 类网络总共只有 128 个，目前很难再申请到。B 类网络也不多。一般单位只能申请到 C 类地址，且往往是在 C 类网络中再做细分。由于 Internet 网络发展很快，IP 地址已非常紧张。

网络号和主机号为全 0（“本”）和全 1（“所有”）的 IP 地址，是特殊格式的 IP 地址，它们的组合如表 4-2 所示。

表 4-2　特殊的 IP 地址

网　络　号	主　机　号	含　　义
全 0	全 0	本机
全 1	全 1	有限广播（向本地网络发广播，无须知道本网络网络号）
全 0	X	代表本网的主机 X。用于源地址，主机不知道网络号。目前一般不使用
全 1	—	目前一般不使用（RFC950）
X	全 0	本网络（例如：134.211.0.0）
X	全 1	向某个网络发广播（例如：134.211.255.255）

注 1：请求注解文件（Require For Comment，RFC）是 Internet 技术文件的格式文档。RFC 经过长期的试用和改进，才正式成为 Internet 标准。

注 2：“X”表示某个具体的值。

2．划分子网

为了提高 IP 地址的使用效率，可将一个网络划分为多个子网：采用借位的方式，从主机位最高位开始借位变为新的子网位，所剩余的部分则仍为主机位。这使得 IP 地址的结构分为 3 部分：网络位、子网位和主机位。

（1）掩码

掩码（Mask）用于识别 IP 地址网络部分/主机部分。每一个网络都选用 32 位的掩码，掩码中的 1 对应着 IP 地址的网络位，掩码中的 0 对应着 IP 地址的主机位。子网掩码（Subnet Mask）则是掩码中的一部分，可以进一步划分出子网。

例如，IP 地址为 134.211.32.1；掩码为 255.255.0.0。

将这两个数进行二进制数逻辑与（AND）运算，得出的结果即为网络部分是 134.211，IP 地址中剩余部分就是主机号 32.1

（2）三类地址的子网划分

3 类地址的掩码分别为：

A 类　11111111.00000000.00000000.00000000　255.0.0.0

B 类　11111111.11111111.00000000.00000000　255.255.0.0

C 类　11111111.11111111.11111111.00000000　255.255.255.0

通过子网掩码，可以进一步在各类网络中进行子网划分。子网掩码的定义提供一种有趣的灵活性，允许子网掩码中的“0”和“1”位不连续。但是，这样的子网掩码给分配主机地址和理解路由表都带来一定困难，并且，极少的路由器支持在子网中使用低序或无序的位，因此在实际应用中通常各网点采用连续方式的子网掩码。

例如，网络号为 134.211 的一个 B 类网络，如果子网掩码为 0.0.240.0（整个掩码为 255.255.240.0，即 11111111.11111111.11110000.00000000），则该网络可进一步划分为 14 个子网（扣除子网号 X.X.0000 和 X.X.1111，它们用于本网络和广播地址），这 14 个子网号为

X.X.0001 → X.X.1110

每个子网主机号为：$2^{12}-2=4\ 094$ 个。

整个网络掩码也被表示为：255.255.240.0 或 134.211.240.0 /20。

其中，/20 明确指明网络掩码中网络位为 20 位。

（3）超网

超网（Supernetting）是与子网类似的概念。IP 地址根据子网掩码被分为独立的网络地址和主机地址。但是，与子网把大网络分成若干小网络相反，超网是把一些小网络组合成一个大网络。

假设现在有 16 个 C 类网络，即 201.66.32.0～201.66.47.0，它们可以用子网掩码 255.255.240.0 统一表示为网络 201.66.32.0。但是，并不是任意的地址组都可以这样做，如 16 个 C 类网络 201.66.71.0～201.66.86.0 就不能形成一个统一的网络。

（4）无类别域间路由

Internet 上的主机数量增长超出了原先的设想，虽然还远没达到 2^{32}，但地址已经出现匮乏。1993 年发表的 RFC1519 ——无类别域间路由（Classless Inter-Domain Routing，CIDR）是一个尝试解决此问题的方法。

基于类别的地址系统工作得不错，它在有效的地址使用和少量的网络数目间做出了较好的折中。但是随着 Internet 的成长出现了两个主要的问题。

① 已分配的网络数目的增长使路由表大得难以管理，相当程度上降低了路由器的处理速度。

② 僵化的地址分配方案使很多地址被浪费，尤其是 B 类地址十分匮乏。

为了解决第 2 个问题，可以分配多个较小的网络，如用多个 C 类网络而不是一个 B 类网络。虽然这样能够很有效地分配地址，但是更加剧了路由表的膨胀（即又产生了第 1 个问题）。

CIDR 丢弃了地址分类概念。用表示网络位比特数量的“网络前缀”，取代了 A 类、B 类和 C 类地址划分。前缀长度不一，13～27 位不等，而不是分类地址的 8 位、16 位或 24 位。这意味着地址块可以成群分配，主机数量既可以少到 32 个，也可以多到 50 万个以上。网络前缀的长度由掩码决定。

在 CIDR 中，地址根据网络拓扑来分配。连续的一组网络地址可以被分配给一个服务提供商，使整组地址作为一个网络地址（很可能使用超网技术）。例如，一个服务提供商被分配以 256 个 C 类地址，从 213.79.0.0～213.79.255.0，服务提供商给每个用户分配一个 C 类地址，但服务提供商外部的路由表只通过一个表项 —— 掩码为 255.255.0.0 的网络 213.79.0.0 ——来分辨这些路由。如果可以重新组织现有的地址，则 Internet 骨干上的路由器广播的路由数量将大大减少。但这实际是不可行的，因为这将带来巨大的管理负担。

4.4.2 域名系统

Internet 网中的每台计算机都有自己的地址号码（即 IP 地址），它的长度是 32 比特，通常用分成 4 节的 12 个数字表示，如 202.119.25.11。由于地址太长，难于记忆，给使用带来不便，为此 Internet 就建立了域名系统（Domain Name System, DNS）。网络上的每台计算机都

有自己的名字，如东南大学的 WWW 服务器的名字是 www.seu.edu.cn，其中 cn 表示中国，edu 表示教育网，seu 表示东南大学，www 表示 WWW 服务器。用户通信时直接使用对方计算机的名字，网络软件会自动去域名系统器查询对方的具体地址号码。就像电话网中的 114 查号台能根据用户名查出电话号码一样，Internet 域名系统（DNS）是将域名地址与 IP 数字地址来回转换的一种 TCP / IP 服务，并且是在用户不知道的情况下由计算机自动进行的，方便了用户的通信。

IP 地址的各部分并不直接与子域名字一一对应，因此，请不要机械地用这个模式去套用。域名形象易记，并有简单的规范。

① .com：公司企业。

② .net：网络服务机构。

③ .org：非营利组织。

④ .edu：教育部门。

⑤ .gov：政府部门。

⑥ .mil：军事部门。

国家域，如.cn 表示中国，.jp 表示日本，.us 表示美国，国家域省略时表示美国。

最近又增加了 7 个域，如.web 表示 WWW 研究组织，.info 表示提供信息服务的单位。

域名系统通过 DNS 协议和客户机/服务器处理模式，提供计算机域名和 IP 地址间的翻译。这种翻译过程称为域名解析（解答）。其中的服务器是名字服务器，对客户机提出的域名或地址进行翻译。客户机也称为名字解答器，用户程序利用名字解答器查询计算机域名对应的 IP 地址。每个名字解答器再向一个或多个名字服务器查询。

域名解析过程如图 4-7 所示。用户提供计算机名，用户程序利用例程“客户端解答器”向名字服务器发出域名查询请求，名字服务器解答查询，将计算机域名翻译成 IP 地址，然后将 IP 地址返回给客户端解答器，最后再提交给客户程序。名字服务器可以从名字缓存、自身数据库或其他名字服务器中获得所需的 IP 地址。域名系统也可以提供相反的翻译过程，即从 IP 地址到域名的翻译。

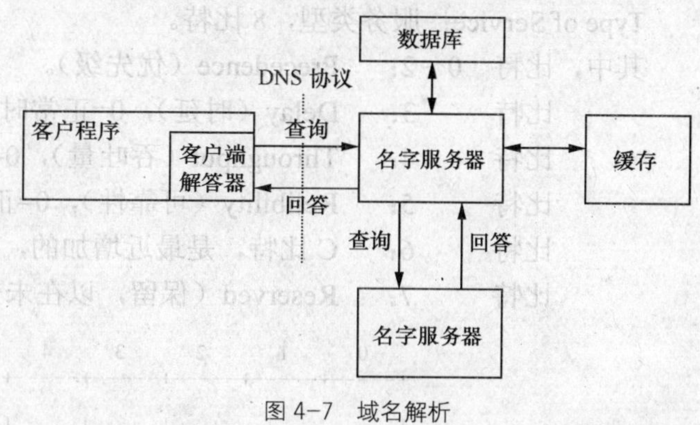

图 4-7 域名解析

4.4.3 IP 数据报分组格式

作为数据报协议，IP 在网络中传输的基本单位是 IP 分组。IP 分组由分组首部和数据两部分构成。首部的最小单位是 20 字节，其中的地址信息用来进行路由选择。数据部分的最大长度接近 64K 字节，不过由于物理子网的最大传输单元（MTU）限制（如以太网的 MTU 为 1 500 字节），使得 IP 分组在传输时可能要分段为小的单元，到达终点后再进行重装。

IP 分组的格式如图 4-8 所示。

图 4-8 中各字段意义如下。

Version：版本，4 比特。当前版本为 4，版本 5 用于实验，下一代版本是 6。

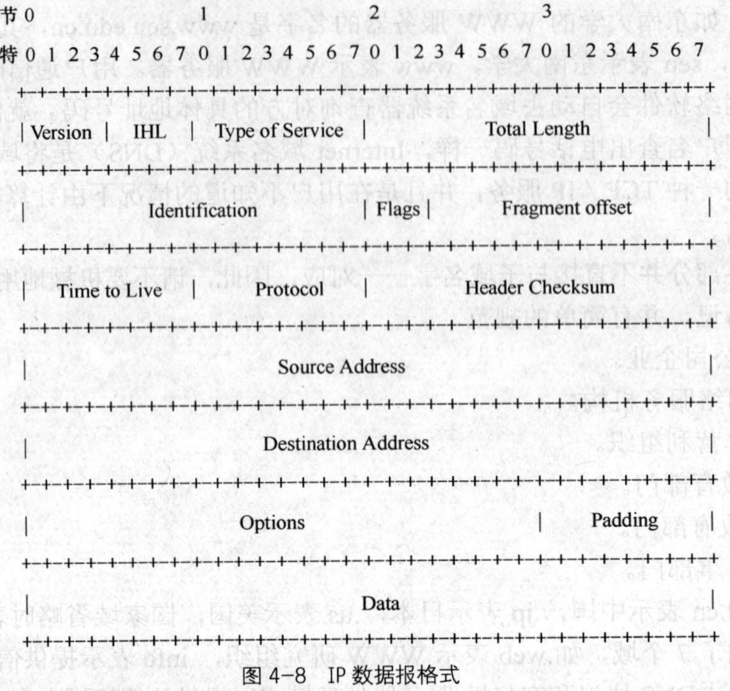

图 4-8 IP 数据报格式

IHL：首部长度，4 比特，可表示的最大数值是 15 个单位（一个单位是 4 字节）。首部长度的最小值为 5。

Type of Service：服务类型，8 比特。

其中，比特 0~2：Precedence（优先级）。

比特 3：Delay（时延），0=正常时延，1 =低时延。

比特 4：Throughput（吞吐量），0=正常，1 =高吞吐量。

比特 5：Relibility（可靠性），0=正常，1=高。

比特 6：C 比特，是最近增加的，表示更低廉费用的路由。

比特 7：Reserved（保留，以在未来使用）。

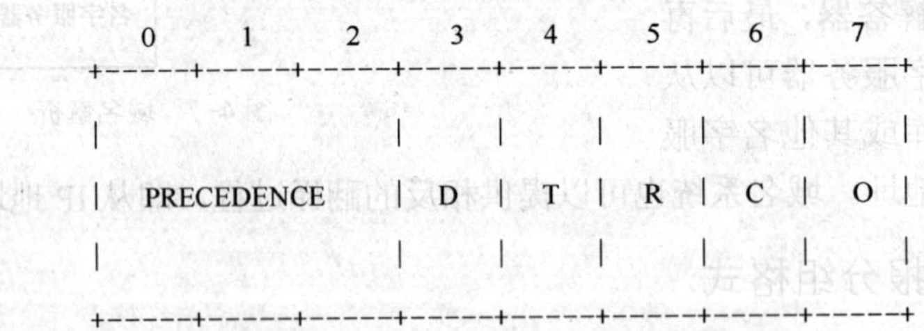

Total Length：总长度，16 比特。

Identification：标识，16 比特。用于区分不同的分组，便于分段后的重装。和寿命配合使用，可保证分组标识不重复，使分段的重装不混淆。

Flags：标志，3 比特。

比特 0：保留，必须为 0。

比特 1：（DF）0 =允许分段，1 = Don't Fragment（不许分段）。

比特 2：（MF）0 =最后一段，1 = More Fragments（还有后续分段）。

Fragment Offset：段偏移，13 比特。表示一个分段在分组中的位置。单位为 8 字节。

Time to Live：寿命，8 比特，单位是秒。寿命的建议值是 32 秒。

Protocol：上层协议类型，8 比特。

Header Checksum：首部校验和，16 比特。

Source Address：源地址，32 比特。

Destination Address：目的地址，32 比特。

Options：可选参数，长度可变。有时钟、安全、路由等方面的可选参数。

Padding：填充，用于保证首部的长度是 32 比特的倍数。用 0 来填充。

4.5 TCP

传输控制协议（Transmission Control Protocol，TCP）是面向连接服务。它提供可靠服务的手段和链路层、网络层中面向连接服务在原则上是相同的：即给报文编号，收方回送应答，超时重发。但由于连接两端运输层实体的网络比较复杂，且有可能是多个不同网络互连而成，这就使 TCP 又有自己的特点。

1. TCP 的特点

① 发送窗口、接收窗口尺寸可动态调整。在 TCP 中，可发送的未应答信息长度是可以调整的。根据收方和网络负载情况，可动态调整窗口大小。比如当出现网络拥塞时，TCP 会自动按照将窗口尺寸减小一半的方法来逐步减小发送流量。

② 超时重发间隔。TCP 超时间隔的计算较复杂，要使用很多参数，动态进行计算。当发生网络拥塞时，TCP 按照逐步加倍超时间隔的方法来适应网络状态。

③ 编号与确认。TCP 把所传送信息看成一个连续的字节流。一个 TCP 报文所传送的信息段在该字节流中的位置就是该报文段的编号，收方可据此对报文段进行应答。

TCP 中无否认应答 NAK，其差错控制由 ACK 和超时重发完成。当收到错序的报文时应如何处理，TCP 未做明确规定，而是让 TCP 实现者自行决定。因为按字节流编号方便了缓冲区管理，通常采用选择 ARQ 方式。

按字节流编号方便了收方缓冲区管理。如果收方收到错序报文，可以方便地嵌入接收缓存区中的适当位置。当所缺报文到达时，可以将接收缓冲区中的数据连续地拼接在一起，并提交给上层。这样可以避免对缓冲区进行搜索、避免出现内存碎片，提高了内存利用率和处理速度。

因为是字节流，TCP 只完成字节流的透明传输，不需要对字节流进行解释，也不需要进行分段和重装。

2. TCP 报文格式

TCP 报文的格式如图 4-9 所示。

同 IP 数据报格式一样，TCP 报文的长度是以 4 字节为单位的。TCP 报文分为首部和数据两个部分。首部的前 20 个字节是固定的，后面的选项是可变长度的。首部固定部分各字段意义如下。

① 源端口和目的端口：各 16 比特，可表示 64K 个不同端口。端口是运输层向上层提供服务的接口，也就是运输服务访问点（TSAP）。不同的端口对应不同的应用层程序。对于一些

常用的应用层服务，都有一个对应的端口号码，这种端口号码叫作熟知端口（Well-Known Port），数值为 0～255。例如，FTP 使用 21 号端口，SMTP 使用 25 号端口，SNMP 使用 161 号端口，TELNET 使用 23 号端口。端口和 IP 地址结合在一起，就叫作插口或套接字（SOCKET）。

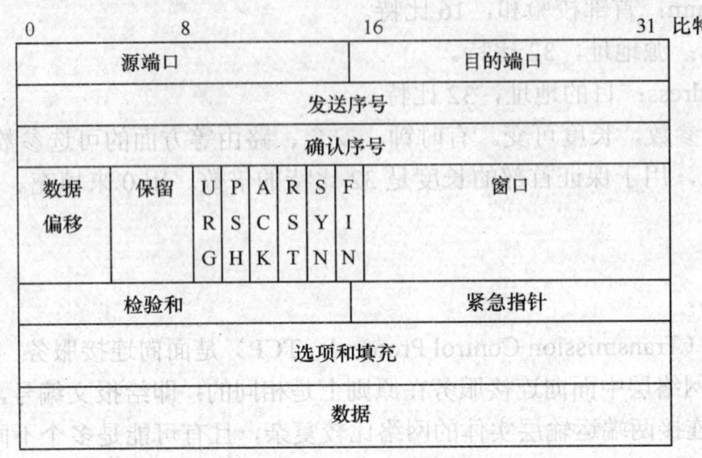

图 4-9 TCP 报文的格式

② 序号：32 比特，可在 4G 字节的数据流中定位。上面已介绍过，TCP 报文不是按报文个数来编号的，而是按它所传数据的第一个字节在数据流中的位置来编号的。

③ 确认序号：32 比特。表示期望收到的下一段数据的第一字节序号。

④ 数据偏移：表示数据从什么位置开始，也就是首部长度。4 比特，可表达的长度范围是 0～15，单位是 4 字节。即首部长度最大可达 60 字节。

⑤ URG（Urgent）：紧急比特。当收到 URG=1 的报文时，通知上层应用程序，目前数据流中有紧急数据，应用程序不要按原来的排队顺序接收数据，而要先接收紧急数据。例如，发送方刚刚发送了很长的数据给对方，又有紧急的控制信息要发给对方，就可以用 URG=1 的方式。这时收方应用程序停止正常的数据接收，待取走控制信息后，再恢复正常数据接收。URG 比特要和“紧急指针”配合使用。

⑥ ACK：确认比特。ACK=1 时“确认序号”才有意义，ACK=0 时“确认序号”无意义。

⑦ PSH（Push）：急迫推进比特。PSH=1 时应立即将报文发送出去，而不要在缓冲区停留。在上层应用程序和 TCP 程序之间，有一个缓冲区。上层程序通过向这个缓冲区存入或取出数据，便可使用 TCP 提供的数据流传送服务。在传送数据时，应用程序使用它感到方便的数据段长度。这样的长度可能小到一个字节。TCP 为了提高传送效率，要收集足够的数据，填入一个适当大小的 TCP 报文中，再通过网络发送出去。为了把数据立即传送给对方，便要使用 PSH=1 的方式：在发送方，TCP 立即将发送缓冲区中数据全都发送出去，不用等到收集到足够的数据再发送；在接收方，上层应用程序立即把数据取走。

⑧ RST（Reset）：重建比特。RST=1 时表明出现严重差错，必须释放连接，然后再重建运输层连接。

⑨ SYN：同步比特。当 SYN=1、ACK=0 时，表明请求建立连接。当 SYN=1、ACK=1 时，表明同意建立连接。

⑩ FIN（Final）：终止比特。FIN=1 时释放连接。

⑪ 窗口：16 比特，告诉对方在“确认序号”后能够发送的数据量。用于流量控制。当该值为零时，对方要暂时停止发送。

⑫ 检验和：16 比特。检验的范围包括首部和数据。

⑬ 紧急指针：16 比特。指出紧急数据的最后一个字节相对于“序号”字段给出位置的偏移。当紧急数据传送结束后，恢复正常的数据传送。紧急数据的开始位置，由第一个紧急报文的“序号”字段给出。

⑭ 选项：长度可变。用来说明常规 TCP 没有的附加特性。常用的选项有“最大报文长度”。利用选项，可增加网络需要的特性。

4.6 Internet 通信原理

4.6.1 Internet 网络结构

图 4-10 所示为 Internet 网络结构示意图，图中两端的局域网经过路由器连入广域网。信息在计算机网络中是按存储、转发方式进行传递的。这和信件邮递有些相似。用户信息被放在一个个分组中，每个分组都有一个“信封”，上面有收信人、发信人地址等信息。这些“信”送到网络交换机——在 Internet 中称为路由器（相当于“邮局”），路由器根据收件人地址向下一个路由器转发，直到最终交给用户。对于日常信件来讲，由于每一个国家的邮局都有自己的语言、信封格式和邮政编码体系，因此跨国信件的信封通常要用世界通用的英语书写，并要符合对方的信封格式。同样，在 Internet 中不同的网络可能使用不同的分组格式，它们之间互连时就要转换为通用的分组格式，IP 就是网络互连协议的工业标准。

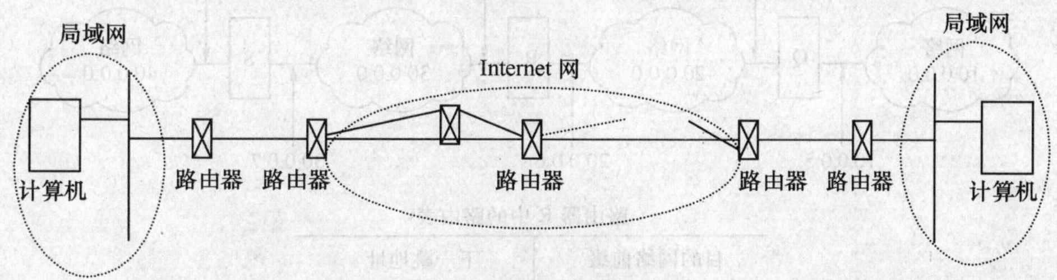

图 4-10 Internet 网络结构示意图

信件有普通平信和挂号信等种类。邮电局对平信不进行记录，不保证平信的准确送达。在 Internet 中 IP 分组就相当于平信，网络不保证 IP 分组的正确送达（当然丢失概率很小）。IP 是数据报协议，也就是无连接网络层协议，“无连接”就是要表明其“不保证性”。IP 比较简单，易于在各种广域网、局域网实现，使得整个网络具有灵活的拓扑结构，便于网络互连和扩展。

由于网络不保证 IP 分组的正确性和完整性，用户之间就要有相应的差错监测和重发措施，这就是传输控制协议（TCP）的作用。

4.6.2 路由器转发原理

路由器在网络层/Internet 络层（IP 层）提供连接服务，多协议路由器可以连接使用完全不同的网络层、数据链路层和物理层协议的网络。路由器操作的 OSI 层次比网桥/集线器高，网桥/集线器不能判断网络号，而路由器则可以，所以，路由器提供的服务更为完善。

路由器与网桥的另一个重要差别是，路由器了解整个网络，维持互连网络的拓扑，了解网络的状态，因而可使用最有效的路径转发分组。路由器可根据传输费用、转接时延、网络拥塞或信源和信宿间的距离来选择最佳路径。

路由器内部可以划分为控制平面和数据通道。在控制平面上，路由协议可以有不同的类型。路由器通过路由协议交换网络的拓扑结构信息，依照拓扑结构动态生成路由表。在数据通道上，转发引擎从输入线路接收 IP 分组后，分析与修改分组头，使用转发表查找下一跳，把数据交换到输出线路上，向相应方向转发。转发表是根据路由表生成的，其表项和路由表项有直接对应关系，但转发表的格式和路由表的格式不同，它更适合实现快速查找。转发的主要流程包括线路输入、分组头分析、数据存储、分组头修改和线路输出。

路由表中存储有关可能的目的网络及怎样到达目的网络的信息，如图 4-11 所示。由于 IP 编址方式和分配方法的特点，使得路由表只包含网络前缀的信息而不需要整个 IP 地址。路由表中包含许多（N,H）序偶（Pair）表项，其中 N 是目的网络的 IP 地址前缀，H 是向网络 N 方向走的下一步（即所谓的“下一跳”）路由器的 IP 地址。路由器 H 称为下一跳（Next Hop），用路由表存储下一跳的思想称为“下一跳选路”（Next-Hop Routing）。因此，路由器并不知道到达目的网络的完整路径。这种方式使得选路效率较高，同时也可减小路由表。为了进一步减小路由表，可使用默认路由的方式，对多种未说明路由的目的地使用默认路由。比如一个企业网络，只有一个到 Internet 的连接，其路由器出口路由表就只有一个表项，这就是到所有外部网络的默认路由。如果一个路由器是 Internet 骨干路由器，有多条链路连接，那么其路由表就可能有几十万个表项，这对路由器性能提出了很高的要求。

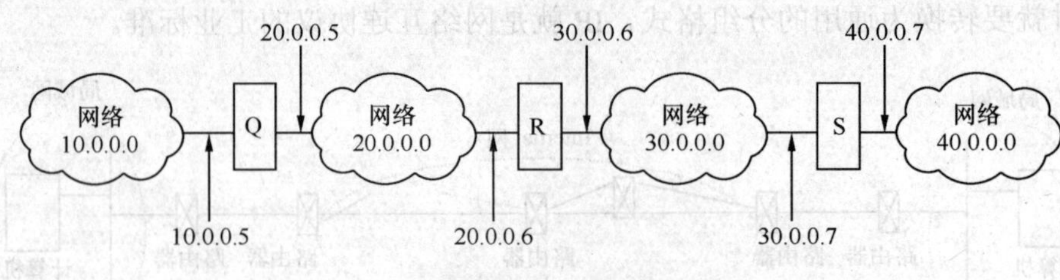

路由器 R 中的路由表

目的网络前缀	下一跳地址
20.0.0.0	直接交付
30.0.0.0	直接交付
10.0.0.0	20.0.0.5
40.0.0.0	30.0.0.7

图 4-11　路由表举例

如果两台设备连到同一底层物理传输系统（如同一个以太网、ATM 之中），就能进行直接交付，不用通过别的路由器转发。这时需要通过地址解析协议（Address Resoloution Protocol，ARP）把 IP 地址转换成底层物理地址，在以太网中是向 MAC 地址转换，在 ATM 网中是向 ATM 地址转换。

下面举例说明路由器选路过程。

```
IP 选路算法 RoutDatagram（Datagram,RoutingTable）
从数据报中提取目的 IP 地址 D，并计算网络前缀 N（N 不包括子网位）;
If N 与路由器直接相连的网络的地址匹配
```

```
Then 找出能与 D 匹配出最长网络前缀的网络，通过该网络把数据报交付到目的地 D（其中涉及把 D 转换成一个物理地址、封装数据报并发送该帧）
Else if 表中包含一个到 D 的专门路由
  then 把数据报发送到表中指定的下一跳
Else if 表中包含到网络 N 的一个或多个路由
  then 找出能与 D 匹配出最长网络前缀的表项，把数据报发送到该表项指定的下一跳
Else if 表包含一个默认路由
  then 把数据报发送到表中指定的默认路由器
Else 宣布选路出错
```

转发表中包含到网络 N 的一个或多个路由的情况，是指转发表使用了可变长度的网络前缀。路由器在对 IP 包寻址时，采用最长的网络前缀匹配（Longest Prefix Matching，LPM）。例如，假设路由表中有两个表项“203.168.0.0，下一跳 1”和“203.168.16.0，下一跳 2”，如果有一个 IP 分组的目的地址为 203.168.16.5，那么这个分组应该向下一跳 2 发送。传统的路由器执行最长网络前缀匹配的时间很长，使得转发表查找成为路由器速度的瓶颈。

路由器的结构体系是根据数据通道转发引擎的实现机理来区分的，可以分为软件转发路由器和硬件转发路由器。软件转发路由器使用 CPU 运行软件实现数据转发，根据使用 CPU 的数目，进一步区分为单 CPU 的集中式和多 CPU 的分布式。硬件转发路由器使用网络处理器硬件技术实现数据转发，根据使用网络处理器的数目及网络处理器在设备中的位置，进一步细分为单网络处理器的集中式、多网络处理器的负荷分担并行式和中心交换分布式。

普通企业使用的路由器一般是软件转发路由器，与局域网交换机相比，路由器转发过程较慢。如果两个虚拟局域网通过路由器连接，则路由器是通信瓶颈。为此，要使用交换式路由器，也就是第 3 层交换机，相关内容已在本章 4.2 节的“以太网”部分做了介绍。

4.6.3 路由选择基本知识

路由选择（Routing）是指选择通过网络从源节点向目的节点传输信息的通道。信息可能通过多个中间节点进行转发，有多种路径可以选择，需要使用某种算法进行路由选择。由于考虑角度不同、实施条件不同，有多种路由选择算法。这些路由算法具有不同的特性。首先，算法设计者的设计目标会影响路由选择协议的运行结果；其次，现有各种路由选择算法对网络和路由器资源的影响不同；最后，不同的计量标准也会影响最佳路径的计算结果。下面分别讨论这些路由选择算法的特性。

1. 设计目标

路由选择算法通常具有下列一个或多个设计要求。

① 最优性。

② 简易性和低开销。

③ 强壮性和稳定性。

④ 快速收敛性。

⑤ 灵活性。

最优性是指路由选择算法选择最优路径的能力。什么叫“最优”，有不同的理解，如把网络吞吐量最大称为最优，或把分组时延的总平均最小称为最优，或是把某些性能指标的加权

平均作为参考依据。

路由选择算法应尽可能地简单。换言之，路由选择算法必须用少量的软件和最低的开销来提供最有效的功能，实现路由选择算法的软件运行在物理资源有限的计算机上，效率显得尤为重要。

路由选择算法必须具有强壮性。这意味着它们必须在出现异常或非预见性情况时（如硬件故障，高负荷状态和不正确的操作），也能正常运行，由于路由器位于网络连接点上，它们发生故障会引起更为严重的问题。因此，路由选择算法必须经受时间的考验，且在各种不同的网络环境下有很好的稳定性。

此外，路由选择算法必须能够迅速收敛。收敛是所有路由器路由表取得一致的过程，当一个网络由于某种事件造成路由停机或开通时，路由器就会发送修正路由消息，该消息在网络上传播，引发路由器重新计算最优路由，并最终促使所有路由器承认新的最优路由。路由选择算法收敛过慢，会导致路由循环或网络发生故障。

假设数据包在时间 t_1 到达路由器 1，此时路由器 1 已经被更新，它知道到达目的节点的路由要经过路由器 2，因此，路由器 1 转发数据包到路由器 2。但如果路由器 2 还未被更新，它仍认为最优的下一个节点是路由器 1，路由器 2 又把数据包送回到路由器 1，这样，数据包持续在这两个路由器之间来回传送，直到路由器 2 收到路由修正命令或者达到数据包允许转发的最大的次数为止。

路由选择算法还应当具有灵活性。这就意味着路由选择算法必须迅速准确地适应不同的网络环境。例如假设某一网段失败，路由选择算法在意识到这个问题后，应能尽快为所有路由选择最佳路径，避免使用那段网络。路由选择算法在设计时应能适应网络带宽、路由器队列大小和网络延迟以及其他的变化。

2．路由选择算法类型

（1）静态和动态路由选择算法

严格地说，静态路由选择算法不是一种算法，因为网络管理员在路由选择开始前就已建立路由表，如果网络管理员不改变它们，路由表将保持不变。静态路由选择算法设计简单，并在网络信息流相对可以预见且网络设计相对简单的环境里运行较好。

由于静态路由选择算法不能对网络的变化作出反应，所以，它不能适合当今大型、易变的网络环境。20 世纪 90 年代以来，绝大多数优秀的路由选择算法都是动态的。这些动态路由选择算法通过分析接收的路由修正消息适应网络环境的变化。路由选择软件接收到网络发生变化的消息后，就会重新计算路由，并发出路由修正消息。路由器接收到这些消息后，便重新进行计算，并改变路由选择表。

静态路由选择算法可以弥补动态路由选择路算法的某些不足。例如，为所有无法选择路由的数据包指定一个最终路由器，即将所有无法选择路由的数据包转发到该路由器来，以保证所有数据包都得到某种方式的处理。

（2）单路径和多路径路由选择算法

一般的路由算法都是单路径算法，只沿着一条到达目的节点的路径进行信息传输。

一些复杂的路由选择协议支持多路径到达同一目的节点，与单路径算法不同，这些多路径算法允许信息流在多条线路上同时进行传送，多路径算法的优势是提高了端到端通信带宽和可靠性。

（3）平面和分层路由选择算法

一些路由选择算法在平面空间运行，而另一些路由选择算法采用分层空间。在平面路由选择算法中，所有路由器是平等的。而在分层路由选择算法中，路由器被划分成主干路由器和非主干路由器。数据包先在边缘网络中被传送到主干路由器中，然后在主干网络中通过一个或多个主干路由器传输到另一个边缘网络，最后通过一个或多个非主干路由器到达目的节点。主干网络和边缘网络使用不同的路由算法。

分层路由选择算法主要优点是能较好地支持实际信息流量模式。由于大多数网络通信发生在小公司（域）中，且域内路由器只需要了解域内的其他路由器即可，因此，可以简化它们的路由选择算法，以相应地减少路由修正消息流量。

（4）主机智能和路由器智能路由选择算法

一些路由选择算法是由源节点决定整个发送路由，这就是通常所说的源路由选择（Source Routing）。在源路由选择系统里，路由器只是一个存储和转发设备，负责向下一节发送数据包。在这种系统中，主机具有路由选择的智能。

而其他的算法假定主机对路由一无所知，路由器根据自己计算的结果来确定 Internet 上的路径。在这种系统中，路由器具有路由选择的智能。

如果把主机智能路由选择算法与路由器智能路由选择算法结合起来使用，倒是一种最佳方法。虽然主机智能路由选择算法在实际发送数据包之前就能发现到达目的节点的所有可能路由，并能根据不同系统对最优路由的不同要求做出选择，但这种选择所有路径的方法常常需要耗费大量的时间。

（5）域内和域间路由选择算法

一些路由选择算法只在域内运行，而另一些路由选择算法可在域内或域间运行。这两种算法在本质上有所不同。因此，一个最优的域内路由选择算法并不一定是最佳的域间路由选择算法。

4.6.4 路由信息协议

1. 背景

路由信息协议（Routing Information Protocol，RIP）是以跳数作为衡量指标（Metric）的距离向量协议。RIP 是一种内部网关协议（Interior Gateway Protocol），即在自治系统内部执行路由功能，在各种边缘网络、企业网络中应用广泛。外部网关路由协议（Exterior Gateway Protocol），如边缘网关协议（BGP），在不同的自治系统间进行路由。RIP 本身是 Internet 路由协议，有些协议簇使用了 RIP 的变种，如：AppleTalk 路由表维护协议（RTMP）和 Banyan VINES 路由表协议（RIP）。RIP 最新的增强版是 RIP2 规范，它允许在 RIP 分组中包含更多的信息并提供了简单的认证机制。

IP RIP 在两个文档中正式定义：RFC 1058 和 1723。RFC 1058（1988）描述了 RIP 的第 1 版实现。RFC 1723（1994）是 RFC1058 的更新，允许 RIP 分组携带更多的信息和安全特性。

RIP 简单、易实现，在一些小型网络中得到普遍应用。

2. 路由更新

RIP 以规则的时间周期（通常为 30s）及在网络拓扑改变时相邻路由器发送路由更新信息。

当路由器收到包含某表项的更新的路由更新信息时，就更新其路由表：该路径的 Metric 值加上 1，发送者记为下一跳。RIP 路由器只维护到目的网络的最佳路径（具有最小 Metric 值的路径）。更新了自己的路由表后，路由器立刻发送路由更新把变化通知给相邻路由器，这种更新是与周期性发送的更新信息无关的。

3．RIP 路由计算

RIP 使用跳数来衡量源网络到目的网络的距离。从源到目的之路径中每一跳被赋以一个跳数值，此值通常为“1”。当路由器收到包含新的或改变的目的网络表项的路由更新信息，就把相应目的网络 Metric 值加“1”，然后与路由表现有值进行比较。

RIP 通过对从源到目的的最大跳数加以限制来防止路由环，最大跳数值为 15。如果路由器收到了含有新的或改变的表项的路由更新信息，且把 Metric 值加“1”后成为无穷大（即 16），就认为该目的网络不可到达。RIP 网络跳数不能超过 16，这限制了网络规模。

路由表计算步骤如下。

① 相邻路由器 X、Y，已知 X 与另一网络 N 的距离为 n。

② X 向 Y 发送路由信息“我到目的网络 N 的距离为 n”。

③ 则 Y 就会知道“如果将 X 作为下一跳路由器，则我到网络 N 的距离为 n+1”，然后进行如下处理。

a．如果 Y 的路由表中没有到网络 N 的项目，则增加到网络 N 的项目。

b．如果已经存在到网络 N 的项目“经过路由器 Z 到目的网络 N 的距离为 m”，则：

若 X=Z 则更新路由表；

若 X<>Z，但是 $m>n+1$ 则更新；

其余情况不更新。

④ 更新后下一跳路由器应为 X。

4．RIP 的稳定性

在正常情况下，通过重复若干次上述计算步骤，网络各节点都可以算出到其他节点的最短路由。不过，早期 RIP 在网络链路出现故障时不稳定，存在故障消息传播慢的缺点：当某一链路出现故障时，要经过较长时间（往往要几分钟）才能使原先经过这一链路但不直接相邻的路由器的 Metric 增长到 16，相关路由器才知道该链路出故障。这是因为“好消息传播得快，坏消息传播得慢”，当某个路由器同时收到距离为 16 和距离小于 16 的消息时，总是将路由表项按好消息更新为距离小的内容。在此期间可能造成路由环，或丢失分组。

RIPv1（RFC1058）通过水平分割、毒性反转、触发更新等措施，已经基本解决“坏消息传播得慢”的问题，RIPv2 则使这一问题得到进一步改善。

5．RIP 计时器

RIP 使用了一些计时器以控制其性能，包括路由更新计时器、路由超时和路由清空的计时器。路由更新计时器记录周期性更新的时间间隔，通常为 30s，每当该计时器重置时增加小的随机秒数以防止冲突。每个路由表项都有相关的路由超时计时器，当路由超时计时器过期时，该路径就标记为失效的，但仍保存在路由表中，直到路由清空计时器过期才被清掉。

4.6.5 开放最短路径优先

开放最短路径优先（Open Shortest Path First，OSPF）是由IETF为IP网开发的路由协议，和RIP一样，它也是一种内部网关协议。OSPF创建的动机是为了解决RIP的缺点（RIP不能服务于大型网络）。

OSPF有两个主要的特性。首先该协议是开放的，即其规范是公开的，公布的OSPF规范是RFC1247。另一个基本的特性是OSPF基于最短路径算法，该算法也称为Dijkstra算法，即以创建该算法的人来命名。

1．基于链路状态的路由协议

RIP是基于距离的路由协议，其“距离”的计算仅考虑转发跳数，而不考虑路径各节点的繁忙状态。OSPF是个链接状态路由协议，在同一层的区域内与其他所有路由器交换链路状态公告（LSA）信息。OSPF的LSA中包含连接的路径、该路径的Metric（度量）及其他的变量信息。Metric是一个无量纲的数，可以是距离、迟延、带宽等，也可以是这些参数的综合。OSPF路由器积累链接状态信息，并使用最短路径算法来计算到各节点的最短路径。

作为链接状态路由协议，OSPF与RIP和IGRP这些距离向量路由协议是不同的。使用距离向量算法的路由器的工作模式是在路由更新信息中把路由表全部或部分发送给其相邻的路由器。

2．路由层次

与RIP不同，OSPF的工作是有层次的。一个OSPF网络可以分为多个区间（Area），即一组连续的网络和相连的主机。拥有多个接口的路由器可以加入多个区间，这些路由器称为区间边缘路由器，分别为每个区间保存其拓扑数据库。拓扑数据库实际上是与路由器有关联的网络的总图，包含从同一区间所有路由器收到的LSA的集合。因为同一区间内的路由器共享相同的信息，所以它们具有相同的拓扑数据库。

区间的划分产生了两种不同类型的OSPF路由，区别在于源和目的是在相同的还是不同的区间，分别为区间内路由和跨区间的主干路由。

OSPF跨区间的主干路由负责在区间之间分发路由信息，包含所有的区间边缘路由器、连接这些区间的网络及其相连的路由器。

主干本身也是个OSPF区间，所以所有的主干路由器与其他区间路由器一样，使用相同的过程和算法来维护主干内的路由信息，主干拓扑对所有的跨区间路由器都是可见的。

3．其他特性

OSPF的附加特性包括多路径路由和基于IP服务类型（Type of Service，ToS）请求的路由。基于ToS的路由支持可以指定特定服务类型的上层协议。例如，应用程序可能指定某些数据为紧急的，如果OSPF有高优先级的路由，就可用于传输紧急数据。

OSPF具有负载平衡功能。如果到达某个目的地的多条路径的Metric相同，则能把流量平均地分配给每一个路由。

OSPF信息交互可以用口令验证，安全性更好。

当网络拓扑结构变化时，OSPF路由的收敛速度远快于RIP。

4.7 IPv6简介

IPv6是“Internet Protocol Version 6”的缩写，是IP的第6版，也被称为下一代Internet协议，它是由IETF设计的用来替代现行的IPv4的一种新的协议。

今天的Internet大多数应用的是IPv4，IPv4已经使用了20多年，在这20多年的应用中，IPv4获得了巨大的成功，同时随着应用范围的扩大，它也面临着越来越不容忽视的危机，例如，地址的匮乏等。

IPv6是为了解决IPv4所存在的一些问题和不足而提出的，同时它还在许多方面提出了改进，例如路由方面、自动配置方面、网络安全方面等。经过一个较长的IPv4和IPv6共存的时期，IPv6最终会完全取代IPv4，在Internet上占据统治地位。对比IPv4，IPv6有如下的特点，这些特点也可以看做是IPv6的优点：简化的报头和灵活的扩展；层次化的地址结构；即插即用的连网方式；网络层的认证与加密；服务质量的说明；对移动通信更好的支持等。

4.7.1 简化的报头和灵活的扩展

IPv6对数据报头作了简化，以减少处理器开销并节省网络带宽。如图4-12所示，IPv6的报头由一个基本报头（前40字节）和多个扩展报头（Extension Header）构成。基本报头具有固定的长度（40字节），放置所有路由器都需要处理的信息。由于Internet上的绝大部分包都只是被路由器简单地转发，因此固定的报头长度有助于加快路由查找速度。IPv4的报头有15

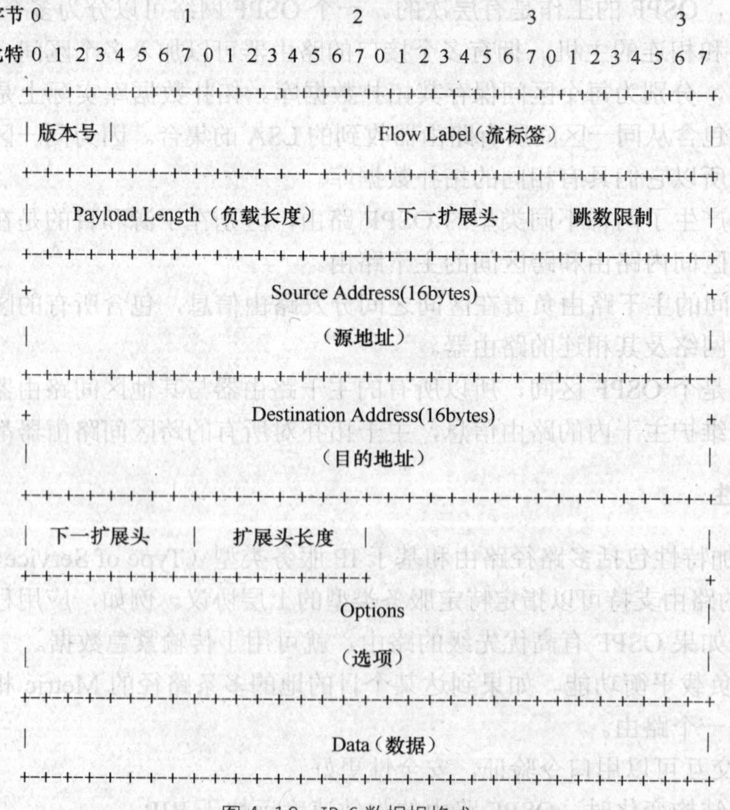

图4-12 IPv6数据报格式

个域，而 IPv6 的只有 8 个域，IPv4 的报头长度是由 IHL 域来指定的，而 IPv6 的是固定 40 个字节。这就使得路由器在处理 IPv6 报头时显得更为轻松。与此同时，IPv6 还定义了多种扩展报头，它们可以放置在 Options（选项）字段中，其位置和长度由 next header 和 hdr length 表示。这使得 IPv6 变得极其灵活，能提供对多种应用的强力支持，同时又为以后支持新的应用提供了可能。这些报头被放置在 IPv6 报头和上层报头之间。除了逐跳选项报头（它携带了在传输路径上每一个节点都必须进行处理的信息）外，扩展报头只有在它到达了在 IPv6 的报头中所指定的目标节点时才会得到处理。在那里，在 IPv6 的下一报头域中所使用的标准的解码方法调用相应的模块去处理第一个扩展报头（如果没有扩展报头，则处理上层报头）。每一个扩展报头的内容和语义决定了是否去处理下一个报头。因此，扩展报头必须按照它们在包中出现的次序依次处理。一个完整的 IPv6 的实现包括下面这些扩展报头的实现：逐跳选项报头，目的选项报头，路由报头，分段报头，身份认证报头，有效载荷安全封装报头，最终目的报头。

4.7.2 层次化的地址结构

IPv6 将现有的 IP 地址长度扩大 4 倍，由当前 IPv4 的 32 位扩充到 128 位，以支持大规模数量的网络节点。这样 IPv6 的地址总数就大约有 3.4×10^{38} 个。平均到地球表面上来说，每平方米将获得 6.5×10^{23} 个地址。IPv6 支持更多级别的地址层次，IPv6 的设计者把 IPv6 的地址空间按照不同的地址前缀来划分，并采用了层次化的地址结构，以利于骨干网路由器对数据包的快速转发。

IPv6 定义了 3 种不同的地址类型。分别为单点传送地址（Unicast Address），多点传送地址（Multicast Address，也叫多播或组播地址）和任意点传送地址（Anycast Address）。所有类型的 IPv6 地址都是属于接口（Interface）而不是节点（Node）。一个 IPv6 单点传送地址被赋给某一个接口，而一个接口又只能属于某一个特定的节点，因此一个节点的任意一个接口的单点传送地址都可以用来标示该节点。

IPv6 中的单点传送地址是连续的，以位为单位的可掩码地址，与按 CIDR 分配的 IPv4 地址很类似，一个地址仅标识一个接口的情况。在 IPv6 中有多种单点传送地址形式，包括基于全局提供者的单点传送地址、基于地理位置的单点传送地址、NSAP 地址、IPX 地址、站点本地地址、链路本地地址和兼容 IPv4 的主机地址等。

多点传送地址是一个地址标识符对应多个接口的情况（通常属于不同节点）。IPv6 多点传送地址用于表示一组节点。在 Internet 上进行组播（有时也称为多播）是在 1988 年随着 D 类 IPv4 地址的出现而发展起来的。这个功能被多媒体应用程序所广泛使用，多媒体等应用需要一个节点到多个节点的传输。RFC-2373 对于多点传送地址进行了更为详细的说明，并给出了一系列预先定义的多点传送地址。

任意点传送地址也是一个标识符对应多个接口的情况。如果一个报文要求被传送到一个任意点传送地址，则该报文将被传送到由该地址标识的一组接口中的最近一个（根据路由选择协议距离度量方式决定）。任意点传送地址是从单点传送地址空间中划分出来的，因此它可以使用表示单点传送地址的任何形式。从语法上来看，任意点传送地址与单点传送地址间是没有差别的。当一个单点传送地址被指向多于一个接口时，该地址就成为任意点传送地址，并且被明确指明。当用户发送一个数据包到这个任意点传送地址时，离用户最近的一个服务器将响应用户。这对于一个经常移动和变更的网络用户大有益处。

4.7.3 即插即用的连网方式

IPv6 把自动将 IP 地址分配给用户的功能作为标准功能。只要机器一连接上网络便可自动设定地址。自动设定地址有两个优点，一是最终用户用不着花精力进行地址设定，二是可以大大减轻网络管理者的负担。IPv6 有两种自动设定功能。一种是和 IPv4 自动设定功能一样的名为“有状态自动设定”功能。另一种是“无状态自动设定”功能。

在 IPv4 中，动态主机配置协议（Dynamic Host Configuration Protocol，DHCP）实现了主机 IP 地址及其相关配置的自动设置。一个 DHCP 服务器拥有一个 IP 地址池，主机从 DHCP 服务器租借 IP 地址并获得有关的配置信息（如缺省网关、DNS 服务器等），由此达到自动设置主机 IP 地址的目的。IPv6 继承了 IPv4 的这种自动配置服务，并将其称为有状态自动配置（Stateful Autoconfiguration）。

在无状态自动配置（Stateless Autoconfiguration）过程中，主机首先通过将它的网卡 MAC 地址附加在链路本地地址前缀 1111111010 之后，产生一个链路本地地址。接着主机向该地址发出一个被称为邻居发现（Neighbor Discovery）的请求，以验证地址的唯一性。如果请求没有得到响应，则表明主机自我设置的链路本地地址是唯一的。否则，主机将使用一个随机产生的接口 ID 组成一个新的链路本地地址。然后，以该地址为源地址，主机向本地链路中所有路由器多点传送一个被称为路由器请求（Router Solicitation）的配置信息。路由器以一个包含全球地址前缀和其他相关配置信息的路由器公告响应该请求。主机用从路由器得到的全球地址前缀加上自己的接口 ID，自动配置全球地址，然后就可以与 Internet 中的其他主机通信了。使用无状态自动配置，无需手动干预就能够改变网络中所有主机的 IP 地址。例如，当企业更换了连入 Internet 的 ISP 时，将从新 ISP 处得到一个新的全球地址前缀。ISP 把这个地址前缀从它的路由器上传送到企业路由器上。由于企业路由器将周期性地向本地链路中的所有主机多点传送路由器公告，因此，企业网络中所有主机都将通过路由器公告收到新的地址前缀，此后，它们就会自动产生新的 IP 地址并覆盖旧的 IP 地址。

使用 DHCPv6 进行地址自动设定，连接于网络的机器需要查询自动设定用的 DHCP 服务器才能获得地址及其相关配置。可是，在家庭网络中，通常没有 DHCP 服务器，此外，在移动环境中往往是临时建立的网络，在这两种情况下，当然使用无状态自动设定方法为宜。

4.7.4 网络层的认证与加密

安全问题始终是与 Internet 相关的一个重要话题。由于在 IP 设计之初没有考虑安全性，因而在早期的 Internet 上时常发生诸如企业或机构网络遭到攻击、机密数据被窃取等不幸的事情。为了加强 Internet 的安全性，从 1995 年开始，IETF 着手研究制定了一套用于保护 IP 通信的 IP 安全（IPSec）协议。IPSec 是 IPv4 的一个可选扩展协议，是 IPv6 的一个必需组成部分。

IPSec 的主要功能是在网络层对数据分组提供加密和鉴别等安全服务，它提供了两种安全机制：认证和加密。认证机制使 IP 通信的数据接收方能够确认数据发送方的真实身份以及数据在传输过程中是否遭到改动。加密机制通过对数据进行编码来保证数据的机密性，以防数据在传输过程中被他人截获而失密。IPSec 的认证报头（Authentication Header，AH）协议定义了认证的应用方法，安全负载封装（Encapsulating Security Payload，ESP）协议定义了加密和可选认证的应用方法。在实际进行 IP 通信时，可以根据安全需求同时使用这两种协议或选择使用其中的一种。AH 和 ESP 都可以提供认证服务，不过，AH 提供的认证服务要强于 ESP。

在使用 ESP 或 AH 之前，先要在发方和收方之间建立一条 IP 层的逻辑连接，此逻辑连接叫安全关联（Security Association, SA）。IPSec 定义了两种类型的 SA：传输模式 SA 和隧道模式 SA。传输模式 SA 是在 IP 报头（以及任何可选的扩展报头）之后和任何高层协议（如 TCP 或 UDP）报头之前插入 AH 或 ESP 报头。隧道模式 SA 是将整个原始的 IP 数据包放入一个新的 IP 数据包中。在采用隧道模式 SA 时，每一个 IP 数据包都有两个 IP 报头：外部 IP 报头和内部 IP 报头。外部 IP 报头指定将对 IP 数据包进行 IPSec 处理的目的地址。内部 IP 报头指定原始 IP 数据包最终的目的地址。传输模式 SA 只能用于两个主机之间的 IP 通信。而隧道模式 SA 既可以用于两个主机之间的 IP 通信，还可以用于两个安全网关之间或一个主机与一个安全网关之间的 IP 通信。安全网关可以是路由器、防火墙或 VPN 设备。

作为 IPv6 的一个组成部分，IPSec 是一个网络层协议。它只负责 IP 层的网络安全，并不负责其上层应用的安全，如 Web、电子邮件和文件传输等。也就是说，验证一个 Web 会话，依然需要使用 SSL 协议。不过，TCP/IPv6 协议簇中的协议可以从 IPSec 中受益，如用于 IPv6 的 OSPFv6 路由协议就去掉了用于 IPv4 的 OSPF 中的认证机制。

作为 IPSec 的一项重要应用，IPv6 集成了虚拟专用网（VPN）的功能，使用 IPv6 可以更容易地实现更为安全可靠的虚拟专用网。

4.7.5 更多的服务质量说明措施

基于 IPv4 的 Internet 在设计之初，只有一种简单的服务质量，即采用“尽最大努力”（Best Effort）传输，从原理上讲服务质量 QoS 是无保证的。文本传输，静态图像等传输对 QoS 并无要求。随着 IP 网上多媒体业务增加，如 IP 电话、VoD、电视会议等实时应用，对传输延时和延时抖动均有严格的要求。

IPv6 数据包的格式包含一个 8 位的业务流类别（Class）和一个新的 20 位的流标签（Flow Label）。最早在 RFC1883 中定义了 4 位的优先级字段，可以区分 16 个不同的优先级。后来在 RFC2460 中改为 8 位的类别字段。其数值及如何使用还没有定义，其目的是允许发送业务流的源节点和转发业务流的路由器在数据包上加上标记，并进行除默认处理之外的不同处理。一般来说，在所选择的链路上，可以根据带宽、延时或其他特性对数据包进行特殊的处理。

一个流是以某种方式相关的一系列信息包，IP 层必须以相关的方式对待它们。决定信息包属于同一流的参数包括：源地址、目的地址、QoS、身份认证及安全性。IPv6 中流的概念的引入仍然是在无连接协议的基础上的，一个流可以包含几个 TCP 连接，一个流的目的地址可以是单个节点也可以是一组节点。IPv6 的中间节点接收到一个信息包时，通过验证信息包的流标签，就可以判断它属于哪个流，然后就可以知道信息包的 QoS 需求，进行快速的转发。

4.7.6 对移动通信更好的支持

IPv6 直接支持移动 IP 特性，相关内容将在第 5 章中进一步介绍。

4.8 Internet 服务及资源

在 Internet 上常见的服务有电子邮件（E-mail）、新闻（News）、文件传输（FTP）、公告牌系统（BBS）、远程终端（Telnet）等。

4.8.1 电子邮件

电子邮件（E-mail）是Internet网络为用户开设的电子邮箱服务。每个Internet用户都有一个邮箱地址，其格式一般为username@hostname.domainname，其中username为用户名，hostname为计算机名，domainname为网络域名。如东南大学的域名为seu.edu.cn，其中seu表示东南大学，edu表示教育科研网，cn表示中国。一台计算机上可以有多个邮件用户。用户通信时要编辑邮件内容，填写收信人地址，然后把信件发送出去。计算机会自动填上发信人的地址和日期。在Internet上分布着电子邮局，它们会根据收信人地址对电子邮件进行存储转发，把电子邮件送到收信人的计算机。由于存储转发特性，使得邮件递交具有很大的灵活性，在时间上可能几秒之内就送到收信人，也可能要几小时才送到收信人（因线路较忙或收信人计算机未开机）。收信人对信件的处理也很方便，他可以把信件作为一个文件存起来，也可以回信或转发。当回信或转发时计算机可以自动附上原信件。电子邮件内容可以是普通文本，也可以是声音邮件或程序等。

4.8.2 新闻

网络新闻（News）服务实际上是一些讨论组，是Internet上很有吸引力的服务。网络新闻分为很多组，如计算机组、体育组、政治组和商业组等。每组新闻中又细分为很多主题，借助于新闻阅读工具，用户可以有规律地浏览各篇文章，比如按时间顺序或以某关键词为线索来阅读。用户可订阅某个讨论主题，该主题的文章就会定期地送到你的计算机中。用户还可以发布文章，或对某篇文章进行回答。通过网络新闻，用户可以获得及时、有用的信息，可以寻求帮助。

网络新闻类别主要有如下几种。

comp：与计算机相关的讨论组。

news：涉及网络新闻的讨论规则和所用软件。

rec：涉及娱乐、爱好、艺术等。

sci：包括自然科学、工程技术和社会科学。

soc：涉及社会、政治、文化等。

talk：有一些辩论题，如宗教等方面。

misc：一些杂类，如工作招聘、求职等。

alt：可以在此随意开创讨论组，因此比较杂乱，但也有一些有用的讨论组。

以上这些新闻组分布在网络上的各个新闻服务器中。这些新闻服务器分别存有若干个新闻组，彼此间交换着新闻信息。用户需要申请并连接到某个新闻服务器才能阅读新闻。有些新闻服务器要收费，有些则免费。

4.8.3 公告牌系统

在Internet上有很多公告牌系统（BBS），上面有很多分类信息，用户远程登录（Telnet）到某个BBS系统后，就可以阅读上面的信息。进行注册后，用户还可在上面发布信息。BBS的功能与News差不多，但其消息不能主动传播，而News则可以向订阅者主动传播。

目前，BBS的阅读方式主要是使用WWW浏览。

4.8.4 文件传输协议

文件传输协议（FTP）是 UNIX 系统上常用的一个服务。在 Internet 上有很多 FTP 服务器，上面存储了很多程序与文档，用户可从中下载程序和文档。有些 FTP 服务器需要口令；有些则不需要口令，即允许用 anonymous（匿名）作为用户名进行访问。一些著名公司都有匿名 FTP 站点为客户服务，如 ftp.ibm.com，ftp.hp.com，ftp.microsoft.com 等上有很多应用程序和驱动程序。国内的高等院校和科研院所也建立了一些 FTP 站点，如广州华南理工大学的 ftp.gznet.edu.cn，北大图书馆的 ftp.lib.pku.edu.cn 等。

由于 FTP 站点众多，有时要确定某个文件在哪个站点比较困难。这时可借助 archie、gopher、wais 等工具，这些工具提供各具特色的搜索功能。下面对这些工具做简要介绍。

archie 系统是由许多 archie 服务器组成的。每个 archie 服务器隔一段时间就访问一次它所知道的匿名 FTP 服务器，并得到一份文件目录。通过 archie 服务器，用户可以按文件名或其一部分来查询该文件所在 FTP 服务器的地址、目录和完整的文件名。公共 archie 服务器有很多，如 archie.unl.edu 和 archie.rutgers.edu 等。

gopher 则是按信息类型来提供搜索服务的。gopher 起源于美国明尼苏达大学，它的名字来源于英语 Go for，有点专门替人跑腿的办事人员的意思。实际上，用户想在 Internet 上找需要的信息，必须四处“跑腿”（到各个计算机上去转一趟），而 gopher 能帮用户很容易地实现这一目的。gopher 系统是由许多 gopher 服务器组成的。每个 gopher 服务器隔一段时间就访问一次它所知道的匿名 FTP 服务器、BBS、图书馆、archie 服务器、wais 服务器等资源，并得到一份按资源类型分类的目录。通过 gopher 服务器，用户可以按分类来查询有关信息所在主机地址、目录和完整的文件名。公共 gopher 服务器有很多，如 gopher.unl.edu 和 gopher.rutgers.edu 等。

wais 也是专门替人跑腿的，不过它是按关键词来搜索的。Internet 上有很多 wais 服务器，它们存有对许多数据库的索引，包括对 archie 数据库的索引。

4.8.5 远程终端服务

和 FTP 一样，远程终端服务（Telnet）也是 UNIX 系统上常用的一个服务。Telnet 用于远程终端登录到主机系统，可使用公告牌系统（BBS）服务和图书检索等服务。

4.8.6 环球网

近年来环球网（WWW）程序很是流行，其特点是利用图形式人机接口的浏览器，能方便地检索分布在网络服务器上的超文本页面，其内容可以是普通文本，也可以是图像、程序。目前流行的 WWW 浏览器有 Netscape 公司的 Navigator 和 Microsoft 公司的 IE Navigator 操作简单，集成了 FTP、News、E-mail、Telnet 等协议，支持多媒体播放和 Java 功能。Java 的最大特点是跨平台执行，即同一个程序可在不同的操作系统环境中执行。

接入 Internet 后，企业可以在网上设立 WWW 主页面，向全网发布商业信息，提供售后服务，接受用户反馈信息。比如房产公司上 Internet 后，可在网上发布有关规章制度和招商信息，并可提供商品房的售价清单，接受客户订单。这些信息将传遍全世界，对吸引外商投资具有重要作用。

4.8.7 P2P 资源共享

对等网络（Peer to Peer，P2P）是一种分布式网络，网络的参与者共享他们所拥有的一部分硬件资源（处理能力、存储能力、网络连接能力、打印机等），这些共享资源能被其他对等节点（Peer）直接访问而不必经过中间实体。在此网络中的参与者既是资源（服务和内容）提供者（Server），又是资源（服务和内容）获取者（Client）。目前，在 Internet 上端用户之间常用 P2P 技术实现文件交换和共享。

P2P 打破了传统的 Client/Server（C/S）模式，在网络中的每个节点的地位都是对等的。每个节点既充当服务器，为其他节点提供服务，同时也享用其他节点提供的服务。

P2P 技术的特点体现在以下 3 个方面。

① 非中心化：网络中的资源和服务分散在所有节点上，信息的传输和服务的实现都直接在节点之间进行，可以无须中间环节和服务器的介入，避免了可能的瓶颈。P2P 的非中心化基本特点，带来了其在可扩展性、健壮性等方面的优势。

② 可扩展性：在 P2P 网络中，随着用户的加入，不仅服务的需求增加了，系统整体的资源和服务能力也在同步地扩充，始终能较容易地满足用户的需要。整个体系是全分布的，不存在瓶颈，可扩展性很好。

③ 健壮性：P2P 架构具有耐攻击、高容错的优点。由于服务是分散在各个节点之间进行的，部分节点或网络遭到破坏对其他部分的影响很小。P2P 网络一般在部分节点失效时能够自动调整整体拓扑，保持其他节点的连通性。P2P 网络通常都是以自组织的方式建立起来的，并允许节点自由地加入和离开。P2P 网络还能够根据网络带宽、节点数、负载等变化不断地做自适应式的调整。

小　结

1．计算机网络体系结构是一个分层模型，各层通过协议向上层提供服务。

2．IP 是网络层上的无连接协议，它简单、易实现，是一个普适协议，能够方便地互连各种网络。

3．路由器是 Internet 中的通信枢纽，它根据每个 IP 分组的目的地址，将 IP 分组向目的方向转发。

4．TCP 是一个端—端协议，是两端用户间执行的保证通信可靠性的运输层协议。

5．局域网不需要网络层，各站点间通过 MAC 协议实现多点互连。

6．局域网之间通过路由器接入广域网，实现相互之间的互连，以及对 Internet 的访问。

7．X.25、DDN、帧中继是常用的广域网技术。

8．与 IPv4 相比，IPv6 性能更好，是下一代 Internet 协议。

思考题与练习题

4-1　画出 OSI 参考模型。用它解释计算机网络互连原理。

4-2　Internet 体系结构分几层？与 OSI 参考模型相比，它有哪些优点？

4-3　局域网体系结构有何特点？

4-4　以太网中，多个站点间是如何实现信道共享的？

4-5　局域网间互连有哪些方法？

4-6　比较 X.25、DDN、帧中继的优缺点。

4-7　IP 地址有哪些类型？试各举一例。

4-8　路由器如何分析出一个 IP 地址是属于哪个网络的？如果路由表中有对应该网络的多个表项，该如何转发此 IP 分组？如果路由表中没有对应该网络的表项，该如何转发此 IP 分组？

4-9　DNS、ARP 各完成什么功能？

4-10　RIP、OSPF 各有什么特点？

4-11　举例说明 RIPv1 中“好消息传播得快，坏消息传播得慢”的情况。

4-12　什么叫 IP 地址网络前缀？路由器根据网络前缀对 IP 分组的转发，与 ATM 交换机根据 VPI/VCI 对信元的转发有何异同？

4-13　与 IPv4 相比，IPv6 有哪些主要优点？

第5章 宽带IP网络

窄带ISDN、宽带ISDN是20世纪80～90年代通信网络综合的尝试，在当时的条件下有其合理性。随着技术的进步，下一代综合通信网络将是基于IP的宽带网络。本章对宽带IP网络的服务质量保障体系、区分业务模型、综合业务模型、多协议标签交换（MPLS）等进行介绍。

5.1 宽带IP网络的关键问题

5.1.1 网络综合的历史与现状

就21世纪70年代可利用的业务而言，公用交换电话网（Public Switched Telephone Network，PSTN）称得上是多业务的综合网。数据信号可通过调制/解调器以话带信号形式在模拟电路上传送。传输数据的能力从9.6kbit/s发展到57.6kbit/s，电话网实现了对数据业务的综合。电报、传真作为一种数据业务在电话网中得到很好的应用。

到20世纪80年代初，干线数字化和市话中继数字化技术已相当成熟，只要解决接入数字化，把数字化的工作在终端内完成，就可实现端—端的数字化通信，进行业务综合。这就是提出ISDN的动机。ISDN 2B+D的能力虽然较模拟话路有提高，但并没有数量级的提高，支持业务的能力也没有显著改善。同时终端成本较高。这些都影响了ISDN的普及，使ISDN既未达到综合所有业务的目的，也未动摇传统电话网的地位，其发展进程缓慢。随着Internet的发展，ADSL、以太网等技术在接入网中的广泛应用，ISDN还未来得及辉煌就让出了历史舞台。

在20世纪90年代，电信网就开始进行由时分复用（TDM）向分组交换过渡的历史进程，ATM作为一种快速分组交换技术具有得天独厚的技术优势。因此，ATM曾一度被认为是一种处处适用的技术，但是，实践证明这种想法是错误的。首先，纯ATM网络的实现过于复杂，导致应用价格高，难以为大众所接受。其次，在网络发展的同时相应的业务开发没有跟上，导致目前ATM的发展举步维艰。再次，虽然ATM交换机作为网络的骨干节点已经被广泛使用，但ATM信元到桌面的业务发展却十分缓慢。

20世纪90年代初，Internet由于Web技术的应用而获得了极大的成功，迅速扩大成一个和电信网足以抗衡的全球性大网络，进而向电信业务延伸，Internet以其廉价、开放的特点，强烈地冲击着以商业经营为目的的电信网。这就迫使电信运营商不得不采用大幅度降价，暂时缓解来自Internet的冲击，由此全世界范围的电信业效益大面积滑坡。为了摆脱这种极为不利的局面，从21世纪初期开始电信界被迫正视IP技术，在电信网中引进基于Internet理念设计的IP网，并将部分电信业务加载在IP网上，期望由此来实现由TDM向分组网的过渡。经过几年摸索和试验，用基于Internet理念设计的IP网来承载电信业务暴露出越来越多的问题，有一些问题是带有根本性的（如 QoS、安全等问题长时间得不到解决），这就影响了宽带IP网应用进程。

在未来，从业务需求和市场应用的角度看，通信业最大和最深刻的变化将是从语音业务向数据业务的战略性转变。随着IP电话（VoIP）的兴起及其技术发展，传统电话正在向IP化演进，首先，长途骨干网开始IP化，随后各种接入网被用于IP电话接入。进一步则开始发展将传统电话智能网和Internet特征融合的新一代综合业务VoIP系统。上述发展趋势也必将影响到移动电话的发展。第三代移动电话网络也不会再维持自己独立的用于传输和交换的核心网。向统一的IP核心网演化已经是大势所趋。从全世界范围看，估计包括中国在内的世界主要网络的数据业务量都将先后超过语音业务量。所有的业务，从传统电话、移动通信漫游、新一代综合业务VoIP，到电子商务、综合应用服务，乃至交互电视业务，全部由统一的核心IP网来完成。差别仅仅是接入网不同，可以是传统电话网、无线移动电话接入网、有线电视网、ADSL、LMDS、LAN接入等。

而从技术的角度看，传统的电路交换设计思想是以基本恒定的对称话路量为中心的，无论从业务量设计，容量，组网方式，还是从交换方式上来讲都已无法适应突发性的数据业务发展的需要。随着通信业务从语音为主向数据为主的转移，从传统的电路交换技术逐步转向分组交换技术——特别是无连接IP技术为基础的整个通信新框架将是历史的必然。不过，与ISDN、ATM的演进历史一样，向IP核心网演进也不会是一帆风顺的。

5.1.2 宽带IP网络服务质量保障体系

未来的网络是基于IP的，这已经成为行业共识。选择IP并非认为它足够理想，而是因为它已经无处不在。如何在IP上提供可靠的服务质量，则并不明朗。由于IP网络是无连接网络，IP分组在各路由器上的排队、转发会引入时延和时延抖动，每个路由器独立的选路、排队调度使得网络流量控制和QoS保证十分困难。而实时业务对网络传输时延、时延抖动等特性较为敏感，当网络上有突发性高的FTP或者含有图像文件的HTTP等业务时，实时业务就会受到很大影响。另一方面，由于多媒体业务占去了大量的带宽，使现有网络要保证的关键业务就难以得到可靠的传输。由于IP是无连接的网络，若要提供良好的服务质量，网络节点应该对各种IP业务进行分类，并采用相应的路由交换和流量管理策略，通过预留的带宽、受控的抖动和时延、更好的包丢弃特性等来提高网络性能。

近年来IP网的性能有了很大的提高，这主要是以下3个因素造成的。首先，IP网中的网络节点设备技术上获得很大的发展，路由器已从传统基于总线（背板）交换、软件包转发和集中式处理结构改为交换矩阵、硬件包转发和分布式处理结构，处理能力和吞吐量已大大提高，高端路由器中包转发时延甚至与ATM交换机一样好，从而导致IP网性能越来越好。其次，由于传输技术的发展，特别是通信技术的高速发展，密集波分复用（Densive Wavelength Division Multiplexing, DWDM）大量商用，传输成本大为降低，IP网络环境大为改善，传输资源对于IP网的网络资源提供者来说不再是紧缺资源。相反，由于网络建设得快，网络的传输能力处于相对比较富裕的状态。再次，IP网络上的业务发展相对比较慢，从而使得IP网络相对处于轻载状态。以上3个因素结合起来使得近年来 Internet 的网络性能有了很大的提高，甚至可以在 Internet 上很好地开展电话通信。这一结果表明 IP 网络是有能力保证业务的服务质量，关键问题是如何来调配网络资源，以满足不同业务对网络资源需求，进而满足不同业务的不同服务质量要求。

1. QoS 的定义

IP QoS 是指 IP 网络的服务质量，也是指 IP 数据流通过网络时的性能，它的目的就是向用户提供端到端的服务质量保证。IP QoS 有一套度量指标，包括业务可用性、延迟、延迟抖动、吞吐量和丢包率。

① 业务可用性：用户到 IP 业务之间连接的可靠性。

② 延迟：也称为时延（Latency），指两个参照点之间发送和接收数据包的时间间隔。

③ 延迟抖动（Jitter）：指在同一条路径上发送的一组数据流中数据包之间的延迟差异。

④ 吞吐量：网络中发送数据包的速率，可用平均速率或峰值速率表示。

⑤ 丢包率：在网络中传输数据包时丢弃数据包的比例。数据包丢失一般是由网络拥塞引起的。

由于每种应用系统对网络的要求有所不同，这使得带宽本身并不能完全解决网络拥塞的问题。QoS 所追求的传输质量在于：数据包不仅要到达其欲传输的目的地址，而且要保证数据包的顺序性、完整性和实时性。通过 QoS，网络可以按照业务量的类型或级别加以区分，并能够依次对各级别进行处理。

2. QoS 解决方案概述

IETF 已经建议了很多服务模型和机制，以满足 QoS 的需求。主要有：综合业务模型、区分业务模型、多协议标签交换（MPLS）、流量工程和约束路由。

IETF 提出的 Integrated Services /RSVP 和 Differentiated Services 是两种 IP 网络提供 QoS 的模型。资源预留协议（Resource ReSerVation Protocol，RSVP）本质上是一个信令协议，它借鉴了 ATM 的一些思想，在传输具有可靠性和时延限制的数据之前，将按其规范对网络资源进行预留，即事先建立一条能提供相应资源的虚路径。而 Integrated Services /RSVP 模型将 RSVP 作为资源预留的信令协议，对属于特定数据流的分组进行归类，并用接纳控制机制来判决是否接纳该分组，如果同意接纳该分组，就执行某种与链路层有关的分组调度机制来决定何时对这个分组进行转发，这样，该分组就获得了一种 QoS 的特性。但该模型的资源预留必须在整条路径上有效，因此沿途的所有路由器都必须支持有关的所有功能，开销巨大且不利于从现有网络平滑过渡。为此，人们提出了区分业务（Differentiated Service，DS）模型，利用 IP 分组中的 DS 域（长为 8 比特）来标识该分组的优先级。该模型的分类、标记、警管和成形功能只需在边界设备上实现，大大减轻了其他设备的负担，非边界路由器只需根据分组上已经标明的 DS 类，对其进行简单的分类和调度。

多协议标签交换（Multi Protocol Label Switching, MPLS）也是 IETF 提出的，它将路由控制和分组转发分离，根据第 3 层 IP 路由协议获取的网络拓扑和路由信息来产生标签、建立标签路径，在第 2 层根据标签转发 IP 分组，实现了 ATM、帧中继、PPP 和以太网上的 IP 快速交换，又避免了 2、3 层之间的地址解析问题。MPLS 是一种面向连接转发策略，分组在进入 MPLS 作用域时被赋予一定的标签，该标签对应一个预先建立的路径，随后分组的分类、转发和服务都将基于标签完成。标签及路径是可以复用的，提高了系统的可扩展性。

流量工程是一种安排通信流量如何通过网络的过程。通过它可以平衡网络中不同的链路、路由器和交换机之间业务负荷，使所有这些设备既不会过度使用，也不会未被充分使用。这样就可以有效利用整个网络的资源，流量工程将成为 IP 网络一个重要的辅助部分。约束路由在路由选择时会受到更多条件约束，如带宽或时延等 QoS 要求，对保障端—端多媒体通信质量具有重要意义。

5.1.3 业务提供与控制体系

在传统的 Internet 上，业务的提供是由独立于传输网络运营商的第三方企业提供的，如 Web 服务器、FTP 服务器、网上聊天、即时消息等。服务器是业务中心，用户以匿名或注册的方式登录到服务器，服务器向用户发送信息。在即时消息业务中，服务器还需为用户之间的连接建立提供支持。这种基于服务器的开放体系结构，允许各企业提供创新的业务，同时也缺乏控制，需要各用户自律。对于实时业务（如 IP 电话、视频会议等）以及营利性业务，这种方式就不能适应，需要加以改进，加强服务器的控制管理功能，使其能够代用户建立一条具有服务质量保证的通路，并进行用户身份验证、计费等工作。有人把这种服务器称为呼叫服务器，它是软交换服务器的雏形。未来的各种业务都将基于 IP 宽带网络进行传输，软交换服务器将是一个关键设备。传统电信网络是基于程控交换机的网络，下一代 IP 网络则是基于软交换的网络。那么软交换服务器同传统的程控交换机是怎样的关系呢？

在传统的基于时分复用（TDM）的电话网和 ISDN 网中，提供给用户的各项功能或业务都直接与程控交换机有关，业务和控制都是由交换机来完成的。这种技术使每个用户的语音信号在 64kbit/s 的信道上传输，虽然保证了语音质量，但交换机需要提供的功能和新业务都需要在每个交换节点来完成。在传统的交换网络中，采用依靠交换机和信令提供业务的方式，必须在交换机的技术标准和交换机的信令标准中对开放的每项业务进行详细规范。如要增加新业务，首先需修订标准再对交换机进行改造，每提供一项新业务都需要较长的时间周期。

为满足用户对新业务的需求，网络中出现了公共的业务平台，即智能网。智能网的出现，实现了呼叫连接和业务提供的分离。这样，交换机完成呼叫连接，智能网完成业务的提供。智能网将呼叫连接和业务提供相分离，极大地提高了网络提供业务的能力，缩短了新业务提供的周期。

但是，这种分离仅仅是第一步，随着承载的多样化，还必须将呼叫控制和承载进一步分离。网络分成边缘接入层与核心传送层、控制层、业务/应用层等，即把控制和业务的提供从媒体接入网关和传送层中分离出来。

边缘接入层：通过各种接入手段将用户连接至网关，由网关接入核心传输网。有的时候，网关还需将媒体（如语音、视频）用合适的方式进行编码及编码转换，如将 64kbit/s 的 PCM 语音转换成 6.3kbit/s 的 IP 电话编码。

核心传送层：宽带 IP 网络，为各种业务、媒体流、信令提供公共的传送平台。

控制层：包含呼叫智能。此层决定用户应该接收哪些业务。它还控制其他的较低层的网络单元，告诉它们如何处理业务流，并能控制低层网络元素对业务流的处理。

网络业务/应用层：在呼叫建立的基础上提供附加的服务。

软交换的基本含义就是把呼叫控制功能从媒体网关中分离出来，通过服务器上的软件实现基本呼叫控制功能，包括呼叫选路、管理控制、连接控制（建立会话、拆除会话）和信令互通。软交换位于网络分层中的控制层，它与媒体层的网关交互作用，接收正在处理的呼叫相关信息，指示网关完成呼叫。软交换主要处理实时业务，首先是语音业务，也可以包括视频业务和其他多媒体业务。

在第 6 章和第 8 章中将分别介绍智能网和软交换技术。

5.1.4 IP 网络安全问题

目前人们认为 IP 网是一个不安全的网，用于信息检索很好，但不能用于加载重要的业务数据，不能用来承载重要的商用业务网。目前不仅是电信业务网不敢用公众 IP 网来承载，甚至大型企业网的业务数据都不敢加载到企业 IP 网上去（因为大型企业 IP 网很难管理，也会受到企业内部和外部的攻击）。

IP 网是天然不安全，还是因其他原因导致 IP 网的不安全，这是一个值得好好分析的问题。由于目前是在研究下一代通信网技术，所以先来看一看已在商用的公用数据网的安全问题。目前公用数据网有 3 个：X.25 网、帧中继、ATM 网，这些公用数据网都是由电信部门建立的。X.25 网是最早在电信网中应用、并且是具有端到端寻址能力的数据网，目前银行、证券等高度敏感、要求高度安全的业务加载在其上，而且运行的很好。帧中继和 ATM 网也承担着大量要求高度安全的业务，很好地向电信用户提供服务。显然，用户是信任电信网中的这 3 个数据网的，认为它们是安全的、可信的。从技术上来讲，X.25、帧中继、ATM 和 IP 技术基础是相同的，它们都是基于分组交换技术之上，都采用统计复用的工作方式。那么为什么前三者是安全的网，而 IP 则不被认可呢？看来不是技术上有天然的缺陷，而是另有其他原因。不过，IP 与前三者还是有区别的，IP 采用无连接的工作方式，前三者均采用了面向连接的技术，但这不是导致安全性的问题。因为对于业务系统来说，端到端之间通信安全性的关键是端到端之间的信任关系的建立，面向连接是在连接建立之前确定信任关系，无连接是要在通信过程中确定信任关系，从安全强度来看，两种工作方式的安全强度是相同的。因此可以得出结论，即基于分组交换技术的、以无连接工作方式的 IP 网不是天生不安全的。

目前的电信级 IP 网也只是一个简单的照搬基于 Internet 理念的 IP 网。Internet 的理念是：IP 网只需尽可能向用户提供一个自由方便的工作平台，网络应尽可能不干预用户的工作，除了为了维持网络的生存收取一定的网络接入费，为此要有一定的用户鉴权等管理机制外，其余的事情网络运营者一概不管。长期以来 Internet 的专家总是宣称 Internet 是一个不管理的网，是 Internet 的这种不管理性和自由开放，Internet 才得以发展。但也正是因为 Internet 的无序和不管理，导致网络的不安全和不可信任，因而 IP 网的安全，首要切入点是要从管理入手。网络运营者必须承担对 IP 网络的管理责任，网络运营者必须采用一切技术措施来确保网络的安全性和可信任性。

5.2 综合业务模型

5.2.1 基本概念

综合业务（Integrated Service，Int-Serv）模型的基本思想是资源预留，端系统拥有与分组流相关的状态信息，知道如何为分组流预留资源、对分组进行接纳控制，网络也知道如何对分组进行调度。“流”（flow）是多媒体通信中常用的名词，一般是指具有同样的源 IP 地址、源端口号、目的 IP 地址、目的端口号和协议标识符的一连串彼此相关的分组。这些分组源于某一用户的特定行为，具有相同的QoS要求，且可能有多个接收者。Int-Serv框架使IP网能够提供具有QoS的传输，可以用于对QoS要求较为严格的实时业务（声音/视频）。

Int-Serv使用一种类似ATM的SVC的方法，它在发送方和接收方之间用RSVP作为每个流的信令。RSVP信息跨越整个网络，从接收方到发送方之间沿途的每个路由器都要为每一个要求QoS的数据流预留资源。路径沿途的各路由器必须为RSVP数据流维护状态。

在Int-Serv流中，定义了3种类型的业务。

① 保证业务（Guaranteed-Service）：保证服务要求提供一定的带宽和端到端时延，且保证数据流中合法的数据包无排队丢失。它可应用于实时业务。

② 受控负载业务（Controlled-load-Service）：没有固定的时延保证，但业务流要与在网络轻载情况下的流质量相当，这实际上是要求有长期的带宽保证。它与传统的Internet服务的主要区别在于它的性能不会随网络负载的加大而下降。虽然没有对通过网络的排队时延指明一个上限，但是可确保相当大比例分组的时延不会明显超过最小传输时延（即无排队等待情况的传输时延）。所发送的分组中有相当大的比例将会成功交付（即几乎没有排队丢失）。负载可控服务一般用于可容忍一定的数据包丢失和延迟的、具有自适应能力的应用。TCP应用程序使用受控负载服务时，可避免出现流量剧烈波动的情况。

③ 尽力而为的业务（Best-Effort）：类似当前Internet在多种负载环境（由轻到重）下提供的尽力而为的业务。

5.2.2 综合业务模型的构成

为了实现上面的服务，Int-Serv定义了4个功能部件，网络中的每个路由器皆需要实现这4个部件。

1．资源预留协议

资源预留协议（Resource ReserVation Protocol, RSVP）是Internet上的信令协议，是一种由接收方控制的带内信令。通过RSVP，用户可以给每个业务流（或连接）申请资源预留，要预留的资源可能包括缓冲区及带宽的大小。这种预留需要在路径上的每一跳都要进行，这样才能提供端到端的QoS保证。RSVP是单向的预留，适用于点到点以及点到多点的通信环境。发方通过发送PATH报文给收方，使得中间路由器和收方都知道流的特性，同时收集路径的最小可用带宽和最小路径时延。收方按照应用的时延要求计算沿途允许的排队时延（该排队时延=应用允许的端到端时延−最小路径时延），然后选择满足应用需要的带宽，并回复一个RESV报文进行响应。中间的每个路由器对RESV报文的请求都可以拒绝或接受。当请求被某个路由器拒绝时，路由器就发送一个差错报文给收方，从而终止信令过程。当请求被接受时，链路带宽和缓存空间被分配给发方和收方之间的分组流。

2．接纳控制

接纳控制（Admission Control）基于用户和网络达成的服务协议，对用户的访问进行一定的监视和控制，有利于保证双方的共同利益。保证业务和受控负载业务的服务质量要得到保障，就必须通过接纳控制来限制网络的负载。

对于每一个用户连接请求，接纳控制算法要综合考虑用户的服务质量要求和网络中的可用带宽、队列长度、交换机或路由器处理资源等因素，决定是否接收用户的连接请求。如果网络能够满足用户服务质量要求，并且不会降低其他已接纳用户的服务质量，则可以接收用户的请求。在网络负载较重的情况下，接纳控制算法往往会拒绝一些用户请求，以保证网络的稳定性。

当用户连接请求被接纳后，用户在通信过程中的流量要受到监测，以使用户流量实际占用带宽不超过 RSVP 预留的带宽。当用户流量超过预留额度时，超过的流量将被丢弃。

3．分类器

分类器（Classifier）根据预置的一些规则，对进入路由器的每一个分组进行分类。这可能需要查看 IP 分组里的某些域：IP 源地址、IP 目的地址、上层协议类型、源端口号、目的端口号；分组经过分类以后被放到不同的队列中等待接收服务。同一类分组可以形成一个分组流。这方面的技术还不很成熟，是一个有待研究的领域。

4．队列调度器

队列调度器（Scheduler）主要是基于一定的调度算法对分类后的分组队列进行发送服务调度。

5.2.3 常见的队列调度算法

网络节点为了适配不同的网络速率及缓冲通信的突发量，一般都设有排队机制（见图 5-1）。下面是一些常见的队列调度算法。

1．传统的先进先出队列

传统先进先出（FIFO）队列是所有分组都进入同一个队列，先到达的分组先接收服务。

先进先出的排队算法提供了基本的存储转发功能，先到的分组先发送，来不及发送的分组就在队列中排队，当线路空闲时，先来的首先被发送。这是一般网络节点缺省的排队机制，也是目前 Internet 使用最广泛的一种方式。然而这种先进先出的队列无法将不同的业务或者用户区别对待，大家都在一个队列里排队，必须按照先后次序而不是优先级与重要性进行发送，是不能在各个分组流之间实现优先级控制的，也无法实现公平性控制（一个分组流的突发到达会阻塞其他分组流）。

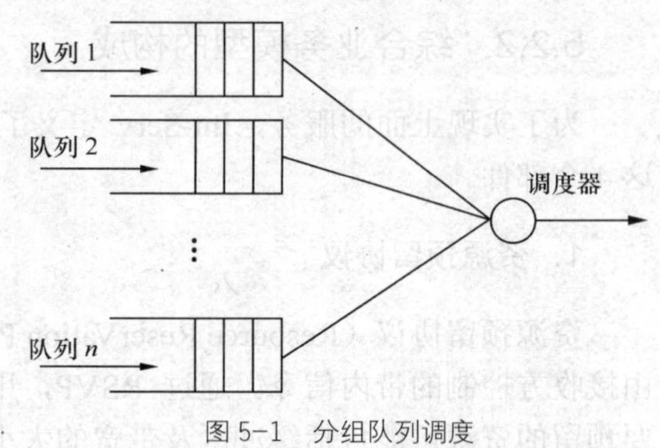

图 5-1 分组队列调度

2．严格的优先级排队

优先级排队是一种传统而简单的基本排队方案，它按照绝对的优先级将队列按次序划分为由高到低的 4 个队列（High、Medium、Normal、Low），优先级最高的队列将得到绝对的优先发送权，这样就保证了最重要的业务得到最优先的处理。

但是，优先级排队没有提供带宽分配控制方式，它只给高优先级的业务以绝对的优先权，在高优先级的通信没有发送完成之前，低优先级的业务不会被处理。也就是说，优先级排队永远只传输一个级别（最高优先权的）的业务。一旦网络阻塞严重，高优先级的业务无法全部发送完成，这时低优先级的业务可能永远也得不到带宽，这是我们不愿意看到的。

3. 公平排队或循环方式

循环方式从多个队列中进行循环服务，这有助于使不同队列公平地使用带宽。为了体现优先级，可以给每个队列分配权限，该权限确定哪些队列优先发送。常见的调度算法有加权公平排队（Weighted Fair Queueing，WFQ）、最坏情况公平加权公平排队（Worst case Fair Weighted Fair Queueing，WF^2Q）、加权轮转排队（Weighted Round Robin，WRR）、赤字轮转排队（Defict Round Robin，DRR）等。

WFQ 、WF^2Q 等具有最好的时延性能，在单位时间内每个队列所能发送的字节量与其权重（优先级）成正比。但由于这类算法在具体实现时，需要对各个分组流的时标（时间标记）进行比较，当流的数目较大时（成千上万），其时间复杂度也较高，需要很强的运算能力，因此，这类算法在高速网络中实现时成本较高。

WRR 等基于轮转（RR）的调度算法，循环地对每个队列进行轮流服务，不需进行时标比较，实现简单；但不能对业务流提供时延保证，即不能保证时延与流数无关，这在一定程度上也限制了这类算法的应用范围。

4. 分级的基于级别的排队

分级的基于级别的排队（CBQ）业务被分成不同级别，每种级别又可细分成若干子级（Sub-class）。这种分级形成一种树状结构，若一个子级使用的链路带宽超过它应得的份额，那么它将首先向姊妹子集（Sister Sub-class）借用空闲带宽，依此类推。如果有多个姊妹子级同时借用带宽，则可以使用 WRR 等算法分配空闲带宽。在等级化网络中这一树形结构可以用来区分各种业务类型。

调度算法方面的技术目前已比较成熟，WFQ、DRR、严格优先级排队、CBQ 等分别在各种网络设备中获得了应用。在综合业务模型中，可以使用 WFQ、DRR 等算法。

5.2.4 综合业务模型的优缺点

1. 综合业务模型的优点

① 能够提供绝对有保证的 QoS。详细的设计使 RSVP 用户能够仔细地规定业务种类。因为 RSVP 运行在从源端到目的端的每个路由器上，因此，可以监视每个流，以防止其消耗多于它请求预留的资源。

② RSVP 在源和目的地间可以使用现有的路由协议决定流的通路。RSVP 使用 IP 包承载，使用“软状态”的概念，通过周期性的重传 PATH 和 RESV 消息，协议能够对网络拓扑的变化作出反映。软状态需要由周期性的 PATH 和 RESV 来保持，也可以由拆卸消息来取消。当超过一定时间没有收到这些消息时，软状态被清除，RSVP 释放与之关联的资源。

③ 设计综合模型开始的目的之一就是使得 QoS 能够工作在单播和多播下。RSVP 能够让 PATH 消息识别多播流的所有端点，并发送 PATH 消息给它们。它同样可以把自每个接收端的 REVP 消息合并到一个网络请求点上，该点可以让一个多播流在分开的连接上发送同样的流。

2. 综合业务模型的缺点

① 可扩展性差是 Int-Serv 结构最致命的一个问题。因为状态信息数量与流的数目成正

比，这使路由器的处理负载很大，路由器所能支持的流数受到限制。因此，这种结构不适合Internet中的主干网。

② 对路由器的要求较高。由于需要进行端到端的资源预留，必须要求从发送者到接收者之间的所有路由器都支持所实施的信令协议。因此，所有路由器必须实现RSVP。因为Int-Serv要求端到端的信令，这在一个实际运行的运营商网络中几乎无法实现。IP网络的最大特点是无连接的，即各分组是独立选路、转发的，路由器原本无须识别分组之间的关系，而Int-Serv结构却要求路由器保存分组流的状态，路由器改造、升级的工作量很大。另外，对保证业务需要网络节点全部使用综合业务，如果中间有不支持的节点/网络存在，虽然信令可以透明通过，但实际上对于应用来说，已经无法实现真正意义上的资源预留，所希望达到的QoS保证也就打了折扣。

③ 该模型不适合于短生存期的流。因为为短生存期流预留资源的信令开销很可能大于处理流中所有分组的开销。但Internet流量绝大多数是由短生存期的流构成的。在短生存期的流需要一定程度的QoS保证时，综合业务模型就显得得不偿失了。

④ IP分组流的自动识别、分类技术还不成熟。

5.3 区分业务模型

5.3.1 基本概念

由于综合业务模型利用全程信令，在原本无连接的Internet上，勉为其难地提供面向连接的服务质量，很难在大规模网络中实施。因而希望能够出现一种新的解决问题的思想，既考虑已有网络的现状，又能达到实现服务质量的目的，这就出现了区分业务（Diff-Serv）模型。区分业务的思路是对网络层和运输层只做相对较小的改动，在网络的边缘路由器对分组进行分类和管制。核心路由器相对简单，只需根据预先定义好的策略对各类分组进行转发。

区分业务为在IP网络上提供服务质量保证奠定了基础。Diff-Serv不但可以在租用线、帧中继和ATM上传输，而且也可以在SDH、DWDM链路上传输。Diff-Serv还定义了ATM和帧中继所不能提供的动态QoS服务，并增加了新的拥塞管理机制。

区分业务是由综合业务（Int-Serv）发展而来的，它采用了综合业务分类思想，抛弃了分组流沿路节点上的资源预留。区分业务区域的主要成员有：核心路由器、边缘路由器、资源控制器（Bandwidth Broker，BB）。区分业务模型的网络结构如图5-2所示。原来IPv4分组头中的服务类型（Type of Service，ToS）字段，是想提供几种优先级和几种不同类型的服务，但一直没有得到推广。区分业务就把它用起来，并改称为DS（区分业务）字段。DS字段中含有DS码点（Code Point，CP）。在区分业务中，网络的边缘设备对每个分组进行分类、标记DS码点，用DS字段来携带IP分组对服务的需求信息。在网络的核心节点上，路由器根据分组头上的DS码点选择所对应的转发处理。资源控制器BB配置了管理规则，为客户分配资源，它可以和用户签订服务级别协定（Service Level Agreement，SLA），与用户进行相互协调以提供所需的服务质量。

区分业务定义了3种业务类型。

① 优质的业务（Premium Service，PS）：提供低延迟、低抖动、低丢失率、保证带宽的端到端或网络边界到边界的传输服务，是目前所定义的服务级别最高的区分服务种类。“三低一保证”的服务承诺使得用户可以享受类似专线的服务质量，因而也称为“虚拟专线”服务。

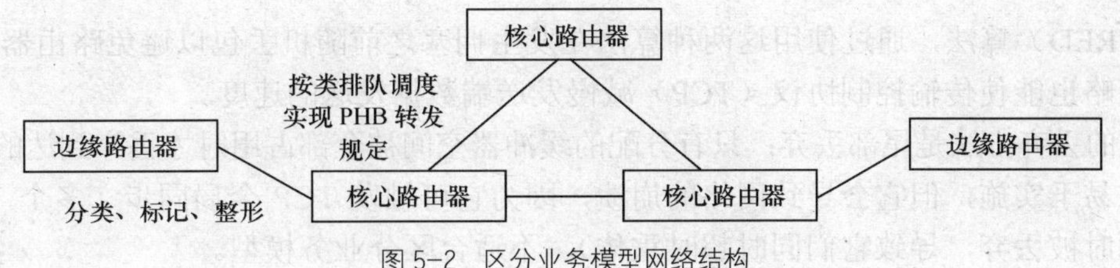

图 5-2　区分业务模型网络结构

② 确保的业务（Assured Service，AS）：在网络拥塞的情况下仍能保证用户拥有一定量的预约带宽，使用户摆脱在单一的尽力而为业务时无法把握自己实际占有带宽量的窘况；着眼点是带宽与丢失率，但对延迟、抖动则不做定量指标保证承诺。服务原则是：无论是否拥塞，保证用户占有预约的最低限量的带宽；当网络负载较轻而有空闲资源时，用户也可以使用更多的带宽。用户最终实际得到的带宽分为两部分，预定最小保证值以及与其他 AS 流或 BE 流竞争剩余资源获得的额外带宽。但与 PS 对带宽的严格承诺不同，AS 定位于统计性保证，这样可以提高资源利用率并降低价格，但也弱化了 AS 的质量保证。

③ 尽力而为的业务（Best-Effort，BE）：类似于 Internet 中尽力而为的业务。

区分业务充分考虑了 IP 网络本身灵活、可扩展性强的特点，将复杂的服务质量保证通过 DS 字段转换为先进的单跳行为，从而大大减少了信令的工作。

5.3.2　转发处理等级

分组在网络边缘路由器中被加上标记，核心路由器根据这个标记进行转发。不同的服务类型的转发处理对应不同的每跳行为（Per Hop Behavior，PHB）。目前，具有代表性的服务等级（业务类别）如下。

① 快速转发（Expedited Forwarding，EF）：有一个单独的码点。EF 可以把时延和抖动减到最小，因而能提供总服务质量的最高等级。

② 保证转发（Assured Forwarding，AF）：有 4 个等级，每个等级有 3 个阶梯（总共有 12 个码点）。超过预定带宽的业务不会按原定的服务质量传送。这意味着它可能被降级，但不需要丢弃。

③ 尽力而为（Best Effort，BE）：这是默认服务类型。

区分服务采用的是分散控制策略，其精髓是仅控制路径中每跳行为 PHB，同一级别的业务由于具有相同的 PHB，因此，大量的业务流在网络的边缘被汇聚成少量的不同业务级别的聚合流，PHB 只对聚合流操作。

5.3.3　区分业务的调节算法

业务调节主要有两个手段，一个是预防拥塞的排队和调节机制，另一个就是遇到拥塞时的丢弃机制。

区分业务路由器使用与 ATM 交换机组类似的输入管理器与输出排队调度的原理，来实现 PHB 功能。在输出接口等待发送的业务都被分类并插入到相应的输出队列中。分组在网络边缘路由器中被加上标记，在边缘路由器上可以使用基于分类的排队算法 CBQ，以进行接入带宽分配。根据分组中的标记和预定的 PHB 标准，核心路由器把分组分为几个队列，每个队列与不同的业务级别相对应（由 PHB 定义），可以使用 WFQ、DRR、严格优先级排队等调度算法。

区分业务模型中可以使用两种丢弃算法，分别为随机早期检测（RED）与加权随机早期检测（WRED）算法，通过使用这两种算法在发生拥塞之前随机丢包以避免路由器过载，这种丢包策略也能使传输控制协议（TCP）减慢发送端数据发送的速度。

通常的丢弃方法是尾部丢弃：只有分配的缓冲器空间被全部占用时才丢弃到达的数据包。这种方法易于实施，但它会导致网络的崩溃，因为它可触发 TCP 全局同步（多个 TCP 连接的分组同时被丢弃，导致它们同时超时重传），不适合区分业务模型。

随机早期检测（RED）主要思想是：路由器计算平均排队长度，当平均排队长度超过某一门限时，路由器按照某一丢弃概率丢弃到达的分组，而这个丢弃概率是与平均排队长度成正比的函数。RED 算法允许短时的分组突发，可以避免网络拥塞。RED 能避免称为 TCP 全局同步，从而保持高的带宽利用率。此外，RED 算法还能较好的支持突发业务，且确定哪些连接使用了更多的带宽，并可以采取措施予以惩罚。

5.3.4 区分业务模型的优缺点

1．区分业务模型的优点

① 可伸缩性较好。DS 字段只是规定了有限数量的业务级别，状态信息的数量正比于业务级别，而不是流的数量。

② 便于实现。只在网络的边界上才需要复杂的分类、标记、管制和整形操作。核心路由器只需要实现聚合行为的分类，因此实现和部署区分业务都比较容易。

2．区分业务模型的缺点

① 区分业务为 IP QoS 奠定了宝贵的基础，但还是没有办法完全依靠它自己来提供端到端的 QoS 结构。这需要大量网络单元的协同动作。鉴于这些网络单元高度分散的特点和对它们进行集中管理的需要，必须有一个全局的带宽管理对全局资源进行动态管理。

② 区分业务中分组流的粒度较粗。由于缺少信令机制，用户难以像在综合业务模型那样，可以实时地为某一单个分组流申请网络资源。用户和网络所签订的服务级别协定（SLA），往往是静态的、针对用户总接入流量带宽的，而不是对每一个流进行细致规定。比如所签订的 SLA 规定网络需给某单位用户提供 256kbit/s 优质服务带宽，提供 1Mbit/s 尽力而为服务带宽，该 SLA 的有效期为 1 个月。如果该单位中同时存在多个实时流，都要求优质服务，它们的带宽之和超过 256kbit/s，则它们的服务质量都不能得到保障。

解决这些问题的方法有两种：一种是用功能强大的全局策略管理器来完成这一任务；另外一种就是利用 MPLS 将第 3 层的 QoS 转换为第 2 层的 QoS，通过网络中第 2 层的交换机来实现端到端的服务质量保证。

5.3.5 区分业务模型与综合业务模型的互通

在广域网上，综合业务模型很可能因为伸缩性的问题而无法使用，区分业务模型可能占有主导地位。而与此相反的是，综合业务模型能够在企业局域网中实施，很多企业的联网产品中都已经或即将集成某种程度的综合业务能力。如果广域网用的是区分业务模型，而局域网用的是综合业务模型和区分业务模型的混合形式，那么当发送者和接收者之间的通路同时包含局域网和广域网时，如何才能够保证端到端的 QoS 呢？

IETF 建议了两种互操作方式。一种方式是将综合业务覆盖在区分业务网上，RSVP 信令完全透明地通过区分型业务网。位于两种网络边缘的设备处理 RSVP 消息，并且根据区分业务网络中资源的可用性提供接纳控制（这里有一个业务类型的映射问题，即将全网端到端的 QoS 映射到区分业务 QoS 上）。另外一种方式是简单的并行处理。区分业务网中的每个节点可能也是具有 RSVP 功能的。采取一些策略决定哪些分组用 RSVP，哪些用区分业务处理。这种模型可能适用于小型网络。

5.4 IP/ATM 网络互连模型

5.4.1 IP 技术与 ATM 技术的异同

由传统的路由器组成的 Internet 存在两个问题：一是每一个包都逐个路由器进行路由选择（逐跳寻址），端到端的时延很大且时延抖动大；二是路由器逐个包地进行地址分析、寻址和过滤引入了额外时延。在不同的路由周期或在流量分担时，同一目的地的 IP 包可能走不同的路由，不适合实时应用。每个路由器独立的寻址使得网络流量规划和基于 QoS 的寻址十分困难，几乎不可能。

随着 Internet 规模的继续扩大，路由器和子网的数量增加，路由表项急剧膨胀，可能影响路由表修改的事件数目也随着急剧增长，用于路由表刷新的开销（包括路由器的 CPU 资源、交换路由信息所耗费的网络带宽，严重时甚至会超过用户数据带宽）加大，任务变得非常繁重。IP 包经过的路由器越多，被处理的次数就越多，传输时间就越长，丢失的可能性就越大，也就更难保证 QoS 以支持实时业务。

随着技术的进步，路由器已从传统基于总线（背板）交换、软件包转发和集中式处理结构，改为交换矩阵、硬件包转发和分布式处理结构，处理能力和吞吐量已大大提高。但本质上仍和传统路由器一样，存在如何检索路由表的庞大表项问题。尽管用无类别域间路由（Classless Inter Domain Routing，CIDR）可以减少表项（比如通过分配一系列连续的 C 类地址，组成超网地址），再通过高速缓存技术，可以加快访问，但骨干路由器仍存在搜索达几十万行表项的糟糕情况。

对于路由器组网，人们低估了巨量路由器互连所带来的运行和网络管理的复杂度。有人认为：继续现有的 Internet 网络模式，只需高速路由器就能综合所有业务，也能解决 QoS 问题。十几年时间过去了，高速路由器（Gbit/s 或 Tbit/s）并没有从根本上解决问题，这种过分自信与电信专家在多年前对于 ITU-T 的综合业务网（ISDN、B-ISDN）过于自信有相似之处。

本章 5.1 节曾经指出 ATM 发展遇到问题。但 ATM 所具有的端到端 QoS 保证、完善的流量控制和拥塞控制、灵活的动态带宽分配与管理、支持多业务等，以及技术综合能力等方面的优势，目前仍是 IP 所不及的。而现有通信网将逐步从传统的电路交换技术向分组交换技术演变，ATM 在其中将扮演十分重要角色。由于 IP 技术和 ATM 技术在各自的发展领域中都遇到了实际困难，彼此都需要借助对方以求得进一步发展，所以这两种技术的结合有着必然性。

但要将 IP、ATM 结合起来，需要解决无连接的 IP 模型和 ATM 虚电路模型之间的矛盾。电信专家更钟爱有连接技术，而计算机网络专家更钟爱无连接技术。下面对它们之间的差异进行分析。

1. 有连接与无连接（虚电路与数据报）

有连接（或面向连接）就是在用户进行数据通信前，要先为用户建立连接，称虚电路。

一般地，虚电路的建立需要信令支持或由网管实现。全网唯一地址只有在建立连接时有用，而在数据通信过程中不需要地址，只需要连接标识。在通信过程中用户数据都经过同一路径（已建好的虚电路）。而无连接不需要先建连接，用户数据做成一个个数据报，但每一个报头中必须包含全网唯一地址，每个数据报按地址单独转发，在通信过程中用户数据可能经过不同的路径。

对于大多数非实时数据通信来说，无连接技术更适合。如数据量极小的通信（如 Internet 上的域名解析包），虚电路要先建连接，连接建立时间越长相应损失的带宽就越大，反而不如无连接技术。但是对于实时业务（如语音通信与会议电视等），有连接技术更适合，能保证 QoS。

随着技术的发展与需求的变化，有连接与无连接需相互结合，互相补充满足应用需要。MPLS 就是用有连接的 ATM 支持无连接的 IP，以期通过 ATM QoS 实现 IP QoS，满足应用需要。但与传统的虚电路技术不一样的是，MPLS 不用信令也不用网管来建连接，而是用标签分配协议（LDP）取代复杂的 ATM 信令协议来实现面向连接的功能，且不是为每一次的用户数据通信建一次连接，简化了操作。这样既适合于数据量极小的通信，又能支持实时业务。

2．信令与路由

信令与路由与上面的有连接与无连接是紧密相关的。一般而言，有连接需信令技术来支持建虚电路，而无连接则需路由技术支持数据报的寻址（决定转发方向）。电信专家更擅长信令技术，而计算机网络专家更擅长路由技术。到目前为至，现有的电信网（如 PSTN、ISDN 和移动通信网等）是离不开信令的，而 Internet 是离不开路由的。

信令是电信网中用户终端与交换机间、交换机与交换机间传送的控制信息，以保证协调动作完成虚电路（呼叫）的处理、建立、控制与维护等功能。信令按功能分为地址（选择）信令、监视信令、维护管理信令。按区域分为用户线信令和局间信令。随着电话交换技术由步进制、纵横制、程控制发展到 ISDN，电信网的信令技术也从随路信令系统发展到公共信道信令系统（即 No.7 信令系统）。随路信令系统中的局间信令还分为线路信令与记发器信令。信令系统是电信网的神经中枢。

路由技术就是相关的主机、路由器间交换有关的网络结构信息或节点间的可达信息，并利用得到的信息根据某种算法产生本地路由表（目的地址与输出端口关系）。路由技术分两类。一类是静态路由，路由表手工设置，节省了交换路由信息的带宽；但不适应网络动态变化，节点多时配置麻烦。另一类是动态路由。网络节点通过交换路由信息，选择最佳路由，适应性和灵活性强。另一种分法为集中式与分布式。一般而言，路由技术都是指分布式的动态路由技术。

事实上，信令网也离不开路由技术，只不过大多采用静态路由，且为集中式处理。随着计算机与电信技术的更紧密结合，信令与路由会相互更好配合以支持电信网与 Internet 的融合，路由技术会继续发展，No.7 信令网与智能网也仍会发挥网络中枢的作用。

3．服务质量与尽力传送

从一开始的系统设计，ATM 就能支持 QoS，如短而固定长度的信元结构（为了实现快速硬件交换）、相关的连接接纳控制（CAC）、业务整形、流量控制与拥塞控制等。而计算机网的初衷是提供无实时要求的数据通信，强调资源共享和尽力传送，LAN 技术（如以太网）和 IP 技术都是如此。

计算机界的思想是不要相信网络，要相信自己。在此前提下，网络所做复杂的差错与纠错控制是多余，因为用户还会重做一遍（在 TCP 层实现）。而电信界的思想是将一切交给网络，网络来保证。IP 的这种做法简化了网络，更具有开放性而得以生存，而电信界强调的是全网全程的 QoS，网络控制就较复杂。

ATM 的 QoS 是天生具有的，而 IP QoS 是后天加入的。ATM 提供的是严格的 QoS。而 IP 提供的是折衷的 QoS。IP 有 ToS（业务类型）、CoS（业务等级，对应于区分业务服务等级），业务流可以分多个优先级，但在每个优先级内部业务流还都是尽力传送。

IP 与 ATM 都是分组交换，不同的是变长的 IP 包与定长的信元，但这也影响到能否容易且有效地实现快速交换。分组交换的 QoS 实现方法包括：业务分类、排队机制、带宽管理和拥塞控制等，但这些需有机地结合。ATM QoS 实现是上述四者的有机结合。对于 IP 而言，实现前两者较容易，但实现后两者较为困难，因为这需要实时信令（如综合业务模型中使用 RSVP），这就增加了网络的复杂性，处理开销太高，能否在广域网上大规模使用仍是一个未知数。目前，IP QoS 主要是对业务分类后通过优先级排队，如加权公平排队（WFQ）、基于业务级别排队（CBQ）实现简单的 QoS 控制。

ATM（包括 ATM 设备和网络）QoS 有严格定义（如最大发送时延、时延抖动、信元丢失率等）和具体测试方法及指标，而 IP QoS 的定义还没有这样细致。IP QoS 可以通过 ATM QoS 来实现，这也是目前标准化 MPLS 的一个原因。

5.4.2 IP/ATM 互连基本方案

一般地，应用程序和高层协议使用 ATM 网络进行通信有两种方式：第一种称为重叠模型或覆盖模型，将 ATM 网络作为传统 TCP/IP 网络体系中的传输子网；第二种方式称为集成模型或综合模型，即把第 3 层路由选择和第 2 层交换功能集成在一起。

重叠模型采用标准的 ATM 信令（ITU-T 或 ATM 论坛推出的信令），IP 和 ATM 各自定义自己的地址和路由协议，ATM 端系统需分配 IP 地址和 ATM 地址，需地址解析协议（ARP）进行地址转换，ATM 端系统实际上就是路由器，通过路由器之间的转发实现不同 IP 子网间互连。ATM 端系统路由器并不一定处于同一 IP 网段，两个路由器之间的通信可能需要通过其他路由器转发，这就发挥不了 ATM 原有优势。为此可以引入下一跳地址解析协议（NHRP），以便在不同 IP 网段路由器间直接建立虚电路。当然在 IP 骨干网中，可以把骨干路由器设置在同一 IP 网段，路由器之间互连使用静态路由表，用永久虚电路直接相连，形成全互连结构。但此时永久虚电路的数量是 $N(N-1)$，N 为路由器的数量，路由表和永久虚电路维护工作量很大，这就是所谓的 N^2 问题。简单地说，重叠模型就是在物理的 ATM 网络上，叠加了一个逻辑的 IP 网络，两个网络之间是各自封闭的，造成了重复的地址和路由协议、传送 IP 的效率相对较低等缺陷。IP/ATM 重叠模型如图 5-3 所示。

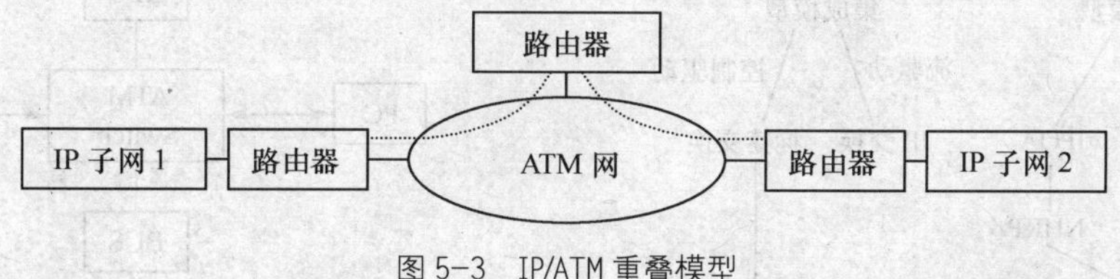

图 5-3 IP/ATM 重叠模型

集成模型在建立连接时不采用标准 ATM 信令，仅利用了 ATM 的信元交换基本功能；采用IP路由协议（如OSPF），ATM端系统仅需要标识IP地址，网络不再需要ATM的地址解析规程，ATM交换机是一个多协议的路由交换机，其优点是不需要IP/ATM地址解析，传送IP的效率较高。

ATM论坛推出了局域网仿真（LANE）和ATM上多协议（MPOA）；IETF推出了ATM上经典IP（IPOA），以及多协议标签交换（MPLS）。一些厂家也推出了一些产品，如Ipsilon公司（已被Nokia收购）的IP交换、Ascend公司（已被Lucent收购）的IP导航器和Cisco公司的标签交换等，后两者都向MPLS靠拢。LANE、MPOA、IPOA都是重叠模型，IP交换、MPLS是集成模型。图5-4所示为各种模型之间的关系。MPOA、IP交换都是流驱动的，路由器/交换机能够监视用户发出的分组流，自动识别流的特点，当用户发送的分组数超过一定门限时，就建立ATM虚电路，由虚电路来传送分组流，具有“第1个分组路由方式转发、后续分组按交换方式传送”的特点。MPLS是控制驱动的，交换机间通过定期交换路由信息，能够形成网络拓扑结构，建立连接路径，因此MPLS又可以进一步定性为拓扑驱动。（前面介绍的资源预留协议RSVP也是控制驱动的，它通过控制信令为每个流建立连接、预留资源，这种方式又可以进一步称为请求驱动。）MPLS中流的粒度是可变的，子网粒度是一种较大粒度，此时可以聚合子网中所有计算机的流，具有较好的扩展性。

由于IPOA、LANE与MPOA标准存在这样那样的问题，虽有一些公司标准的产品可用，但互操作性差。目前的趋势是朝集成模型发展，业界较为看好MPLS。MPLS技术可综合利用网络核心的交换技术和网络边缘的IP路由技术各自的优点。下面先介绍LANE、IPOA、MPOA等重叠模型。在5.5节中我们将对标签交换和MPLS进行介绍。

1. 局域网仿真

ATM论坛制定了局域网仿真（Local Network Emulation，LANE）标准。通过LANE可以提供VLAN（虚拟局域网）。按照ATM论坛LANE规范1.0版的规定，“LAN仿真服务的主要目的是使现有应用能够通过类似APPN、NetBIOS、IPX等协议堆栈访问一个ATM网络，就像它们正运行在传统的LAN一样”。这种办法不要求对传统的个人计算机（PC）作任何改变，但由于LANE能够使PC通过高速ATM接口存取高输入/输出容量的服务器，因而提高了PC的性能。

LAN仿真服务组成：一个LAN仿真服务器（LAN Emulation Server, LES），一个处理广播和未知地址的消息的服务器（Broadcast Unknown Server, BUS），一个与用户设备接口的LAN仿真客户（LEC），一个用于管理的LAN仿真配置服务器（LECS）。图5-5所示为局域网仿真逻辑结构图。

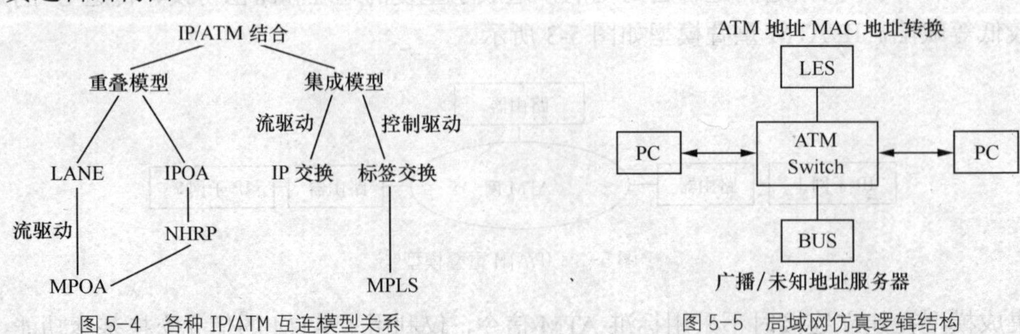

图5-4 各种IP/ATM互连模型关系

图5-5 局域网仿真逻辑结构

LANE 规范并不描述服务器部件的实现细节。例如，它们既可以在端系统中以独立的设备软件来实现，也可以在主干网中的 ATM 交换机模块中实现。为建立和保持一个仿真 LAN，需要一些虚电路连接 VCC。在每个 LEC 及其相应的 LES 和 BUS 之间都有一个 VCC，这些 VCC 可以是双向的，也可以是单向的。在最坏的情况下，这些 VCC 是单向的，即每个 LEC 需要总共 4 个 VCC。各种产品实现方式的不同将导致它们性能上的差异，如所能支持的 VLAN 数量等。

LANE 有如下缺点。

① 以太网和令牌环之间不能转换。

② LEC 用 ABR/UBR 业务，不能保证 QoS。

③ 用 UBR 时可能有 Cell 丢失。

④ 地址转换迟延。

⑤ VLAN 连接要使用外接路由器。

⑥ 可伸缩性差：各 VLAN 不能共享 VC（LANE 2.0 可复用 VC）。这导致各种产品所能支持的 VLAN 数量有差异。

⑦ 帧尺寸小于 1 500 字节，小于某些协议（如 IP）。

2. ATM 上的经典 IP

ATM 上的经典 IP（IP Over ATM，IPOA）把 ATM 当一个子网来传 IP，用 IP ARP 服务器解决 IP 地址到 ATM 地址转换。虽然 IP ARP 服务器效率高于 LANE，但仍需手工配置。支持按 IP 地址来划分 VLAN，每个 VLAN 可单独设置 QoS。IP 最大分组长度缺少值为 9K 字节，最大 64K。

IPOA 有如下缺点。

① VLAN 之间互连要用路由器。下一跳地址解析协议（NHRP）可以解决此问题，但存在如何与目前路由协议互通问题，以及可扩展性问题。

② 不能广播。

③ IPOA 主机不能和传统局域网直接相连，要用路由器。

④ 处理多协议能力不足。

3. ATM 上的多协议

ATM 上的多协议（Multiple Protocol Over ATM, MPOA）将 LANE 和 NHRP 结合起来，利用 NHRP 为不同 VLAN 间建立直接连接，解决不同 VLAN 通信时的瓶颈问题；通过长短流的区分来缓解 SVC 建立问题。但如何最佳检测长短流和何时拆 SVC 最佳都是个难题。MPOA 中的同一 VLAN 若跨广域也存在广播数据消耗广域网带宽的问题。由于 NHRP 的响应时延和 SVC 呼叫建立时延使 MPOA 存在可扩展性的问题，不适合广域网应用。另外，由于其协议过于复杂，几个厂家开发的设备还存在互操作性的障碍。

MPOA 具有如下优点。

① 具有路由服务功能：利用 NHRP 实现网络层地址至 ATM 地址转换，支持广播，支持多种路由协议（OSPF、RIP 等）。

② 可有效利用 QoS。利用多层交换机可适应各种业务与协议：IP、IPX、DECnet、Apptalk 等。

③ 多个 VLAN 直接连接，各 VLAN 的最大帧长度可变，一个 VC 上可复用多种协议。

MPOA 有如下缺点。

① VC 复用等问题实现较复杂。

② 多种路由协议难以统一综合。

③ 在广域网上 SVC 建立、NHRP 响应等的时延较大。

5.5 标签交换与多协议标签交换

5.5.1 基本概念

ATM、帧中继、X.25 等网络本来就具有标签功能（ATM 有 VPI/VCI，帧中继有数据链路连接标识 DLCI，X.25 有虚电路号）。这些标签都是虚电路建立时由网络分配的一种连接标识，不需包含网络地址，字节长度较短。ATM、帧中继交换机是通过硬件在第 2 层根据标签实现信元或帧的快速转发（即标签交换）。X.25 分组交换机是由软件在第 3 层根据标签实现分组的转发。如果能够把 IP 分组也打上标签，用标签识别路由，根据标签用硬件实现分组快速转发，则可以极大提高分组转发速率。按照这种思路，一些厂家推出了标签交换产品，如 Ascend 公司（已被 Lucent 收购）的 IP 导航器和 Cisco 公司的标签交换等。

IETF 在 1997 年初成立了多协议标签交换（Multi Protocol Label Switching，MPLS）工作组，利用已有 IP/ATM 集成模型的主要思想与优势（如 CISCO、LUCENT 等的标签交换、IP 导航器），制定出一个统一的、完善的第 3 层交换技术标准。MPLS 明确规定了一整套协议和操作过程，最终通过 ATM、帧中继、PPP 和以太网等实现 IP 网络快速交换。

MPLS 中的关键概念是将路由控制和分组转发分离。

① 用标签来识别和标记 IP 分组，并把标签封装后的报文转发到已升级改善过的交换机或路由器，由它们在第 2 层进行标签交换，转发分组。

② IP 分组标签的产生和分配所需的网络拓扑和路由信息则是通过现有的 IP 路由协议获得的，不用进行 2 层地址和 3 层地址之间的转换就可以实现 IP 地址和标签之间的映射。这就避免了在 IP/ATM 重叠模型中存在的地址解析问题。而且通过等价转发类（Forward Equivalence Class, FEC），这种映射是汇聚性的，可以实现标签及路径的复用，提高了可扩展性。

5.5.2 多协议标签交换的网络结构

多协议标签交换（MPLS）组网的基本原理是在网络边缘对 IP 分组进行分类并打上标记，在网络核心按照标记进行分组的快速转发。如图 5-6 所示，MPLS 网络由标签边缘路由器（Label Edge Router，LER）和标签交换路由器（Label Switch Router，LSR）组成。在 LSR 内，MPLS 控制模块以 IP 功能为中心，转发模块基于标签交换算法，并通过标签分配协议（LDP）在节点间完成标签信息以及相关信令的发送。LDP 信令以及标签绑定信息只在 MPLS 相邻节点间传递。LSR 之间或 LSR 与 LER 之间依然需要运行标准的路由协议，并由此来获得拓扑信息。通过这些信息 LSR 可以明确选取报文的下一跳并可最终建立特定的标签交换路径（Label Switch Path，LSP）。由于每个标签交换机对标签是独立编号的，各交换机给某个 LSP 所分配的标签是不一样的，在一个 LSP 建立的过程中需要把这些标签串联在一起（这称为标签绑定）。LSP 属于单向传输路径，因而全双工业务需要两条 LSP，每条 LSP 负责一个方向上的业务。

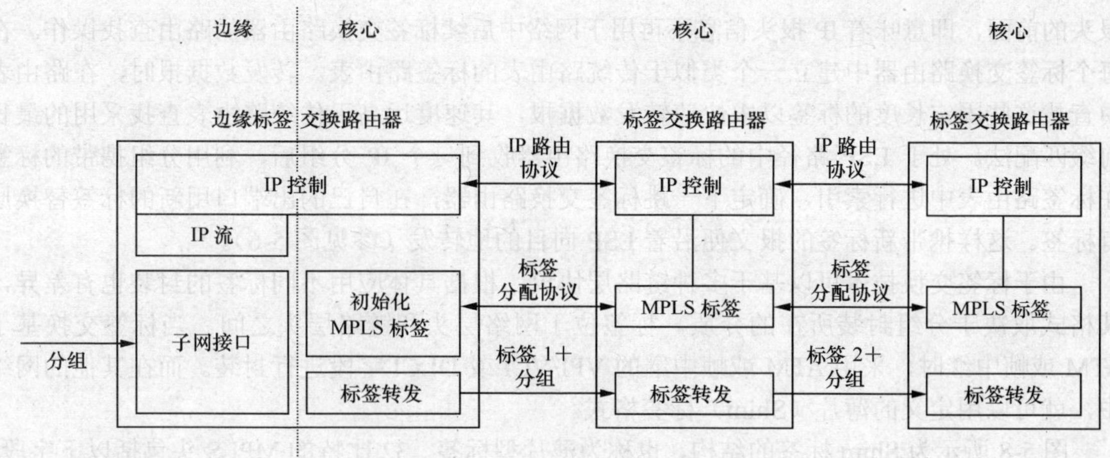

图 5-6 MPLS 网络原理图

目前，MPLS 实现信令的方式分为两类。一类是标签分配协议/约束路由—标签分配协议（LDP/CR-LDP），它支持 IP QoS，还考虑了与 ATM 服务类型相互融合的问题。CR-LDP 是 LDP 的扩展，它使用与 LDP 相同的消息和机制，如对等发现、会话建立和保持、标签发布和错误处理。另一类是资源预留的信令协议（Resource ReSerVation Protocol，RSVP），它基于在传统的 IP 网中引入信令。RSVP 和 LDP/CR-LDP 是两种不同的协议，它们在协议特性上存在不同，有不同的消息集和信令处理规程。从协议可靠性上来看，LDP/CR-LDP 是基于 TCP 的，当发生传输丢包时，利用 TCP 提供简单的错误指示，实现快速响应和恢复。而 RSVP 只是基于 IP 包传送。由于缺乏可靠的传输机制，RSVP 无法保证快速的失败通知。从网络可扩展性上看，LDP 较 RSVP 更有优势，一般电信级网络中，特别是 ATM 网络中，应采用 LDP。ITU-T 倾向于在骨干网中采用 CR-LDP。

标签交换的转发部件不受任何特定的网络层协议限制，例如同样的转发技术既可以用于 IP 数据包的标签交换，也可以用于 IPX 数据包的标签交换。因此，就网络层协议而言，标签交换是一种支持多协议的解决方案。其次，在任何链路层技术上都可以定义相应的标签，按同样的算法进行标签替换，因此就链路层协议而言，MPLS 也是一种支持多协议的解决方案。

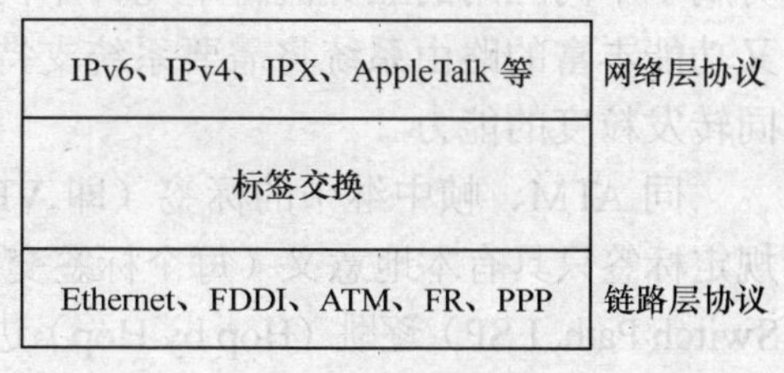

图 5-7 标签交换的多协议支持结构

正因为如此，IETF 取其名为多协议标签交换技术，反映了该技术的广泛适应性，这也是标签交换与众不同的技术特点和优势。图 5-7 所示为标签交换对网络层和链路层的多协议支持结构。

5.5.3 等价转发类

等价转发类（Forwarding Equivalence Class，FEC）是所有需要进行相同转发处理、并转发到相同下一个节点的分组的集合。

MPLS 协议规定，IP 分组仅在 MPLS 网络边缘节点 LER 处通过路由表查询并分配相应的等价转发类（FEC），同时采用固定长度的标签（4 字节）表示该 FEC，并将此标签附加到 IP

报头的前面，即意味着 IP 报头信息不再用于网络中后续标签交换路由器的路由查找操作。在每个标签交换路由器中建立一个类似于传统路由表的标签路由表。转发数据报时，在路由表中查找这些固定长度的标签以求快速转发数据报，其速度远高于传统路由表查找采用的最长前缀匹配法。处于 LSP 路径中的标签交换路由器收到一个 IP 分组后，利用分组携带的标签在标签路由表中进行索引，确定下一跳标签交换路由器，在自己的出端口用新的标签替换原有标签。这样携带新标签的报文便沿着 LSP 向目的地转发（参见图 5-6）。

由于标签交换技术可以基于多种链路层协议，根据具体应用不同标签的封装也有差异，其格式取决于分组封装所在的介质。标签位于网络层头和链路层头之间。当标签交换基于 ATM 或帧中继时，采用 ATM 或帧中继的 VPI/VCI 或 DLCI 字段进行封装。而在其他的网络中，就可以用定义的薄片（Shim）标签格式。

图 5-8 所示为 Shim 标签的结构，也称为薄片型标签。32 比特的 MPLS 头包括以下字段：标签字段（20bit），用于承载 MPLS 标签值；COS 字段（3bit），可以用于分组的排队和丢弃处理，在分组传输经过网络时使用；S（堆栈底标志）字段（1bit），支持分级标签栈功能，如用于指示层次化路由结构；TTL 字段（8bit），提供传统的 IP TTL 功能。

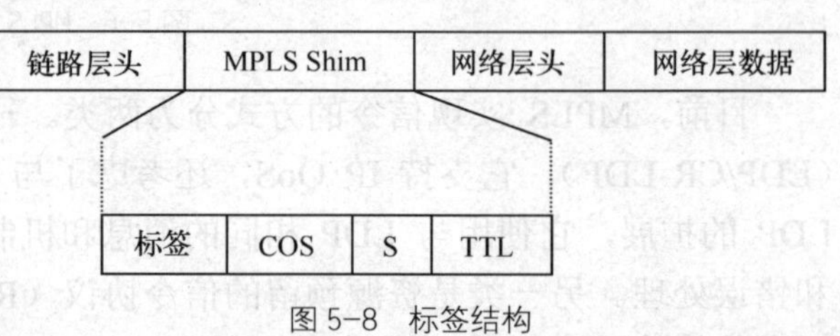

图 5-8　标签结构

FEC 的一个重要特征是它的转发粒度。比如在一种情况下，一个 FEC 可以包括网络层目的地址与一特定地址前缀相匹配的所有分组，即通向相应子网的所有分组。这种类型的 FEC 提供粗大的转发粒度（子网粒度）。在另外一种情况下，一个 FEC 仅仅只包括那些属于在一对计算机之间运行的一类特定应用的分组，也就是说，一个 FEC 只包括那些网络层源地址和目的地地址都相同且传输层端口数值也相同的分组（源地址和目的地地址被用于识别计算机，而传输层端口则被用于识别计算机内的一个特定的应用）。这种类型的 FEC 提供非常精细的转发粒度。粗大的转发粒度对于整个系统的可扩展性是非常重要的。另一方面，仅仅只支持粗大的转发粒度将会使得整个网络很不灵活，因为它不能区别不同类型的业务流。比如 FEC 对属于不同应用的业务流将不允许不同方式的转发或资源预留。这说明，建立既可以扩展而又功能丰富的路由系统将需要系统支持广泛的转发粒度，同时也需要系统具有灵活地组合不同转发粒度的能力。

同 ATM、帧中继中的标签（即 VPI/VCI、数据链路连接标识 DLCI）一样，MPLS 协议规定标签只具有本地意义（每个标签交换机对标签是独立编号的），沿着标签交换路径（Label Switch Path, LSP）逐跳（Hop by Hop）进行转发，在每一跳都要完成标签的转发与替换操作。在通常情况下，标签交换路径（LSP）的建立基于标准的 IP 路由协议，如开放最短路径优先协议（OSPF）。在传统的 ATM 和 IP 网中引入 MPLS 控制机制，仅从通信量管理和 QoS 这两个侧面来看，MPLS 确实有着传统 IP 技术所无法实现的功能，可以将 ATM 和 IP 很好地结合在一起。

5.5.4　路径标识与标签分发机制

1. 路径标识

从前面的介绍可知，标签是用来标识某一类分组的，这一类分组在网络上的持续流动形成一个分组流，所流动的路径称为标签交换路径 LSP。该 LSP 实质上就是一个虚连接，标签就是它的标记，通过标签就可以区别不同的 LSP 连接。那么在网络中应该如何标记不同的连接呢？先看下面的例子。

如图 5-9 所示，有 3 条 LSP 连接，分别是（A,F,C）、（A,G,D）和（B,F,G,E）。一种直观的标识方法是把它们经过的节点信息包含在内，这样就比较容易区别它们，但所形成的标签可能会很长，特别是 LSP 经过的节点很多时，这样将不利于分组的快速转发。还有一种方法就是像公共汽车路线使用数字进行标识（比如 1 路车、2 路车）一样，也用数字编号给 LSP 路径命名，信息的传递就像人们坐公共汽车时换乘车次一样，不同的车次代表不同的路由和服务质量，但是由于 LSP 路径并不是固定不变的，而是随时都可能变化，网络规模较大时 LSP 路径数量很多，这样 LSP 路径编号的管理就很困难，各交换机也无法及时知道全部 LSP 路径的正确编号，因此这种方法也不可行。

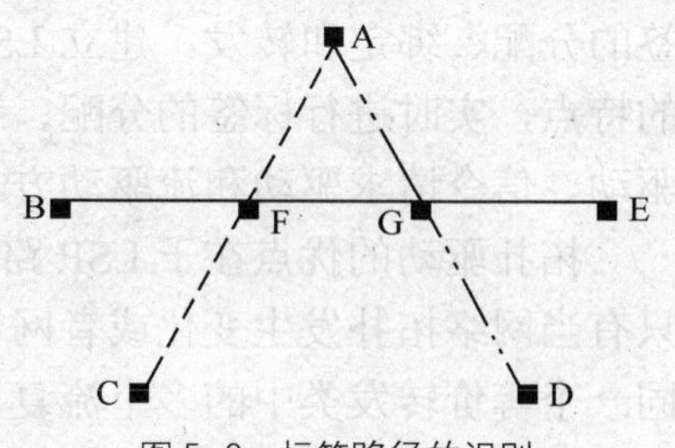

图 5-9 标签路径的识别

实际上，一个节点在进行分组转发时，只需要知道哪一个节点是下一个节点就够了，不用知道全路径轨迹信息。也就是说，每个节点只需用独立的标签对 LSP 进行标识，并把该标签告诉上游或下游相邻节点就可以了。MPLS 中正是这样处理的，所得到的标签长度是固定的、较短的，便于分组的快速转发。

2. 标签分发机制

在 MPLS 网络中，各标签交换机 LSR 在分配好标签后，需要将该标签信息通知相邻 LSR。标签分配与通知的方法有两种，按照与数据流传送方向的关系，分别称为下游标签分配方式和上游标签分配方式。

（1）下游标签分配方式

下游标签分配方式首先由 LSP 路径上的最末端节点根据业务流的 FEC 为该业务流分配一个标签，然后把标签传给它上游的相邻节点；该相邻节点也为业务流分配一个标签，把其标签与末端节点的标签绑定，再把其标签向上游节点传送；依此类推，直到 LSP 路径起始节点。

下游标签分发又可以分为下游标签请求分发和标签主动分发。下游标签请求分发是指下游 LSR 在接收到上游 LSR 发出的标签－FEC 绑定请求后，检查本地的标签－FEC 映射表，如果已经有相应绑定，就把该标签绑定信息发给上游 LSR；否则在本地分配一个标签与该 FEC 绑定，再发回给上游 LSR。

下游标签主动分发是指在上游 LSR 未提出任何标签绑定请求的情况下，下游 LSR 把本地标签绑定信息分发给上游 LSR。

（2）上游标签分配方式

与下游标签分配方式的次序相反，上游标签分配方式中，LSP 路径起始节点首先根据业务流的 FEC 为该业务流分配一个标签，然后把标签信息传给它下游的相邻节点；该相邻节点使用收到的标签与该 FEC 绑定，同时为下游节点分配一个标签，把该标签向下游节点传送；依此类推，直到 LSP 路径末端节点。

在下游分配策略中，各 LSR 实际上是自己分配的标签，只不过标签之间的绑定关系是由下游传向上游。而在上游分配策略中，一个 LSR 使用的标签是由其上游 LSR 分配的，需要解决标签的不重复问题，不如下游分配策略简单、自然。上游分配策略适合于多播情况，因为它允许所有输出端口使用相同的标签。

MPLS 可以使用控制驱动模型，根据路由表反映的拓扑结构或者根据请求信令，进行标签的分配、绑定和转发，建立 LSP。也可以使用流驱动模型，在分组流到达时，自动识别流的特点，实时进行标签的分配、绑定和转发，建立 LSP。控制驱动模型可以进一步分为拓扑驱动、信令请求驱动和流驱动方式。

拓扑驱动的优点在于 LSP 路径的提前建立和长期保持（相当于 ATM 中的半永久虚电路，只有当网络拓扑发生变化或者网管人员重新配置时才会改变），并且一个 LSP 可以方便地被同一个等价转发类中的多个流复用；缺点是 LSP 复用性能依赖于等价转发类的粒度，在粒度较粗时不能为某个重要的流提供 QoS 保证。

信令请求驱动方式和 ATM 中交换虚电路的建立方式类似，其优点是可以为每个流预约合适的网络带宽，能保证每个流的服务质量；缺点是对于短的分组流，LSP 路径建立时间较大，效率不高。

在流驱动模型中，属于同一个等价转发类的分组流的开始若干个分组仍然在 IP 层进行路由转发，同时进行 LSP 路径的建立，后续分组沿 LSP 进行快速交换。流驱动模型是拓扑驱动和请求驱动特点的折中，它能较好地保证单个重要流的 QoS，对短流也有较高的效率。

3. 标签分配协议

在 MPLS 网络中，标签分配功能是通过标签分配协议（Label Distribution Protocol, LDP）实现的。LDP 还描述了 MPLS 域中路径的建立维护、设备操作等一系列内容。

LDP 有 4 种消息类型。

① 发现消息（Discovery Message），用于告知 LSR 的存在。

② 会话消息（Session Message），用于建立、维护和停止 LDP 对等实体间的会话。

③ 公告消息（Advertisement Message），用于建立、修改和删除 FEC 的标签映射。

④ 通知消息（Notification Message），用于提供各类报告信息。

LDP 的主要功能包括：规定 MPLS 的信令与控制方式，发布<标签，FEC>映射，传递路由信息，建立与维护标签交换路径等。按照事件顺序，LDP 的操作主要由发现、会话路径的建立与维护、标签交换路径（LSP）的建立与维护、会话的撤销 4 个阶段构成。

① LDP 发现阶段：是一种用于探知潜在的 LDP 对等体的机制，它使得不必手工配置 LSR 的标签交换对等体。LDP 发现有两种不同的机制：基本发现和扩展发现。基本发现机制用于探知链路级直接相连的 LSR。扩展发现机制用于支持链路级上不直接相连的 LSR 间的会话。

② LDP 会话路径建立与维护阶段：LSR 使用发现消息，知道了网络中潜在的对等体之后，就开始与该潜在对等体建立 LDP 会话。会话建立分两步进行：传送连接建立和会话初始化。

③ 标签交换路径的建立与维护阶段：在建立了 LDP 会话之后，LSR 就可以进行标签绑定的消息的分发了。所有 LSR 由此过程可以建立标签信息库，多个路由器的标签信息库的建立过程也是标签交换路径（LSP）建立的过程。

④ 会话的撤销阶段：LSR 针对每个 LDP 会话连接维护一个会话保持定时器，如果会话定时器超时结束 LDP 会话，也可以通过发送关闭消息来终止 LDP 会话。

5.5.5 多协议标签交换发展与应用

1. 多协议标签交换的优缺点

（1）多协议标签交换的优点

① 转发简单：标签交换基于一个准确匹配的标记（4 字节），这个标记的长度小于传统 IP 头（20 字节），有利于基于硬件高速转发。

② 采用等价转发类（FEC）增强了可扩展性：FEC 具有汇聚性，可以实现标签及路径的复用。路由决策更灵活，不需要 32 位 IP 地址比较，路由查找速度加快，可以适应用户数量快速增长的需求。

③ 基于 QoS 的路由：边缘标签路由交换机可以选择满足特定 QoS 的路径。

④ 流量管理：可以支持多种增值业务（隧道、虚拟专用网 VPN）及路由迂回等，可以指定某一个分组流经特定路径转发，达到链路、交换设备流量的平衡。

⑤ 分布处理功能：由于标签具有不同粒度和等级结构，路由的处理可以分级进行，简化了网络管理。

⑥ 与 ATM 或帧中继核心网结合，提高了路由扩展性。边缘路由器不再关心中间传输层，简化了路由表。对分组和信元采用统一的处理规则，降低了网络复杂性，具有更好的可管理性。在 ATM 层上直接承载 IP 分组，提高了传输效率。

⑦ 标签合并技术：解决了可扩展性问题，简化了标签映射表。对于 ATM 网，MPLS 支持 VC 合并的机制，到同一终点的多个 VC 可以汇聚成为一个 VC，从而节省了 VCI 的资源。

（2）MPLS 的缺点

① 对短的流，信令开销比例大。

② 在具体的数据承载网络（如 ATM）中进行 LSP 聚合操作复杂。

③ 在具体的数据承载网络中标签交换机还要具有传统 IP 分组转发功能，以便传送信令以及在标签失效等意外情况下传送 IP 分组。

④ 同 IP 网络综合业务模型一样，MPLS 中 IP 分组流的自动识别、并确定其对应的 FEC 方面的技术尚不成熟。

2. 多协议标签交换虚拟专用网

虚拟网技术主要用于跨国企业用户和行业用户在国内外的分支机构（如银行、保险、运输、大型制造和连锁企业等）。虚拟网的目标是为地理位置分布在不同地区的大型企业及其合作伙伴、客户建立一个安全可靠、高性能的通信环境。虚拟网技术可以分为虚拟局域网（VLAN）和虚拟专用网（Virtual Private Network，VPN）两大类。对于虚拟局域网（VLAN）已经在第 4 章做了介绍。虚拟专用网（VPN）是在公共通信网络中应用的虚拟网技术，它从公共通信网络中划分出一个可控的通信环境，只有授权的用户才能访问一个指定的 VPN 内的资源，VPN 内部用户之间的通信比较简便、高效。在公用电话网中开设的集中用户交换机 Centrex 就是一种虚拟专用网技术。

在 MPLS 中应用的虚拟网技术主要是虚拟专用网（VPN）。MPLS VPN 技术为用户提供了质量和安全保证，同时大大节省了成本；特别是通过 MPLS VPN 可以为企业用户提供语音、数据甚至视频业务在内的多媒体统一通信平台。

MPLS VPN 有以下优点。

① 扩展能力强。帧中继、ATM 等网络中的 VPN，存在着可扩展能力差的问题。这是因为它们采用点对点的、面向连接的虚电路连接用户，要求的虚电路数大致是用户数量的平方，维护和管理很困难，尤其是当增加新节点时，需要网络服务商进行烦琐的虚电路路径配置。相反，在 MPLS VPN 中，不需要由人工在 VPN 成员节点之间进行两两连接配置，只需说明 VPN 的分组情况，运营商的边缘 MPLS 交换设备会自动在第 3 层上发现路由、建立 LSP。当然，银行等金融系统的客户可能不愿意将与安全相关的路由功能让运营商来维护，MPLS 也支持这些客户在第 2 层上自己维护 VPN 连接。

② 支持服务质量设置。可对 VPN 用户和业务进行分级和分类管理，改善业务质量。

③ 实现网络安全。增强了网络的智能和安全性。具有高度的安全性，对于现在的网络是极其重要的。新的服务如在线银行、在线交易都需要安全保障。

④ 降低成本。VPN 使企业可以利用运营商的设施和服务，同时又完全掌握着自己网络的控制权。比方说，企业不必要自己对核心网络设备进行维护管理，这项工作由运营商负责，企业自己只需负责用户的查验、访问权、网络地址、安全性、网络变化管理等重要工作。这样就可以节省设备投资和场地费用，减少维护管理人员，而得到的网络服务水准却更高。

3．流量工程

MPLS 网络中可以应用流量工程。流量工程是根据业务需要分配网络资源的控制过程，可将通信流量分配到特殊路径和专用资源上以实现负载均衡，使得网络资源得到充分利用，提高网络性能和用户服务质量。

MPLS 流量工程有如下特点。

① MPLS 支持直接路由，允许网络管理者指定确切的物理路径。

② 利用 MPLS 可以进行网络分析，根据网络拥塞状况计算最优路由，对链路状态的统计可以作为网络规划和分析依据，标识网络瓶颈和干线的利用情况，并为将来的网络扩展作准备。

③ 利用资源预留协议（RSVP）以及约束路由 CR-LDP 计算得出的强制路由可以满足特殊的需求。

④ 基于 MPLS 的方案可以在面向分组的网络中运行，不受 ATM 结构的限制。

4．GMPLS

目前，MPLS 体系中有关控制平面的技术主要是针对 IP 骨干网络中的数据包交换的，其适用范围包括以太网和 ATM 及帧中继等。对于当前存在的其他传输方式，如基于光波长交换的光纤传输模式还缺乏支持。这在一定程度上限制了其应用范围。对网络运营商而言，当前的大型广域网中往往存在多种传输介质并存的局面，网络结构经常是多种技术重叠，管理相当复杂。因此，将 MPLS 技术体系进一步推广，以实现包融多种传输介质的单一控制平面，将大大简化网络的运营管理，并可提供端到端自动化连接的建立、资源分配与服务质量保证。这对网络运营商降低运营成本，通过提供多样化的新业务来开发新的利润来源，是极为必要和有利的。通用多协议标签交换（Generalised MPLS，GMPLS）技术就是在这一思路的指导下提出的。

GMPLS 对 MPLS 的中路由和信令协议作了适当修改增补后，具备为网络各层提供一个基于 IP 的公共控制平面的能力。在 GMPLS 中，时隙、虚通道、波长等均可作为标签。在

GMPLS 的路由协议中，新增了以下关于链路的属性：类型（用于区分链路是支持光交换、波长交换、TDM 交换还是包交换）、链路终结数据的能力、链路上带宽分配的粒度、链路的保护能力等。在 GMPLS 的信令协议中，新增了建立双向 LSP、发布失败通知。通用标签请求则新增了链路类新要求、链路保护能力和可选建议标签组。为满足传输网的需求，GMPLS 增加了控制通道用于节点间交换控制平面信息，链路管理协议用于校验承载通道的有效性、自动提供业务和故障隔离，多链路绑定和嵌套 LSP 等新特性。GMPLS 的优势在于能提供跨网络层次的流量工程，业务恢复和保护的集成和快速业务部署。GMPLS 能向所有的传输模式提供一个统一的简单的解决方案，并能简化多个传输层面的集成工作，故将成为未来传输网控制层面的重要组成部分。IETF 制定的 GMPLS 将在自动交换光网络（ASON）的控制平面协议和实际组网中得到应用。

MPLS 所具有的面向连接、简单高速交换、支持 QoS 等特点，使它在许多宽带网络的组网中获得了广泛的应用。比如 2002 年，中国电信建立了高密度的 IP/MPLS 网络，该网络在同一物理网络上支持传统业务和 IP/MPLS 新业务，支持 IP VPN（IP 虚拟专用网）、城域以太网，通过 2 层 VPN 的方式承载 FR、ATM、DDN 业务等。

5.6 IP/SDH 和 IP/DWDM

5.6.1 基本概念

同步数字体系（SDH）、波分复用（WDM）、密集波分复用（DWDM）是具体的物理传输技术，如果直接在这些传输技术上承载 IP 分组，省略 ATM、帧中继等中间层次，这就是 IP Over SDH、IP Over WDM、IP Over DWDM 等技术。这类方案具有效率高、网络简单等特点，对于仅承载 IP 数据业务的网络来说尤为适合。表 5-1 所示为各种体制对 IP 分组封装开销的比较。

SDH 和 WDM 有相似之处，都是建立在光纤这一物理介质之上，利用光纤作为传输手段的。但两者也有本质的区别，WDM 是更趋近于物理介质层（光纤）的系统，它是在光域上进行复用，目前正在从点到点的复用向组网发展。而 SDH 则是在电路层实施的“光同步传送网”技术，它提出了一整套传送网的国际标准，不仅规定了复用方法，还描述了组网原则。相对于 WDM 技术来说，SDH 与 ATM、IP 信号一样，都只是 WDM 系统所承载的业务。也就是说，SDH 和 WDM 之间是客户层与服务层的关系。

表 5-1　各种体制对 IP 分组封装开销的比较

体 制 方 案	开 销
IP over ATM/SDH	22%
IP over ATM	19%
IP over SDH	6%
IP over DWDM	3%

WDM 就是指从光域上用波长复用方式来改进传输效率，提高复用效率。其突出优点为：能在一根光纤中同时传输不同波长的几个甚至成百上千个光载波信号，不仅能充分利用光纤的带宽资源，增加系统的传输容量，而且还能提高系统的经济效益。

以往 WDM 仅指 1 310/1 550nm 的简单复用，DWDM 指 1 550nm 波长区段内的密集复用。

目前由于传输距离的要求和掺铒光放大器EDFA的使用，由于EDFA增益谱宽的原因，使得1 310/1 550nm的简单复用逐步被淘汰。当前，所谓的WDM已不再是以往意义上的简单复用，除非特别说明，WDM仅指1 550nm波长区段内的密集复用。

5.6.2 IP/SDH原理

在第1章1.6.3小节介绍了SDH基本知识。SDH为物理层技术，用来传输和复用数据，传输速率可高达40Gbit/s，SDH是国际电联（ITU）标准。

“IP over SDH/SONET”（简写成IP/SDH），又称“Pocket Over SDH/SONET（POS）”或“PPP Over SDH/SONET”。IP/SDH是将IP包通过点对点协议（PPP）映射到SDH/SONET传输帧中。IP/SDH最大的优点是封装开销低。在STM-1链路上，IP包长为576字节时，IP/SDH传输IP分组的速率是链路速率的100%，IP/ATM/SDH的ATM信元封装开销至少是9.43%。

IP/SDH是以SDH网络作为IP数据网络的物理传输网络，它使用链路适配及成帧协议对IP数据包进行封装，然后按字节同步的方式把封装后的IP数据包映射到SONET/SDH的同步净负荷包封（SPE）中。目前广泛使用点到点协议（PPP）对IP数据包进行封装，即IP/PPP/SDH，PPP提供多协议封装、差错控制和链路初始化控制等功能，而PPP又采用HDLC的帧格式，用HDLC帧格式负责同步传输链路上封装的IP数据帧的定界。

由于分组是异步的、突发的，需要采用一种方法将这种分组流转换成SDH的恒速连续流。在分组流的空闲时间插入标志序列，以实现速率去耦。点到点协议（PPP）可在串行链路上传送IP分组。具体实现方法见RFC1619（PPPoverSONET/SDH）以及RFC1662（PPP in HDLC-like Framing at STM-1，STM-4 and STM-16）。这时，在路由器上应增加IP/SDH接口，即可利用原有的SDH网传送IP分组。

IP/SDH技术将IP分组通过点到点协议直接映射到SDH帧，省掉了中间的ATM层，从而保留了Internet的无连接特征，简化了网络体系结构，提高了传输效率，降低了成本，易于兼容不同技术体系和实现网间互连。但因为IP/SDH的可扩展性差，只有业务分级而无优先级业务质量保证，因此目前尚不适用于多业务平台。IP/SDH中以链路方式来支持Internet网络，不能参与Internet网络的寻址。IP/SDH的作用是将路由器以点到点的方式连接起来，提高点到点之间的传输速率。IP/SDH并没有从总体上提高Internet的性能，这种Internet本质上仍是一个路由器网。Internet整体性能的提高将取决于路由器技术是否有突破性进展，因而这种技术的核心是千兆路由交换机（千兆比特高速路由器）。目前千兆比特高速路由器在技术上已有突破，可实现第2层交换与第3层选路的综合，但同时也带来了设备的复杂性。此外，这种突破性技术尚不能广泛应用于普通路由器，因而除非网络上的全部路由器都能采用千兆比特路由器技术，否则仍难以从整体上提高Internet的水平。所以，IP/SDH主要用于在干线上疏导高速率数据流。

总的来说，IP/SDH适用于经营IP业务的ISP（Internet服务提供商）、以IP业务量为主的电信网或在电信骨干网上疏导高速率数据流。IP/SDH这种方式的主要优点是网络体系结构简单、传输效率高、技术较为成熟。这种方式的缺点是拥塞控制能力差，只有业务分类和优先级的能力，还不能保证服务质量，目前不适用于多业务平台。但是，对于以IP为主流业务的新兴数据公司而言，IP/SDH是较好的技术选择。

5.6.3 IP/DWDM

1. 概述

IP/DWDM（IP over DWDM/Optical）取消了中间的ATM与SDH层，IP直接在光路上跑。这是一种最简单直接的DWDM体系结构，其成本最低，传输效率最高，代表着网络体系结构未来的发展方向。

IP/DWDM简化了层次，减少了网络设备，从而减少了功能重叠，减轻了网管特别是网络配置的复杂性。IP/DWDM额外开销最低，传输效率最高。通过流量工程设计，可以与IP的不对称业务量特性相匹配。由于省掉了昂贵的ATM交换机和大量SDH复用设备，简化了网管，又由于采用了DWDM，其成本可望比传统网络结构降低1～2个数量级。

对于IP/DWDM技术的近期应用来说，IP路由器将通过集成的SDH STM-16/64接口连至DWDM系统，无须涉及网络中其他SDH设备。此时，SDH的角色仅限于点到点传输，大量的连网功能成为多余。其他可能的候选解决方案是采用简化的SDH接口和低成本千兆比特以太网接口等。

对于IP/DWDM技术的长期应用来说，需要规范一种新的最佳IP层对光路层的适配功能，即需要开发一种全新的光线路接口。其中，需要重点考虑的问题包括恒定比特率和突发传输、适配协议和帧结构、物理接口特性（线路码、光参数等）、最佳网络结构、生存性策略和网管等。

总的来说，IP/DWDM技术适用于未来大型Internet骨干网的核心汇接、大容量普通IP业务和未来的城域网。

2. IP/DWDM的基本组成

IP/DWDM的组成器件包括：光纤、激光器、掺铒光纤放大器（EDFA）、光耦合器、电再生中继器、光转发器、光分插复用器、光交叉连接器、光交换机。非零色散位移光纤（G.655光纤）因其色散的非线性效应小，最适合于DWDM系统。高性能激光器是DWDM系统中最贵的器件。光放大器主要采用EDFA，它能同时放大DWDM所有波长，但对平坦增益的要求较高。光耦合器是用来把各波长组合在一起和分解开来的，起到复用和解复用的作用。在长途DWDM系统有电再生中继器，再生分3类：R1、R2和R3。R1再生是数据透明的，并对脉冲重新成形；R2再生对脉冲重新成形，对时钟重新定位；R3再生对数据分组重新形成格式。光转发器用来变换来自路由器或其他设备的光信号，并产生要插入光耦合器的正确波长光信号。光分插复用器、光交叉连接设备在长途DWDM系统中被广泛使用。光交换机可以使ADM和交叉连接设备作动态配置。

IP/DWDM的基本工作原理是光纤直接连着光耦合器，光耦合器把各波长分开或组合，其输入和输出端都是简单的光纤连接器。在发送端，将不同波长的光信号组合（复用）送入一根光纤中传输。在接收端，又将组合光信号分开（解复用）并送入不同终端。因此IP/DWDM是一个真正的链路层数据网，可以通过指定波长作旁路或直通连接，网络的流量工程可以只在IP层完成。由于使用了指定的波长，在结构上更灵活，并具有向光交换和全光选路结构转移的可能。

3．IP/DWDM 的协议规范和帧结构

（1）IP/DWDM 的协议规范

IP/DWDM 的分层模型如图 5-10 所示。它包括 IP 业务层、光网络层以及适配层。IP 业务层提供 IP 分组的处理和传送；光网络层负责提供通道；适配层用于适配 IP 数据网络和光网络，使数据网络和光网络相互独立。IP 业务层的组成设备主要是标签交换机、路由器等，光网络层的组成设备主要是 DWDM 终端、光放大器以及光纤等。在 IP/DWDM 光 Internet 中，高性能的数据互连设备（如交换机、路由器等）既可以直接连接在光纤上（Optical），也可以连接在向各类客户（如交换机、路由器或 SDH 网元设备等）提供光波长路由的光网络层上（如 DWDM 设备上）。

IP/DWDM 的协议模型如图 5-11 所示，包括 IP、IP 适配协议、光网络适配协议以及 DWDM 光复用子层和 DWDM 光传输子层等。IP 层协议包括 IPv4、IPv6 等。IP 适配层协议用于 IP 多协议封装、分组定界、差错检测以及 QoS 控制等功能。光适配协议包括数字客户适配和带宽管理（比特率和数字格式透明）、连接性证实等功能。光复用子层功能包括带宽复用、线路故障分段和保护切换以及其他传送网维护功能。光传输子层功能包括高速传输（色散补偿）、光放大器故障分段等功能。

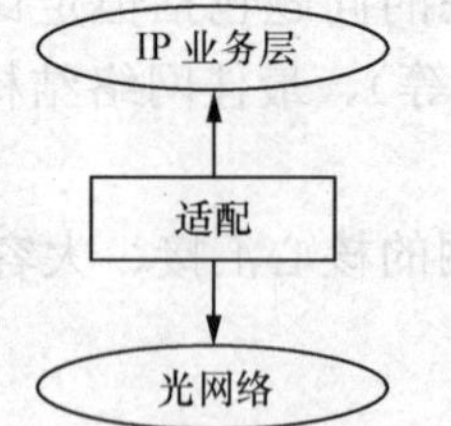

图 5-10　IP Over DWDM 参考模型

IP 协议子层
IP 适配子层
光网络适配子层
光复用子层
光传输子层

图 5-11　IP Over DWDM 协议层次模型

（2）IP/DWDM 的帧结构

在光纤上直接传输 IP 数据包需要选择一种帧格式，即选择一种分帧方法。目前可用的 IP/DWDM 帧结构有两种形式：SDH 帧格式和千兆以太网帧格式，即 IP/SDH/DWDM 和 IP/GBE/DWDM。

① SDH 帧格式。目前，主要网络再生、中继设备大多采用 SDH 帧格式。在使用 SDH 再生设备和转发器的网络内，来自路由器的 IP 分组必须放在 SDH 帧内。此种格式下报头载有信令和足够的网络管理信息，以便于网络管理；在不同的层次上安排了误码监视，实现网络服务高可靠性和高可用性；安排保护倒换字节，增强自愈能力。但由于 SDH 在初始设计时主要针对语音业务，因此它对于目前以 IP 业务为主的突发数据的提取存在许多问题；其次 IP 分组不定长，将其映射进固定帧长的 SDH 帧中，在路由器接口上 SDH 帧的分段装拆（SAR）处理是非常耗时的，降低了吞吐量和性能。

② 千兆以太网帧格式。目前，在局域网中主要采用千兆以太网帧结构，适合承载突发的 IP 数据。千兆以太网的帧长是变化的，可以比较灵活地承载 IP 业务。在边缘网络中以太网的比例很大，如采用以太网的帧结构，路由器接口无需任何映射、分段组装和比特插入操作，利用路由器的三层交换功能就可以实现低成本传输，传输效率也会大大提高。10Gbit/s 以太网技术的出现和发展，将使以太网技术从边缘网向核心网渗透，因此千兆以太网帧格式具有

很大的发展潜力。但是由于以太网帧是个异步的协议，对光网络抖动和定时敏感；目前千兆比以太网采用10B/8B编码（即用10比特符号表示8比特信息），封装效率低；以太网帧格式中不含有管理信息，造成对DWDM系统的性能监测困难；传送距离也不如SDH帧格式方式。

4. IP/DWDM的主要特点

从以上原理分析可以看出，IP/DWDM具有以下特点。

（1）优点

① 充分利用光纤的带宽资源，极大地提高了带宽和相对的传输速率。

② 对传输码率、数据格式及调制方式透明。可以传送不同码率的ATM、SDH和千兆以太网格式的业务。

③ 不仅可以与现有通信网络兼容，还可以支持未来的宽带业务网及网络升级，并具有可推广性、高度生存性等特点。

（2）缺点

① 价格昂贵。DWDM光网络设备（如掺铒光纤放大器、光插分复用器）都很贵。

② 目前，还没有实现波长标准化。一般取193.1THz为参考频率，频率间隔取100GHz。

③ DWDM系统的网络管理应与其承载的上层网络的网管分离。但在光域上加上开销和光信号的处理技术还不完善，从而导致DWDM系统的网络管理还不成熟。

早期的IP/DWDM系统中，光网络拓扑结构只是基于点对点的方式，使用网络管理系统进行手工配置，还没有形成自动光交换网。路由交换完全依靠电子路由交换机。随着DWDM系统性能提高，速度越来越快，给路由器造成很大压力。解决的办法是将选路、交换功能转移到光网络上，在光网络中引入信令和动态交换，提高光网络层的智能性并在网络节点上实现光交换，以建立一个经济高效、扩展灵活和全面支持QoS的自动交换光网络（ASON）。

5.6.4　传统光网络向自动交换光网络的演进

下一代IP网络将是一个具有高交换速率、很大的传输带宽的IP网。能做到这一点主要应该归功于密集波分复用技术有突破性进展、单波长传输速率的迅速提高。一个波长上的传输速率，从2.5Gbit/s提高到10Gbit/s、40Gbit/s甚至80Gbit/s以上；波分复用的信道数量的不断增加，从16波提高到32波、40波、80波甚至1 000波以上。使得在一条光纤上数据传输速率有极大的提高，其速度不仅超过了由摩尔定律限定的交换机和路由器的发展速度，而且也超过了数据业务的增长速度。预计单对光纤实用化的最大传输容量可望达到5～10Tbit/s，再考虑光缆内光纤芯数的因素，单根光缆的总容量可以达到数百Tbit/s乃至Pbit/s，网络的容量将不再受限于传输链路。然而，尽管靠DWDM技术已基本实现了传输容量的突破，但是普通点到点DWDM系统只提供了原始的传输带宽。为了将这些巨大原始带宽转化为实际组网可以灵活应用的带宽，需要将选路、交换功能转移到光网络上，在光网络中引入信令和动态交换，提高光网络层的智能性并在网络节点上实现光交换，以建立一个经济高效、扩展灵活和全面支持QoS的自动交换光网络（Automatically Switched Optical Networks, ASON）。

ASON分为3个层面。第1层为传送层，包括传统的SDH、OTN（光传送网络）等其他现有光传输系统。传送层仍然负责业务的传送，但是在管理层面和控制层的作用之下进行的。

第2层为控制层，它是ASON网络的核心技术，是ASON的创新所在，是ASON智能得以实现的前提。控制平面的引入可以实现网络资源的动态控制，使光网络从传统的静态带宽网转变为动态交换网。用户发起的业务请求通过控制层可以自动寻找合适的工作和保护传输路由，并由控制层信令、协议等实现电路连接的建立、拆除及光网络的拓扑信息发现，完成端到端的连接。第3层为管理层，负责对网络的性能和业务进行管理。在控制层和其他层面之间也存在着不同的接口，通过这些接口，管理层技术和控制层技术互为补充，实现对网络资源的动态配置、性能检测、故障管理和路由规划等功能。并实现对传送面资源的管理动作。

原则上任何传输设备只要添加上控制层面需要的信令、协议、算法等软件都可以升级到ASON。ASON的主要技术特点如下。

① 分布式处理功能。网元能直接知道网络拓扑情况，处理速度快、网络生存能力强。

② 网络资源和拓扑的自动发现。

③ 基于流量控制和网络资源管理，动态分配路由，并进行光通道的指配。

④ 一般采用网状网结构，可以实现电路的端到端控制，并动态快速地进行故障恢复。

⑤ 提供一些新的业务类型，如按质量等级提供电路、光的虚拟网等。

目前大规模采用智能光网络设备的运营商还不多，ASON技术的很多标准还在研究中，大规模应用智能光网络设备的时机还不成熟。但从光通信技术的发展来看，ASON技术应该是将来光通信的目标。目前设备厂商提供的智能节点设备或带宽管理设备都同时支持ASON功能和SDH环状网功能，不但大大提高了网络的可靠性，而且提供了逐步演进的可能性，因此在目前ASON还不是十分成熟的情况下，可以采取逐步演进的策略过渡到ASON。

目前，传统光网络向自动交换光网络演进主要有两种方式。一种是由ITU、光互连论坛（OIF）、光域业务互连（ODSI）等组织提出的域业务模型（重叠模型）。另一种是IETF提出的统一业务模型（集成模型）。这两种方式都是要解决IP网络和光网络融合的问题，其基本思路和IP/ATM互连时的思路是一样的。

1. 重叠模型

重叠模型（又称域业务模型）的主要思想是将光传送层特定的智能化控制功能完全放在光网络层独立实施，无须客户层干预，客户层和光传送层相互独立。这种模型有两个独立的控制平面，一个在核心光网络层（即光网络层的控制平面），另一个在IP层（IP设备和核心光网络之间）。每个边缘设备（诸如IP路由器、ATM交换机和ADM）利用标准UNI接口直接与光网络通信，而光网络设备之间的互连利用标准的网络—网络接口（NNI）。核心光网络为网络边缘的客户（诸如路由器、ATM交换机和ADM）提供波长业务。当边缘的路由器拥塞后，网管系统或路由器将要求核心光网络提供动态波长指配，于是光节点将实施交叉连接，为路由器提供所需的波长通路，即动态波长指配可以自动适应业务流量的变化。

重叠模型主要优点是：可以实现统一、透明的光网络层平台，支持多客户层信号，可以支持SDH、ATM、IP路由器等多种客户；允许以类似智能网和No.7信令技术的方式实施光通路的带内和带外控制；通过用户—用户接口（UUI）向用户屏蔽光网络层的网络拓扑细节，在一定程度上有利于光网络的安全和管理；允许光网络层技术和IP层技术各自演进；利用成熟的、标准化的用户—网络接口（UNI）和网络—网络接口（UNI），近期比较容易实现多厂家光网络的互操作性；这种模型在网络运营商和客户层信号间有一个清晰的分界点，允许网络运营商按需控制等。

但重叠模型也有不足，如：两个平面都需要有网管系统进行控制，功能重叠；需要在边缘设备间建立点到点的网状连接，存在N^2问题，扩展性受限；两个平面存在两个分离的地址空间，相互之间的地址解析较复杂；需要管理两个独立的物理网，成本较高。

2．集成模型

集成模型（又称统一业务模型）的基本思想是将光网络层的智能化控制功能转移到IP层，由IP层来实施端到端的控制，此时IP网络和光网络被看作是一个集成的网络，使用统一的管理和流量控制策略。其控制平面跨越核心光网络和边缘客户层设备（主要为IP网络的路由器），目前主要采用基于通用多协议标签交换（Generalised MPLS，GMPLS）的IP控制平面，将IP层用于GMPLS通道的路由协议和信令，经适当调整后直接应用于包括光传送层在内的各个层面的连接控制。

集成模型具有无缝特性，光交换机和标签交换路由器（LSR）之间可以自由地交换信息，消除了不同网络区域间的壁垒，提高了网络资源利用率，减少了网络建设和运营成本。

但集成模型也有不足，如：与重叠模型支持多客户层信号的特性相比，集成模型的光网络层只支持单一的客户层设备——IP路由器，从而失去了透明性，难以支持传统的非IP业务；无法维护光网络拥有者的秘密和知识产权，因为要想实现路由器对光网络层的全面控制，就必须对客户层开放光网络层的拓扑细节；在进行互操作时，IP层和光网络层之间会有大量的状态和控制信息需要交换，这将给标准化过程带来困难。

重叠模型和集成模型各有不足，其中重叠模型主要存在N^2和需要管理两个独立物理网的问题；集成模型主要存在只支持IP路由器和光网络层不透明的问题。已建有大量SDH和网管系统等网络基础设施的传统运营商对重叠模型存在的问题并不敏感，因此可以采用这种模型。相应地，那些同时拥有光网络和IP网络的新兴运营商可以采用集成模型，特别是基于GMPLS的IP控制平面出现以后，只支持IP路由器而不支持多客户层信号这个问题将得到很好的解决。当然，在某些场合也可以将这两种模型结合使用。

小　　结

1．宽带IP网络将是各种业务的统一承载平台，可为用户提供个性化、智能化的综合业务。

2．本章介绍了区分业务模型、综合业务模型、MPLS模型等的原理，重点要解决IP网络QoS问题。区分业务模型继承了综合业务模型将业务分类的思想，抛弃了用于资源预留的全程信令，提高了可扩展性，但端—端流QoS保障能力不够。MPLS将第3层的IP路由协议同第2层的标签交换结合起来，基于控制驱动或者流驱动建立标签路径，通过等价转发类FEC实现不同粒度的流管理，在保障分组流QoS的同时，又具有很好的可扩展性。

3．IP分组是通过SDH、WDM等底层传送网络承载的。SDH、WDM、DWDM是具体的物理传输技术，如果直接在这些传输技术上承载IP分组，省略ATM、帧中继等中间层次，这就是IP Over SDH、IP Over WDM、IP Over DWDM等技术。这类方案具有效率高、网络简单等特点，对于仅承载IP数据业务的网络来说尤为适合。

4．虽然宽带IP网络肩负的众多理想未必都能实现，而更新的技术体系出现又是必然的，但新技术必定包含现有技术的合理成分。通信网络就是在融合、分化的不断循环中向前发展的。

思考题与练习题

5-1　为提供综合业务，IP 宽带网络有哪些关键技术？

5-2　在 Internet 综合业务模型中，使用的信令协议是什么？受控负载业务类型的含义是什么？应该采取什么措施以保证负载是受到控制的？

5-3　在 Internet 区分业务模型中：

① 提供了哪些业务分类？哪一种业务分类具有动态 QoS 特性？

② 业务分类是在网络中的什么节点进行的？

③ 网络中没有信令，这使该模型有何优缺点？

5-4　IP/ATM 互连有哪些模型？它们的特点是什么？

5-5　举出重叠模型、集成模型在其他（ATM 之外）上、下层网络融合中应用的例子。

5-6　MPLS 和 ATM、帧中继都是标签交换，MPLS 采取了什么关键技术使其更具优势？标签交换路由器根据标签路由表对 IP 分组的转发，与普通路由器根据路由表对 IP 分组的转发有什么不同？

5-7　什么叫分组队列调度算法？综合业务模型、区分业务模型各可以采取什么队列调度算法？MPLS 是否需要队列调度算法？

5-8　比较 IP/SDH 和 IP/DWDM 的协议层次模型。

第6章 智能网

智能网是在原有电信网的基础上，为方便、快速、经济地引入新业务而附设的一种网络结构。本章首先介绍智能网的产生和发展，然后介绍智能网概念模型中各平面功能及智能网的应用协议。之后，分别对固定和移动智能网中的常见业务进行了说明。在本章的最后，对智能网与其他网络结合的发展趋势进行了一些探讨。

6.1 概述

6.1.1 智能网概念的提出

自 1876 年贝尔发明电话以来，电信网和电信业的发展经历了一百多年的历程。随着社会、经济和科学技术的不断发展，人们对信息的需求量日益增长，用户对电信业务的需求也越来越多样化，这就要求电信网能迅速而灵活地向用户提供多种电信业务。传统的做法是：对用户业务特性的控制集中在用户所连接的交换机中，如需在全网范围内提供一种新业务，网中所有交换机都要同时增加部分软件，或对软件进行修改。由于交换机数量十分庞大，而且类型繁多，每种交换机的结构、软件、设计方法等各不相同，因此可以想象，通过这种方式增加新业务，不但工作量极大，而且由于各厂商对业务规范的理解存在差异，不同厂商交换机间难以实现新业务的互通。因此，通过这种方法来提供新业务不但成本高、可靠性差，而且所需周期长，难以适应不断变化的市场竞争的要求。

为此，贝尔公司（Bellcore）和美国技术公司（Ameritec）于 1984 年提出了智能网（Intelligent Network，IN）的概念。智能网是附加在原有通信网络基础上的一种网络结构，它的目标是快速、灵活地引入新的业务，并能安全地加载到现有网络环境中去。智能网的基本思想是将呼叫与业务控制功能分离开来：交换机仅完成最基本的呼叫和接续功能，所有的业务控制功能均由智能网中的相关功能节点配合实现。如图 6-1 所示，在智能网环境下，呼叫和业务控制功能在逻辑上是完全分离的，与智能业务相关的业务控制功能由业务控制点（Service Control Point，SCP）来完成，传统的程控交换机只负责完成基本的呼叫控制功能。一些交换机增加了相应的业务交换功能，可以通过信令网与 SCP 配合工作，这些交换机被称为业务交换点（Service Switching Point，SSP）。采用这种结构，在引入新业务或对现有业务进行修改时，只需要对 SCP 中的软件进行修改就可以了，不但工作量小，而且可以更加方便快捷地引入新业务。

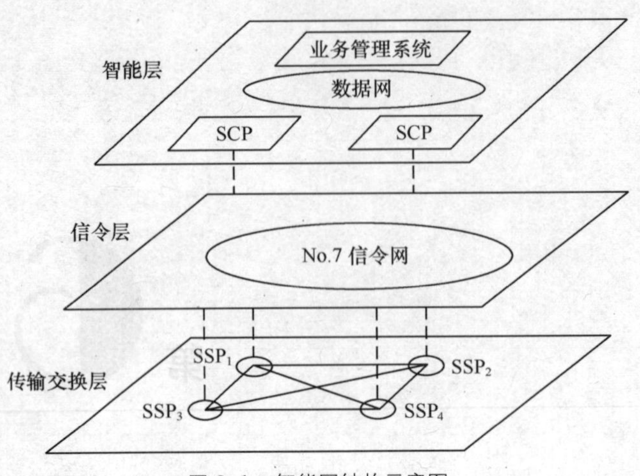

图 6-1 智能网结构示意图

如上所述，智能网的主要功能是完成业务控制功能，与具体的呼叫处理无关，因此，可以较方便地将其应用于各种不同类型的业务网络。如图 6-2 所示，智能网体系不仅可以为公用电话交换网（PSTN）、分组交换数据网（PSPDN）、窄带综合业务数字网（N-ISDN）服务，也可以为宽带综合业务数字网（B-ISDN）、移动通信网和 Internet 服务。

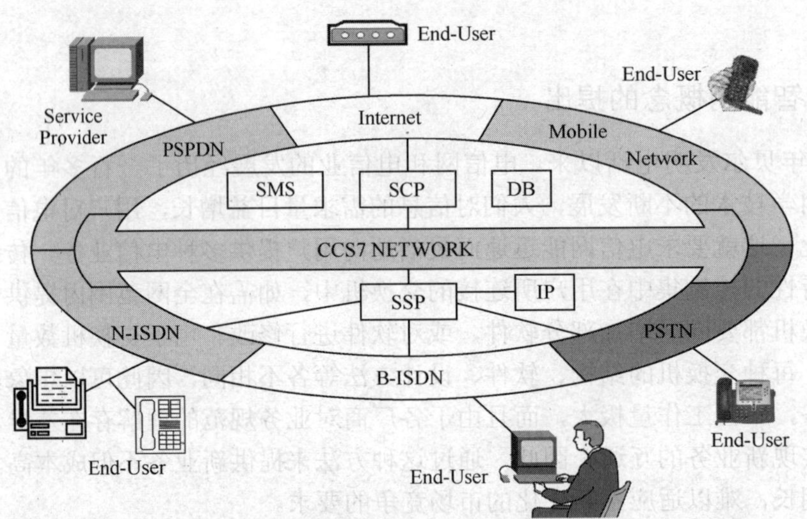

图 6-2 智能网的应用领域

随着智能网概念的提出和应用，在电信网中引入了很多新的智能业务，如目前在固定电话网中广泛使用的被叫集中付费业务（800 业务）、记账卡呼叫业务、虚拟专用网业务和通用个人通信业务，以及用于移动智能网的预付费业务和移动虚拟专用网业务等。有关智能网的业务将在 6.4 节介绍。

6.1.2 智能网的基本概念

原 CCITT（ITU-T 的前身）第 11 研究组 1993 年 3 月公布的 Q 系列建议草案中对智能网给出了如下的定义：智能网是一种用于产生和提供新业务的体系结构。

这里所谓的体系概念主要指两个方面：一是智能网应能提供独立于业务的功能，这些功能像“积木”一样可以用来组装各种业务，使新业务易于规定和设计；二是网络实现与业务的提供相独立，即提供业务时可以利用各种分布式的网络功能，可以跨越若干网络，并且可以独立于这些网络的具体实现。由于业务独立于网络基础设施，因此，物理网络的演变不会影响现有业务，网络中的物理设备可以由不同厂商提供。

原 CCITT 关于智能网的定义实质上就是把智能网看作一种能够灵活地产生和提供各种电信业务（特别是高级通信业务）及网络管理功能的网络结构。智能网改变了传统的通信网络结构，将网络业务和网络管理功能从传输网中分离出来，运用软件进行处理和控制，使通信网从以硬件为主的网络结构向以业务和软件功能为主的网络结构转变。从这个意义上讲，智能网的概念可以看作是程控交换概念的延伸和拓展，即把程序控制的概念从交换机推广到了整个通信网。

6.1.3 智能网的演进

自 1992 年 ITU-T 提出第一代智能网体系结构、业务及通信协议的建议文本 IN CS-1 之后，智能网在全球范围内得到了长足的发展，智能网技术在通信网各个领域的应用发展非常迅速。最初是在 PSTN 等固定电信网上的应用，即固定智能网。1997 年，ITU-T 又制订了 IN CS-2 建议。IN CS-2 建议增加了网间互连功能、与呼叫无关的辅助控制功能、呼叫过程中的呼叫方控制功能和增强的独立智能外设等。IN CS-2 建议为智能网业务在深度和广度上提供了更有力的支持，特别是对用户和终端移动性的支持，使智能网技术第一次走出了固定电话网的范畴，先后应用于 GSM 和 CDMA 移动通信网。欧洲电信标准协会（European Telecommunications Standards Institute，ETSI）于 1997 年提出了 GSM 移动智能网标准 CAMEL（Customized Applications for Mobile network Enhanced Logic）。同时，美国电信工业联盟/电子工业联盟（Telecom Industries Associations/Electronic Industries Associations, TIA/EIA）也制定了用于 CDMA 移动通信网络的无线智能网标准（Wireless Intelligent Network, WIN）。

虽然将智能网应用于不同的网络背景时，会存在一些技术上的差异，但统一的理论模型，即智能网概念模型（Intelligent Network Conceptual Model，INCM）规范了智能网的基本原理和主要技术特征。ITU-T 关于智能网能力集（Capability Set，CS）的演进也是基于该模型的增强和扩展，其中 IN CS-1 和 IN CS-2 是当前在电信网领域构建智能网所使用的最基本的技术标准。20 世纪 90 年代以来，以 PSTN 为代表的传统电信网与 IP 网的融合已成为通信网发展的潮流。而智能网与计算机技术，特别是基于 CORBA 的分布式计算技术的结合，以及智能网与 Internet 的互连成为网络融合的关键。为此，ITU-T 于 1997 年 9 月开始着手 IN CS-3 的研究，并于 1998 年将原来 IN CS-3 第二阶段中涉及智能网与新网络结构（B-ISDN，IMT2000 等）结合的部分加入到 IN CS-4 之中。同时，IETF 于 1997 年 7 月成立了专门的工作组，对智能网与 IP 网互连的体系结构、业务和通信协议开展研究。此外，国际上许多研究机构也对未来基于分布处理技术的统一网络体系结构中有关智能网技术的演进进行了深入的研究，并取得了重大进展。

尽管目前智能网技术在固定电话网、移动通信网和宽带网等传统的电信领域得到了很好的应用，但对跨网混合业务的支持尚显不足。IN CS-3/4 关于 IN/IP 的互通方案是智能网技术走出封闭电信网的一次尝试，但远没有解决跨网提供混合业务的能力问题。特别是随着软交换技术的出现和下一代网络的发展，与网络融合相关的、架构在传输及交换网络基础之上的新一代网络智能化技术已成为人们关注的新热点。人们期望在不远的将来，在这个开放的业务支撑网上能够出现众多独立的业务运营商和独立的业务提供商；甚至期望在不远的将来，用户能够像制作网页和编写程序一样，自己创建个性化的通信业务。这也是电信界所期待的下一代网络和智能网技术有机融合的美好前景。

6.2 智能网概念模型

如图 6-3 所示，智能网概念模型（Intelligent Network Conceptual Module，INCM）是设计和描述智能网体系的框架。

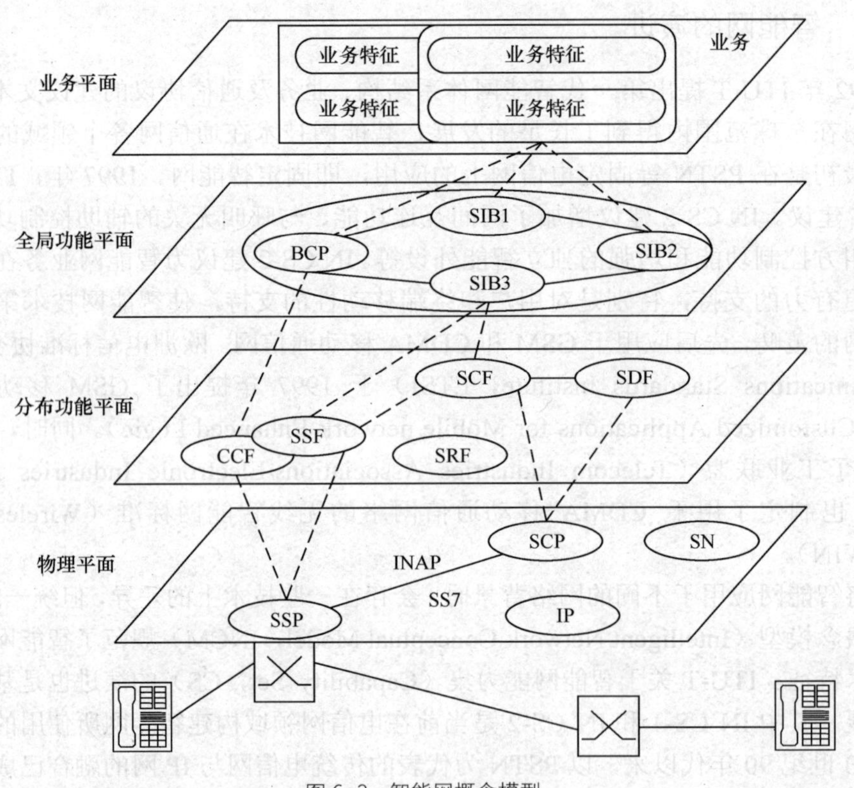

图 6-3　智能网概念模型

INCM 由业务平面（Service Plane，SP）、全局功能平面（Global Functional Plane，GFP）、分布功能平面（Distributed Functional Plane，DFP）和物理平面（Physical Plane，PP）4 个平面组成，每一个平面都是对智能网结构不同层次的抽象。

6.2.1 业务平面

业务平面（SP）从业务使用者的角度来描述智能业务。业务平面只说明了智能业务的属性与特征，不包含网络业务的具体实现。业务平面定义了一系列的业务和业务特征。

每一种智能业务都有自己的业务特性，业务的特性是由它所包含的业务特征所决定的。一种业务由一个或几个必要的业务特征组成。此外，还可以通过一些任选的业务特征来加强业务的属性，以提供更丰富的能力。有些业务只需要一个业务特征即可实现，如呼叫前转（CF）、大众呼叫（MAS）等业务；有些业务则需要多个业务特征配合工作才能实现，如被叫集中付费业务（FPH）必须具有单一号码（ONE）、反向计费（REVC）等业务特征；通用个人通信业务必须具有验证（AUTZ）、跟我转移（FMD）、个人号码（PN）以及分摊计费（SPLC）4个业务特征。

根据ITU-T Q.1200系列建议，在IN CS-1中定义的25种IN业务和38种业务特征如表6-1及表6-2所示。

表6-1　　IN CS-1定义的25种业务

序　号	名　称	缩　写	序　号	名　称	缩　写
1	缩位拨号	ABD	14	大众呼叫	MAS
2	记账卡呼叫	ACC	15	发端去话筛选	OCS
3	自动更换记账单	AAB	16	附加费率	PRM
4	呼叫分配	CD	17	安全性审查	SEC
5	呼叫前转	CF	18	遇忙/无应答可选的呼叫前转	SCF
6	重选呼叫路由	CRD	19	分摊计费	SPL
7	完成对忙用户的呼叫	CCBS	20	电话投票	VOT
8	会议呼叫	CON	21	终端呼叫筛选	TCS
9	信用卡呼叫	CCC	22	通用接入号码	UAN
10	按目的码选择路由	DCR	23	通用个人通信	UPT
11	跟我转移	FMD	24	按用户的规定选路	UDR
12	被叫集中付费	FPH	25	虚拟专用网	VPN
13	恶意呼叫识别	MCI			

表6-2　　IN CS-1定义的38种业务特征

序　号	名　称	缩　写	序　号	名　称	缩　写
1	缩位拨号	ABD	20	客户规定的振铃	CRG
2	话务员	ATT	21	提醒被叫用户	DUP
3	验证	AUTC	22	跟我转移	FMD
4	鉴权码	AUTZ	23	大众呼叫	MAS
5	自动回叫	ACB	24	汇聚式会议电话	MMC
6	呼叫分配	CD	25	多方会议	MWC

续表

序　号	名　称	缩　写	序　号	名　称	缩　写
7	呼叫前转	CF	26	网外接入	OFA
8	可选的呼叫前转	CFC	27	网外呼叫	ONC
9	呼叫间隙	GAP	28	一个号码	ONE
10	通知的呼叫保持	CHA	29	由发端位置选路	ODR
11	呼叫限制	LIM	30	发端去话筛选	OCS
12	呼叫记录	LOG	31	提醒主叫用户	OUP
13	呼叫排队	QUE	32	个人号码	PN
14	呼叫转移	TRA	33	附加计费	PRMC
15	呼叫等待	CW	34	专用编号计划	PNP
16	闭合用户群	CUG	35	反向计费	REVC
17	协商呼叫	COC	36	分摊计费	SPLC
18	用户特征文件管理	CPM	37	终端来话筛选	TCS
19	规定的记录通知	CRA	38	按时间选路	TDR

IN的发展是分阶段的。在IN CS-2阶段，业务平面向用户提供了更多的业务和业务特征。这些业务的一个发展方向是将IN CS-1业务逐步转向网间业务和多用户业务，如网间的被叫付费业务、网间分摊计费、全球虚拟网业务等。还有一个方向是在一个呼叫中涉及多用户的通信，如呼叫保持、呼叫转移、呼叫等待等。此外，还有会议呼叫及消息存储转发等业务。而在IN CS-3阶段，则提供了一些面向宽带综合业务数字网和移动通信的智能业务。

6.2.2　全局功能平面

全局功能平面（Global Functional Plane，GFP）主要面向业务设计者。在这个平面上，不区分智能网的各个功能实体，而是把它们合并起来作为一个整体来考虑智能网的功能。

全局功能平面定义了一系列的业务独立构件（Service Independent Building Block，SIB）。这些SIB都是标准的、可重用的功能块，其功能涵盖了网络中鉴权、计算、号码翻译、用户交互、连接、数据查询和修改、计费等所有基本能力。利用这些标准的业务独立构件，就可以像搭积木一样配置出不同的业务特征，进而构成不同的业务。

不同的SIB按不同方式进行组合，再配以适当的参数就可以构成不同的业务。将SIB组合在一起所形成的SIB链接关系称为该业务的全局业务逻辑（Global Service Logic，GSL）。有新的业务需求时，业务设计者只需描述出一个业务的GSL（即此业务需要用到哪些SIB，这些SIB之间的先后顺序，每个SIB的输入、输出参数等），就完成了一个新业务的设计。这使得业务的设计过程既标准又灵活，为快速地设计开发新业务提供了一个良好的环境。ITU-T在IN CS-1中定义的15种业务独立构件（SIB）如表6-3所示。

表 6-3　　IN CS-1 定义的 15 种业务独立构件（SIB）

序　号	名　称	英 文 名 称
1	算法 SIB	Algorithm
2	鉴权 SIB	Authenticate
3	计费 SIB	Charge
4	比较 SIB	Compare
5	分配 SIB	Distribution
6	限制 SIB	Limit
7	记录呼叫信息 SIB	Log Call Information
8	排队 SIB	Queue
9	筛选 SIB	Screen
10	业务数据管理 SIB	Service Data Management
11	状态通知 SIB	Status Notification
12	翻译 SIB	Translate
13	用户交互作用 SIB	User Interaction
14	核对 SIB	Verify
15	基本呼叫处理 SIB	Basic Call Process，BCP

在 ITU-T 定义的标准 SIB 中，有一个被称为基本呼叫处理（Basic Call Processing，BCP）的特殊的 SIB，在定义每个业务逻辑时都必须用到它。BCP 实际上就是交换机中的呼叫处理功能，在处理普通业务呼叫的同时，还负责对智能业务的触发。接收到对智能业务的呼叫时，BCP 负责向业务逻辑上报发生的智能呼叫事件，并接收业务逻辑发回来的控制命令，最终完成呼叫。

图 6-4 所示是 800 被叫集中付费业务的 GSL 图，图中说明了各 SIB 之间的配合工作关系。其中 BCP 和 SIB 链的接口可分为起始点（Point Of Initiation，POI）和返回点（Point Of Return，POR）两类。在发生智能呼叫时，BCP 由 POI 进入 SIB 链；经过由 GSL 描述的 SIB 链的处理之后，通过不同的 POR 返回到 BCP，继续进行呼叫处理。

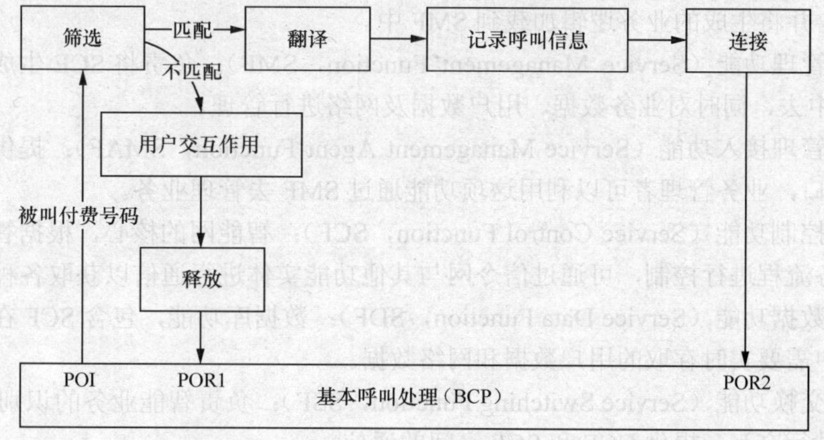

图 6-4　800 业务的 GSL 图

全局功能平面是实现智能业务独立于具体网络的关键。在定义 SIB 时，只定义 SIB 的形式参数，SIB 的实现是与具体业务无关的；当定义与具体业务相对应的全局业务逻辑时，才将 SIB 的形式参数实例化，使 SIB 可以符合具体业务的特殊要求。在设计业务逻辑时，只需关注 SIB 所代表的网络功能，而不需要了解网络的实际设备和组网情况，也就是说，SIB 屏蔽了网络和设备实现的差异。

6.2.3 分布功能平面

在全局功能平面中，智能网被视为一个整体，所定义的每个 SIB 都完成某种独立的功能，但它并不关心这种功能具体是如何实现的。分布功能平面（DFP）对智能网的各种功能进行了划分，从网络设计者的角度对智能网的功能结构进行了描述。

分布功能平面描述了智能网中各功能实体（Functional Entity，FE）的划分及实现，并说明每个功能实体 FE 中可以完成哪些功能实体动作（Functional Entity Action，FEA），以及在这些功能实体之间进行信息交互的信息流。

如图 6-5 所示为分布功能平面定义的主要功能实体。

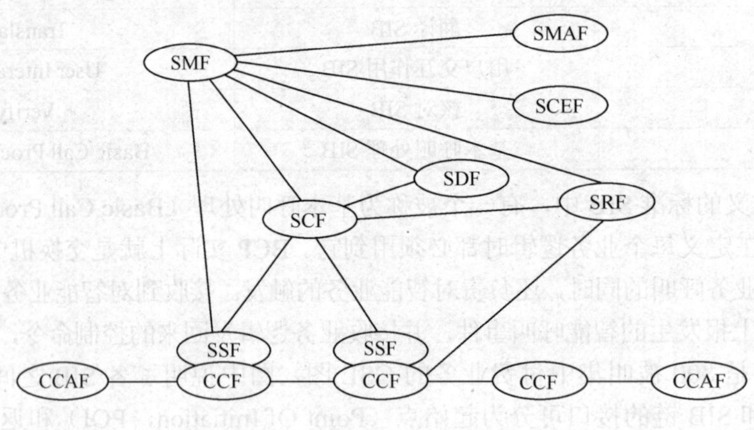

图 6-5 分布功能平面模型

① 业务生成功能（Service Creation Environment Function，SCEF）：负责业务逻辑的创建、验证和测试，并将生成的业务逻辑加载到 SMF 中。

② 业务管理功能（Service Management Function，SMF）：负责将 SCE 生成的业务逻辑加载到 SCF 中去，同时对业务数据、用户数据及网络进行管理。

③ 业务管理接入功能（Service Management Agent Function，SMAF）：提供业务管理者与 SMF 的接口，业务管理者可以利用这项功能通过 SMF 去管理业务。

④ 业务控制功能（Service Control Function，SCF）：智能网的核心，根据智能业务的处理逻辑对业务流程进行控制，可通过信令网与其他功能实体进行通信以获取各种信息。

⑤ 业务数据功能（Service Data Function，SDF）：数据库功能，包含 SCF 在执行业务逻辑程序过程中需要实时存取的用户数据和网络数据。

⑥ 业务交换功能（Service Switching Function，SSF）：负责智能业务的识别并与 SCF 中的业务逻辑进行交互，提供 CCF 和 SCF 之间的通信。

⑦ 呼叫控制功能（Call Control Function，CCF）：提供呼叫/连接处理和控制。

⑧ 呼叫控制接入功能（Call Control Agent Function，CCAF）：提供用户和网络呼叫控制功能的接口。

⑨ 专用资源功能（Specialized Resource Function，SRF）：提供在实施智能业务时所需要的专用资源（如DTMF收号器、语音提示等）。

全局功能平面中业务独立构件SIB的功能是由分布在上述各功能实体中的软硬件配合实现的。换句话说，一个SIB的功能是由分布功能平面中若干功能实体中的程序通过规定的信息流交互协同完成的。

6.2.4 物理平面

分布功能平面定义的功能实体FE，功能实体动作FEA以及信息流都与物理实现无关。分布功能平面提供的是一个逻辑模型，只说明一个功能实体需要具有什么样的功能，并不涉及实现这些功能的语言或硬件平台。

物理平面（PP）是从网络实施的角度来考虑的，它描述了如何将分布功能平面上定义的功能实体映射到实际的物理设备上，每一个功能实体必须转换到一个物理实体中，但一个物理实体可以包括一个或多个功能实体。各功能实体间传递的信息流则映射为物理设备之间的信令规程——智能网应用规程（IN Application Protocol，INAP）。智能网的物理结构如图6-6所示，下面对主要的物理实体进行描述。

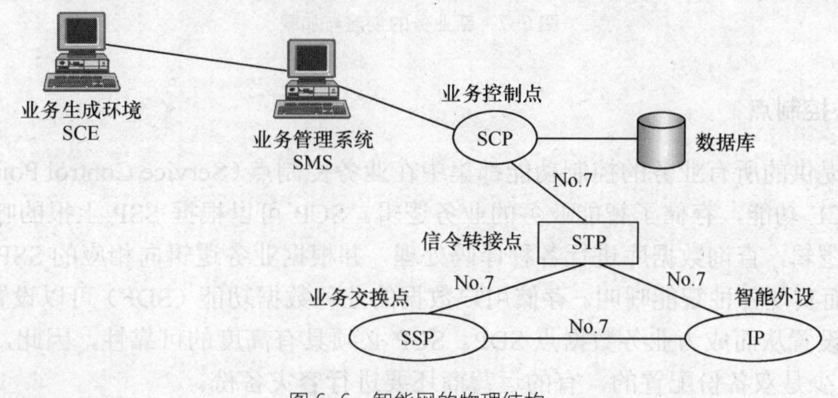

图6-6 智能网的物理结构

1. 业务生成环境

业务生成环境（Service Creation Environment，SCE）包含业务生成功能（SCEF），可以根据用户需求生成新的业务逻辑。SCE为业务设计者提供友好的图形编辑界面，用户可据此设计出新业务的业务逻辑，并为之定义好相应的数据。业务设计好后，经过严格的验证和模拟测试，由SCE将新生成的业务逻辑传送给SMS，再由SMS加载到SCP上运行。新业务的创建和加载过程如图6-7所示。

2. 业务管理系统

业务管理系统（Service Management System，SMS）包含业务管理功能（SMF），具备业务逻辑管理、业务数据管理、用户数据管理、业务监测以及业务量管理等功能。SMS将SCE生成的新业务逻辑加载到SCP，就可以在通信网上提供此项业务了。SMAF功能可以包含在SMS中，也可以单独设置一个业务管理接入点（Service Management Access Point，SMAP），方便业务管理者访问SMS。

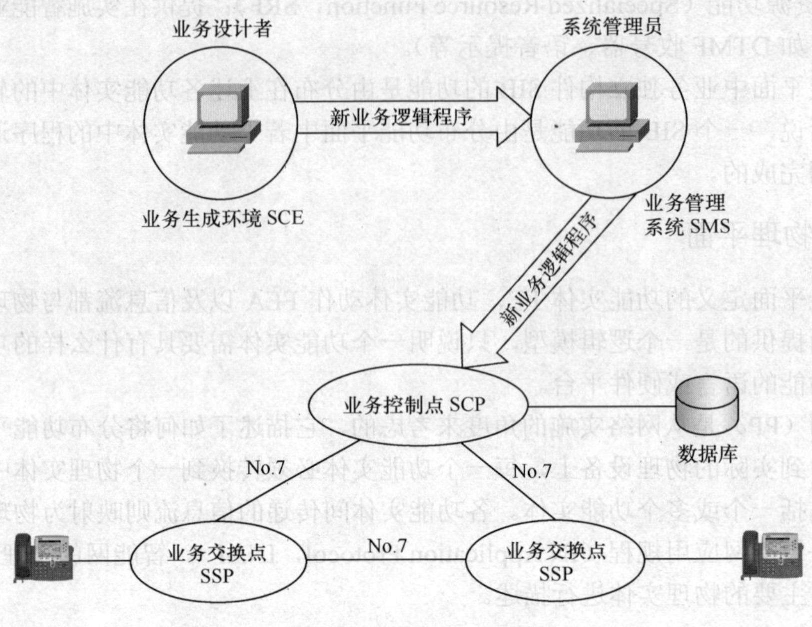

图 6-7　新业务的创建与加载

3．业务控制点

智能网提供的所有业务的控制功能都集中在业务控制点（Service Control Point，SCP）中，SCP 包含 SCF 功能，存储了智能业务的业务逻辑。SCP 可以根据 SSP 上报的呼叫事件启动不同的业务逻辑，查询数据库进行各种译码处理，并根据业务逻辑向相应的 SSP 发出呼叫控制指令，从而实现各种智能呼叫。存储用户数据的业务数据功能（SDF）可以设置在 SCP 中，也可以独立设置从而成为业务数据点 SDP。SCP 必须具有高度的可靠性，因此，智能网系统中的 SCP 至少是双备份配置的，有的运营商还要进行容灾备份。

4．业务交换点

业务交换点（Service Switching Point，SSP）是 PSTN/ISDN 与智能网的连接点，提供接入智能网的功能。SSP 可检出智能业务请求，并与 SCP 通信；对 SCP 的请求作出响应，允许 SCP 中的业务逻辑控制呼叫处理。从功能上讲，业务交换点应包括呼叫控制功能（CCF）和业务交换功能（SSF）。在我国目前不采用独立 IP（智能外设）的情况下，SSP 还应包括专用资源功能（SRF）。呼叫处理功能接受用户呼叫，完成呼叫建立和呼叫保持等基本接续功能。业务交换功能接受和识别智能业务呼叫，并向业务控制点报告，同时接受业务控制点发来的控制指令。

业务交换点一般以数字程控交换机为基础，再配以必要的软硬件以及 No.7 信令网接口实现。

5．信令转接点

信令转接点（Signaling Transfer Point，STP）实质上是 No.7 信令网的一部分，它是将信令消息从一条信令链路传送到另一条信令链路的转接点，在智能网中负责 SSP 与 SCP 间的信令传送。STP 通常也是成对配置的。

6. 智能外设

智能外设（Intelligent Peripheral，IP）是协助完成智能业务的特殊资源，包括SRF功能。通常包括语音合成，播放录音通知，接收双音多频拨号，语音识别等功能。IP可以是一个独立的物理设备，也可以作为SSP的一部分存在。它接受SCP的控制，执行SCP业务逻辑所指定的操作。IP设备一般比较昂贵，在网络中的每个交换节点都配备是不经济的，因此在智能网中将其统一配置，每个交换节点都可共享其资源。

如前所述，IN概念模型中的各个平面从不同的角度对智能网进行了说明，但各平面之间又是相互关联的。业务平面内的业务和业务特征由全局功能平面的全局业务逻辑实现，全局业务逻辑由全局功能平面内的业务独立构件（SIB）按照一定顺序的连接来实现；SIB由分布功能平面内的一个或几个功能实体配合实现；分布功能平面内的功能实体则决定了它所映射到物理平面内的物理实体的行为，每个功能实体只能映射到一个物理实体中，一个物理实体则可包含一个或多个功能实体。功能实体与物理实体间的映射有多种可能，如SRF功能既可由独立智能外设实现，也可与SSF和CCF一起在SSP上实现。

6.3 智能网应用协议

6.3.1 概述

智能网是通过在各功能实体之间相互传递消息，协调工作来完成各项任务的。ITU-T采用高层通信协议的形式对智能网各功能实体间传递的信息流进行了规范，并将其称为智能网应用协议（Intelligent Network Application Protocol，INAP）。智能网各实体间的信息流是由No.7信令系统传输的，因此，对No.7信令系统来说，INAP就是它的一个应用协议。No.7信令协议栈如图6-8所示。

从图6-8中可见，INAP在No.7信令系统中所处的位置与电话用户部分（Telephone User Part，TUP）、ISDN用户部分（ISDN User Part，ISUP）、移动应用部分（Mobile Application Part，MAP）、CAMEL应用部分（CAMEL Application Part，CAP）类似，是建立在No.7信令系统的信令连接控制部分（Signaling Connection Control Part，SCCP）和事务处理应用部分（Transaction Capabilities Application Part，TCAP）之上的。但INAP的功能与TUP、ISUP和MAP又有所不同，这些协议都是与业务直接相关的，而INAP则是独立于业务的规程，即在INAP中的各种操作不仅适用于单一的业务，而且适用于各种不同的业务。同一个操作可以在不同的业务中调用。

INAP定义的实际上就是业务点间的接口规范，由ITU-T的Q.12x8建议规范。在IN CS的不同阶段，INAP所定义的接口有所不同。在IN CS-1阶段，有两个涉及INAP的规范：Q.1208和Q.1218。其中Q.1208是对各功能实体间接口和INAP操作规范的一个概述，更进一步的说明和操作的定义由Q.1218完成。如图6-9所示，Q.1218中定义了SSF-SCF、SCF-SDF和SCF-SRF间的接口。共定义56种操作类型和21种差错类型。

在IN CS-2阶段，由于智能网协议中增加了有关移动、宽带网络及多媒体等的相关内容，INAP协议也作了相应的修改。如图6-10所示，Q.1228中增加了SCF-SCF、SDF-SDF以及SCF-CUSF（与呼叫不相关业务功能，Call Unrelated Service Function）间的接口。所定义的操作类型总数增加到103种，差错类型增加到33种。

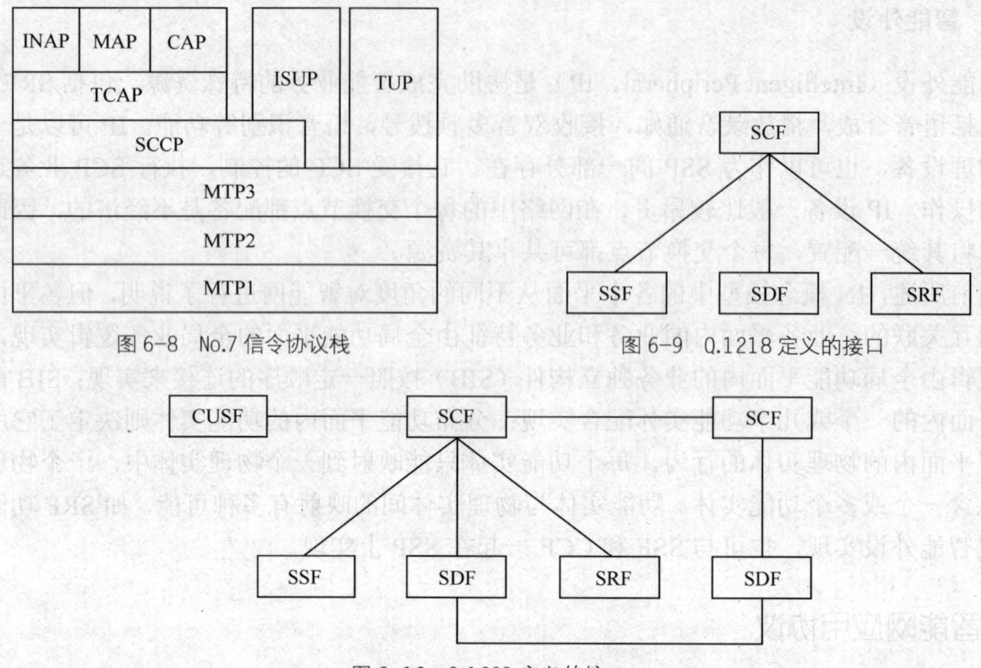

图 6-8　No.7 信令协议栈

图 6-9　Q.1218 定义的接口

图 6-10　Q.1228 定义的接口

IN CS-3 和 IN CS-4 阶段与 IN CS-2 相比，增加了 SMF 功能实体的相关内容。而 Q.1238 和 Q.1248 中 INAP 定义的接口类型与 Q.1228 相比并没有增加，只是增加了对 Internet 及 SIP 相关业务的支持。

6.3.2　INAP 体系

如图 6-11 所示，INAP 以“操作”为定义单位，使用 ITU-T 建议的抽象语法记法 1（Abstract Syntax Notation 1，ASN.1）描述协议规范，并调用 No.7 信令系统的事务处理应用部分 TCAP 和信令连接控制部分 SCCP 提供的服务，通过 No.7 信令系统来传递信息。

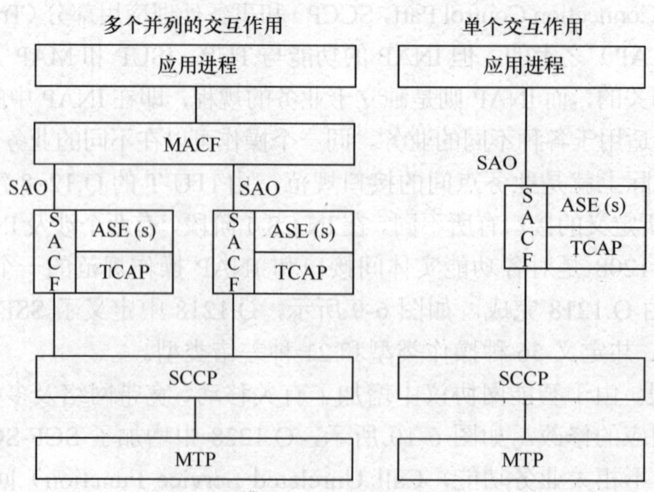

图 6-11　INAP 体系

图 6-11 中所示的单个交互作用只包含一个单相关体（Single Association Object，SAO），SAO 中包含 TCAP 应用服务元素（Application Service Element，ASE）和单相关控制功能（Single Association Control Function，SACF）。SACF 提供多个 ASE 操作的协调功能。多个并列交互作用则包含多个 SAO，同时还具有多相关控制功能（Multiple Association Control Function，MACF），以提供多个 SAO 之间的协调功能。

图 6-12 所示为 SCP 与 SDP 间的接口关系。SCP 中使用了多个并列交互作用的 INAP 规程，一个 SAO 用于与 SDP 的信息交互，另一个 SAO 用于与 SSP 的信息交互（SSP 在图 6-12 中并未画出）。

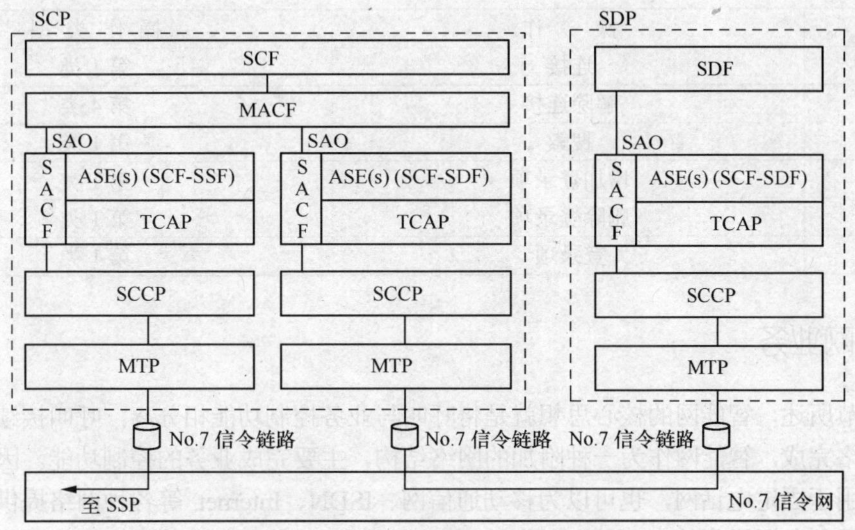

图 6-12 SCP 与 SDP 间的接口关系

6.3.3 INAP 的操作

智能网应用规程是由多条操作构成的，它所定义的操作与分布功能平面各功能模块间传送的信息流相对应。分布功能平面中绝大部分信息流映射为 INAP 的“操作”，也有少数映射为 INAP 的“结果”。根据发起操作方是否要求接收方返回操作的执行结果，可以将操作分为以下 4 类。

① 既报告成功也报告失败。

② 只报告失败。

③ 只报告成功。

④ 既不报告成功也不报告失败。

操作可以包含参数，有些参数是必选的，有些参数是可选的。如下所示，操作是采用“操作宏定义”方式来描述的。

```
xyz OPERATION
ARGUMENT{参数 1, 参数 2, …}
RESULT{参数 1, 参数 2, …}
LINKED{操作 3, 操作 4, …}
ERRORS{差错 1, 差错 2, …}

差错 1 ERROR
PARAMETER{参数 1, 参数 2}
…
```

在上述描述中，xyz 表示定义的操作名，ARGUMENT 关键字后面是要发送的数据参数；RESULT 关键字后面是对方实体返回的操作执行结果；LIHKED 关键字后面是可能的链接操作名；ERRORS 关键字后面的数据参数说明操作的执行出了什么错误。在操作定义中同时出现 RESULT 和 ERRORS 定义时，说明该操作是第 1 类操作；只出现 ERRORS 定义时，说明是第 2 类操作；只出现 RESULT 定义时，说明是第 3 类操作；如果两者都没有，则说明是第 4 类操作。

表 6-4 与图 6-12 对应，以 SCF 和 SDF 的交互为例，列出了两种实体间传递的操作及操作类型。

表 6-4　　SCF 与 SDF 之间的 INAP 操作

序　号	操　作	操 作 类 型
1	连接	第 1 类
2	解除连接	第 4 类
3	搜索	第 1 类
4	增加登录项	第 1 类
5	删除登录项	第 1 类
6	登录项	第 1 类

6.4 智能网业务

如 6.1 节所述，智能网的核心思想就是将呼叫与业务控制功能相分离，呼叫接续功能仍然由各种业务网络完成，智能网作为一种附加的网络结构，主要完成业务的控制功能。因此，智能网不仅仅可以用于固定电话网，也可以为移动通信网、ISDN、Internet 等各种网络提供服务。将智能网与不同的业务网络相结合，就可以根据不同网络的特征，为用户提供不同类型的业务。

6.4.1 固定智能网业务

固定智能网的基本结构如图 6-13 所示，其框架部分与图 6-6 所示的智能网物理平面图相同，在此基础上，图 6-13 添加了 SSP 与固网交换机、用户终端的连接，以便接收并处理固网用户对智能网业务的呼叫。固定智能网起步较早，所能提供的业务种类也较多，下面介绍几种应用较早，使用较广泛的业务。

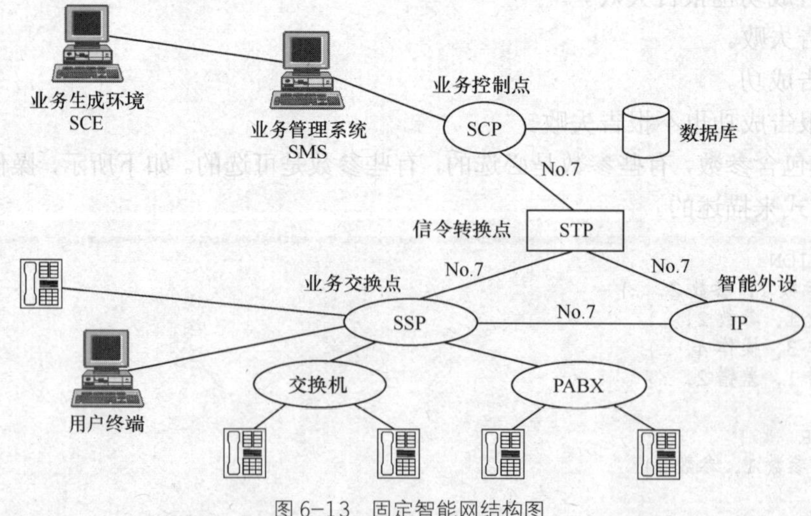

图 6-13　固定智能网结构图

1．被叫集中付费业务

（1）业务简介

被叫集中付费业务（Free Phone，FPH）也称为 800 业务，它是最早出现的智能业务，也是最流行的智能业务之一。FPH 业务实际上是一种反向收费业务，使用该业务的用户作为被叫接受来话并支付通话的全部费用。该业务允许用户利用一个集中付费号码，设置若干个分布在不同地区（可以是某个区域内，也可以是全国范围，甚至是跨越国家）的终端。使用该业务的用户为对此号码的呼叫支付费用。此业务适于各类服务机构、企业或个人使用。

每个 800 业务用户都会有一个特定的 800 业务用户号码。目前，国内 800 业务号码位长为 10 位（800KN$_1$N$_2$ABCD），号码由 3 部分组成：前 3 位（即 800）为业务接入码，4～6 位为数据库标志码，7～10 位为业务用户码。

除了由被叫付费之外，此业务的业务特征还包含唯一号码、遇忙或无应答呼叫转移、呼叫阻截（按照长途区号对某些地区的呼叫进行限制）、密码接入、根据时间选择目的地、根据主叫所在位置选择目的地、呼叫分配、呼叫某一目的地次数限制、呼叫 800 用户次数限制等。

（2）业务流程

FPH 的业务流程如下。

① 用户拨打 800 号码（即 800KN$_1$N$_2$ABCD）后，本地端局会将此号码和主叫用户号码等信息一起发送给具有智能业务触发能力的业务交换点（SSP）。

② SSP 接收到这些信息，判定是智能业务呼叫后，即通过 No.7 信令网将相关信息传送给业务控制点（SCP）。

③ SCP 收到这些信息后，执行相应的业务逻辑，根据主叫用户所在地及呼叫时间等对数据库进行查询，并将 800 号码翻译成相应的目的号码，然后把此目的号码及相关指示信息（如何计费等信息）经 No.7 信令网传回 SSP。

④ SSP 收到指示后，根据目的号码进行选路，与目的号码建立连接，完成 800 业务的呼叫建立过程。

⑤ 主叫挂机后，SSP 将此次呼叫产生的费用报告给 SCP。

800 业务为各种服务性机构、企业和用户带来了便利和利益，但目前 800 业务仅支持固话和小灵通用户拨打，企业在公布 800 电话时，必须附加一个电话号码以备手机用户拨打，因此其业务量始终难有大的增长。同时，资费和骚扰问题也对 800 业务的普及造成了一定影响。在这种情况下，另一种主被叫分摊付费业务，即 400 业务应运而生。400 业务的话费由主、被叫用户分摊，主叫用户承担市话费用，被叫用户承担长话费用。400 业务与 800 业务相比，最大的改进就是支持手机用户拨打。同时，由于主、被叫分担话费，也有效地解决了恶意电话骚扰的问题。近年来，400 业务发展迅猛，大有取代 800 业务的趋势。

2．记账卡呼叫业务

（1）业务简介

记账卡呼叫业务（Account Card Calling，ACC）允许用户在任何一部电话机上呼叫而不必支付现金，只需把费用记在相应的账号上即可。

使用 ACC 业务的用户拥有一个账号，在该账号下可以存入一定数额的款项。用户可以从任意一部具有市话权限的话机上呼叫国内，甚至国际长途用户，通话费用将从其账号上扣除而不是记在用户所用话机的账单上。每次呼叫时，智能网首先查询该用户输入的账号、密码是否有效，以及用户账号上是否有剩余的金额。在通话过程中实时计费，通话结束时系统自动保存有关的呼叫信息。若用户输入的账号、密码有误或金额不足，系统将给予相应的提示。曾得到或者仍在广泛使用的 300、201、9989 校园卡等业务均属于这种类型。

除将呼叫费用记在记账卡账号上之外，此业务的业务特征还包括依目的码进行限制、限值指示、密码设置与密码修改、卡号和密码输入次数的限制、查询余额、缩位拨号等。

（2）业务流程

ACC 业务流程如下。

① 主叫用户在任意一部具有市话呼叫权限的话机上均可使用记账卡业务，用户拨打记账卡业务接入码（如 300，9989）之后，呼叫被转接到相应的 SSP。

② SSP 识别出记账卡业务后，将相关信息传送给 SCP。

③ SCP 运行相应的业务逻辑，向 SSP 发送连接到 SRF（可能位于 SSP 中，也可能位于单独的智能外设 IP 中）的控制信息。

④ SSP 接到控制指令后，连接到 SRF，SRF 向用户发送语音提示信息，收集用户的卡号、密码及被叫用户号码等信息，并将相关信息返回给 SCP。

⑤ SCP 收到信息后，检查卡号密码的有效性及剩余金额；并根据本次呼叫的费率计算出通话时长；之后，指示 SSP 建立连接，并控制通话时长。

⑥ SSP 将呼叫接续到用户拨打的被叫号码所在地。

⑦ 呼叫结束后，SSP 将此次呼叫产生的通话记录、时长等相关信息报告给 SCP。

3．虚拟专用网业务

虚拟专用网（VPN）业务允许业务用户利用公用网的资源，比如公用网的传输和交换设备，建立一个非永久性的虚拟专用网。这个专用网可以跨越地区或国家，用户可以根据需要与公网运营商协商，确定租用期限、设定专用网的参数，并且可以有自己的编号计划。通过这种方式构建专用网，可以为用户节省大量的建设和维护费用。

虚拟专用网的业务特征包括网内呼叫、网外呼叫、远端接入、可选的网外及网内呼叫阻截、按时间选择目的地、闭合用户群等。

4．通用个人通信业务

通用个人通信业务（Universal Personal Telecommunication ，UPT）又称为 700 号业务，运营商将其包装后又称为“一号通”业务。它为用户分配一个唯一的以“700”开头的 12 位个人通信号码（Personal Telecommunication Number，PTN），将来话接到用户预先指定的本地固定电话、移动电话或可直接拨入的语音信箱，使用户不论手机、办公室电话或家中电话的号码如何变动，都能被找到。用户可以在任何话机上通过该号码向智能网登记，将此话机作为来话目的地，这样所有对此 PTN 的呼叫都将被接入到用户登记的话机上。用户还可以在任意终端上利用此号码发出呼叫，费用记入此 PTN 所属的账户。

通用个人通信的业务特征包括按时间表转移、来话筛选、来话密码、去话呼叫及去话密码、呼叫限额、黑名单处理和跟我转移等。

6.4.2 移动智能网业务

第三代数字移动通信系统（3rd Generation Mobile Communications System，3G）是当前正在建设和发展的移动通信系统。3G 的一个重要特征就是智能网技术的应用，并强调智能网和移动网的综合，即移动智能网。基于 GSM 体系的移动智能网研究主要由欧洲电信标准化组织（ETSI）完成相关标准的制定，ETSI 的 CAMEL 方案是这一领域的主流方案。无线智能网（WIN）是基于 CDMA 体制的另一种移动智能网实施方案，相关标准由美国电信工业联盟（TIA）制定。

GSM 移动智能网和 CDMA 移动智能网的应用规程协议虽然各不相同，但移动智能网的结构有极大的相似性，移动智能网的网络结构如图 6-14 所示。从物理实体上看，移动智能网结构与固定智能网类似，仍然包含 SCE、SMP、SMAP、SCP、SDP、SSP 及 IP 等组成部分，各实体所完成的功能也基本相同。但在移动网中，智能网所连接的不再是 PSTN/ISDN 交换机，而是 MSC、HLR 等移动网络设备。

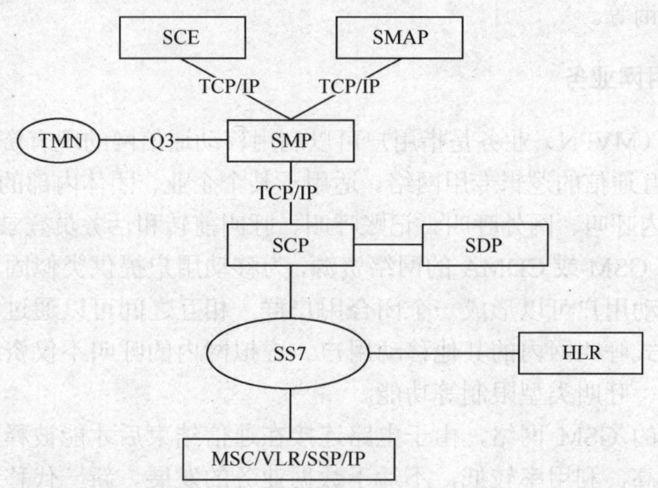

图 6-14　移动智能网网络结构图

在移动智能网的组网应用中，接口与信令的标准化是实现智能网业务的关键，核心网功能实体之间的互通信令协议结构如图 6-8 所示。

CAMEL 方案和 WIN 方案均使用 No.7 信令作为各功能实体之间传送控制信息的信令系统，对于 WIN 无线智能网，所有的接口均为 MAP；对于 CAMEL 移动智能网，接口协议除了 MAP 之外还有 CAP。CAP 全称为 CAMEL 应用部分，CAP 是基于 ETSI 的 INAP 制定的。例如，SSP 与 SCP 之间采用 No.7 信令相连，其中 CAP 用于对话，MAP 用于 SSP 向 SCP 发送补充业务调用通知。若要提供移动智能业务，需要将 GSM 的 MAP 升级为 MAP Phase2+。

无论是 GSM 移动智能网还是 CDMA 无线智能网，都是在原有移动网络上进行智能化改造的结果，是智能网技术在 GSM 和 CDMA 移动网的拓展。而智能化、个性化、宽带化则是整个通信网发展的方向，第三代移动通信系统将实现与智能网 CS-3 的无缝互通。

目前在移动通信网中应用较多的智能业务有如下几种。

1．预付费业务

预付费业务（PrePaid Service，PPS）是指用户为要进行的呼叫或要使用的业务预先支付费用的一种业务。用户通过购买具有固定面值的充值卡等方式，预先在自己的账户中存储一定的资金。当用户发起呼叫时，系统根据用户账户的状态、余额和有效期等信息决定接受或拒绝呼叫。在呼叫过程中，系统对用户实时计费并从用户账户中扣除相应的金额。当用户余额不足时，提示用户，并在账户资金用完时终止呼叫。

预付费业务为运营商提供了一种无风险的经营方式，还可以减少话费欺诈行为，防止呆账、死账；为用户提供了无须信用审查即可开户、无须定期交费、无须押金的服务。预付费业务是全球范围内应用最为成功的智能网业务之一。

预付费的业务特征包括用户预先缴纳通话费用、用户账户资金不足时禁止用户呼入或呼出、用户可在本地或省内及省间漫游、多种提示方式、账户资金不足时可充值、黑名单功能、灵活的挂失及余额查询等。

2．移动虚拟专用网业务

移动虚拟专用网（MVPN）业务是指用户可以利用移动通信网的现有资源，构成一个能在某个集团用户群内相互通信的逻辑专用网络。适用于某个企业、团体内部的通信，具有独立的编号方案，可提供网内呼叫、网外呼叫、记账呼叫、呼叫前转和话务员登录等专用网功能。

MVPN业务利用GSM或CDMA的网络资源，为移动用户提供类似固网小交换机的专用网络业务。网内的移动用户可以形成一个闭合用户群，相互之间可以通过拨短号（比如移动电话的后4位）的方式呼叫网内的其他移动用户。虚拟网内的呼叫不仅资费更低，而且还可以设置网内呼叫筛选、呼叫类型限制等功能。

基于电路交换型的GSM网络，由于电路连接在通信结束后才能被释放，而且计费是以时间为单位的，费用高，利用率较低，不适于数据业务的发展。新一代移动网络使用分组交换技术，提供“永远在线”方式，根据流量计费。这样，用户就可以通过MVPN与内部网永久连接，并可在任意时刻发送或接收数据。因此，在3G网络基础上，使用MVPN可以提供更多、更符合用户需求的业务。比如企业用户就可以利用MVPN，随时随地远程接入内部网，以获得包含语音、数据、甚至视频在内的各种信息服务。

6.5 智能网的发展

6.5.1 Internet与智能网

近年来，以Internet为代表的新技术革命正在深刻地影响和改变着传统电信网的概念和体系结构。如何有效地将传统电信网与Internet融合，已成为当今举世关注的研究热点。而利用智能网实现传统电信网与Internet的结合，开拓新的业务增长点，正是当前网络融合技术中的一种途径。

由于智能网技术最早是从固定电话网中发展起来的，因而利用智能网结构和技术实现传统电信网与Internet的结合也被称为智能网与Internet的互通。

智能网与Internet互通的设想最初是由IETF提出的，并于1997年7月成立了PINT

（PSTN/Internet INTerworking）工作组，专门研究智能网与 Internet 的互通，研究怎样通过 Internet（主要是 Web 方式）访问、控制和增强 PSTN 业务。但 PINT 只讨论了 Internet 侧发起的 PSTN 业务，也就是说 PINT 并不关心 IP 电话的实现，它只考虑业务控制信令，而不交换呼叫控制信令，其研究重点是 Internet 与通向智能网实体的网关之间的接口协议。PINT 工作组也不关心 PINT 业务的计费问题，而是将这一问题留给智能网去解决。IETF 成立的另一个工作组 SPIRITS（Service in the PSTN/IN Requesting InTernet Service）的研究则支持将 PSTN 侧的事件报告向 Internet 域中实体报告的体系结构和协议，考虑从 PSTN 侧触发 Internet 域的业务。另外 ITU-T 于 1997 年 9 月在其第 11 研究组内成立了一个专题研究小组，主要研究如何利用智能网结构来支持 IN/Internet 互通业务，包括业务、结构、管理和安全等方面的内容，并将这方面的研究纳入了 IN CS-3 及 CS-4 研究计划中。在 IN CS-4 标准中，提出了智能网支持 Internet 的增强型功能结构模型。该结构模型可以支持目前智能网与 Internet 网间互通所提出的各种业务，但该模型中某些功能节点的构成和接口协议还需要进一步完善。

我国于 2001 年初由北京邮电大学完成了智能网与 Internet 互通设备的研制任务，所用技术基于 ITU-T 的 IN CS-4 建议，并有所增强。目前 Internet 与智能网的融合，还体现在运营商通过 Internet 向用户开放部分智能网用户数据的查询、修改，以及支持用户通过基于 Web 的方式实现部分智能业务的开通和管理等操作。

6.5.2 下一代网络与智能网

下一代网络（Next Generation Network，NGN）是以软交换为核心，能够提供包括语音、数据、视频和多媒体业务的，基于分组技术的综合开放网络架构，代表了通信网络的发展方向。NGN 融合了电话网、广播电视网和 Internet，融合了固定网和移动网，这种融合首先是业务层的融合。NGN 的业务种类更加丰富，业务也更加个性化，比如多媒体短信、位置服务、移动 E-mail、WAP 浏览、游戏下载等。

从对 NGN 业务特点的分析来看，NGN 业务与当前的电信业务，有以下两点显著不同。一是 NGN 已经不再局限于语音，而是不断地向数据领域扩展。随着 NGN 规模的不断扩大和技术的日益成熟，数据业务所占的比重将会逐渐增加。但目前语音业务仍然占有非常重要的地位，并且是运营商主要的收入来源。二是运营商之间的竞争，已经由网络规模的竞争转向业务的竞争。运营商只有开展对用户有吸引力的业务，才能提高业务量，增加收入。所以，怎样提供新业务就变得更加关键，业务真正成为 NGN 发展的驱动力。

对于基于语音的增值业务，智能网有着不可取代的优势，在当前的通信网中如此，在 NGN 中也是如此。从目前的技术发展和业务成熟性来看，在下一代网络中，智能网有以下 3 种不同的实现方式。

1. 软交换访问智能网平台

在软交换访问智能平台方式下，智能业务仍由传统智能网的 SCP 提供，软交换实现 SSF 功能，负责智能业务的触发，然后通过信令网关与传统智能网的 SCP 互通，接受 SCP 对智能呼叫的控制，完成呼叫接续，以及与用户的交互作用，为 IAD 用户、SIP 用户、H.323 用户、PSTN 用户等各种用户提供智能网业务。

目前的软交换设备支持固定智能网的 INAP，因此，软交换可以与传统固定智能网的 SCP

互通，使用原有固定智能网所提供的记账卡、被叫集中付费、虚拟专用网等智能网业务。如果软交换设备支持CAP、WIN MAP，也可以作为GSM和CDMA网络中的SSF，访问GSM和CDMA网络中的SCP，为移动用户提供各种智能业务。

以软交换访问固定智能网SCP，为使用H.248的IAD用户提供服务为例，其具体的实现过程为：软交换设备提供SSF功能，接收来自IAD用户的呼叫后，根据用户所拨的号码，触发智能业务；使用INAP通过信令网关访问固定智能网中的业务控制点（SCP），SCP提供SCF和SDF；SRF则根据专用资源的位置及设备功能的不同，可以由独立IP（智能外设）、辅助中继或软交换来提供。

① 由独立IP提供SRF时，智能网业务所需要的录音通知由传统智能网中的智能外设来提供。软交换触发智能业务，并通过信令网关（SG）与SCP交互INAP信息，当SCP指示软交换建立到IP的临时连接时，软交换通过SG使用ISUP/TUP建立与IP的连接。

② 由辅助中继提供SRF时，智能网业务所需要的录音通知由传统智能网中的SSP来提供。软交换触发智能业务，使用INAP通过信令网关与SCP交互，当SCP指示软交换建立到SSP的临时连接时，软交换通过SG使用ISUP/TUP建立与辅助SSP的连接，由辅助SSP提供专用资源功能。

③ 由软交换提供SRF时，智能网业务所需要的录音通知由软交换来提供。软交换触发智能业务，使用INAP通过信令网关与SCP交互，当需要播放录音通知时，由SCP指示软交换提供专用资源功能。

上述3种实现方式中，需要使用SRF与用户交互时，SCP与软交换机之间交互的信令不同；对于呼叫监视、控制和接续过程，软交换机与SCP之间交互的信令是一致的。

2. SSP访问应用服务器

该方式由NGN中的应用服务器来提供各种智能网业务，传统智能网的SSP通过信令网关访问应用服务器。应用服务器根据不同的网络呼叫接入相应的协议栈，并确定需要调用的业务逻辑，为PSTN、GSM和CDMA用户提供智能业务。

传统智能网的SSP访问应用服务器时，根据业务逻辑的需要，应用服务器与传统智能网的SSP/IP/HLR等互通，完成智能业务的逻辑控制、呼叫接续和专用资源提供等功能。如果业务需要，应用服务器也可以与SCP进行互通，完成对业务数据或用户数据的访问。

当原有的PSTN用户、GSM用户或CDMA用户使用智能网业务时，原有网络的SSP会根据用户所拨的号码或签约信息触发相应的智能业务，然后通过信令网关向应用服务器发送业务请求，由应用服务器控制业务的执行，信令网关完成No.7信令和IP之间的转换，以承载上层的智能网协议（PSTN网的INAP、GSM网的CAP和MAP及CDMA网的WIN MAP）。

传统智能网SSP访问应用服务器，除了需要信令网关完成信令转换以外，与传统智能网SSP访问SCP实现智能业务的方式相同。在这种情况下，应用服务器的作用与SCP一致，需要完成业务控制功能（SCF）和业务数据功能（SDF）。

3. 利用第三方来实现智能业务

下一代网络的一个显著特点就是具有开放的接口，提供各种开放的API，例如，Parlay API就为第三方业务的开发提供了创作平台。在以软交换为基础的下一代网络中，也可以通过第三方为 IAD 用户、SIP 用户、H.323 用户、PSTN 用户等各种用户提供智能网业务。软交换收到用户的呼叫以后，根据呼叫请求向应用服务器发送 SIP 消息，应用服务器根据收到的呼叫信息，通过 API 接口调用第三方的应用，由第三方应用来控制智能业务的执行。

在下一代网络中实现智能网的几种方式具有不同的特点，需要不同的网络配置、信令协议，可以为不同的用户服务。在下一代网络中实现智能网究竟采用哪种方式，需要根据具体的网络配置、业务种类和用户类型来确定。

小　　结

1．智能网（IN）是一种能够快速、方便、有效地生成和实现各种新业务的体系，这个体系可以为公用电话网、分组交换数据网、综合业务数字网（N-ISDN）、宽带综合业务数字网（B-ISDN）、移动通信网和 Internet 等各种通信网络服务。

2．智能网概念模型可分为业务平面、全局功能平面、分布功能平面和物理平面。这 4 个平面从不同的角度对智能网的功能进行了抽象，是业务设计者和业务实现者的重要依据。INAP 是对智能网各功能实体间传递的信息流进行的规范，它构建在 No.7 信令系统的基础上，为智能网中各实体间的交互提供了必要的手段。

3．智能网应用于不同的网络结构中时，可以根据不同网络结构的特点，设计并引入不同类型的业务，以适应用户的需求。目前在固定和移动智能网中都有很多智能业务的应用，为业务提供商创造了效益，也为用户提供了极大的方便。

4．近年来，随着 Internet 的飞速发展，以及 NGN 概念的提出，智能网与这两者的结合可以为用户提供更多更适合用户需要的业务，这也是未来通信网络发展的一个重要方向。

思考题与练习题

6-1　智能网对智能业务的处理和非智能网对业务的处理方式有哪些不同？

6-2　智能网的核心思想是什么？它如何实现快速、方便、经济地生成新业务的目的？

6-3　智能网概念模型分为哪几个平面？

6-4　全局功能平面上 SIB、BCP 和 GSL 之间是如何配合工作的？

6-5　智能网最核心的物理实体是什么？它主要完成哪些功能？

6-6　智能网中各独立的物理实体之间通过什么协议进行通信？它与 No.7 信令系统有什么关系？

6-7　简述被叫集中付费业务的业务流程。

6-8　说明智能网与 Internet 互通时要解决的主要问题。

6-9　下一代网络（NGN）中实现智能网有哪几种方式？

第7章 移动通信网

移动电话通信网在近 20 年中发展非常迅速，得到了广泛的应用。移动通信网与固定通信网的最大区别是用户的移动性、网络控制和资源管理的复杂性，因此，移动通信网必须解决移动性管理、漫游、切换和网络安全与加密等问题。本章对移动通信的基本概念、移动网络系统结构、无线接口、交换技术、漫游管理等进行介绍，结合 GSM、CDMA、3G 等典型移动网络，阐述移动通信网络的基本原理。

7.1 移动通信概述

移动通信是指通信的一方或双方可以在移动中进行的通信过程，即至少有一方具有可移动性。因此，移动通信可以是移动台与移动台之间的通信，也可以是移动台与固定台之间的通信。移动通信满足了人们无论在何时何地都能进行通信的愿望。因此，20 世纪 80 年代以来，特别是 20 世纪 90 年代以后，公用移动通信得到了飞速的发展。

相比固定通信而言，移动通信不仅要给用户提供与固定通信一样的通信业务，而且由于用户的移动性，其控制与管理技术要比固定通信复杂得多。同时，由于移动通信网中依靠的是无线电波的传播，其传播环境要比固定网中有线介质的传播特性复杂，因此，移动通信有着与固定通信不同的特点。

1．移动通信的电波传播特性

对工作在甚高频（VHF）和特高频（UHF）频段的移动通信来说，电波传播方式主要是空间波，即直射波、反射波、折射波、散射波及它们的合成波。这里，我们主要讨论陆地移动通信的电波传播特性。

陆地移动通信的电波传播问题很复杂，这是由于通信对象是移动的，电波传播路径会随时变化。另外，在电波传播路径上，地形、地物的变化也严重影响电波的传播特性。移动通信中，接收信号强度和传播损耗是随机变化的，因此常用中值和瞬时值两个参量来联合表征。

所谓中值是指在给定统计时间内，信号电平大于或小于它的时间各为50%的场强值。一般地，场强瞬时值变化快；而中值变化慢。在实际移动信道中，接收信号是由多径传播的多个信号的矢量合成，直射波、反射波或散射波在接收地点形成干扰场，信号电平变动范围可达 30～40dB。这种由多径效应引起的快速而深度的衰落称为快衰落。由于这些衰落服从瑞利分布，所以又称为瑞利衰落（Reyleigh Fading）。在电波传播路径上，遇到建筑物、森林等障碍物的阻挡时，则会形成电磁场的阴影。当移动台通过不同障碍物的阴影时，就造成接收场强中值的变化。这种由于阴影效应导致接收场强中值随着地理位置改变而出现的缓慢变化，称为阴影衰落（Shadow Fading）。另外，由于气象条件的变化，导致大气折射系数随时间而变化，也会造成同一地点场强中值随时间而缓慢改变。我们知道，在自由空间中，电波传播的损耗与距离的平方成正比。而在移动通信中，由于电波传播环境特别复杂多变，因此电波传播的损耗近似与距离的四次方成正比。

2. 移动通信的分类

移动通信的种类繁多，其中陆地移动通信系统有：蜂窝移动通信、无线寻呼系统、无绳电话、集群系统等。同时，移动通信和卫星通信相结合产生了卫星移动通信，卫星移动通信可以实现国内、国际大范围的移动通信。

① 集群移动通信。集群移动通信是一种高级移动调度系统。所谓集群通信系统是指系统所具有的可用信道为系统的全体用户共用，具有自动选择信道的功能，是共享资源、分担费用、共用信道设备及服务的多用途和高效能的无线调度通信系统。

② 公移动通信系统。公用移动通信系统是指给公众提供移动通信业务的网络。这是移动通信最常见的方式。这种系统又可以分为大区制移动通信和小区制移动通信。小区制移动通信又称蜂窝移动通信。

③ 卫星移动通信。利用卫星转发信号也可实现移动通信。对于车载移动通信可采用同步卫星；而对手持终端，采用中低轨道的卫星通信系统较为有利。

④ 无绳电话。对于室内外慢速移动的手持终端的通信，一般采用小功率、通信距离近、轻便的无绳电话机。无绳电话可以经过通信点与其他用户进行通信。

⑤ 寻呼系统。无线电寻呼系统是一种单向传递信息的移动通信系统。它是由寻呼台发信息，寻呼机收信息来完成通信的。

在上述通信方式中，公用移动通信最为广泛。在本章的后续内容中，将研究公用移动通信，简称移动通信。

3. 移动通信系统演进

移动通信系统已经经历了第一代系统和第二代系统，目前正向第三代系统过渡。

第一代移动通信系统是模拟蜂窝电话网，如欧洲的全接入通信系统（Total Access Communication System，TACS）、美国的高级移动电话系统（Advanced Mobile Phone System，AMPS）等。第一代移动通信系统采用频分复用技术，如 AMPS 将分配的频谱分成 30kHz 带宽的许多信道，并使用窄带调频进行调制，调制效率为每 30kHz 一条话路。第一代移动通信系统话路容量较低，系统通话质量、保密性较差，切换时通话容易中断。

第二代移动通信系统是数字蜂窝系统，如欧洲的（全球移动通信 GSM）、美国的（码分多址接入 CDMA）等。针对第一代通信系统的缺陷，将第二代数字蜂窝系统设计成了可直接进行数字传输。GSM 是时分复用方式，CDMA 是码分复用方式，均采用电路交换方式进行语音通信，支持对数字信道的直接接入，通话质量、保密性都有提高。对于突发型的数据通信，电路交换方式的信道利用率不高，用户通信费用也较高。为此在 GSM 上叠加了通用分组无线业务（Global Packet Radio Service，GPRS），这是第 2.5 代移动系统，可实现无线信道的统计复用，用户数据率可达 100kbit/s，提高了信道利用率，节省了通信费用和时间。CDMA 体制的第 2.5 代移动系统为 cdma2000 1x，目前国内 cdma2000 1x 开放的上行速率峰值为 153.6kbit/s（理论上单个信道的峰值速率可达 307.2kbit/s）。但是在 GSM/GPRS、cdma2000 1x 系统内部，语音和数据是分别传输的，语音依然使用电路交换，它们仅仅是为向第三代移动通信系统过渡做准备的。

所谓第三代移动通信系统（the 3rd Generation Mobile Communication System，3G）是指能支持语音数据综合和移动多媒体的宽带数字移动网络。第三代移动通信系统由接入部分、宽带通信网和智能化网控制管理等组成。接入部分包括卫星移动通信系统，用于覆盖边远地区、空中和海上通信；还包括以微微蜂窝、微蜂窝和宏蜂窝等方式分别覆盖市区高密度区和郊区等的蜂窝移动通信系统；接入的用户终端可以是普通电话机、小巧轻便的手持机、车载台和多媒体终端等。

同固定电话网一样，移动电话从第一代的模拟系统发展到第二代数字系统以后，也开始了向多媒体综合业务演化的进程。发展第三代移动通信的目的是为了提供移动多媒体业务，同时为了扩展频率资源，提高频谱利用率和扩大容量，以及提供全球漫游。3G 强调从 2G 的演化，先在 2G 已有的基础设施上过渡到 2.5G（GPRS、cdma2000 1x 等），然后再发展 3G 系统。与发展 B-ISDN 的过程类似，3G 开始也是采用 ATM 交换机构成核心交换和传输网络。然而，Internet 的迅速兴起和电信网从 B-ISDN 转向 IP，使得 3G 不会再走 B-ISDN 的老路，因此 3G 转而采用 IP 核心网。这样就有 3G 第 1 阶段版本和第 2 阶段版本。3G 的第 1 阶段版本提供一般的多媒体业务，采用 ATM 交换机，这种概念类似于无线接入 B-ISDN，虽然可以支持 IP，但毕竟需要在 ATM 交换机中增加 IP 连接功能（通过 MPLS 等方式）。3G 第 2 阶段版本则直接采用全 IP 方案。

超 3G 是由 ITU 定义的，意为超越 3G（Beyond 3G，B3G）的系统，目前有些国家所称的第四代移动通信（4G）实际上是指 ITU 提出的超 3G 系统。超 3G 的概念涵盖了现有的 3G、3G 增强型技术，以及新定义的两部分新能力，即新的移动接入和新的游牧/本地接入系统，前者一般是指蜂窝移动通信系统，后者一般由无线接入/无线局域网（WLAN）演变而来。所定义的目标数据速率为：在 2005 年左右实现最高约 30Mbit/s 的数据速率，而在 2010 年左右在高速移动环境下支持最高约 100Mbit/s 的速率，在低速移动环境，如游牧/本地无线接入环境下最高达到约 1Gbit/s 速率。超 3G 的概念还强调不同系统之间的互通和关联，包括 3G、超 3G 系统与其他无线系统之间的协同工作等。

本章主要介绍 GSM 移动通信系统，然后简要介绍 CDMA 移动通信系统以及第三代移动通信系统。

7.2 系统结构

7.2.1 网络结构

为了便于各设备之间的互连互通，ITU-T 于 1988 年对公用陆地移动通信网（Public Land Mobile Network，PLMN）的结构、功能和接口及其与公共电话交换网 PSTN 等的互通作出了详尽的规定。PLMN 的网络功能结构如图 7-1 所示。

1. 网络功能实体

（1）移动台

移动台（Mobile Station，MS）是移动通信网的用户终端。用户使用 MS 接入 PLMN，得到所需的通信服务。MS可分为车载台、便携台和手持台等类型。对于GSM系统，移动台并非固定于一个用户，在系统中的任何一个移动台上，都可以通过用户识别卡（Subscriber Identity Module，SIM）来识别用户，此外还可设置个人识别码（Personal Identification Number，PIN），以防止SIM卡未经授权而被使用。

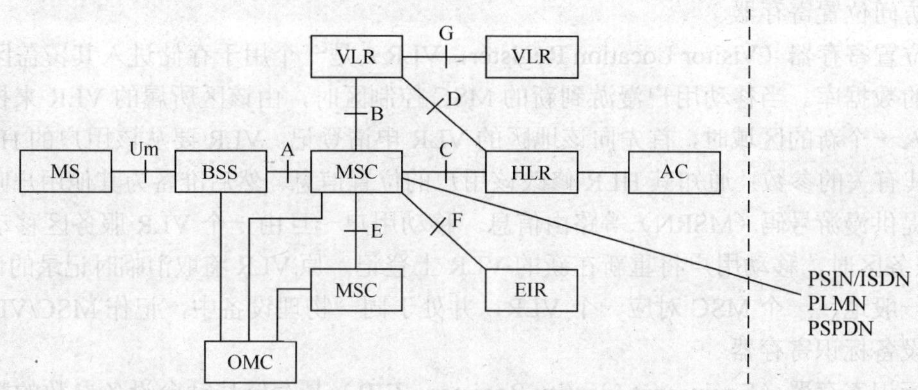

图7-1 PLMN的网络功能结构

每个移动台都有自己的设备识别号，即国际移动设备识别号（International Mobile Equipment Identity，IMEI）。IMEI主要由型号许可代码和与厂家有关的产品号构成。每个移动用户有自己的国际移动用户识别号（International Mobile Subscriber Identification，IMSI），存储在SIM卡上。

（2）基站系统

基站系统（Base Station System，BSS）负责在一定区域内与移动台之间的无线通信。一个BSS包括一个基站控制器（BSC）和一个或多个基站收发信台（BTS）。

① 基站收发信台。基站收发信台（Base Transceiver Station，BTS）是BSS的无线部分，受控于基站控制器（Base Station Controller，BSC）。BSS包括无线传输所需要的各种硬件和软件，如发射机、接收机、天线、连接基站控制器的接口电路，以及收发信台本身所需要的检测和控制装置等。它完成BSC与无线信道之间的转换，实现BTS与MS之间通过空中接口的无线传输及相关的控制功能。

② 基站控制器。基站控制器（BSC）是BSS的控制部分，处于BTS和移动业务交换中心（MSC）之间。一个基站控制器通常控制几个基站收发信台，主要功能是无线信道管理、实施呼叫和通信链路的建立和拆除，并为本控制区内移动台越区切换进行控制等。

（3）移动业务交换中心

移动业务交换中心（Mobile Service Switching Center，MSC）及下面要讨论的实体称为PLMN的网络部件。MSC完成移动呼叫接续、越区切换控制、无线信道资源和移动性管理等功能，是移动通信网的核心。同时，MSC也是PLMN与固定网之间的接口设备。

（4）归属位置寄存器

归属位置寄存器（Home Location Register，HLR）是一种用来存储本地用户位置信息的数据库。归属是指移动用户开户登记所属区域。在移动通信网中，可以设置一个或若干个HLR，这取决于用户数量、设备容量和网络的组织结构等因素。每个用户都必须在某个HLR中登记。登记的内容主要如下。

① 用户信息：如用户号码、移动设备号码等。

② 位置信息：如用户的漫游号码、VLR号码、MSC号码等，这些信息用于计费和用户漫游时的接续。这样可以保证当呼叫任一个不知处于哪一个地区的移动用户时，均可由该移动用户的HLR获知他当时处于哪一个地区，进而建立起通信链路。

③ 业务信息：用户的终端业务和承载业务信息、业务限制情况、补充业务情况等。

（5）访问位置寄存器

访问位置寄存器（Visitor Location Register，VLR）是一个用于存储进入其覆盖区的用户位置信息的数据库。当移动用户漫游到新的MSC控制区时，由该区所属的VLR来控制。当移动台进入一个新的区域时，首先向该地区的VLR申请登记。VLR要从该用户的HLR中查询，存储其有关的参数；通知其HLR修改该用户的位置信息，然后准备为其他用户呼叫此移动用户时提供漫游号码（MSRN）等路由信息。移动用户一旦由一个VLR服务区移动到另一个VLR服务区时，移动用户将重新在新的VLR上登记，原VLR将取消临时记录的该移动用户数据。一般地，一个MSC对应一个VLR，并处于同一物理设备中，记作MSC/VLR。

（6）设备标识寄存器

设备标识寄存器（Equipment Identity Register，EIR）是存储移动台设备参数的数据库，用于对移动设备的鉴别和监视，并拒绝非法移动台入网。

（7）鉴权中心

鉴权中心（Authentication Center，AuC）存储移动用户合法性检验的专用数据和算法。用于防止无权用户接入系统和保证通过无线接口的移动用户通信的安全。

（8）操作维护中心

操作维护中心（Operation and Maintenance Center，OMC）是网络运营者对全网进行监视和操作的功能实体。

2．网络接口

（1）Um接口

Um接口又称为空中接口，是PLMN的主要接口之一。Um接口传递的信息包括无线资源管理、移动性管理和接续管理等。该接口采用的技术决定了移动通信系统的制式。按照业务信号采用模拟还是数字方式传送，可以分为模拟移动通信系统和数字移动通信系统；按照多址方式可分为频分多址（FDMA）、时分多址（TDMA）和码分多址（CDMA）系统。GSM和CDMA属于第二代移动通信系统，采用数字程控交换机组网，一般支持电路型窄带数据业务。第三代移动通信系统（3G）引入了无线接入网的概念，并在无线接入网中采用分组传递技术，支持宽带数据业务，3G的目标是在空中接口采用统一的技术和标准，以实现全球漫游。

（2）网络内部接口

如图7-1所示，除空中接口外，PLMN各网络部件之间的接口称为网络内部接口。主要内部接口包括以下几种。

A接口：为基站与MSC之间的接口。该接口传送有关移动呼叫处理、基站管理、移动台管理、无线资源管理等信息，并与Um接口互通，在MSC和MS之间传递信息。在模拟移动通信系统中，A接口规范没有标准化；在数字系统中，尤其是欧洲的GSM系统，对A接口作出了详尽的规范，因此原则上可选用不同厂家生产的MSC和BS设备进行互连。

A-bis接口：在BSS内部BSC与BTS之间的接口，该接口未完全标准化。

B 接口：为 MSC 与访问位置寄存器（VLR）之间的接口。MSC 通过该接口传送漫游用户位置信息，并在呼叫建立时向 VLR 查询漫游用户的有关数据。

C 接口：为 MSC 与归属位置寄存器（HLR）之间的接口。MSC 通过该接口向 HLR 查询被叫移动用户的选路信息，以便确定呼叫路由，并在呼叫结束时向 HLR 发送计费信息。

D 接口：为 HLR 与 VLR 之间的接口。该接口主要用于传送移动用户数据、位置和选路信息。

E 接口：为 MSC 之间的接口。该接口主要用于越区切换。当通话中的移动用户由一台 MSC 业务区进入另一台 MSC 业务区时，两个 MSC 需要通过该接口交换信息，由另一台 MSC 接管该用户的通信控制，使移动用户的通信不中断。

F 接口：为 MSC 与设备标识寄存器（EIR）之间的接口。MSC 通过该接口向 EIR 查询发话移动台设备的合法性数据。

G 接口：为 VLR 之间的接口。当通话中的移动用户由一个 VLR 管辖区进入另一个 VLR 管辖区时，新老 VLR 通过该接口交换必要的控制信息。

（3）PLMN 与其他网络之间的接口

为 PLMN 实现与其他网络（如 PSTN/ISDN、PSPDN 等）业务互通的网间互连接口。

3．网络区域划分

PLMN 的网络覆盖区域划分如图 7-2 所示，按从小到大的顺序，包括下列各组成区域。

① 小区。为 PLMN 的最小覆盖区域。每个小区分配一组信道，小区半径按需划定，一般为 1km 至几十 km。半径在 1km 以内的为微小区，还有更小的微微小区。小区越小，频率重用距离就越近，频率利用度越高，但系统设备投资也越高，且移动用户通信中的越区切换也越频繁。

② 基站区。一个基站管辖的区域。如果采用全向天线，一个基站区仅含一个小区，基站位于小区中央。如果采用扇形定向天线，则一个基站区包含几个小区，基站位于这些小区的公共顶点上。

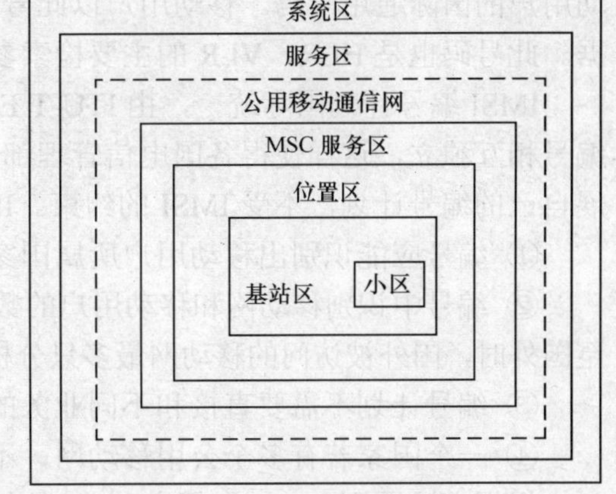

图 7-2 PLMN 网络覆盖区域划分

③ 位置区。位置区指移动台可任意移动而不需要进行位置更新的区域。一个位置区可由若干个基站区组成，因此寻呼移动台时，可在一个位置区内的所有基站同时发起呼叫。

④ MSC 服务区。MSC 服务区指由一个 MSC 所控制的所有小区共同覆盖的区域构成的 PLMN 网的一部分。一个 MSC 区可由若干位置区构成。

⑤ 服务区。服务区由若干个互连的 PLMN 覆盖区组成的区域。在此区域内，移动用户可以自动漫游。

⑥ 系统区。系统区指的是同一制式的移动通信系统的覆盖区，在此区域中 Um 接口技术完全相同。

7.2.2 编号计划

在移动通信网中，由于用户的移动性，需有下列 4 种号码对用户进行识别、跟踪和管理。

1．移动用户号码簿号码

移动用户号码簿号码（Mobile Station Directory Number，MSDN）指主叫用户为呼叫移动用户所拨的号码，其编号方式同PSTN/ISDN。在GSM系统中，被称为MSISDN。在CDMA系统中，被称为MDN。MSDN结构为

$$MSDN = [CC] + [NDC] + [SN]$$

CC：国家码。即移动台登记注册的国家码，中国为86。

NDC：国内网移动网络接入号码。如中国移动GSM网为135～139，中国联通GSM网为130～132，中国联通CDMA网为133。

SN：用户号码。我国采用8位等长编号，前4位 $H_1H_2H_3H_4$ 为用户归属位置寄存器HLR的标识码，具体分配由运营商决定。

如一个GSM移动手机号码为861377083****，其中86是中国的国家码（CC），137是中国移动GSM网号（NDC），7083****是用户号码（SN），7083为用户归属区识别码 $H_1H_2H_3H_4$，表明用户归属地为南京，****则是移动用户码。

2．国际移动用户识别号

国际移动用户识别号（International Mobile Subscriber Identity，IMSI）是网络识别一个移动用户的国际通用号码。移动用户以此号码发起入网请求或位置登记，网络据此查询用户数据。此号码也是HLR、VLR的主要检索参数。

IMSI编号计划国际统一，由ITU-T E.212建议规定，以适应国际漫游需要。它和MSDN编号相互独立，这样使得各国电信管理部门可以根据本国移动业务类别的实际情况，独立发展自己的编号计划，不受IMSI的约束。IMSI编号计划的设计原则如下。

① 编号应能识别出移动用户所属国家及国内所属移动网。

② 编号中识别移动网和移动用户的数字长度由各国自行规定，其基本要求是当用户漫游至国外时，国外被访问的移动网最多只分析IMSI的6位数字就可判断移动用户的归属地。

③ 编号计划不需要直接和不同业务的编号计划相关。

④ 一个国家若有多个公用移动网，不强求规定这些移动网的编号计划一定要统一。

根据上述原则，ITU-T规定IMSI的结构如下。

IMSI = [MCC] + [MNC] + [MSIN]，其中[MNC] + [MSIN]定义为NMSI。

MCC：国家码（3位），由ITU-T统一分配，同数据国家码（DCC）。我国为460。

MNC：移动网号，最多2位数字，用于识别归属的移动通信网。对于中国移动GSM网的MNC为01，中国联通GSM网为02，中国联通CDMA网为03。

MSIN：国内移动用户号码。

NMSI：国内移动用户识别码，由MNC和MSIN组成，其长度由各国自定，但应符合上述第②条的原则要求。

IMSI不用于拨号和路由选择，因此其长度不受PSTN/PSPDN/ISDN编号计划的影响。但ITU-T要求各国应努力缩短IMSI的位长，并规定其最大长度为15位。每个移动台可以是多种移动业务的终端（如语音、数据等），相应地可以有多个MSDN。但是IMSI只有一个，移动网据此受理用户的通信或漫游登记请求，并对用户计费。IMSI由电信运营部门在用户开户

时写入移动台的 SIM 卡中。当任一主叫按 MSDN 拨叫某移动用户时，终接 MSC 将请求 HLR 或 VLR 将其翻译成 IMSI，然后用 IMSI 在无线信道上寻呼该移动用户。

3．国际移动设备识别号

国际移动设备识别号（International Mobile Equipment Identification，IMEI）是唯一标识移动台设备的号码，又称移动台电子串号。该号码由制造厂家永久性地置入移动台，用户和网络运营部门均不能改变它，其作用是防止有人使用非法的移动台进行呼叫。ITU-T 建议 IMEI 的最大长度为 15 位。其中，设备型号占 6 位，制造厂商占 2 位，设备序号占 6 位，另有 1 位保留。我国 GSM 数字移动系统即采用此结构。

对于 CDMA 系统，移动台设备标识号码称为电子序列号（ESN），是唯一地识别一个移动台设备的号码。对于可工作在两个网络模式下（比如 GSM 网络和 CDMA 网络）的双模移动台，每个双模移动台分配有一个唯一的电子序列号，它包含 32bit，设备序列号由移动台的生产厂家设置。

4．移动台漫游号码

移动台漫游号码（Mobile Station Roaming Number，MSRN）是系统分配给来访用户的一个临时号码，供移动交换机进行路由选择使用。移动台的位置是不确定的，MSDN 中的移动网号和 $H_1H_2H_3H_4$ 只反映它的归属地。当它漫游进入另一个移动交换中心业务区时，该地区的移动系统必须根据当地编号计划赋予它一个 MSRN，经由 HLR 告知 MSC，MSC 据此才能建立至该用户的路由。当移动台离开该区后，访问 VLR 和 HLR 都要删除该漫游号码，以便再分配给其他移动台使用。MSRN 由被访问地区的 VLR 动态分配，它是系统预留的号码，一般不向用户公开。在 CDMA 系统中，MSRN 被称为临时本地号码簿号码（TLDN）。

除了上述 4 种号码外，为了对 IMSI 保密，在空中传送用户识别码时还采用临时移动用户识别码（Temporary Mobile Subscriber Identity，TMSI）来代替 IMSI。TMSI 是由 VLR 给用户临时分配的，只在本地有效（即在该 MSC/VLR 区域内有效）。

7.3 无线接口

空中接口也称无线接口，是移动台与基站收发信机间的接口的统称。空中接口是移动通信实现的关键，是不同制式移动通信系统间的主要区别所在。涉及空中接口信道、数据格式等，传递的信息包括无线资源管理、移动性管理和接续管理等。

空中接口按照业务信号采用模拟还是数字方式传送，可以分为模拟移动通信系统和数字移动通信系统。第一代移动通信系统属于模拟移动通信系统，第二、三代及其以后的移动通信系统则是数字移动通信系统。除非特别说明，我们均以数字移动通信系统为对象进行讨论。

空中接口与移动通信的制式有关，本节首先简单介绍空中接口中所涉及的技术以及空中接口协议分层模型，然后介绍 GSM 空中接口协议。

7.3.1 空中接口部分关键技术

1．多址技术

使用多址方式旨在使许多移动用户同时分享有限的信道资源（如无线电频谱资源），即将可用的资源（如可用的信道数目）同时分配给众多用户共同使用，以达到较高的系统容量。

在移动通信系统中，常用的 3 种多址方式是频分多址（Frequency Division Multiple Access，FDMA）、时分多址（Time Division Multiple Access，TDMA）和码分多址（Code Division Multiple Access，CDMA）。图 7-3 所示的模型表示了这 3 种方式简单的一个概念。

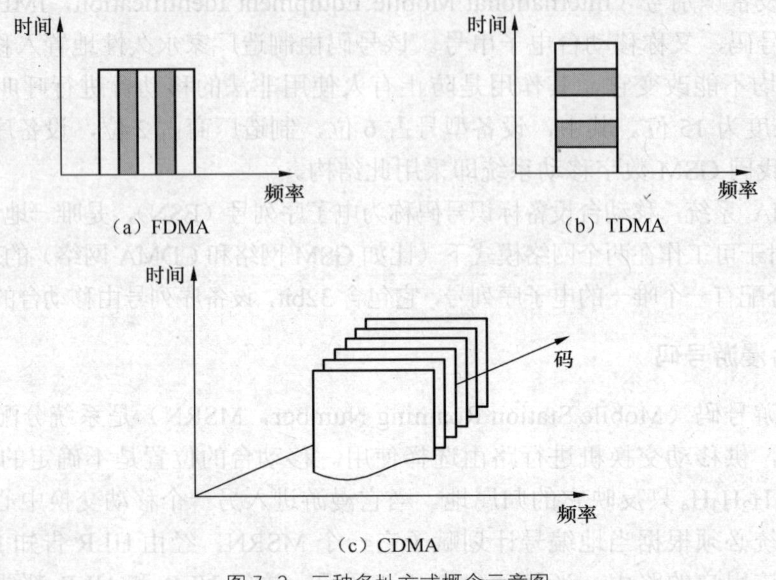

图 7-3 三种多址方式概念示意图

FDMA 是以不同的频率信道实现通信的，TDMA 是以不同的时隙实现通信的，CDMA 是以不同的代码序列实现通信的。

（1）频分多址

频分，有时也称之为信道化，就是把整个可分配的频谱划分成许多单个无线电信道（发射和接收载频对），每个信道可以传输一路语音或控制信息。在系统的控制下，任何一个用户都可以接入这些信道中的任何一个。

模拟蜂窝系统是 FDMA 结构的一个典型例子，数字蜂窝系统中也同样可以采用 FDMA，只是不会采用纯频分的方式，比如 GSM 系统就采用了 FDMA。

（2）时分多址

时分多址（TDMA）是在一个宽带的无线载波上，按时间（或称为时隙）划分为若干时分信道，每一用户占用一个时隙，只在这一指定的时隙内收（或发）信号，故称为时分多址。此多址方式在数字蜂窝系统中采用，GSM 系统也采用了此种方式。

TDMA 是一种较复杂的结构，最简单的情况是单路载频被划分成许多不同的时隙，每个时隙传输一路猝发式信息。TDMA 中关键部分为用户部分，每一个用户分配给一个时隙（在呼叫开始时分配），用户与基站之间进行同步通信，并对时隙进行计数。当自己的时隙到来时，手机就启动接收和解调电路，对基站发来的猝发式信息进行解码。同样，当用户要发送信息时，首先将信息进行缓存，等到自己时隙的到来。在时隙开始后，再将信息以加倍的速率发射出去，然后又开始积累下一次猝发式传输。

TDMA 的一个变形是在一个单频信道上进行发射和接收，称之为时分双工（TDD）。其最简单的结构就是利用两个时隙，一个发一个收。当手机发射时基站接收，基站发射时手机接收，交替进行。TDD具有TDMA结构的许多优点：猝发式传输、不需要天线的收发共用装置等。TDD的主要优点是可以在单一载频上实现发射和接收，而不需要上行和下行两个载频，不需要频率切换，因而可以降低成本。TDD的主要缺点是满足不了大规模系统的容量要求。

（3）码分多址

码分多址（CDMA）是一种利用扩频技术所形成的不同的码序列实现的多址方式。它不像FDMA、TDMA那样把用户的信息从频率和时间上进行分离，它可在一个信道上同时传输多个用户的信息，也就是说，允许用户之间的相互干扰。其关键是信息在传输以前要进行特殊的编码，编码后的信息混合后不会丢失原来的信息。有多少个互为正交的码序列，就可以有多少个用户同时在一个载波上通信。每个发射机都有自己唯一的代码（伪随机码），利用该伪随机码以调制方法将用户信号的频谱宽度扩展为比原来带宽大得多后发送（这个过程称为扩频）；同时接收机也知道该伪随机码，用该伪随机码作为信号的滤波器，接收机就能从所有其他信号的背景中恢复成原来的信息码（这个过程称为解扩）。

2．调制技术

在数字蜂窝移动系统中，采用抗干扰性能强、误码性能好、频谱利用率高的线性调制和频谱泄露小的恒定包络（连续相位）调制技术，尽可能地提高单位频带内传输数据的比特速率。

（1）线性调制技术

传输信号的幅度随着调制数字信号的变化而线性变化，一般来说都不是恒包络的。线性调制主要包括相移键控（PSK）、正交相移键控（QPSK）、交错四相相移键控（OQPSK）、差分四相相移键控（DQPSK）、$\pi/4$-QPSK和正交振幅调制QAM等。线性调制技术频谱效率高，所以非常适合高速的移动通信系统。

（2）恒定包络调制技术

传输信号的幅度不随调制数字信号的变化而变化，一般来说是恒定包络的。这类调制的优点是已调信号具有相对窄的功率谱，对放大电路线性没有要求，可使用高功率C类放大器，但其频谱利用率通常低于线性调制技术。恒定包络调制方式包括最小相位频移键控（MSK）、高斯最小频移键控（GMSK）、高斯滤波频移键控（GFSK）等。GSM蜂窝网络采用GMSK。

3．语音编码技术

在移动通信系统中，语音编码技术对减少信道误码率、提高语音质量、提高信道利用率和系统容量具有重大的影响。

语音编码的目的是将模拟的语音信号变为数字的语音信号，并在保持一定的算法复杂程度和通信时延的前提下，占用尽可能少的信道容量，传送高质量的语音。

语音的编码技术通常分为3类：波形编码、参量编码和混合编码。其中，波形编码和参量编码是两种基本类型。

（1）波形编码

波形编码的基本原理是在时间轴上对模拟语音按一定的速率采样，然后将幅度样本分层量化，并用代码表示。解码是其反过程，将收到的数字序列经过解码和滤波恢复成模拟信号。波形编码具有适应能力强、语音质量好等优点，应用于对信号带宽要求不太严格的通信系统，但由于使用的编码速率高，因此不适用于频率资源相对紧张的移动通信系统。

（2）参量编码

参量编码又称为声源编码，是在频率域或其他正交域提取信源信号的特征参量，并将其转换成数字代码进行传输。解码为其反过程，将收到的数字序列经转换恢复特征参量，再根据特征参量重建语音信号，但重建信号的波形同原语音信号的波形可能会有相当大的差别。这种编码技术可实现低速率语音编码，比特率可压缩到 2～4.8kbit/s，甚至更低，但低速率下语音质量并不高，只能达到中等水平。另外，线性预测编码（LPC）及其他各种改进型都属于参量编码。

（3）混合编码

混合编码是将波形编码和参量编码组合起来，既能克服波形编码和参量编码的弱点，又可结合各自的长处。混合编码保持了波形编码的高质量和参量编码的低速率，在 4～16kbit/s 速率上能够得到高质量的语音。多脉冲线性预测编码（MPLPC）、规则脉冲激励线性预测编码（KPELPC）、规则脉冲激励—长期预测—线性预测编码（RPE-LTP-LPC）、矢量和激励线性预测编码（VSELP）、码激励线性预测编码（CELP）等都属于混合编码技术。

GSM 采用规则脉冲激励—长期预测—线性预测编码（RPE-LTP-LPC）方案，其编解码相对复杂，每个语音信道的净编码速率为 13kbit/s。IS-95（CDMA）系统采用美国高通公司的 9.6kbit/s 码激励线性预测编码（CELP）方案，每个语音信道的净编解码速率可为 2.4kbit/s、4.8kbit/s 和 9.6kbit/s。

4．均衡、分集和信道编码

移动通信系统需采用一些信号处理技术以改善通信质量。均衡、分集和信道编码作为提高通信质量的 3 种技术，既可以各自单独运用，又可以组合在一起使用。

这 3 种技术均可用于提高通信的质量（即降低比特差错率），但在实际的移动通信系统中，其各自的实现方法、成本、复杂程度及效果差别较大。

（1）均衡

由于实际的传输信道特性的不理想而引起数字信号的线性畸变，可以对信道的频域或时域的某些特性进行补偿来尽量减小这种线性畸变，这就是均衡的基本概念。均衡器可分为频域均衡器和时域均衡器，也可分为人工均衡器和自动均衡器（自适应均衡器）。

（2）分集

分集是为了减小由于衰落而造成通信质量恶化的一种技术。分集通常分为显分集和隐分集两大类。显分集主要有空间分集、角分集、极化分集、频率分集、时间分集等。隐分集主要通过一些抗衰落（主要是抗频率选择性衰落）的编码调制技术，如时频相编码等来实现。目前应用最为广泛而效果较好的是空间分集。所谓空间分集是采用两付以上的天线，相隔一定距离，分别进行接收，然后把收到的互相独立的信号进行合并，从而改善接收信号的质量。

（3）信道编码

信道编码是在所传送的数字信号流中增加一些冗余比特，进行纠错编码，以减少传输过程中所产生的比特差错率。通常用于信道编码的纠错编码方式有两种，即分组码和卷积码。按传统方式在进行信道编码时一般不考虑所要采用的调制方式，即信道编码与调制方式分开考虑，但新出现的网格编码调制方法则将编码与调制放在一起考虑，可实现较大的编码增益。

5．蜂窝技术

移动通信的飞速发展一大原因是发明了蜂窝技术。移动通信的一大限制是可用频带有限，这就限制了系统的容量。为了满足越来越多的用户需求，必须要在有限的频率范围内尽可能大地扩大它的利用率。除了采用前面介绍过的多址技术、编码技术等以外，还发明了蜂窝技术。

什么是蜂窝技术呢？

移动通信系统是通过基站来提供无线覆盖的。基站的覆盖范围有大有小，我们把基站的覆盖范围称之为蜂窝。采用大功率的基站主要是为了提供比较大的服务范围，但它的频率利用率较低，也就是说基站提供给用户的通信通道比较少，系统的容量也就大不起来，对于话务量不大的地方可以采用这种方式，称之为大区制。采用小功率的基站主要是为了提供大容量的服务范围，同时它采用频率复用技术来提高频率利用率，在相同的服务区域内增加了基站的数目，有限的频率得到多次使用，所以系统的容量比较大，这种方式称之为小区制或微小区制。下面简单介绍频率复用技术的原理。

（1）频率复用的概念

可以在时域与空间域内使用频率复用的概念。在时域内的频率复用是指在不同的时隙里占用相同的工作频率，叫做时分复用（TDM）。频率时分复用是一般通信系统中比较常见的概念。下面介绍频率空分复用的概念，它常用于移动通信和卫星通信中。在全双工工作方式中，一个无线信道包含一对信道频率，每个方向都用一个频率作发射。在覆盖半径为 R 的地理区域 C1 内（称为一个小区）使用无线信道 $f1$，也可以在另一个相距 D、覆盖半径也为 R 的小区 C2 内再次使用 $f1$，如图 7-4 所示。

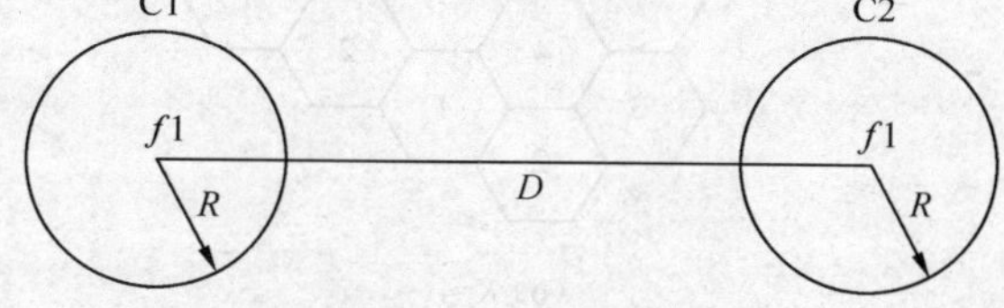

图 7-4 频率空分复用示意图

频率复用是蜂窝移动系统的核心概念。在频率空分复用系统中，处在不同地理位置（不同的小区）上的用户可以同时使用相同频率的信道，频率复用系统可以极大地提高频谱效率。但是，如果系统设计得不好，将产生严重的干扰，这种干扰称为同信道干扰。这种干扰是由于相同信道公共使用造成的，是在频率复用概念中必须考虑的重要问题。

（2）频率空分复用方案

在空间域上的频率复用可分为以下两大类。

① 两个不同的地理区域里配置相同的频率。例如，在不同的城市中使用相同频率的 AM 或 FM 广播电台。

② 在一个系统的作用区域内重复使用相同的频率——这种方案用于蜂窝系统中。蜂窝式移动电话网通常是先由若干邻接的无线小区组成一个无线区群，再由若干个无线区群构成整个服务区。为了防止同频干扰，要求每个区群（即单位无线区群）中的小区，不得使用相同频率，只有在不同的单位无线区群中，才可使用相同的频率。单位无线区群的构成应满足下列基本条件。

a．若干个单位无线区群彼此邻接组成蜂窝式服务区域。

b．邻接单位无线区群中的同频无线小区的中心间距相等。

c．一个系统中有许多同信道的小区，整个频谱分配被划分为 K 个频率复用的模式，即单位无线区群中小区的个数，如图 7-5 所示，其中 $K=3$、4、7，当然还有其他复用方式，如 $K=9$、12 等。

（3）频率复用距离

允许同频率重复使用的最小距离取决于许多因素，如中心小区附近的同信道小区数，地理地形类别，每个小区基站的天线高度及发射功率。

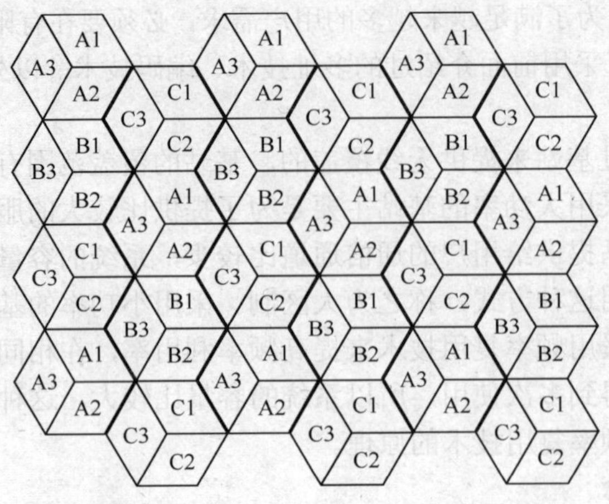

（a）K=3

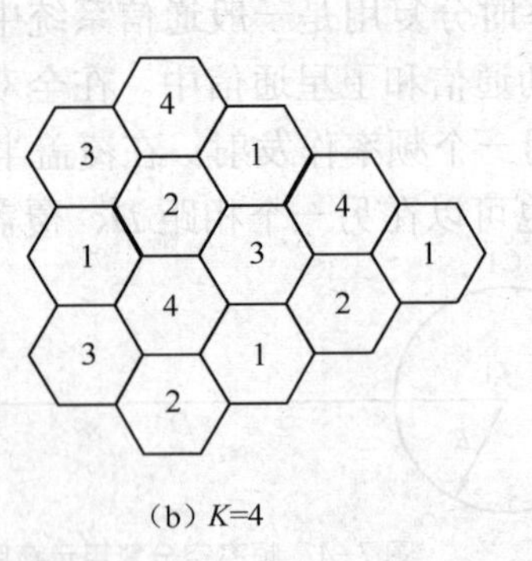

（b）K=4

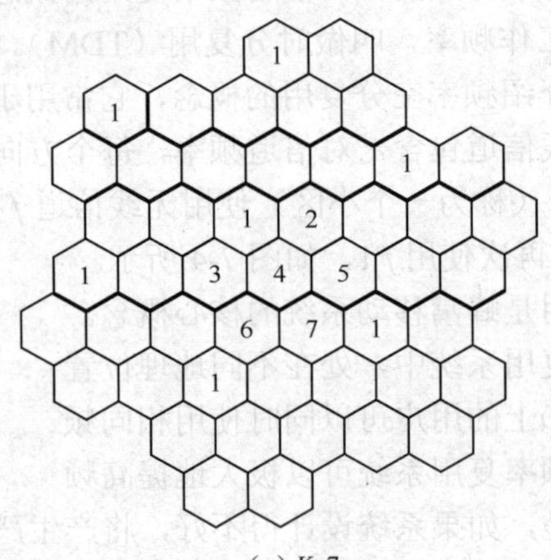

（c）K=7

图 7-5 N小区复用模式

频率复用距离 D 由下式确定：

$$D=\sqrt{3KR}$$

其中，K 是图 7-5 中所示的频率复用模式，则

$$D=3.46\ R \quad K=4$$
$$D=4.6\ R \quad K=7$$

如果所有小区基站发射相同的功率，则 K 增加，频率复用距离 D 也增加。增加频率复用距离将减小同信道干扰发生的可能。

从理论上来说，K 应该大些，然而，分配的信道总数是固定的。如果 K 太大，则 K 个小区中分配给每个小区的信道数将减少，如果随着 K 的增加而划分 K 个小区中的信道总数，则中继效率就会降低。同样道理，如果在同一地区将一组信道分配给两个不同的工作网络，系统频率效率也将降低。

因此，现在面临的问题是，在满足系统性能的条件下如何得到一个最小的 K 值。解决它必须估算同信道干扰，并选择最小的频率复用距离 D 以减小同信道干扰。在满足条件的情况下，构成单位无线区群的小区个数 $K=i^2+ij+j^2$（i、j 均为正整数，其中一个可为零，但不能两个同时为零），取 $i=j=1$，可得到最小的 K 值为 $K=3$（见图 7-5）。

7.3.2 空中接口协议模型

移动通信的空中接口（或称无线接入部分）协议和信令是按照分层的概念来设计的。空中接口包括无线物理层、链路层和网络层。链路层还可进一步分为介质接入控制层和数据链路控制层。物理层是最低层，如图 7-6 所示。

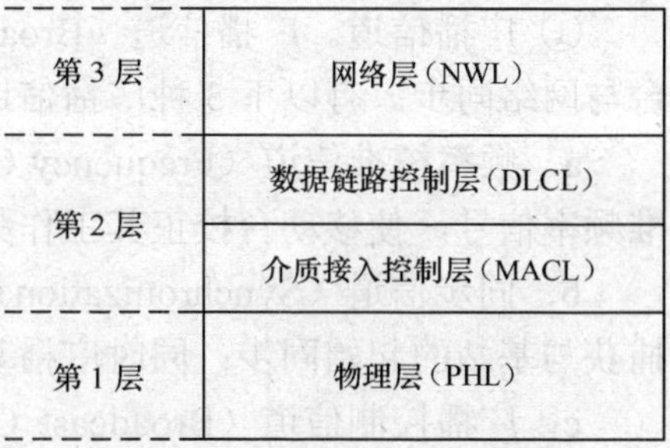

第 3 层	网络层（NWL）
第 2 层	数据链路控制层（DLCL）
	介质接入控制层（MACL）
第 1 层	物理层（PHL）

图 7-6 空中接口分层模型

物理层（PHL）确定无线电参数，如：频率、定时、功率、码片、比特或时隙同步、调制解调、收发信机性能等。物理层将无线电频谱分成若干个物理信道，划分的方法可以按频率、时隙或码字或它们的组合进行，如频分多址（FDMA）、时分多址（TDMA）、码分多址（CDMA）等。物理层在介质接入控制层（MACL）的控制下，负责数据或数据分组的收发。

介质接入控制层（MACL）的主要功能有介质访问管理和数据封装等。具体地讲，第一个功能是选择物理信道，然后在这些信道上建立和释放连接。第二个功能是将控制信息、高层的信息和差错控制信息复接成适合物理信道传输的数据分组。介质接入控制层通过形成多种逻辑信道为高层提供不同的业务。

数据链路控制层（DLCL）的主要功能是为网络层提供非常可靠的数据链路。DLCL 一般分为两个平面：控制平面和用户平面。控制平面为内部控制信令和为有限数量的用户信息提供非常可靠的传输链路，采用标准的链路接入步骤（LAPC）来提供完全的差错控制。在用户平面，提供了一组可供选择的业务，如供语音传输的透明无差错保护的业务，具有不同差错保护的支持电路交换模式和分组交换模式数据传输的其他业务。

网络层（NWL）主要是信令层。它确定了用于链路控制、无线电资源管理、各种业务（呼叫控制、附加业务、面向连接的消息业务、无连接的消息业务）管理和移动性管理的各种功能。

7.3.3 空中接口实例——GSM 空中接口

GSM 系统空中接口继承了 ISDN 用户/网络接口概念，其控制平面包括物理层、数据链路层和信令层 3 层协议结构。

物理层包括各类信道，为高层信息的传输提供基本无线信道。数据链路层包括各种数据传输结构，对数据传输进行控制。信令层对业务进行控制，包括无线资源管理（RR）、移动性管理（MM）和呼叫接续管理（CM），如图 7-7 所示。

信令层	CM
	MM
	RR
数据链路层	LAPDm
物理层	UmL1

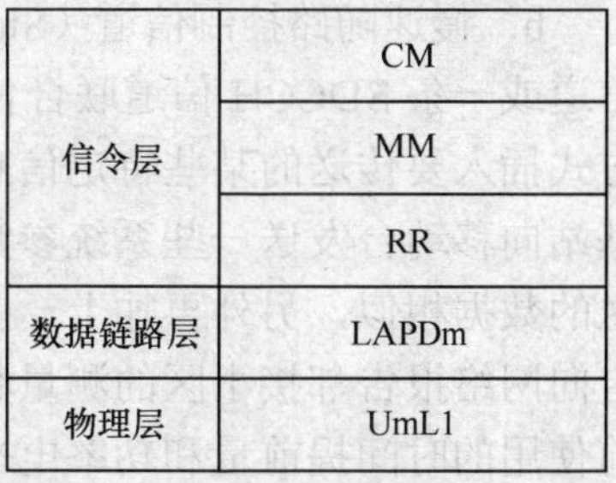

图 7-7 GSM Um 接口协议模型

1. 物理层

为了更好地把通信业务与传输方案对应，引进了信道（Channel）的概念。不同的信道可以同时传输不同的比特流，这种比特流是按照传输方案复合而成的。信道分为物理信道和逻辑信道。逻辑信道承载在物理信道上。

（1）逻辑信道

GSM 通信系统中，根据所传输的信息不同，将逻辑信道分为业务信道（Traffic Channel，TCH）和控制信道（Control Channel，CCH）。业务信道传输编码的语音或用户数据，按速率的不同分为全速率业务信道（A Full Rate Traffic Channel，TCH/F）和半速率业务信道（A Half Rate Traffic Channel，TCH/H）。控制信道传输各种信令信息。包括3类控制信道：广播信道、公共控制信道和专用控制信道。

① 广播信道。广播信道（Broadcast Channel，BCH）供基站单向发送广播信息，使移动台与网络同步。有以下3种广播信道。

a．频率校准信道（Frequency Correction Channel，FCCH）：用于向移动台提供系统的基准频率信号，使移动台校正其工作频率。

b．同步信道（Synchronization Channel，SCH）：向移动台传送同步训练序列，使移动台捕获与基站的起始同步；同时广播基站识别码，以使移动台识别相邻的同频基站。

c．广播控制信道（Broadcast Control Channel，BCCH）：用于向移动台接入网络所需的系统参数，例如位置区识别码（Location Area Identification，LAI）、移动网络识别码（MNC）、邻接小区基准频率和接入参数等。

② 公共控制信道。公共控制信道（Common Control Channel，CCCH）用于系统寻呼和移动台接入，分为以下3种公共控制信道。

a．寻呼信道（Paging Channel，PCH）：用于基站寻呼移动台（下行）。

b．随机接入信道（Random Access Channel，RACH）：用于移动台申请入网。包含呼叫时移动台向基站发送的第一个消息。

c．准予接入信道（Access Grant Channel，AGCH）：基站用此信道通知移动台所分配的业务信道和专用控制信道，同时向移动台发送时间提前量（TA）。该提前量的作用是使远离基站的移动台提前发送其指定的时隙信息，以补偿因传输产生的时延，以此确保远端与近端移动台在不同时隙发出的信号抵达基站时不会发生交叠和冲突。该提前量是根据对移动台的传输的时延测量而设定的。

③ 专用控制信道。专用控制信道（Dedicated Control Channel，DCCH）是一种“点对点”的双向控制信道，其用途是在呼叫接续阶段和在通信进行当中，在移动台和基站之间传输必需的控制信息。专用控制信道可分为以下3种。

a．独立专用控制信道（Stand-alone Dedicated Control Channel，SDCCH）：用于在基站和移动台之间双向传送呼叫控制和位置登记信令信息。所谓“独立专用”是指该信道单独占用一个物理信道（TDMA时隙），不与任何其他TCH共用物理信道，类似No.7信令的公共信令信道。它的管理和TCH一样，在信令交换时可以进行信道切换。

b．慢速随路控制信道（Slow Associated Control Channel，SACCH）：SACCH与一条业务信道或一条SDCCH信道联合使用，它和TCH（SDCCH）位于同一物理信道中，以时分复用方式插入要传送的某些特定信息。例如，功率控制和帧调整信息、测量数据等。在下行方向，基站向移动台发送一些系统参数，使移动台随时知道系统的最新变化。这些参数和BCCH发送的数据相似，另外再加上一些调整时间提前量或功率电平的控制参数。在上行方向，移动台向网络报告邻接小区的测量数据，供网络进行切换时判决使用，同时还要向网络报告它当前使用的时间提前量和功率电平。

c．快速随路控制信道（Fast Associated Control Channel，FACCH）：该信道传送的信息与SDCCH相同，差别在于SDCCH是独立的信道，而FACCH寄生于TCH中，所以称为“随路”。FACCH用于在呼叫进行中快速发送一些长的信令信息。例如在通话中移动台越区进入另一个小区需要立即与网络交换一些信令信息，如果通过SACCH传送，速度太慢；FACCH可以“借用”TCH信道来传送消息，被“借用”的TCH就成为FACCH。由于TCH是用于业务信息传送的，因此借用时将中断业务信息的传送。为了减小对语音等业务信息传输质量的影响，GSM采用了数字信号处理技术来估算因插入FACCH而被删除的语音信息，在接收端予以恢复。

为了节省无线信道资源，还可以按一定方式构成组合信道，每个组合占用一个物理信道。常用组合方式有TCH + FACCH + SACCH、BCH + CCCH和SDCCH + SACCH等3种。

（2）物理信道

GSM系统采用时分多址（TDMA）、频分多址（FDMA）和频分双工方式（FDD）。采用频段为：上行890～915MHz，下行935～960MHz；双工间隔45MHz。首先在25MHz的频段内进行频分复用，分为125个载频，载频间隔为200kHz；再在每个载频上进行时分复用，分为8个时隙。这样，共有1 000个物理信道，根据需要分给不同的用户使用。移动台在特定的频率上和时隙内，向基站传输信息，基站也在相应的频率上和相应的时隙内，以时分复用方式向各个移动台传输信息。

GSM的帧结构分为帧、复帧、超帧、超高帧，如图7-8所示。

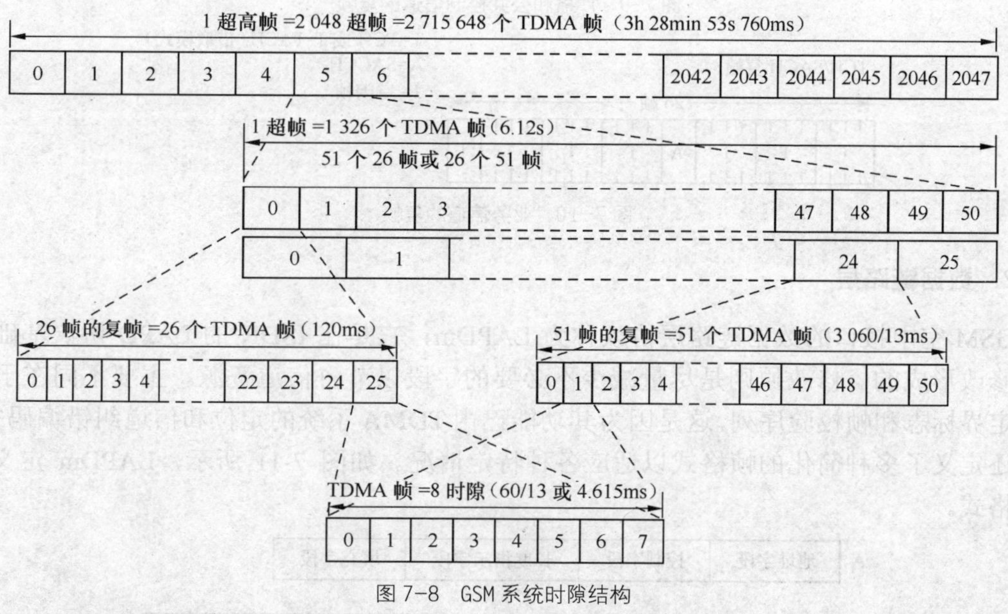

图7-8 GSM系统时隙结构

在GSM中，基本的无线资源单位是一个个时隙（Time Slot，TS），每个时隙含156.25个码元，占15/26ms（576.9μs），传输速率为1 625/6 ≈ 270.833kbit/s。

每一个TDMA基本帧（Frame）含8个时隙，共占60/13≈4.615ms。多个TDMA基本帧构成复帧（Multiframe），其结构有如下两种。

① 26帧的复帧，即含26帧的复帧，其周期为120ms，这种复帧主要用于承载TCH业务信道。

② 51帧的复帧，即含51帧的复帧，其周期为3 060/13 ≈ 235.385ms，用于承载控制信道、BCCH、CCCH和DCCH等。

多个复帧又构成超帧（Super Frame），它是一个连贯的51 × 26TDMA帧，即一个超帧可以是包括 51 个 26 帧的复帧，也可以是包括 26 个 51 帧的复帧。超帧的周期均为 1 326 个 TDMA 帧，即 6.12s。

多个超帧构成超高帧（Hyper Frame）。超高帧是帧结构最长的重复周期，包括 2 048 个超帧，周期为 12 533.76s，即 3h28min53s760ms。用于加密的语音和数据，超高帧每一周期包含 2 715 648 个 TDMA 帧，这些 TDMA 帧按序编号，依次从 0～2 715 647。

图 7-9 和图 7-10 所示为全速率情况下，支撑广播、公共控制和业务信道的复帧格式。

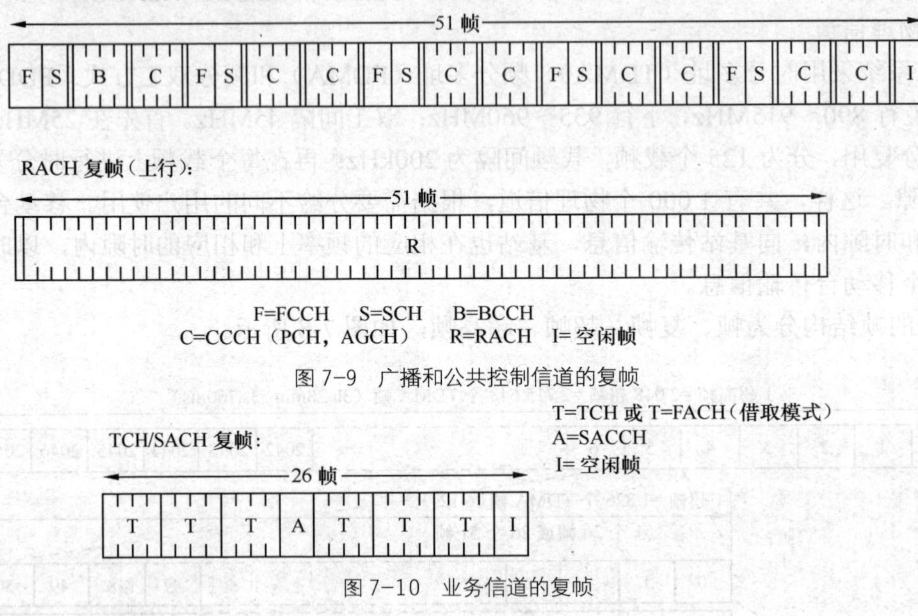

图 7-9 广播和公共控制信道的复帧

图 7-10 业务信道的复帧

2. 数据链路层

GSM 空中接口的数据链路层协议称为 LAPDm，它是在 ISDN 的 LAPD 协议基础上作少量修改形成的。修改原则是尽量减少不必要的字段以节省信道资源。主要不同在于取消了帧定界标志和帧校验序列，这是因为其功能已由 TDMA 系统的定位和信道纠错编码完成。此外还定义了多种简化的帧格式以适应各种特定情况。如图 7-11 所示，LAPDm 定义了 5 种帧格式。

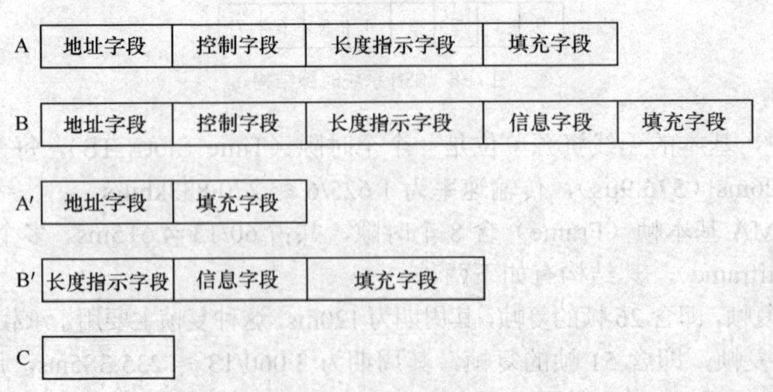

图 7-11 LAPDm 帧格式

① 格式 B 是最基本的一种帧，和 LAPD 帧基本相同。地址字段增设一个服务访问点标

识（Service Access Point Identifier，SAPI），SAPI = 3 用于短消息的传送。所谓短消息业务（Short Message Service，SMS）就是 GSM 的短信业务，指的是在专用控制信道上传送的长度受限的用户数据，类似 ISDN 中 D 信道上传送的分组数据。系统将其转送至短消息中心，进而转送到目的用户，这是 GSM 提供的一项特殊业务（SMS）。SAPI = 0 的帧优先级高于 SAPI = 3 的帧。控制字段定义了 I 帧和 UI 帧两种。前者用于专用控制信道（SDCCH、SACCH、FACCH），后者用于除随机接入信道外的所有控制信道。

② 格式 A 对应 U 帧和 S 帧。

③ 格式 A′和 B′用于 AGCH、PCH 和 BCCH 信道。这些下行信道的信息自动重复发送，无须证实，因此不需要控制字段；由于所有移动台都守听这些信道，因此不需要地址字段。B′格式帧传送 UI 帧，即不需证实的信息帧 UI。A′只起填充作用。

④ 格式 C 仅一个字节，专用于 RACH 信道。实际上 C 不是 LAPDm 帧，只是由于接入信息的信息量少，所以就赋予一个最简化的结构。

3．信令层

信令层是收、发和处理信令消息的实体，其主要功能是传送控制和管理信息。它包括三个功能子层。

① 无线资源管理（RR），其作用是对无线信道进行分配、释放、切换、性能监视和控制，GSM 共定义了 9 个信令过程。

② 移动性管理（MM），定义移动用户位置更新、鉴权、开机接入、关机退出、TMSI 重新分配和设备识别等过程。

③ 接续管理（CM），或称连接管理，负责呼叫控制，包括补充业务和短消息业务的控制。由于有 MM 功能子层的屏蔽，CM 子层已感觉不到用户的移动性。其控制机理继承了 ISDN 的用户网络接口原理，包括去话建立、来话建立、呼叫中改变传输模式、MM 连接中断后呼叫重建和 DTMF 传送等 5 个信令过程。

7.4 交换技术

7.4.1 移动通信中的交换

移动通信呼叫建立过程与固定通信具有一定相似性，但由于移动通信中的终端可随时随地运动，甚至在某些移动系统中，移动用户不通话时发射机是关闭的，它与交换中心没有固定的联系，因此，移动通信中的交换比固定通信中的交换复杂，有着自身的特点。

1．与固定通信中的交换的差别

移动通信中的交换与固定通信中的交换差别主要体现在以下几方面。

（1）用户合法性

PSTN 不对用户的合法性进行分析，认为所有接入的用户都是合法的，即使有非法用户（如并线）。但移动通信需要对所有接入的用户进行鉴权，只有合法的用户才能进行呼叫。

（2）用户状态

PSTN 中终端用户通常只有两种状态：忙或空闲。在移动通信中，终端除了有这两种状态外，还有关机状态。终端开机时，网络要对其进行“附着”操作；关机时，要进行“分离”操作。

（3）用户位置的确定

PSTN 中用户通过用户线接入其归属交换机，用户位置固定，局向易于确定，用户的电话号码体现了路由信息。在移动通信中，用户位置不固定，用户号码仅体现了归属地信息，但其当前所处位置不能通过号码简单反映出来。

（4）话路的不变性

PSTN 中用户在整个通话过程中位置都不会改变，话路不会改变。在移动通信中，随着终端的移动，话路可能会改变，即“切换”操作。

2．移动交换特有的通信处理

（1）用户鉴权

用户鉴权（Authentication）也称为用户认证，就是以一种可靠的方法确认用户的合法身份。在数字移动通信系统中，用户接入网络（开机、起呼、寻呼等），需要对用户合法性进行检查。

① 用户终端的合法性。通过网络中的 EIR，检查用户使用的终端是否在“黑名单”中，如果是非法用户，则不能接入网络。当前网络普遍未提供该功能。

② 用户身份的合法性。确认移动台通过无线传送的移动用户识别码（IMSI）是否是签约的 IMSI，即确认用户的合法身份，防止无权用户接入网络。

（2）位置更新

位置更新，就是移动台（MS）通知网络自己身在何处，便于其他用户寻呼该 MS。

PLMN 的网络覆盖区域被划分为若干位置区，每个位置赋予一个位置区识别码 LAI。位置区的 LAI 信息通过该区内的 BTS 广播，进入该位置区的 MS 能收到该信息。而每个 MS 都存储本机当前所联系的位置区（即为 MS 提供服务）的 LAI 信息，当 MS 收听到当前 BTS 广播的 LAI 与本机存储的 LAI 不同时，MS 要进行位置更新，即更新本机在 MSC/VLR 中的位置信息。若此时 LAI 与存储的 LAI 分属不同的 MSC/VLR，则该 MS 隶属的 HLR 也要进行位置更新。

（3）IMSI 的附着与分离

IMSI 的附着与分离即位置登记。附着和分离就是两种在网络中的状态，标记在 VLR 中，手机接入网络后就在 VLR 中标记附着，如果关机就在 VLR 中标记分离。当 IMSI 分离后，如有用户呼叫该移动台，BSS 不会再寻呼，减轻了 BSS 负荷。

附着类似于员工的上班打卡，分离类似于员工的下班打卡。

（4）切换

处于通话状态的移动用户从一个基站系统（BSS）移动到另一个 BSS 时候，网络能够把移动台从原信道切换到一新的信道，以保证用户的通话不中断。切换与否主要由 BSS 决定，当 BSS 检测到当前的无线链路通信质量下降时候，BSS 将根据具体情况进行不同的切换，也可以由 MS 根据话务信息要求开始切换。

切换包括 BSS 内部切换、BSS 间的切换和 MSS 间的切换。其中 BSS 间的切换和 MSS 间的切换都需要由 MSC 来控制完成，而 BSS 内部切换由 BSC 控制完成。

7.4.2 移动呼叫的一般过程

下面以 GSM 为例，介绍移动呼叫的一般过程。

1. 移动台初始化

在蜂窝移动通信系统中，每个小区都指配了一定数量的波道，在这些波道上按规定配置各类逻辑信道，其中有用于广播系统参数的广播信道，用于信令传送的控制信道和用户信息传送的业务信道。MS 开机时通过自动扫描，捕获当前所在小区的广播信道，根据广播的训练序列完成与基站的同步；然后获得移动网号、基站识别码、位置区识别码等位置信息；此外，MS 还需提取接入信道、寻呼信道等公共控制信道号码。上述任务完成后，移动台就监视寻呼信道，处于守听状态。

2. 移动台位置登记

移动台一般处于空闲、关机和忙 3 种状态之一，网络需要对这 3 种状态进行相应处理。

（1）MS 开机，网络对它作“附着”标记

若 MS 是第一次开机，在其 SIM 卡中找不到原来的位置区识别码（LAI），它就立即要求接入网络，向 MSC 发送“位置更新请求”消息，通知 GSM 系统这是一个此位置区内的新用户。MSC 根据用户发送的 IMSI 中的 $H_0H_1H_2H_3$ 消息，向该用户的 HLR 发送“位置更新请求”，HLR 记录发送请求的 MSC 号码，并向 MSC 回送“位置更新证实”消息。至此 MSC 认为此 MS 已被激活，在 VLR 中对该用户的 IMSI 作“附着”标记；再向 MS 发送“位置更新接受”消息，MS 的 SIM 卡记录此位置区识别码（LAI）。

若 MS 不是第一次开机，而是关机后又开机，MS 接收到的 LAI（来自于广播控制信道上的广播消息）与 SIM 卡中的 LAI 不一致，那么它也要立即向 MSC 发送“位置更新请求”。MSC 首先判断原有的 LAI 是否是自己服务区的位置：如是，MSC 只需修改 VLR 中该用户的 LAI，对其 IMSI 作“附着”标记，并在“位置更新接受”消息中发送 LAI 给 MS，MS 修改 SIM 卡中的 LAI。如不是，MSC 需根据该用户 IMSI 中的 $H_0H_1H_2H_3$，向相应的 HLR 发送“位置更新请求”，HLR 记录发请求的 MSC 号码，再回送“位置更新证实”；MSC 在 VLR 中对用户的 IMSI 作“附着”标记，记录 LAI，并向 MS 回送“位置更新接受”，MS 修改 SIM 卡中的 LAI。但若 MS 关机后再开机时，所接收到的 LAI 与 SIM 卡中的 LAI 相一致，那么 MSC 只需对该用户作“附着”标记。

（2）MS 关机，从网络中“分离”

当 MS 切断电源关机时，MS 在断电前向网络发送最后一条消息，其中包括分离处理请求，MSC 接收到后，即通知 VLR 对该 MS 对应的 IMSI 上作“分离”标记，但 HLR 并没有得到该用户已经脱离网络的通知。当该用户被寻呼，HLR 向 MSC/VLR 要 MSRN 时，MSC/VLR 通知 HLR 该用户已分离网络，不再需要发送寻找该用户的寻呼消息。

（3）MS 忙

当 MS 忙时，网络分配给 MS 一个业务信道传送语音或数据，并标注该用户“忙”。

（4）周期性登记

若 MS 向网络发送“IMSI 分离”消息，由于当时无线链路质量很差，衰落很大，GSM 系统有可能不能正确译码，这就意味着系统仍认为 MS 处于附着状态。再如 MS 开着机，可移动到覆盖区以外的地方（如盲区），GSM 系统仍认为 MS 处于附着状态。此时该用户被寻

呼，系统就会不断发出寻呼消息，无效占用无线资源。为了解决上述问题，GSM系统采取了强制登记措施，例如要求MS每30分钟登记一次（时间长短由运营者决定），这就是周期性登记。这样，若GSM系统没有接收到某MS的周期性登记信息，它所处的VLR就以“隐分离”状态在该MS上作记录，只有当再次接收到正确的周期性登记信息后，才将它改写成“附着”状态。周期性登记的时间间隔由网络通过BCCH向MS广播。

3．移动台呼出

移动台呼出步骤如下。

① 原先工作在广播控制信道（BCCH）上，后MS向BS发出申请信道的请求，收到BS发来的立即分配消息后，MS转到指定的专用信道（DCCH）上。

② MS申请业务信道（由BS发给MSC），MSC向VLR发送请求以获得移动台的参数，网络要求对MS进行鉴权，产生一128 bit的RAND传给MS，MS处理后发送鉴权响应给网络，VLR向MSC回送信息证实，由网络方面判断此用户的合法性。

通过鉴权，网络就保密方面考虑向MS发送置密码模式消息（加密模式管理是无线传输性之一，传输是否采用加密取决于MSC的选择，加密模式用于无线路径，管理主要涉及MS和BTS，MS提供加密参数（KC）到BTS，以决定是否选用加密模式）。将有关用户数据加密的信息传给移动台，MS对此消息返回密码模式完成消息给MSC（如果需要，VLR将重新分配一个TMSI给MS）。

对密码模式作出响应后，MS发送建立消息给MSC，MSC为此次呼叫分配一路地面信道，并要求BS分配无线业务信道TCH。

③ 移动网络的通信链路建立后，MSC向固定网络发送消息IAM（初始地址），以便将呼叫接续到固定网络。固定网络首先通过FIN（连接证实）消息将设备信息返回MSC。被叫接通后，送回铃消息给MS。在被叫摘机后，固定网发给MSC回应信息（ANS）。MSC发给MS连接命令，MS发回响应并转入通话，至此，完成了MS主呼进程。

4．移动台呼入

移动台被叫时，主叫方发出的被叫电话号码并不说明某条电话用户线或某个地理位置，而只是指向某个HLR中的用户数据存储区。在GSM系统中，移动用户电话号码MSISDN编号方式遵循原CCITT的E.164建议。移动用户电话号码中的前几位数字可表明该用户归属的移动通信网，分析开头几位号码还能确定存放该用户数据的HLR（见“7.2.2 编号计划”），从这个HLR的用户数据中就能读出该用户目前访问的移动交换中心VMSC。因此通过查询HLR，可以确定最终到达该移动用户的路由。由此可见，整个呼叫建立过程可分为两部分：查询HLR以前和查询HLR以后。这使得呼叫路由分为两部分：从主叫地到发出查询的地点，再从查询地到被叫处。

① 呼叫用户拨出移动用户号码（MSISDN）后，固定网络将此呼叫接续到最近的相关移动交换中心（GSMC），GSMC向归属位置寄存器（HLR）发出查询消息以获得路由信息。固定网发出的初始地址（IAM0）就是移动用户号码。HLR根据其保留的被叫用户数据，确定MS目前所在的VLR，并向该VLR发查询消息。VLR返回该MS的移动台漫游号码（MSRN），并由HLR返回给GMSC（第一部分查询HLR以前）。根据这些消息，GMSC将呼叫接续到拜询MSC，即MS目前归属的MSC。MSC向VLR发送信息I/C，以获得呼叫信息。

② MSC 向相关的基站 BS 发出寻呼请求信息，以建立至 MS 的呼叫连接。BSC 确定被呼 MS 所归属位置区的 BTS 后，向其发送呼叫分组信息，BTS 再通过寻呼信道（PCH）发出被叫 MS 的识别号和寻呼模式。

③ 当被呼 MS 接收到它的呼叫后，在 MS 中的 RR 子层启动随机接入进程（RAP），在随机接入信道（RACH）上发送信道请求信息给 BS。此请求给 BS 的 RR 子层。RR 子层分配专用控制信道（DCCH），并在公共控制信道（CCCH）上发送立即指配消息给 MS。MS 转换到相应的 DCCH 上，从而建立起主信令链路（MSL）。然后，MS 向 BS 和 MSC 返回寻呼响应信息。

④ 接到 MS 的寻呼响应后，MSC 向 VLR 发送过程接入请求。然后，开始常规鉴权和密码参数传递过程。如果成功，VLR 向 MSC 发送完成呼叫消息，启动 MSC 发送设置消息给 MS。被呼 MS 收到此消息后进入呼叫存在状态，同时向 BS 返回呼叫证实消息，以说明 MS 已具备受话的条件。

⑤ 收到呼叫证实消息后，MSC 为此次呼叫分配地面信道，并命令基地台分配无线业务信道 TCH。此过程与 MS 主呼中的相应过程一样。若 TCH 连接成功，MSC 将收到的应答为指配完成信息。

⑥ 信道建立完成后，MSC 将收到 MS 发来的回铃消息。然后，MSC 在 FIN（连接证实）中发送连接证实消息给呼叫端，并在发送给固定网的 ACM（地址完成）消息中指示被呼移动台已接通。被呼用户摘机后，MS 发送连接消息给 MSC。MSC 返回被呼 MS 应答并发回应消息（ANS）给主叫用户。至此，完成了移动台被呼的接续过程。

7.4.3 移动通信中的网络安全

移动通信系统提供了完备的网络安全功能，包括用户识别码（IMSI）的保密、用户鉴权和信息在无线信道上的加密。

1．用户识别码的保密

移动用户识别码（IMSI）是唯一识别一个用户的编码，如果被截获，就会被人知道行踪，甚至被人冒用账户，造成经济损失。为此，GSM 系统可为每个使用网络的用户提供一个临时移动用户识别码（TMSI）。该编码在用户入网时由 VLR 分配，它和 IMSI 一起存在 VLR 的数据库中，在访问期间有效。移动台起呼、位置更新或向网络发送报告时将使用该编码，网络对用户进行寻呼时也使用该编码。如果移动用户进入一个新的 VLR 服务区，需要进行位置更新登记，位置更新过程如图 7-12 所示。新的 VLR 首先根据更新消息中的 TMSI 及 LAI 判定原来分配给该 TMSI 的 PVLR，然后向 PVLR 请求该用户的 IMSI，再根据 IMSI 向 HLR 发出位置更新消息，请求有关的用户数据。与此同时，PVLR 将收回原先分配的 TMSI，VLR 重新给该用户分配新的 TMSI。从上可知，IMSI 不在空中无线信道上传送，取而代之的是 TMSI，而 TMSI 是动态变化的，避免了 IMSI 被截获的可能，因而 IMSI 得到了保密保护。

2．移动用户鉴权

用户鉴权（Authentication）也称为用户认证，其目的是以一种可靠的方法确认用户的合法身份。它不依赖于 IMSI、MSDN 或 IMEI，这是 GSM 区别于其他系统的一个特色。

用户鉴权由鉴权中心（AuC）、VLR 和用户配合完成，其鉴权原理如图 7-13 所示。当用户起呼或进行位置更新时，VLR向该移动用户发送一个随机数（Rand）；用户的SIM卡以随机数和鉴权键为输入参数运行鉴权算法A3，得到输出结果，称为符号响应（SRES），回送VLR。SRES就是一种数字签名，VLR将此结果和早已预先算好并暂存在存储器中的结果进行比较，如果两者相符，就表示鉴权成功。

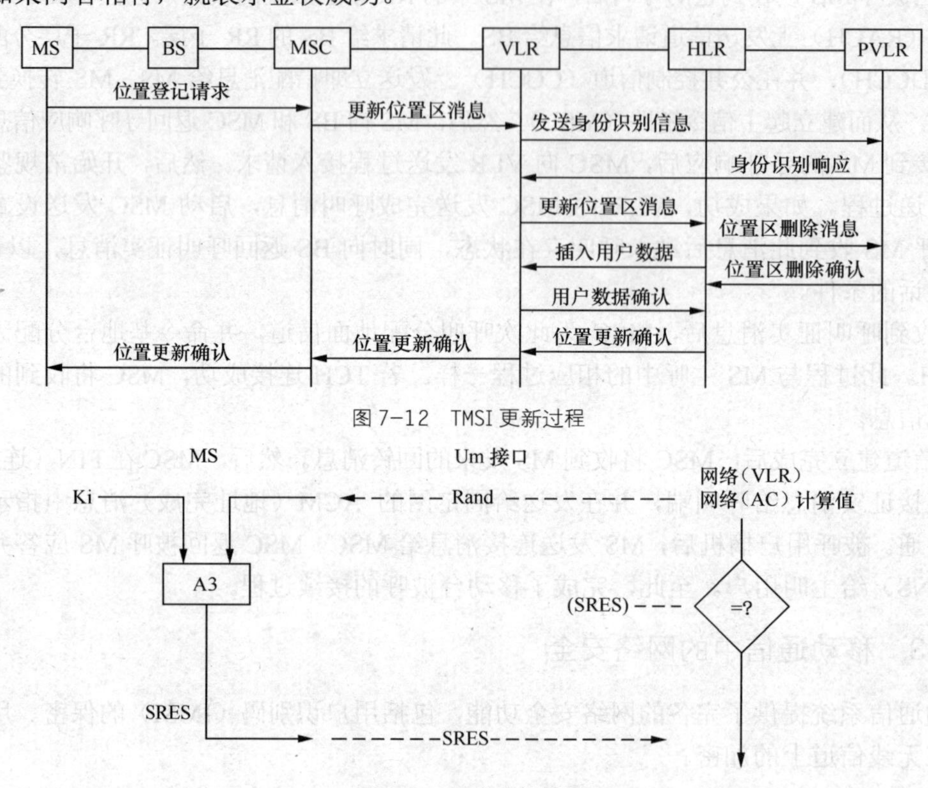

图7-12 TMSI更新过程

图7-13 用户鉴权原理

如果VLR发现鉴权结果与预期结果不相符，且用户是以TMSI和网络相联系的，则可能是错误的TMSI，这时VLR将通知用户发送其TMSI。如果TMSI与IMSI的对应关系出错，则以IMSI为准再次进行鉴权。若鉴权再次失败，VLR就要核查用户的移动台设备（IMEI）是否合法。鉴权失败记录由VLR进行保存。

VLR中存储的随机数和符号响应对是由鉴权中心（AuC）预先产生并传送到VLR中的。AuC中存有各个用户的Ki和相同的算法A3。VLR可为每个访问用户暂存最多10对随机数和符号响应对，每运行一次鉴权使用一对数据，鉴权结束这对数据就丢弃不再使用。当VLR只剩下少量鉴权数据时就向AuC发出请求，AuC将向它发送鉴权数据。用户的Ki只有SIM卡和AuC中才有，其他网络部件，包括HLR、VLR都无此参数，以保证用户安全。

CDMA移动网鉴权的基本原理与GSM相同，同样采用数字签名方式完成。但是CDMA系统允许由VLR代替进行鉴权，以减轻AuC的负荷。相应的鉴权过程更为复杂，功能则更为完善。

3. 数据加密

数据加密（Encryption）用于信令和重要用户信息的保密传送，用户信息是否需要加密可在呼叫建立时由信令指示。数字通信系统加密有许多成熟的算法，GSM采用可逆算法A5进行加密，即发送端用A5算法加密，接收端也用A5算法进行解密。为了提高加密性能，GSM

系统加密时对每个用户提供一个特定的密钥 Kc。如图 7-14 所示，在鉴权过程中，当计算 SRES 时，同时利用 A8 算法计算出密钥 Kc，并在 BTS 和 MSC 中均暂存 Kc。

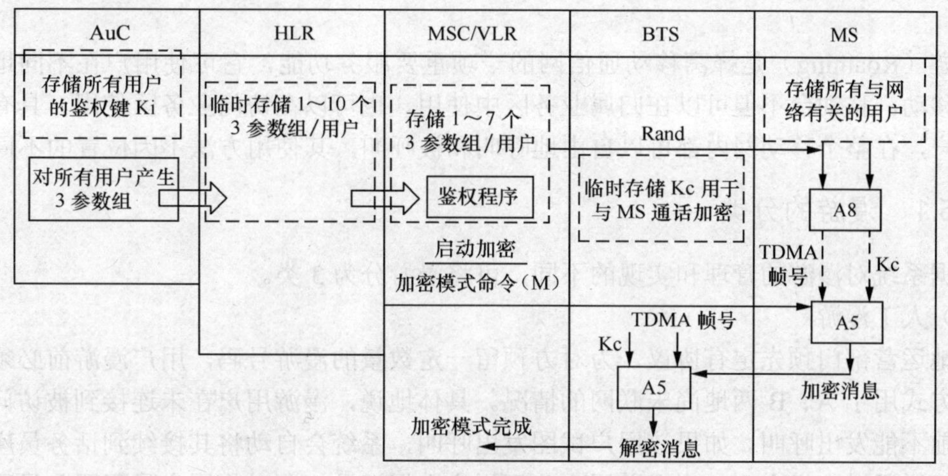

图 7-14　加密过程

当 MSC/VLR 把加密命令（M）通过 BTS 发往 MS 时，MS 根据 M、Kc 和 TDMA 帧号通过加密算法 A5，产生加密信息，表明 MS 已完成加密，并将加密消息回送给 BTS。BTS 采用相应的算法解密，恢复消息 M，如果无误则通告 MSC/VLR，表明加密模式完成。

4．国际移动台识别

国际移动台识别是通过国际移动用户设备标识码和设备识别寄存器（EIR）来完成的。设备识别过程如图 7-15 所示，根据需要，MSC 可以发送指令要求移动台在呼叫时发送其国际移动设备识别码（IMEI），并与 EIR 中存储的数据进行比对，如果发现不相符，则确定该移动台非法，应禁止使用。在 EIR 中建有一张“非法 IMEI 号码表”，俗称“黑名单”，用以禁止被盗移动台的使用。EIR 存储着移动设备的 IMEI，通过核查白名单、黑名单和灰名单这 3 种表格（其中分别列出了准许使用的、出现故障需监视使用的、失窃禁止使用的移动设备的 IMEI），使得运营商对于不管是失窃还是由于技术故障或误操作而危及网络正常运行的移动台，都能采取及时的防范措施，以确保网络内所使用的移动设备的唯一性和安全性。

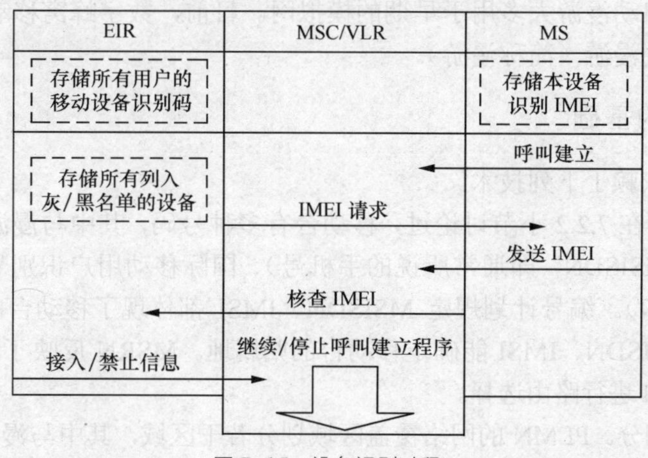

图 7-15　设备识别过程

7.5 漫游管理

漫游（Roaming）是蜂窝移动通信网的一项重要服务功能，它可使用户在不同地区的移动网中移动。移动台不但可以在归属业务区中使用，也可以在访问业务区使用。具有漫游功能的用户，在整个移动网内都可以自由地呼叫和被呼叫，其使用方法不因位置的不同而异。

7.5.1 漫游的分类

根据系统对漫游的管理和实现的不同，可将漫游分为 3 类。

（1）人工漫游

两地运营部门预先定有协议，为对方预留一定数量的漫游号码，用户漫游前必须提出申请。该方式用于 A、B 两地尚未联网的情况。具体地说，漫游用户在未连接到被访问移动交换机之前不能发出呼叫。如果该用户试图发出呼叫，系统会自动将其接续到话务员座席上。话务员可以通过人机命令，为漫游用户分配用户数据记录，同时将用户号码置入号码分析模块单元。此时，该漫游用户可以和在其归属业务区一样，发出各种呼叫。要使漫游用户能受理来话呼叫，被访问移动业务区的话务员也必须将移动用户的最新位置通知归属业务区，当归属业务区话务员收到该信息后，通过人机命令改变该漫游用户的相关数据。

（2）半自动漫游

半自动漫游是漫游用户至访问业务区发起呼叫时由访问业务区人工台辅助完成。用户不必事先申请。存在的问题是漫游号码回收困难，实际上很少使用。

（3）自动漫游

自动漫游方式要求网络数据库通过 No.7 信令网进行互连，网络可自动检索漫游用户数据，并在呼叫时自动分配漫游号码，而对于移动用户来说则没有任何感觉。其过程是：进入新的无线服务区的漫游用户可以自动在该服务区内的移动交换局进行位置登记。被访问移动局检查漫游用户以前是否登记过，如果从未登记，被访问移动局通知归属局该用户的位置信息。归属局将用户漫游的服务区数据记录下来。至此，漫游用户可以使用和在归属局相同的方法进行发送呼叫和受理来话呼叫，所有在归属局具有的服务项目也将自动传给漫游用户。

人工漫游和半自动漫游大多用于早期的模拟网。目前，数字蜂窝移动网均支持自动漫游方式。下面讨论自动漫游（简称漫游）。

7.5.2 漫游的基础

实现自动漫游依赖于下列技术。

（1）编号计划。在 7.2.2 小节讨论过，移动台有多种号码，其中与漫游有关的号码有移动用户号码簿号码（MSISDN，即通常所说的手机号）、国际移动用户识别号（IMSI）以及移动台漫游号码（MSRN）。编号计划规定 MSISDN、IMSI 都体现了移动台的归属地信息，也就是说，通过分析 MSISDN、IMSI 能确定移动台的归属地。MSRN 反映了移动台当前的位置，便于 PLMN 或 PSTN 进行路由选择。

（2）网络区域划分。PLMN 的网络覆盖区域划分若干区域，其中与漫游有关的是 MSC 服务区和位置区，1 个 MSC 服务区包含 1 个或几个位置区，每个位置区分配一个唯一标识 LAI，

LAI 通过其辖区内的 BTS 进行广播，移动台接收。移动台的 SIM 卡中记录当前的 LAI。

（3）网络记录移动台位置。移动通信网中，与漫游有关的实体主要有 HLR、VLR。HLR 记录移动台当前所在的 MSC 号，VLR 记录移动台的 LAI、MSRN 以及移动台状态（附着，还是分离）。

（4）移动台位置登记。移动台开机后进行附着操作、关机前进行分离操作，VLR 知道移动台是否开机（如果移动台已关机，则不对其进行寻呼），HLR 知道移动台当前的位置。

（5）移动台位置更新。当移动台接收到的 LAI 与 SIM 卡中记录的 LAI 不同时，移动台发送位置更新请求，更新 VLR 中数据，若此时 LAI 属于不同的 MSC/VLR，则 HLR 也要更新。也就是说，网络始终记录着移动台的当前位置。

（6）越区切换。当处于通话状态的移动台从一个小区进入另一个小区时，为保证用户的通话不间断，系统要能够把移动台从原小区所用的信道切换到新小区的某一信道。

本质上，漫游的实现依赖于位置登记、位置更新和越区切换。位置登记使得网络知道 MS 是否开机；位置更新过程使得网络知道 MS 当前位置；越区切换保证了只要 MS 处在网络的覆盖范围内都可实现通话。

7.5.3 漫游举例

当 A 地的一个移动台 a 在 B 地开机后，B 地的 MSC 会通过该移动台的 IMSI 得知该移动台的归属地是 A 地，然后 B 地 MSC 向 A 地的 GMSC 报告 A 地的移动台 a 已在 B 地出现。此时 A 地的 GMSC 向 B 地 VMSC 回送移动台 a 是否合法。若是合法用户，A 地 GMSC 在其 HLR 中登记注明移动台 a 已到 B 地。

当 A 地的移动台 a 在 B 地漫游做主叫时，可按拨打长途电话的方式拨打网内移动台或 PSTN 用户。因为 B 地的 VMSC 已经知道 A 地移动台 a 在 B 地漫游且是合法用户，所以 B 地 VMSC 会帮助完成交换接续。

当 A 地的移动台 a 在 B 地漫游做被叫时，若主叫是网内 C 地的移动台，C 地的 MSC 向 A 地的 MSC 发送移动台 a 的 MSISDN。A 地的 MSC 会在 HLR 中查询得到移动台目前在 B 地，则 A 地的 MSC 就向 B 地的 VMSC 进行 MSRN 的查询，B 地 VMSC 在收到查询要求后产生一个 MSRN 并与其 IMSI 联系在一起，同时将该 MSRN 送给 A 地 MSC。然后 A 地 MSC 将收到的 MSRN 发送给 C 地的 MSC，C 地 MSC 根据收到的 MSRN 向 B 地发出呼叫。

当 A 地的移动台 a 在 B 地漫游做被叫时，若主叫是 C 地的 PSTN 用户，其呼叫接续过程示意图如图 7-16 所示，C 地的 PSTN 根据主叫用户所拨的 MSISDN 连接 C 地到 A 地 GMSC

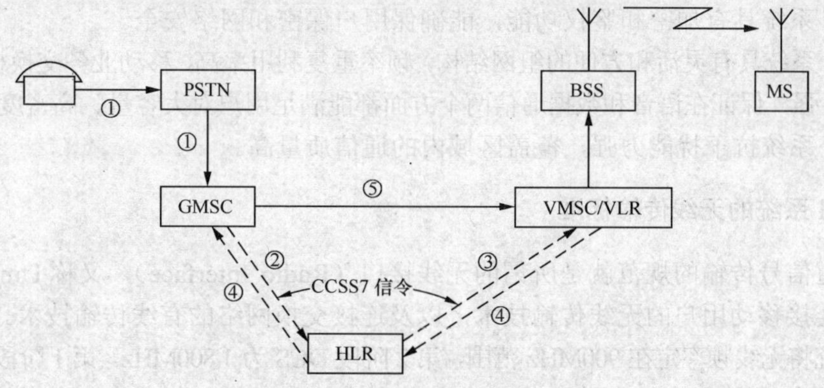

图 7-16 PSTN 用户呼叫漫游移动台示意图

的呼叫路由①，A 地的 GMSC 会在 HLR 中查询得到移动台用户目前在 B 地②，则 A 地的 HLR 就向 B 地的 VMSC/VLR 进行 MSRN 的查询③。B 地的 VMSC/VLR 在收到查询要求后产生一个 MSRN 并与移动台的 IMSI 联系在一起。同时通过 A 地的 HLR 将该 MSRN 送给 A 地的 GMSC④。然后 A 地 GMSC 根据收到的 MSRN 向 B 地的 VMSC/VLR 发出呼叫，连接 A 地 GMSC 到 B 地 VMSC/VLR 的呼叫路由⑤，从而完成呼叫接续。

从漫游的呼叫过程可以看出，GSM 漫游用户做被叫的每次呼叫都要分配一个 MSRN，那么 MSRN 的数量只要等于该 MSC 内同时出现呼叫的移动用户数。还有一种分配 MSRN 的方法是移动用户停留在某个 VMSC 期间一直保持一个 MSRN。那么此时 MSRN 的数量必须等于在 VMSC 中登记的所有移动用户。提供 MSRN 的这两种方法在制定 GSM 技术规范时引发了长期的争论，基本的争论焦点之一是关于号码资源的消耗量。在数量上显然前一种要比后一种少得多。最终的结果是采用前一种方式，即每次呼叫时由 MSC 提供 MSRN。当然前一种方式节省了号码资源，但也加重了 MSC 的处理负载。

7.6 GSM 移动通信系统

7.6.1 GSM 概述

1. 特点

全球移动通信系统（Global System for Mobile Communication，GSM）属于第二代数字移动通信，是完全依据欧洲通信标准化委员会（ETSI）制定的 GSM 技术规范研制而成的，任何一家厂商提供的 GSM 数字蜂窝移动通信系统都必须符合 GSM 技术规范。

GSM 系统作为一种开放式结构和面向未来设计的系统具有下列主要特点。

① GSM 系统是由几个子系统组成的，并且可与各种公用通信网（PSTN、ISDN、PDN 等）互连互通。各子系统之间或各子系统与各种公用通信网之间都明确和详细定义了标准化接口规范，保证任何厂商提供的 GSM 系统或子系统能互连。

② GSM 系统能提供穿过国际边界的自动漫游功能，对于全部 GSM 移动用户都可进入 GSM 系统而与国别无关。

③ GSM 系统除了可以开放语音业务，还可以开放各种承载业务、补充业务和与 ISDN 相关的业务。

④ GSM 系统具有加密和鉴权功能，能确保用户保密和网络安全。

⑤ GSM 系统具有灵活和方便的组网结构，频率重复利用率高，移动业务交换机的话务承载能力一般都很强，保证在语音和数据通信两个方面都能满足用户对大容量、高密度业务的要求。

⑥ GSM 系统抗干扰能力强，覆盖区域内的通信质量高。

2. GSM 系统的无线传输标准

无线通道信号传输的规范就是所谓的无线接口（Radio Interface），又称 Um 接口。GSM 的传输包括连接移动用户的无线传输技术，以及连接交换网络的有线传输技术。

GSM 系统将无线频率定在 900MHz 范围，第 2 阶段 DCS 为 1 800MHz。第 1 阶段的指标如下。

频段：　上行线路　　MS 发，BTS 收的频段为 890～915MHz。

下行线路　　BTS 发，MS 收的频段为 935～960MHz。

频带宽度：25MHz。

上下行频率间隔：45MHz。

载频间隔：200kHz。

通信方式：全双工。

信道分配：每载频 8 个时隙，包含 8 个全速信道，16 个半速信道。

每个时隙的信道速率：22.8kbit/s。

信道总速率：270kbit/s。

调制方式：GMSK，高斯滤波最小频移键控。

接入方式：TDMA。

语音编码：规则脉冲激励线性预测编码 RPE-LPC 13kbit/s。

分集接收：跳频每秒 217 跳，交错信道编码，自适应均衡。

GSM 的信道类型和时隙结构已经在 7.3.3 小节讨论过了，在此不赘述。

7.6.2 移动交换信令

信令是移动网连网的关键，要实现全球漫游，各移动网必须遵从统一的信令规范，并采用统一的无线传输技术。GSM 系统设计的一个重要出发点是支持泛欧漫游和多厂商环境，因此定义了完备的信令协议。其接口和协议结构对第三代移动通信系统的标准制定也具有很大的影响。

本节主要介绍 GSM 系统移动交换信令。GSM 交换信令主要包括空中接口信令、基站接入信令和网络接口信令。由于空中接口信令已经在 7.3.3 小节讨论过了，下面分别阐述基站接入信令和网络接口信令。

1．基站接入信令

基站系统结构与接口如图 7-17 所示。GSM 系统基站子系统（BSS）与网络子系统（NSS）的接口称为 A 接口；又将基站子系统分为基站收发信系统（BTS）和基站控制器（BSC）两个部分。BTS 与 BSC 之间的接口称为 A-bis 接口。A 接口已在 GSM 规范中进行了标准化定义，A-bis 接口定义较晚，尚未完全标准化，因此不能支持 BSC-BTS 的多厂商设备互连环境。

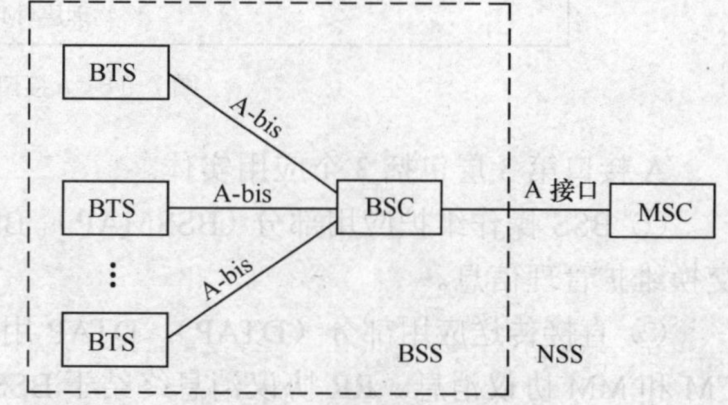

图 7-17　基站系统结构与接口

（1）A-bis 接口信令

A-bis 接口信令同样采用 3 层结构。其中，第 2 层采用 LAPD 协议；第 3 层有 3 个实体：业务管理过程、网络管理过程和第 2 层管理过程，其服务访问点标识分别为 0、62 和 63。第 2 层管理过程已由 LAPD 本身定义；网络管理过程尚未标准化，这也是 A-bis 接口不支持多厂商设备的主要原因；GSM 标准只定义了业务管理过程。

业务管理过程完成以下两项任务。一是透明传送绝大部分的无线接口信令消息，以适配无线和有线接口不同的低层协议要求。所谓“透明”就是 BTS 对第 3 层消息内容不作分析和变更，也不采取任何动作，仅对消息的外部封装和信道编码做重新调整。二是对 BTS 的物理和逻辑设备进行管理，管理过程是通过 BSC-BTS 之间的命令和响应消息序列完成的，消息的源点和终点就是 BSC 和 BTS；这些消息与无线接口消息无对应关系，它们和需要由 BTS 处理与转发的无线接口消息统称为不透明消息。

GSM 规范将 BTS 的管理对象分为 4 类：无线链路层、专用信道、控制信道和收发信台。相应地定义了 4 个管理子过程：无线链路管理负责无线接口数据链路的建立和释放，以及透明消息的转发；专用信道过程负责 TCH、SDCCH 和 SACCH 的激活、释放、性能参数和操作方式控制，以及测量报告等；控制信道管理过程负责不透明消息转发及公共控制信道的负荷控制；收发信台管理过程负责收发信机流量控制和状态报告等。

（2）A 接口信令

如图 7-18 所示，A 接口采用 No.7 信令系统的功能结构，包括物理层（MTP-1）、链路层（MTP-2）、网络层（MTP-3 + SCCP）和应用层。A 接口采用 No.7 信令的消息传递系统。由于 A 接口是用户侧信令，只用到极其有限的网络层功能，因此 GSM 规范仍将其归为 3 层结构。应用层作为信令处理的第 3 层，MTP-2/3 + SCCP 作为第 2 层，负责消息的可靠传递。MTP-3 复杂的信令网管理功能基本上不用，主要采用其信令消息处理功能。由于 A 接口上传递许多与电路无关的管理消息，因此需要 SCCP 的支持，但其全局名翻译功能基本不用。A 接口利用 SCCP 的子系统号（SSN）来识别多个第 3 层应用实体。

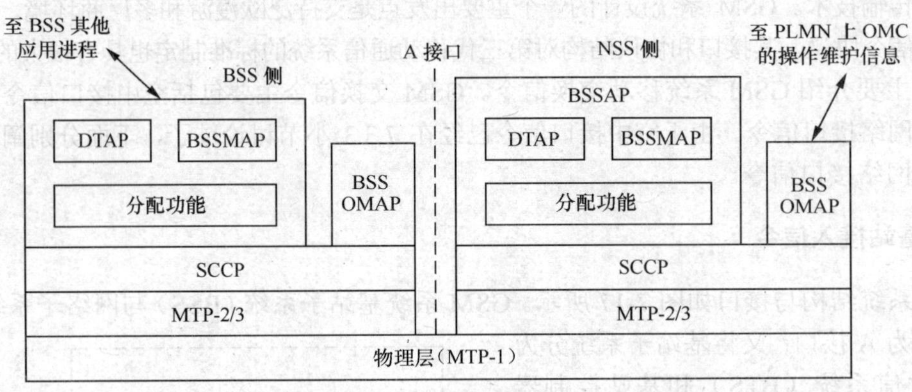

图 7-18 A 接口信令分层结构

A 接口第 3 层包括 3 个应用实体。

① BSS 操作维护应用部分（BSSMAP）。BSSMAP 用于和 MSC 及操作维护中心（OMC）交换维护管理信息。

② 直接传送应用部分（DTAP）。DTAP 用于透明地传送 MSC 和 MS 之间的消息，包括 CM 和 MM 协议消息。RR 协议消息终结于 BSS，不再发送到 MSC。

③ BSS 管理应用部分（BSSMAP）。BSSMAP 用于 MSC 和 BSS 交换管理信息，对 BSS 进行资源管理、调度、监测、切换控制等。消息源点和终点为 BSS 和 MSC，消息均和 RR 有关。某些 BSSMAP 过程将直接引发 RR 消息；反之，RR 消息也可能触发某些 BSSMAP 过程。

综上所述，空中接口信令和基站接入信令用户侧协议模型如图 7-19 所示。图中虚线表示对等协议实体之间的逻辑连接。Um 接口直接和 MS 相连，所有与通信相关的信令信息都源于该接口，因此空中接口 Um 是用户侧最重要的接口。

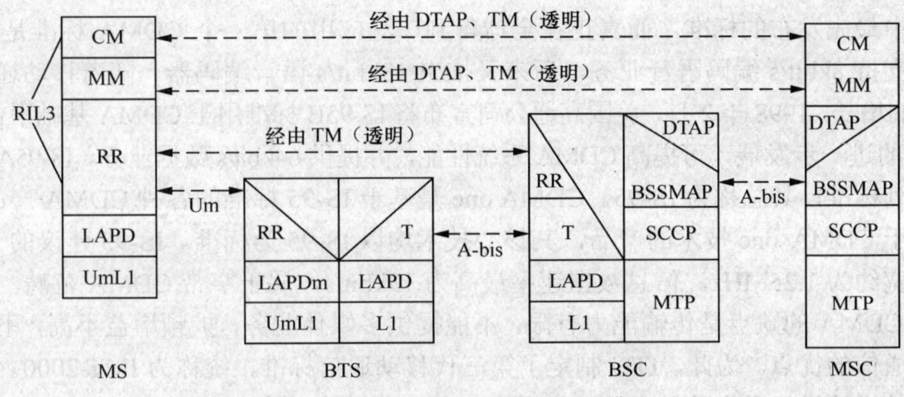

图7-19 GSM系统用户侧信令协议模型

2. 网络接口信令

GSM网络接口包括B～G。网络接口上层信令为移动应用部分（MAP），MAP是基于No.7信令系统的应用层协议，由SCCP和TCAP支持。其主要功能是支持移动用户漫游、切换和网络安全。为实现全球网络连网，GSM系统需要在MSC和HLR、VLR和EIR等网络部件之间频繁地交换数据和指令，这些信息都与电路无关，因此最适合采用No.7信令方式传送。MSC与MSC之间及MSC与PSTN/ISDN之间关于话路接续的信令则采用No.7信令的TUP/ISUP。

我国数字移动通信网移动应用部分（MAP）分为第1阶段规范和第2阶段规范。第1阶段规范共定义了以下10个信令程序。

① 位置登记与删除。包括MS采用IMSI和TMSI进行位置更新与删除的两种情况。

② 补充业务处理。包括补充业务的激活/去活、登记/撤销、询问和使用。

③ 呼叫过程中检索用户数据。

④ 越区切换。用以支持越区基本切换和后续切换。

⑤ 用户管理。包括用户位置信息管理和用户参数管理。

⑥ 操作与维护。已定义的主要是计费数据由MSC向HLR传送的过程。

⑦ 位置寄存器的故障后恢复。包括HLR和VLR的恢复。

⑧ IMEI管理。定义MSC向EIR查询MS设备合法性的信令过程。

⑨ 鉴权。

⑩ 网络安全功能管理。主要包括加密密钥产生、加密模式设置、TMSI等的传送程序。

7.7 CDMA移动通信系统

7.7.1 CDMA系统概述

1. CDMA技术的发展历程及标准

CDMA数字蜂窝移动通信系统，简称CDMA系统。它是在扩频通信技术上发展起来的。由于扩频技术具有抗干扰能力强、保密性能好的特点，20世纪80年代就在军事通信领域获得广泛的应用。为了提高频率利用率，在扩频的基础上，人们又提出了码分多址的概念，它利用不同的地址码来区分无线信道。CDMA技术的标准化经历了几个阶段。IS-95是CDMA

系列标准中最先发布的标准，而真正在全球得到广泛应用的第一个 CDMA 标准是 IS-95A，这一标准支持 8kbit/s 编码语音业务，后来又推出 13kbit/s 语音编码器。随着移动通信对数据业务需求的增长，1998 年 2 月，美国高通公司宣布将 IS-95B 标准用于 CDMA 基础平台。IS-95B 是 IS-95A 的进一步发展，可提高 CDMA 系统性能，并提供 64kbit/s 数据业务。IS-95A 和 IS-95B 均有一系列标准，其总称为 IS-95。CDMA one 是基于 IS-95 标准的各种 CDMA 产品的总称，即所有基于 CDMA one 技术的产品，其核心技术均以 IS-95 为标准。IS-95 建议的 CDMA 技术扩频带宽约为 1.25MHz，信息数据速率最高为 13kbit/s，属于窄带 CDMA 范畴。

窄带 CDMA 的缺点是传输能力有限，不能提供多媒体业务，扩频增益不高，不能充分地利用扩频通信的优点。为此，ITU 制定了第三代移动通信标准，统称为 IMT-2000。IMT-2000 空中接口的设计目标是在移动台高速运动时，用户的最高速率要达到 144kbit/s，更高可达到 384kbit/s；在有限的覆盖区域内，移动台以一定的速率运动时，用户的速率最高可达到 2Mbit/s，包括提供 Internet 接入、电视会议和其他宽带业务。这种 CDMA 系统称为宽带 CDMA 系统，其中最具代表性的技术是 WCDMA、cdma2000 和 TD-SCDMA 技术。

自 1995 年美国通信工业协会（TIA）正式颁布窄带 CDMA 标准 IS-95A 以来，CDMA 技术得到了迅速发展。在 3G 标准中，将采用 CDMA 作为空中接口标准，这也进一步确立了 CDMA 为商业移动通信网的主流方向。除了技术本身的优势之外，重要的是国际电信联盟已将 CDMA 定为未来移动通信的统一标准之一。本节主要介绍 IS-95 标准及相关技术。

2. CDMA 数字蜂窝移动通信网的特点

CDMA 数字蜂窝系统是在 FDMA 和 TDMA 技术的基础上发展起来的，与 FDMA 和 TDMA 相比，CDMA 具有许多独特的优点，其中一部分是扩频通信系统所固有的，另一部分则是由软切换和功率控制等技术所带来的。CDMA 移动通信网是由扩频、多址接入、蜂窝组网和频率再用等几种技术结合而成的，因此它具有抗干扰性好、抗多径衰落、保密安全性高和同频率可在多个小区内重复使用的优点，所要求的载干比（C/I）小于 1，容量和质量之间可做权衡取舍等属性。这些属性使 CDMA 比其他系统有以下重要的优势。

① 系统容量大。理论上 CDMA 移动网容量比模拟网大 20 倍，实际要比模拟网大 10 倍，比 GSM 要大 4～5 倍。

② 保密性好。在 CDMA 系统中采用了扩频技术，可以使通信系统具有抗干扰、抗多径传播、隐蔽和保密的能力。

③ 软切换。CDMA 系统可以实现软切换。所谓软切换是指先与新基站建立好无线链路之后才断开与原基站的无线链路。因此，软切换中没有通信中断的现象，从而提高了通信质量。

④ 软容量。CDMA 系统的容量与系统的载干比有关，当用户数增加时，仅仅会使通话质量下降，而不会出现信道阻塞现象。因此，系统容量不是定值，而是可以变动的，这与 CDMA 的机理有关。因为在 CDMA 系统中，所有移动用户都占用相同带宽和频率。

⑤ 频率规划简单。用户按不同的序列码区分，所以相同 CDMA 载波可在相邻的小区内使用，网络规划灵活，扩展简单。

7.7.2 CDMA 系统的关键技术

CDMA 系统的关键技术主要包括：同步技术（捕获与跟踪）、Rake 接收、功率控制和软切换。

1. 同步技术

伪随机码序列同步是扩频系统特有的，也是扩频技术中的难点。CDMA 系统要求接收机的本地伪随机码（Pseudo Noise Code，PN）序列与接收到的 PN 码在结构、频率和相位上完全一致，否则就不能正常接收所发送的信息，接收到的只是一片噪声。若 PN 码序列不同步，即使实现了收发同步，也不能保持同步，也无法准确可靠地获取所发送的信息数据。因此，PN 码序列的同步是 CDMA 扩频通信的关键技术。CDMA 系统中的 PN 码同步过程分为 PN 码捕获和 PN 码跟踪两部分。

PN 码捕获是指接收机在开始接收扩频信号时，选择和调整接收机的本地扩频 PN 序列相位，使它与发送端的扩频 PN 序列相位基本一致（码间定时误差小于 1 个码片间隔），即接收机捕获发送的扩频 PN 序列相位，也称为扩频 PN 序列的初始同步。捕获的方法有多种，如滑动相关法、序贯估值法及匹配滤波器法等，滑动相关法是最常用的方法。

PN 码跟踪则是指自动调整本地 PN 码相位，进一步缩小定时误差，达到本地 PN 码与接收 PN 码频率和相位精确同步。

2. Rake 接收技术

移动通信信道是一种多径衰落信道，Rake 接收技术就是分别对接收每一路的信号进行解调，然后叠加输出达到增强接收效果的目的。这里多径信号不仅不是一个不利因素，反而在 CDMA 系统中变成了一个可供利用的有利因素。

3. 功率控制

功率控制技术是 CDMA 系统的核心技术。CDMA 系统是一个自扰系统，所有移动用户都占用相同带宽和频率，“远近效用”问题特别突出。功率控制的目的就是克服“远近效用”，使系统既能维持高质量通信，又不对其他用户产生干扰。功率控制分为正向功率控制和反向功率控制。反向功率控制又可分为仅有移动台参与的开环功率控制和移动台、基站同时参与的闭环功率控制。下面分别进行阐述。

（1）反向开环功率控制

小区中的移动台接收并测量基站发来的导频信号，根据接收到的导频信号的强弱估计正确的路径传输损耗，并根据这种估计来调节移动台的反向发射功率。若接收信号很强，表明移动台距离基站很近，移动台就降低其发射功率，否则就增强其发射功率。小区中所有的移动台都采用同样的过程，因此，所有移动台发出的信号在到达基站时具有相同的功率。开环功率控制有一个很大的动态范围，根据 IS-95 标准，它要达到 ± 32dB 的动态范围。

反向开环功率控制方法简单、直接，不需要在移动台和基站之间交换信息，因而控制速度快并节省开销。对于某些情况，例如车载移动台快速驶入或驶出地形起伏区或高大建筑物遮蔽区而引起的信号强度变化是十分有效的。

（2）反向闭环功率控制

闭环功率控制的设计目标是使基站对移动台的开环功率估计迅速进行纠正，以使移动台保持最理想的发射功率。

对于信号因多径传播而引起的瑞利衰落变化，反向开环功率控制的效果不好。因为正向传输和反向传输使用的频率不同。IS-95 中，上、下行信道的频率间隔为 45MHz，大大超过信号的相干带宽，这个频率间隔使得上行和下行信道的传播特性成为相互独立的过程，因而不能认为移动台在前向信道上测得的衰落特性，就等于反向信道上的衰落特性。为了解决这个问题，可以采用反向闭环功率控制，由基站检测来自移动台的信号强度，并根据测得的结果，形成功率调整指令，通知移动台增大或减小其发射功率，移动台根据此调整指令来调节其发射功率。实现这种办法的条件是传输调整指令的速度要快，处理和执行调整指令的速度也要快，这当然就要求芯片的处理速度要快。

一般情况下，这种调整指令每毫秒发送一次就可以了。

（3）正向功率控制

正向功率控制是指基站调整每个移动台的发射功率。其目的是对路径衰落小的移动台分派较小的前向链路功率，而对那些远离基站的和误码率高的移动台分派较大的前向链路功率，使任一移动台无论处于小区中的什么位置，收到基站发来的信号电平都恰好达到载干比所要求的门限值。在正向功率控制中，移动台监测基站送来的信号强度，并不断地比较信号电平和干扰电平的比值，如果小于预定门限，则给基站发出增大功率的请求。

4．软切换

与前面介绍的 GSM 系统不同，CDMA 系统的越区切换可分为两大类：软切换和硬切换。

所谓软切换是指当移动台需要跟一个新的基站通信时，并不先中断与原基站的联系，而是先与新基站建立好无线链路之后才断开与原基站的联系。以往的系统所进行的都是硬切换，即先中断与原基站的联系，再在一个指定时间内与新基站建立联系。软切换只能在相同频率的 CDMA 信道间进行。

软切换是 CDMA 系统的一个重要特点。在同一 CDMA 系统中，所有移动用户公用一个公共的频率，但是为每个用户分配一个不同的伪随机码（PN 码），在接收端利用同样的伪随机码解扩就可以检测出该用户发出的信息。由于各小区的频率相同，因此越区切换不需要进行信道之间的切换，故称之为软切换。在 CDMA 系统中，在同一基站内具有相同频率的不同扇区之间发生的切换，叫作软切换。

为了说明软切换的实现过程，首先介绍两个术语：导频和导频集合。“导频”是指导频信道，它在 CDMA 前向信道上是不停地发射的，用于使所有在基站覆盖区中工作的移动台进行同步和切换。“导频集合”是指所有具有相同的频率但具有不同的 PN 码相位的导频集。“导频集合”分以下 4 类。

① 有效导频集：与正在联系的基站相对应的导频集合。

② 候选导频集：当前不在有效导频集里，但是已有足够的强度表明与该导频对应基站的前向业务信道可以被成功解调的导频集合。

③ 相邻导频集：当前不在有效导频集或候选导频集里，但又根据某种算法被认为很快可以进入候选导频集的导频集合。

④ 剩余导频集：不被包括在上述导频集里的所有其他导频的导频集合。

软切换过程如图 7-20 所示。在进行软切换时，MS 首先搜索所有导频并测量它们的强度。当导频强度大于一个特定值 T_ADD 时，MS 认为此导频的强度已经足够大，能够对其进行正确的解调；但尚未与该导频对应的基站相联系时，它就向原基站发送一条导频强度测量报告，以通知原基站这种情况；原基站再将 MS 的报告送往 MSC，MSC 则让新的基站安排一个前向业务信道给 MS，并且原基站发送一条指令指示MS进行切换。可见CDMA软切换是MS辅助完成的切换。

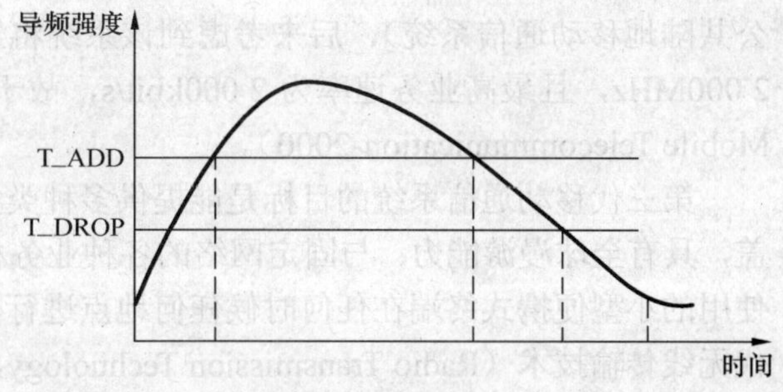

图 7-20 软切换过程

当收到来自基站的切换指示后，MS将新基站的导频纳入有效导频集，开始对新基站和原基站的前向业务信道同时进行解调。之后，MS 会向基站发送一条切换完成消息，通知基站自己已经根据命令开始对两个基站同时解调了。接下来，随着MS的移动，可能两个基站中某一方的导频强度已经低于某一特定值 T_DROP，这时 MS 启动切换去掉计时器（MS 对在有效导频集和候选导频集里的每一个导频都有一个切换去掉计时器，当与之对应的导频强度比特定值 *D* 小时，计时器启动）。当该切换去掉计时器期满时（在此期间，其导频强度应始终低于 *D*），MS 发送导频强度测量消息。两个基站接收到导频强度测量消息后，将此消息发送至 MSC，MSC 再返回相应的切换指示消息，然后基站发送切换指示消息给MS，MS将切换去掉计时器到期的导频从有效导频集中删除，此时 MS 只与目前有效导频集内的导频所代表的基站联系，同时会发送一条切换完成消息告诉基站，表示切换已经完成。

如果在切换去掉计时器尚未到期，该导频的强度又超过特定值 *D*，MS 要对计时器进行复位操作并关掉计时器。切换去掉计时器的期满值根据基站发给它的 *T* 值而改变。如果切换去掉计时器 *T* 值改变，MS 会在 100ms 内使用新的值。

在 CDMA 系统中，还有一种切换称为更软切换。更软切换是指在一个小区内的扇区之间的信道切换。因为这种切换只需通过小区基站便可完成，而不需通过移动业务交换中心的处理，故称之为更软切换。

对于同一MS，不同扇区天线的接收信号对基站来说就相当于不同的多径分量，并被合并成一个语音帧送至选择器（Selector），作为此基站的语音帧。而软切换是由MSC完成的，将来自不同基站的信号都送至选择器，由选择器选择最好的一路，再进行语音编码。

在实际系统中，这些切换是组合出现的，可能同时既有软切换，又有更软切换和硬切换。例如，一个MS处于一个基站的两个扇区和另一个基站交界的区域时，这时将发生软切换和更软切换。若处于3个基站交界处时，又会发生三方软切换。上面两种软切换都是基于具有相同载频的各方容量有余的条件下，若其中某一相邻基站的相同载频已经达到满负荷，MSC 就会让基站指示MS切换到相邻基站的另一载频上，这就是硬切换。在三方切换时，只要另两方中有一方的容量有余，就都优先进行软切换。也就是说，只有在无法进行软切换时才考虑使用硬切换。当然，若相邻基站恰巧处于不同MSC，这时即使是同一载频，也要进行硬切换。

7.8 第三代移动通信系统

7.8.1 3G 系统概述

1. 3G 的概念及目标

早在 1985 年 ITU-T 就提出了第三代移动通信系统的概念，最初命名为 FPLMTS（未来公共陆地移动通信系统），后来考虑到该系统将于 2000 年左右进入商用市场，工作的频段为 2 000MHz，且最高业务速率为 2 000kbit/s，故于 1996 年正式更名为 IMT-2000（International Mobile Telecommunication-2000）。

第三代移动通信系统的目标是能提供多种类型、高质量的多媒体业务；能实现全球无缝覆盖，具有全球漫游能力；与固定网络的各种业务相互兼容，具有的服务质量高；与全球范围内使用的小型便携式终端在任何时候任何地点进行任何种类的通信。为了实现上述目标，对第三代无线传输技术（Radio Transmission Technology，RTT）提出了支持高速多媒体业务（高速移动环境为 144kbit/s，室外步行环境为 384kbit/s，室内环境为 2Mbit/s）的要求。从目前的发展来看，尽管 3G 难以一步实现上述目标，但毕竟为人们描绘了未来移动通信的概念和蓝图。

2．3G 的系统结构及标准化组织

图 7-21 所示为 ITU 定义的 IMT-2000 的功能子系统和接口。

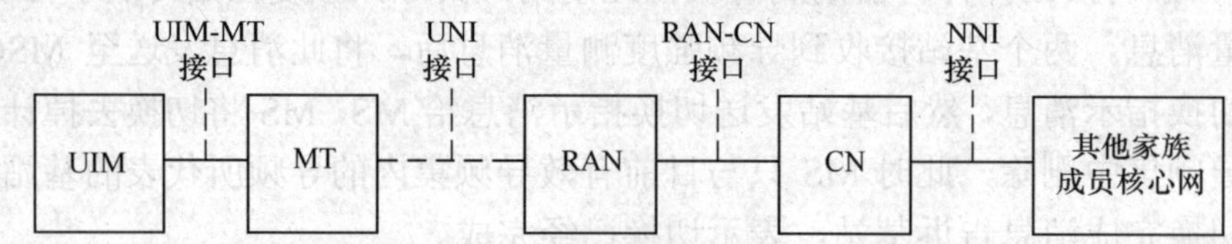

图 7-21　IMT-2000 的功能子系统和接口

从图中可以看到，IMT-2000 系统由以下 3 部分构成。

① 用户终端包括用户识别模块（UIM）和移动终端设备（MT）。UIM 的作用相当于 GSM 中的 SIM 卡。

② 无线接入网（Radio Access Network，RAN）完成用户接入业务的全部功能，包括所有与空中接口相关的功能，以使核心网受无线接口影响最小。

③ 核心网（CN）由交换网和业务网组成。交换网完成呼叫及承载控制所有功能。业务网完成支撑业务所需功能，包括位置管理。

图 7-21 中，UNI 为移动台与基站之间的无线接口。RAN-CN 为无线接入网与核心网（即交换系统）之间的接口。NNI 为核心网与其他 IMT-2000 家族核心网之间的接口。

家族的概念是基于现有的网络已经有至少两种主要标准，即网络部分有 GSM MAP 和 IS-41 两大核心网。无线接口部分有美国的 IS-95 CDMA 和 IS-136 TDMA，欧洲的 GSM 和日本 PDC。因此，在 3G 上，ITU 的目标是建立 ITM-2000 系统家族，求同存异，实现不同 3G 系统上的全球漫游。

无线接口的标准化和核心网络的标准化工作对 IMT-2000 整个系统和网络来说，将是非常重要的。3G 的标准化工作实际上是由 3GPP 和 3GPP2 两个标准化组织来推动和实施的。3GPP 由欧洲 ETSI、日本 ARIB、韩国 TTA 和美国 T1 等组成，采用欧洲和日本的 WCDMA 技术构筑新的无线接入网络，在核心交换侧则在现有的 GSM 移动交换网络基础上平滑演进，提供更加多样化的业务。3GPP2 由美国 TIA、日本 ARIB、韩国 TTA 等组成。cdma2000 技术在很大程度上采用了高通公司的专利，无线接入技术采用 cdma2000 和 UWC-136 作为标准，核心网采用 ANSI/IS-41，无线接口标准采用全球陆地无线接入（Universal Terrestrial Radio Access，UTRA）。

7.8.2　3G 标准化及网络结构

3G 的标准化分为无线传输技术（RTT）和核心网技术的标准化。

1．无线接口标准

1999 年 10 月 25 日至 11 月 5 日在芬兰召开的 ITU-T G8/1 第 18 次会议通过了 IMT-2000 无线接口技术规范建议，最终确立了 IMT-2000 所包含的无线接口技术标准。将无线接口的标准明确为表 7-1 所示的 5 个标准。

表 7-1　3G 无线接口标准

<table>
<tr><td>1</td><td rowspan="3">CDMA 技术</td><td rowspan="2">FDD</td><td>CDMA DS 对应 WCDMA，采用直接序列扩频技术，称为 WCDMA</td></tr>
<tr><td>2</td><td>CDMA MC 对应 cdma2000，含多载波方式</td></tr>
<tr><td>3</td><td>TDD</td><td>CDMA TDD 对应 TD-SCDMA（低码片速率）和 UTRAN TDD（高码片速率）</td></tr>
<tr><td>4</td><td rowspan="2">TDMA 技术</td><td>FDD</td><td>TDMA SC 对应 UWC-136</td></tr>
<tr><td>5</td><td>TDD</td><td>FDMA/TDMA 对应 DECT</td></tr>
</table>

如图 7-22 所示，ITU-T 进一步将上述标准名称简化为 IMT-DS、IMT-MC、IMT-TD、IMT-SC 和 IMT-FT。因此，IMT-2000 的地面无线接口标准由 5 个标准构成。WCDMA、cdma2000 和 TD-SCDMA 被 ITU 确定为最终的 3 种技术。

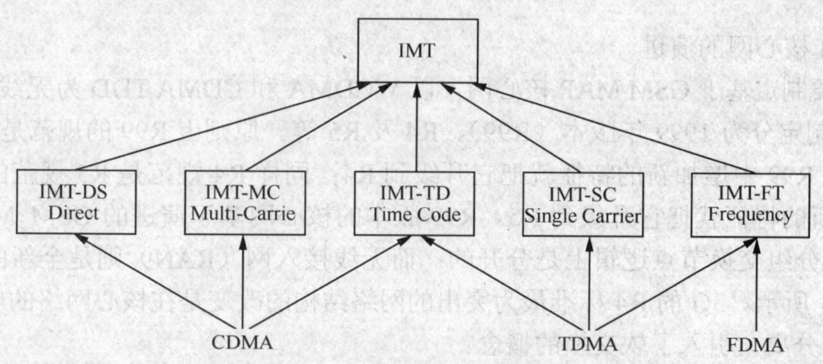

图 7-22　IMT-2000 地面无线接口标准

下面对 3 种主流 CDMA 技术的特点作简要说明。

（1）WCDMA

宽带码分多址接入（Wideband Code Division Multiple Access，WCDMA）由 3GPP 制定，受到全球标准化组织、设备制造商、器件供应商和运营商的广泛支持，将成为未来 3G 的主流体制。无线接入部分基于 GSM/GPRS 网络的演进，保持与 GSM/GPRS 网络的兼容性。核心网络可以基于 TDM、ATM 和 IP 技术，并向全 IP 的网络结构演进。核心网络逻辑上分为电路域和分组域两部分，分别完成电路型业务和分组型业务。

UTRAN 基于 ATM 技术，统一处理语音和分组业务，并向 IP 方向发展。MAP 技术和 GPRS 隧道技术是 WCDMA 体制移动性管理机制的核心。空中接口采用 WCDMA 信号，带宽 5MHz，码片速率为 3.84Mchip/s，采用 AMR 语音编码，支持同步/异步基站运营模式，采用上下行闭环加功率控制方式，开环（STTD、TSTD）和闭环（FBTD）发射分集方式，导频辅助的相干解调方式，卷积码和 Turbo 码的编码方式，上行和下行采用 QPSK 调制方式。

（2）cdma2000

cdma2000 体制是基于 IS-95 标准基础上提出的 3G 标准，其标准化工作由 3GPP2 完成。电路域继承 2G 的 IS-95 CDMA 网络，引入以无线智能网（WIN）为基本架构的业务平台。分组域基于移动 IP 技术的分组网络。无线接入网以 ATM 交换机为平台，提供丰富的适配层接口。空中接口采用 cdma2000 并兼容 IS-95，信号带宽为 $N\times 1.25$MHz（$N=1, 3, 6, 9, 12$）；码片速率为 $N\times 1.228\ 8$Mchip/s；采用 8K/13K QCELP 或 8K EVRC 语音编码；基站需要 GPS/GLONESS 同步方式运行；上下行闭环加外环功率控制方式；前向可以采用 OTD 和 STS 发射分集方式，提高信道的抗衰落能力，改善了前向信道的信号质量；反向采用导频辅助的相干解调方式，提高了解调性能；采用卷积码和 Turbo 码的编码方式；上行 BPSK 和下行 QPSK 调制方式。

（3）TD-SCDMA

时分同步码分多址（Time Division-Synchronization Code Division Multiple Access，TD-SCDMA）标准由中国无线通信标准组织 CWTS 提出，已经融合到了 3GPP 关于 WCDMA-TDD 的相关规范中。无线接入网和核心网络与 WCDMA 演进策略基本相同。空中接口方面 TD-SCDMA 具有“3S”特点，即智能天线（Smart Antenna）、同步 CDMA（Synchronous CDMA）和软件无线电（Software Radio）。TD-SCDMA 采用的关键技术有：智能天线加联合检测、多时隙 CDMA 加 DS-CDMA、同步 CDMA、信道编译码和交织（与 3GPP 相同）、接力切换等。

2．核心网基本结构

（1）GSM 核心网的演进

3GPP 主要制定基于 GSM MAP 核心网，以 WCDMA 和 CDMA TDD 为无线接口的标准。3GPP 标准的制定分为 1999 年版本（R99）、R4 及 R5 等。原则上 R99 的规范是 R4 规范的一个子集，若在 R99 中增加新的特征就把它升级到 R4；同样 R4 规范是 R5 规范的子集，若在 R4 中增加了新的特征就把它升级到 R5。R99 版本的核心网基于演进的 GSM MSC 和 GPRS GSN，电路与分组交换节点逻辑上是分开的；而无线接入网（RAN）则是全新的，网络结构示意如图 7-23 所示。3G 的 R4 标准最为突出的网络结构的改变是在核心网络的电路域实现了承载和控制的分离，引入了软交换的概念。

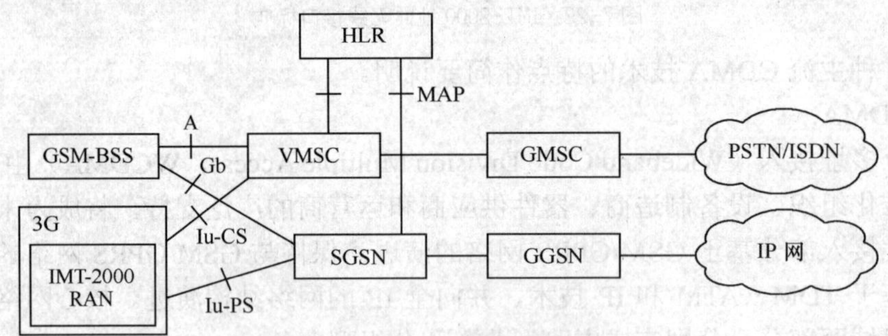

图 7-23 基于演进的 GSM 核心网的第三代系统

从图 7-23 中可以看出，核心网基于 GSM 的电路交换网络（MSC）和分组交换网络（GPRS）平台，以实现第二代向第三代网络的平滑演进。通过无线接入网新定义的 Iu 接口，与核心网连接。Iu 接口包括支持电路交换业务的 Iu-CS 和支持分组交换的 Iu-PS 两部分，分别实现电路和分组型业务。如图 7-24 所示，无线接入网由 RNC 和 Node B 两个物理实体构成，分别对应第二

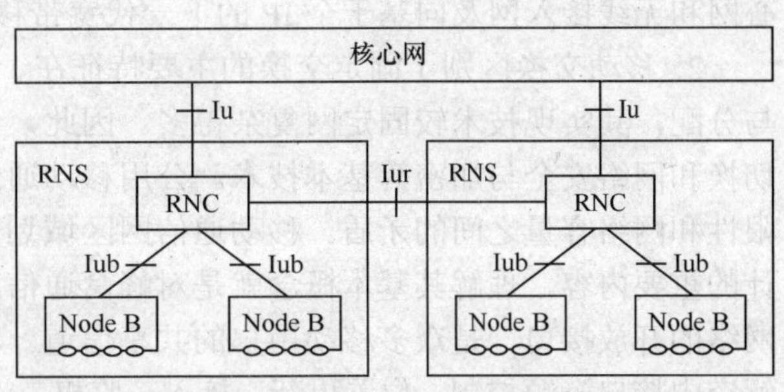

图 7-24　TMT-2000 地面无线接口标准

代网络的 BSC 和 BTS。除 Iu 接口外，还定义了 Iub 和 Iur 接口。早期定义的 Iu、Iub 和 Iur 接口协议的传输网络层规定了 ATM 和 IP 两种方式，供运营商和厂家选择。在后续版本中，3GPP 提出了基于 IP 的核心网结构，将传输、控制和业务分离，前期 IP 化主要集中在核心网方面，后期将从核心网逐步延伸到无线接入网 RAN 和终端 UE。在 GSM 向 WCDMA 的演进过程中仅核心网部分是平滑的；而由于空中接口的革命性变化，无线接入网部分的演进也将是革命性的。

（2）ANSI-41 核心网的演进

3GPP2 主要制定基于 ANSI-41 核心网，以 cdma2000 为无线接口的标准。3GPP2 的标准化也是分阶段进行的，而且第二代与第三代之间无论无线接入还是核心网部分都是平滑过渡的。3GPP2 制定了 cdma2000 1x（单载波）和 cdma2000 3x（多载波）无线接口的标准。如图 7-25 所示，A 接口在原来的基础上新增加了支持移动 IP 的 A10、A11 接口协议，核心网部分则引入新的分组交换节点 PDSN 接入 IP 网络，以支持 IP 业务，同时电路型业务仍然由原来的 MSC 支持。

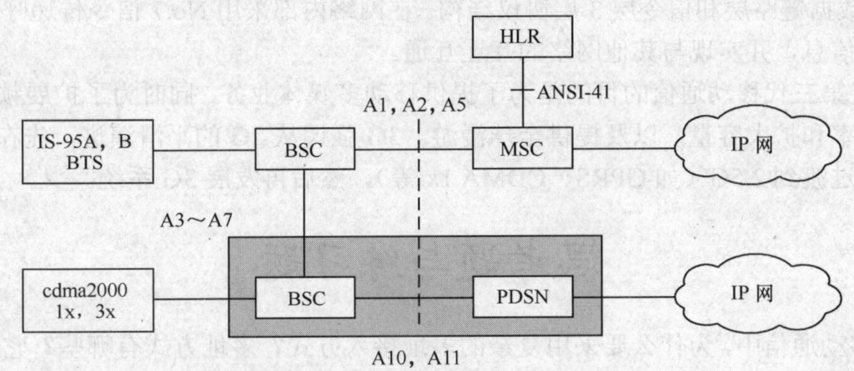

图 7-25　基于 ANSI-41 网的 cdma2000 系统

对 cdma2000 系统来说，从 2G 到 3G 过渡可以采用逐步替换的方式。即可压缩 2G 系统的一个载波转换为 3G 载波，开始向用户提供中、高速速率的业务；随着 3G 系统中用户数量的增加，可以逐步减少 2G 系统使用的载波，增加 3G 系统的载波。网络运营商通过这种平滑升级，不仅可以向用户提供各种新业务，而且很好地保护了已有设备的投资。

小　结

1. 本章首先介绍移动通信的基本概念、特点、工作方式及移动通信的分类，对移动通信的发展演变过程进行概述。其次，以第二代数字移动系统 GSM 为参照全面地讨论了公用蜂窝移动通信系统的网络结构、系统组成、编号与识别、空中接口、呼叫处理、移动性管理、漫游与切换、网络安全、网络接口及其信令技术。然后，对 CDMA 进行了简单介绍。最后，对第三代移动通信系统的发展、标准化，网络结构和第三代移动通信系统的关键技术，3G 核心网和无线接入网及向基于全 IP 的下一代宽带移动网技术的演进行了简要介绍。

2．移动交换区别于固定交换的主要特征在于用户的移动性、网络控制和无线资源的管理与分配，其实现技术较固定网复杂得多。因此，移动通信网络必须解决移动性管理、漫游、切换和网络安全与加密等基本技术。公用移动通信网基于蜂窝理论，用来解决无线资源的有限性和网络容量之间的矛盾。移动通信网区域划分、信道分配和波道指派是移动通信组网设计的重要内容，理解其基本概念就是对蜂窝通信原理的深刻认识。空中无线接口是用户接入网络的开放接口，是众多移动用户的共享信道。了解移动通信信道类型和逻辑信道划分对理解空中接口资源控制、位置更新、接入、鉴权、漫游切换等控制过程十分重要，本章对 GSM 系统和 CDMA 系统无线信道划分及信道结构进行了介绍。

3．交换的目的是按需实现任意用户间呼叫通路的建立和管理，合理分配网络资源，并对呼叫进行计费，以实现网络资源的有效利用，因此寻址和选路是移动交换网络实现呼叫和接续控制的基础。GSM 和 CDMA 移动网络的编号计划涉及诸多号码和标识，以使移动网络顺利地完成呼叫接续、移动性管理等相关控制。

4．本章以基本呼叫过程为主线，介绍移动呼叫处理、漫游、切换和网络安全等基本技术，并对 GSM 和 CDMA 系统的实现技术进行阐述。使读者系统地理解移动交换技术的本质所在。

5．第二代移动交换网络空中接口继承了 ISDN 用户/网络接口概念基础，在控制平面包括物理层、数据链路层和信令层 3 层协议结构。在网络内部采用 No.7 信令传递呼叫和移动性管理等控制信息，并实现与其他网络的互连互通。

6．发展第三代移动通信的目的是为了提供移动多媒体业务，同时为了扩展频率资源，提高频谱利用率和扩大容量，以及提供全球漫游。3G 强调从 2G 的平滑演进，先在 2G 已有的基础设施上过渡到 2.5G（如 GPRS、CDMA 1x 等），然后再发展 3G 系统。

思考题与练习题

7-1　移动通信中，为什么要采用复杂的多址接入方式？多址方式有哪些？它们是如何区分各个用户的？

7-2　构成一个数字移动通信网的数据库有哪些？分别用来存储什么信息？

7-3　移动通信网中有哪些编号？各起什么作用？

7-4　详细说明 VLR、HLR 中存储的信息有哪些？为什么所存储的信息不同？

7-5　简述移动台初始化和网络对移动台附着过程。

7-6　举例说明移动台位置更新过程。

7-7　GSM 中控制信道的不同类型有哪些？它们分别在什么场合使用？

7-8　GSM 中，移动台是以什么号码发起呼叫的？

7-9　简要说明 GSM 系统中移动台呼叫移动台的一般呼叫过程。

7-10　假设 A、B 都是 MSC，其中与 A 相连的基站有 A1、A2，与 B 相连的基站有 B1、B2，那么把 A1 和 B1 组合在一个位置区内，把 A2 和 B2 组合在一个位置区内是否合理？为什么？

7-11　CDMA 通信系统中为什么可以采用软切换？软切换的优点是什么？

7-12　CDMA 中的关键技术有哪些？

7-13　软切换和硬切换相比，有哪些优点？简述软切换控制过程。

第8章 软交换和下一代网络

目前各种业务发展迅速，正在超越语音业务的带宽占有量，不过语音业务仍然是运营商的主要收入来源。如何建设一个可持续发展的网络，在保证运营商现有语音业务收入的同时，又能在未来的数据及多媒体业务中占据竞争优势，这是提出和建设下一代网络（Next Generation Network，NGN）的根本出发点。

软交换是下一代网络（NGN）的核心技术，软交换思想是在电信网向 NGN 演进的需求下产生的，它充分吸取了 IP、ATM、IN 和 TDM 等技术的优点，采用开放的分层体系结构，使各运营商可以根据需要在充分利用现有资源的同时，全部或部分利用软交换体系的产品，形成合适的网络解决方案。软交换是下一代网络中语音、数据、视频及多媒体业务的呼叫控制、业务提供的核心设备，是目前电路交换网向分组网演进的主要设备之一。从原理上讲，IP 多媒体子系统（IP Multimedia Subsystem，IMS）也是一种广义软交换技术，软交换网络与 IMS 将会是互通融合的关系。IMS 代表了 NGN 网络发展的方向，以 IMS 为主体的软交换技术不但实现了网络的融合，更重要的是实现了业务的融合，具有极大的优越性。

本章介绍下一代网络（NGN）的基本概念、基于软交换的网络体系结构、软交换的基本技术、主要协议及其组网应用、IMS、全 IP 移动网络、Parlay 业务开发等内容。

8.1 下一代网络技术概述

所谓下一代网络（NGN）是在网络业务量和电信外部环境几乎同时发生巨大变化的前提下，电信业试图利用最新技术成果适应发展、变革和竞争需要而提出的下一步网络发展的总体设想和思路。从广义上看，NGN 是泛指一个以 IP 为中心的全业务网络，可以支持语音、数据和多媒体业务的融合或部分融合，支持固定接入、移动接入。一方面，NGN 不是现有电信网和 IP 网的简单延伸和叠加，也不是单项节点技术和网络技术，而是整个网络框架的变革，是一种整体解决方案。另一方面，NGN 的出现与发展不是革命，而是演进，即在继承现有网络优势的基础上实现的平滑过渡。

8.1.1 下一代网络的产生

下一代网络的产生，源于业务量和电信外部环境所发生的巨变。

由于 Internet 的普及和 IP 技术的发展，Internet 迅速扩大成一个和电信网足以抗衡的全球性大网络，进而向电信业务延伸，以其廉价、开放的特点，强烈地冲击着以商业经营为目的的电信网。这就迫使电信运营商不得不采用大幅度降价，来暂时缓解来自 Internet 的冲击，由此全世界范围的电信业效益大面积滑坡。同时，对于各种新业务的需求却如雨后春笋层出不穷，这样的发展态势给运营商带来了巨大的压力。传统的电路交换机将信息传送、交换、呼叫控制、业务和应用功能综合在单一的交换机设备中，造成新业务生成代价高、周期长、技术演进困难，从而导致开发成本高、时间长，无法适应快速变化的市场环境和多样化的用户需求。为了摆脱这种极为不利的局面，电信界被迫正视 IP 技术，在电信网中引进基于 Internet 理念设计的 IP 网，并将部分电信业务加载在 IP 网上，期望由此来实现由 TDM 向分组网的过渡。

然而这种过渡并不顺利。虽然 Internet 用户数量的爆炸式增长、网络规模的迅速扩充使得网络中的数据流量快速增长，然而包括 IP 电话在内的数据业务量的快速增长并没有给运营商带来巨大的收益，运营商的收益仍然主要来自电路交换语音业务。

这样的发展态势给运营商带来了巨大的压力。为此，电信业经过认真的反思和系统的总结，在下一代网络发展的总体设想和发展思路上达成共识，推出了一整套的体系和方案，采用最新的技术成果来应对严峻的态势，这就是下一代网络的由来。

“下一代”的提法，最早见于 1996 年美国政府和大学分别牵头提出的下一代 Internet（NGI）计划和 Internet2。与此同时国际上一些由政府部门、行业团体和标准化组织等机构组织和参与的 NGN 行动计划也纷纷出现，如国际 Internet 工程任务组（IETF）提出的下一代 IP，第三代移动通信伙伴组织（3GPP）与通用移动通信系统论坛（UMTS）提出的下一代移动通信以及欧盟的 NGN 行动计划等。1997 年，Lucent 公司的 Bell 实验室首次提出了软交换的概念，并逐渐形成了基于软交换的 NGN 解决方案。到了 1999 年，下一代网络（NGN）就成为了与“3G”和“宽带”齐名的通信业关注的焦点。

国际上各个标准化组织和论坛对 NGN 的研究和发展非常重视，在这方面投入大量工作的有 ITU-T 的第 11、第 13 和第 16 研究组，IETF 的 IP Telephone 工作组和信令传输（Sigtran）工作组等。从 2000 年起，ITU-T 第 13 研究组就已将 NGN 列为重要研究内容，并已经组织过多次研讨会；2003 年 9 月 ITU-T 第 13 研究组召开相关会议，组织 NGN 标准化项目的实施；2004 年初在 NGN 课题报告人联合会议和研究组全会上，推出了 12 个 NGN 标准草案，对 NGN 的研究方向、框架体系、业务需求、网络功能、互连互通、服务质量、移动性管理、可管理的 IP 网络和 NGN 演进方式等方面提出了总体要求。IETF 对 NGN 的研究主要集中在 IP 网络和光网络的融合方面，解决高带宽、大容量和足够的地址资源等问题，面向的业务从语音扩展到视频，即围绕 IP 传送实时业务而展开；IETF 认为，进一步增强 IP 网的功能和性能，IP 网就能担当起 NGN 的重任。与此同时，世界各国也都积极投入 NGN 的研究，各大运营商如美国的 Bell Atlantic、英国的 BT、英国大东 Cable&Wireless 以及巴西的 Telefonica 等都开展了 NGN 试验，而且不同程度地取得了阶段性的成果。

我国也相当重视 NGN 的发展。由原信息产业部牵头，已经组织相关单位制定 NGN 的总体发展策略，启动和加强对 NGN 体系结构、标准化、关键技术和政策的研究。自 2001 年起，国内各大运营商也陆续开始了 NGN 的测试和试验网工程，如中国电信在 2002 年开始实施 NGN 试验工程，在北京、上海、广州和深圳 4 个城市进行部署，安装软交换、多媒体应用服务器、媒体网关、综合接入等设备，计划分期提供分组语音中继、窄带和宽带分组语音接入和多媒体业务。中国联通采用ATM+IP的技术方案，建设了一个统一的网络平台（UNINET），可为用户提供语音、数据、Internet、视频会议、可视电话等综合业务，并计划有步骤地将传统的固定、移动语音网也融合进来，为开展3G移动业务做好准备。由于不同运营商的网络状况不同，客户情况不同，业务范围不同，各运营商对NGN的定位也存在差异。但各大运营商的NGN试验结果已经表明，NGN的实用价值已经不容置疑，NGN将是中国电信业未来重要的战略转型途径。经过几年的发展，中国的电信运营商和NGN设备制造商已经积累了发展NGN的宝贵经验和模式，一些NGN设备如中兴公司的软交换设备甚至已经进入国际市场，NGN技术将会得到更大规模推广。随着NGN研究的逐步成熟，业界纷纷把目光投向了NGN的业务应用、市场前景、演进方式、下一代新业务的开发和运营模式等方面。

NGN能够得到迅速而广泛的发展，主要基于技术、业务和市场等方面因素。

（1）技术发展

数字技术的发展使语音、数据和图像信号等可以通过统一的编码进行传输和交换；光通信技术和无线通信技术的快速发展，使得光传输容量和无线容量的提高超过了摩尔定律；高性能路由器技术的发展使带宽和服务质量大大提高，从而为综合传送各种业务信息提供了一个理想的平台；软件技术的发展，使各大网络及其终端都能支持各种用户所需的功能、特性和业务；IP得到普遍采用，各种以IP为基础的业务都能在不同网络上实现互通。

（2）业务发展

基于IP的数据业务量正在或已经超过传统电路交换网的语音业务量，用户对业务综合化的要求日益增加，希望能以合理的价格、灵活方便地获得综合化、多样化和交互化的业务。服务供应商也希望能够提供一个快速、开放的业务开发平台，以便方便地向用户提供各种满足QoS和安全性要求的业务。

（3）市场环境

电信市场已经从封闭的、单一的、国营电信体系管理模式发展到开放的、多方竞争的电信市场管理模式，要求电信网向第三方业务提供商提供开放的接口，由业务提供商自主开发满足市场需求的、具有竞争力的、价格低廉的新型电信服务，传统电信网封闭的网络结构难以提供开放的网络接口和开放的业务接口。

以软交换为核心并采用IP网传输的NGN具有网路结构开放、运营成本低、能够满足未来业务发展的需求，这就促使许多传统的电信运营商纷纷进行网络改造，积极向NGN逐步演进和融合，而一些新兴的运营商由于起点高，均直接着手建设NGN。

8.1.2 下一代网络的内容和特点

ITU-T认为NGN是全球信息基础设施（Global Information Infrastructure，GII）的具体体现。2004年2月，ITU-T对NGN给出的描述是：NGN是一个分组网络，它提供包括电信业务在内的多种业务，能够利用多种带宽和具有QoS能力的传送技术，实现业务功能与底层传送技术的分离；它提供用户对不同业务提供商网络的自由接入，并支持通用移动性，实现用户对业务使用的一致性和统一性。欧洲电信标准化组织ETSI则将NGN定义为一种规范和部署网络的概念，通过使用分层、分面和开放接口的方式，给业务提供商和运营商提供一个统一的平台，借助这一平台逐步演进，以生成、部署和管理新的业务。

到目前为止，NGN仍没有一个统一的定义。直观来看，NGN泛指一个不同于目前一代的、大量采用创新技术、以IP为中心、同时可以支持语音、数据和多媒体业务的网络体系结构。从传输网络的角度看，目前的网络是以TDM为基础，以SDH和WDM为代表的传输网络，NGN则是以自动交换光网络（ASON）为核心的光传送网络。从计算机网络的角度看，目前的网络是以IPv4为基础的Internet，NGN则是以高带宽和IPv6为代表的下一代Internet NGI。从移动网角度看，目前的网络以GSM为代表，NGN则采用第三代移动通信3G和超3G系统。从电话网角度看，目前的网络是以TDM时隙交换为基础的程控交换电话网，NGN则是以软交换为核心的电话网络。

总体来讲，NGN是一种基于分组传送的通信模式，提供包括语音、数据和多媒体等各种业务的综合开放的网络结构。它是一种目标网络结构，表征了一种具有分组交换、宽带化、移动性、呼叫与承载分离、业务与控制分离等特征的理想网络结构。

显然，相对于现有的网络，NGN具有许多优势和特征，ITU-T将NGN的主要特征归纳为：基于分组传送；控制功能与承载能力、呼叫/会晤、应用/服务分离；业务提供与网络分离，并提供开放接口；利用各基本的业务组成模块，支持广泛的业务，包括实时/流/多媒体和非实时业务；具有端到端透明传递的宽带能力；通过开放的接口规范与现有传统网络互通；具有通用移动性，即允许用户作为单个人始终如一地使用和管理其业务而不管采用什么接入技术；支持多样化标志体系，并能将其解析为IP地址以用于IP网络路由；同一业务具有统一业务特性；融合固定与移动业务；提供用户自由选择业务提供商的功能等。利用各基本的业务组成模块，提供广泛的业务和应用（包括实时、流、非实时和多媒体业务）。

由此可见下一代网涉及的内容十分广泛，不同专业和背景的人都在应用这一概念。从网络角度看，NGN实际涉及了从干线网、城域网、接入网、用户驻地网到各种业务网的所有网络层面。如果涉及应用背景层面，则在不同的背景下下一代网有不同的叫法（例如对于交换网，下一代网指软交换系统；对于Internet，下一代网指下一代Internet（NGI）；而对于移动网，下一代网指第三代移动网3G）。如果涉及接入网层面，则下一代网指各种宽带接入网。如果涉及传送网层面，则下一代网往往指下一代智能光传送网。一句话，泛指的下一代网实际包容了几乎所有的新一代网络技术。

下一代网络将是基于IP的宽带网络。各类通信网（电信网、Internet、移动网等）将按下一代网络（NGN）框架，在接入、传送、控制、业务等层面进行融合。

当前，Internet正以令人难以预料的速度在膨胀，据统计平均每年Internet的规模都扩大一倍，推动Internet发展的动力是日益成熟的个人计算机市场。更高的性能和更低的价格使得个人计算机市场成为Internet发展的巨大引擎，这是在Internet发展初期所没有预料到的情况。尤其值得注意的是，Internet下一阶段发展的动力将不仅仅只是个人计算机市场，而是由多个市场共同推动，如个人移动计算设备、网上娱乐服务、网络设备控制、家电等。此外，终端的非PC化，特别是各类传感器的导入，将使网络无所不在。而与之不相适应的是，Internet当前使用的IP版本IPv4正因为各种自身的缺陷而举步维艰。在IPv4面临的一系列问题中，IP地址即将耗尽无疑是最为严重的，有预测表明，以目前Internet发展速度计算，所有IPv4地址将在2012年间分配殆尽。尽管使用NAT技术、CIDR技术在一定程度上延缓了IP地址的紧张局面，但是移动通信技术的发展对IP地址空间提出了更大的需求，引入并采用新的地址方案势在必行。同时多媒体数据流的加入，对数据流真实性的鉴别以及出于安全性等方面的需求都迫切要求新一代网络的出现。

8.1.3 下一代网络的功能分层结构

NGN 的功能结构至今尚未有统一的定义，对此几个主要的国际标准化组织都进行了深入的研究，分别提出了自己的模型。根据业务与呼叫控制相分离、呼叫控制与承载相分离的思想，一般认为 NGN 的功能分层结构可取 3 层或 4 层。ETSI、3GPP 提出的 NGN 分层结构包括传送层、会话控制层和应用层，如图 8-1 所示。

ITU 以 ETSI 和 3GPP 提出的 NGN 分层结构为基础，进一步明确区分各层的功能，提出了各层的细化模型，如图 8-2 所示。

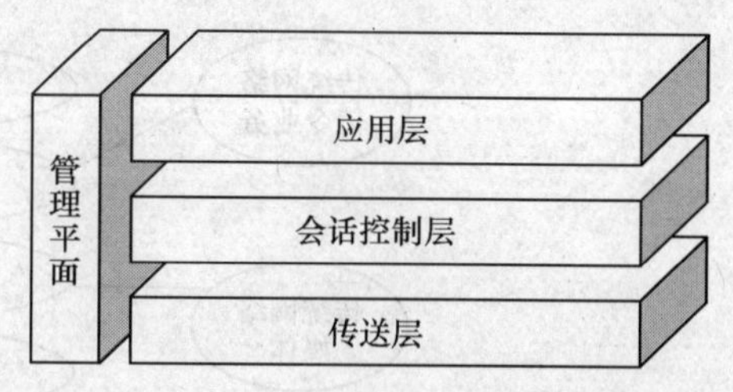

图 8-1 ETSI 和 3GPP 提出的 NGN 分层结构

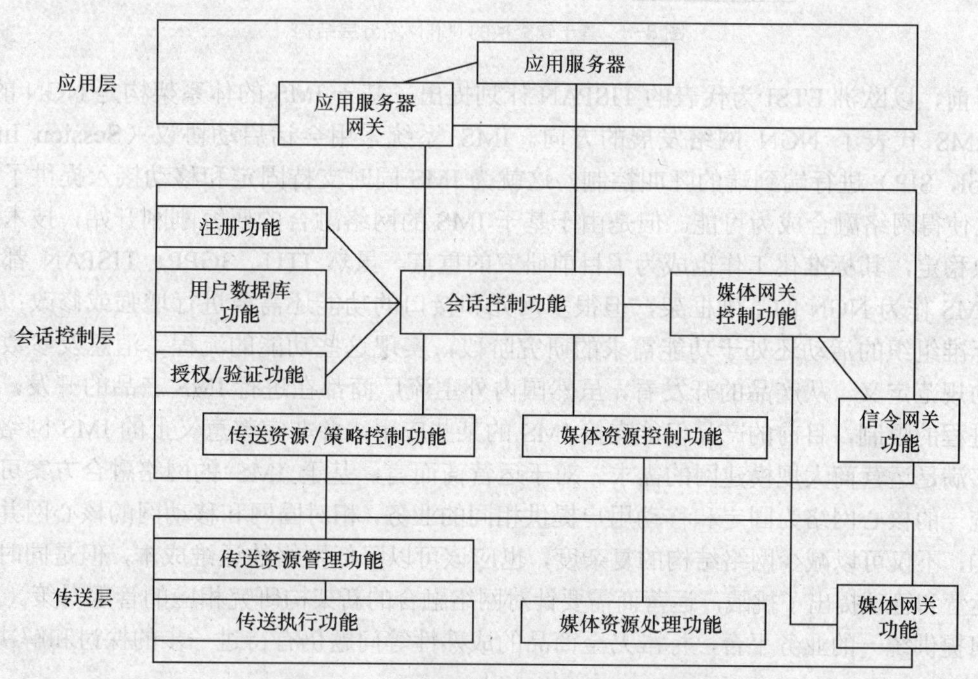

图 8-2 ITU 提出的 NGN 功能分层的细化模型

国际分组通信协会 IPCC（原国际软交换论坛 ISC）提出的基于软交换的 NGN 网络结构分为 4 层，分别为接入层、传送层、控制层和业务层，如图 8-3 所示。

各层主要功能如下。

① 接入层：将各类用户连接至网络，集中用户业务并将它们传送至目的地；包括各种接入手段，如固定或移动接入、窄带或宽带接入等。

② 传送层：将信息格式转换成能够在网络上传递的格式，如将语音信号分割成 ATM 信元或 IP 包，并实现信息媒体流的选路和传输。

③ 控制层：完成各种呼叫控制功能，控制底层网络元素对接入和传送层语音、数据和多媒体业务流的处理，在该层实现了网络端到端的连接。

④ 业务层：在呼叫建立的基础上提供各种增值业务，同时提供开放的第三方可编程接口，

易于引入新业务。另外也负责业务的管理功能，如业务逻辑定义、业务生成、业务认证和业务计费等。业务层由一系列的业务应用服务器组成，包括业务控制点（SCP）、应用服务器（AS）、策略服务器等。

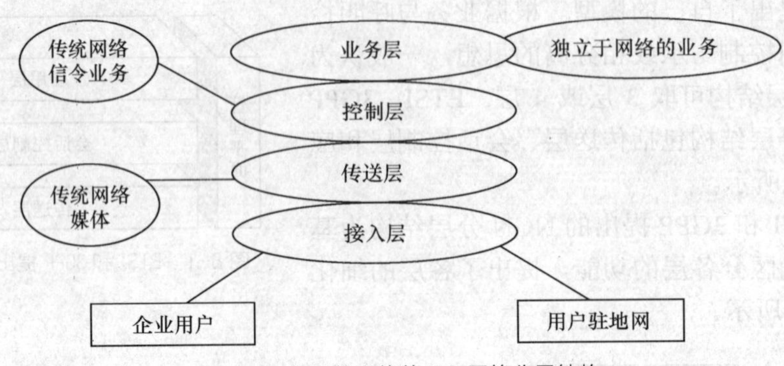

图 8-3　基于软交换的 NGN 网络分层结构

目前，以欧洲 ETSI 为代表的 TISPAN 计划提出了基于 IMS 的体系架构是 NGN 的主体。认为 IMS 代表了 NGN 网络发展的方向。IMS 系统采用会话启动协议（Session Initiation Protocol，SIP）进行端到端的呼叫控制，这就为 IMS 同时支持固定和移动接入提供了技术基础，也使得网络融合成为可能。但是由于基于 IMS 的网络融合的研究刚刚开始，技术上还不够成熟稳定，其标准化工作也成为了目前研究的重点。虽然 ITU、3GPP、TISPAN 都已经确定了 IMS 作为 NGN 的基础框架，但很多网元和接口的功能还需要进行增强或修改；此外，目前标准组织的活动还处于功能需求的研究阶段，实现这些功能的流程、消息及参数还需要具体的规范定义。从产品的开发看，虽然国内外主流厂商都在进行 IMS 产品的开发，但受到标准进程的限制，目前的产品仅能支持 IMS 的某些应用，并非完整意义上的 IMS 网络产品，不能够满足运营商大规模建网的需求。对于运营商而言，基于 IMS 的网络融合方案可以使其基于统一的核心网络为固定和移动用户提供相同的业务，相对固网和移动网的核心网并存的网络架构，不仅可以减少网络结构的复杂度，也应该可以降低网络的运维成本，但是同时也对网络的运营和管理提出了挑战，运营商需要针对网络融合的新架构研究相应的管理对策。IMS 将来如何提供统一的业务平台，标准乃至商品的成熟性等问题仍有待进一步的探讨和解决。

8.2　基于软交换的网络结构

8.2.1　软交换的基本概念及特点

传统电信网络是基于程控交换机的网络，下一代网络则是基于软交换的网络。那么软交换同传统的程控交换机是怎样的关系呢？

在传统的基于 TDM（时分复用）的电话网和 ISDN 网中，提供给用户的各项功能或业务都直接与程控交换机有关，业务和控制都是由交换机来完成的。这种技术使每个用户的语音信号在 64kbit/s 的信道上传输，虽然保证了语音质量，但交换机需要提供的功能和交换机提供的新业务都需要在每个交换节点来完成。在传统的交换网络中，采用依靠交换机和信令提供业务的方式，必须在交换机的技术标准和交换机的信令标准中对开放的每项业务进行详细规范。如要增加新业务，首先需修订标准再对交换机进行改造，每提供一项新业务都需要较长的时间周期。

为满足用户对新业务的需求，网络中出现了公共的业务平台，即智能网。智能网的出现，实现了呼叫连接和业务提供的分离。这样，交换机完成呼叫连接，智能网完成业务的提供。智能网将呼叫连接和业务提供相分离，极大地提高了网络提供业务的能力，缩短了新业务提供的周期。

但是这种分离仅仅是第一步。随着 IP 网络技术的发展，出现了很多新型承载网络希望接入 IP 网络的需求，如各种接入网、移动网、帧中继网、数据网等。因此，从简化网络结构、便于网络发展的观点出发，有必要将呼叫控制与传输承载进行进一步的分离，并对所有的媒体流提供统一的传送平台。这样，就提出了分层结构的概念，将下一代网络分成边缘接入层与核心传送层、控制层、业务/应用层等，即把控制和业务的提供从边缘接入网关和传送层中分离出来，其中，控制层的核心功能实体就是软交换。

边缘接入层：通过各种接入手段将用户连接至网关，由网关接入核心传输网。有的时候，网关还需将媒体（如语音、视频）用合适的方式进行编码及编码转换，如将 64kbit/s 的 PCM 语音转换成 6.3kbit/s 的 IP 电话编码。

核心传送层：宽带 IP 网络，为各种业务、媒体流、信令提供公共的传送平台。

控制层：包含呼叫智能。此层决定用户应该接收哪些业务。它还控制其他的较低层的网络单元，告诉它们如何处理业务流，并能控制低层网络元素对业务流的处理。

网络业务/应用层：在呼叫建立的基础上提供附加的服务。

软交换的基本含义就是把呼叫控制功能从媒体网关中分离出来，通过服务器上的软件实现基本呼叫控制功能，包括呼叫选路、管理控制、连接控制（建立会话、拆除会话）和信令互通。软交换位于网络分层中的控制层，它与媒体层的网关交互作用，接收正在处理的呼叫相关信息，指示网关完成呼叫。软交换主要处理实时业务，首先是语音业务，也可以包括视频业务和其他多媒体业务。

软交换可实现开放业务。通过标准化的业务编程接口，软件开发商不需要掌握太多的通信背景知识，便可以直接利用这些编程接口来实现自己所需要的业务，编写出可运行在不同通信网平台上的业务程序。通过 Internet 访问方式，用户就可以使用这些业务，涉及的呼叫选路、计费、连接控制等功能，由软交换系统具体完成。

这种分层结构具有开放性和标准接口，使得呼叫控制与媒体层、业务层分离。这种分层结构具有以下优点。

① 通过在控制层与业务层间采用统一公开的接口来实现业务提供和网络控制的分离，便于新业务的快速提供。

② 通过呼叫控制与承载连接的分离，便于在承载层采用新的网络传送技术。

③ 通过承载与接入的分离，便于各种现有网络技术的接入。

④ 允许网络运营商从不同的制造商那里购买最合适的网络部件构建自己的网络，而不必受制于一家公司的解决方案。

可以说，这种完全分层的全开放的体系结构吸取了 IP、ATM、智能网、电话网等技术的精髓，是下一代网络发展和业务提供的关键所在。

8.2.2 基于软交换的下一代网络系统组成

软交换是为下一代网络中具有实时性要求的业务提供呼叫控制和连接控制功能的实体，

是下一代网络呼叫控制的核心，也是目前电路交换网向分组交换网演进的主要设备之一。基于软交换的下一代网络系统组成如图 8-4 所示。

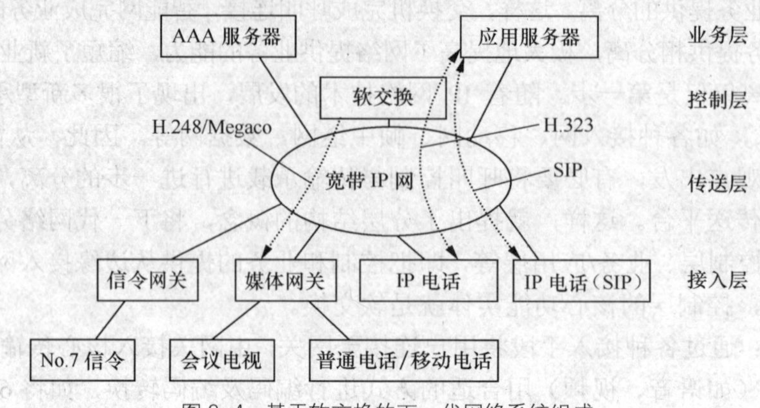

图 8-4　基于软交换的下一代网络系统组成

网络从底向上按纵向划分成 4 层：接入层、传送层、控制层和业务层，各层之间采用标准化接口。各层包括的网络组成单元如下。

1．接入层

接入层负责将各种不同的网络和终端设备接入软交换体系结构，将各种业务量进行集中，并利用公共的传送平台传送到目的地。接入层的设备包括各种不同的网络、终端设备以及各种网关设备。这些网络或终端设备可以是公众交换电话网、ATM 网络、帧中继网络、移动网络、各种 IP 电话终端及模拟终端等，它们通过不同的网关或接入设备接入核心网络。

（1）媒体网关

媒体网关（Media Gateway，MG）负责将各种终端和接入网络接入核心分组网络，主要用于将一种网络中的媒体格式转换成另一种网络所要求的媒体格式，如在电路交换网络业务和分组网络（如 IP、ATM）媒体流之间进行转换，包括语音压缩、传真中继、回声消除和数字检测等。按照其所在位置和处理媒体流的不同可分为：中继网关、接入网关、多媒体网关、无线网关等。

（2）信令网关

信令网关（Signalling Gateway，SG）提供 No.7 信令网和分组网之间信令的转换，其中包括综合业务用户部分（ISUP）、事物处理应用部分（TCAP）等协议的转换。信令网关通常和软交换设备合设在一处，也可以单独设置。

2．传送层

传送层对各种不同的业务和媒体流提供公共的传送平台。多采用基于分组的传送方式，目前比较公认的传送网为 IP 骨干网。其他各层如业务层、控制层、接入层都直接挂接在 IP 骨干网上，在物理上都是 IP 骨干网的终端设备。这些设备之间的业务流和信令流都是通过 IP 传输的。

3．控制层

控制层完成呼叫控制、路由、认证、资源管理等功能。其主要实体为软交换机，有时也称作媒体网关控制器。软交换与媒体网关间的信令，可使用媒体网关控制协议（Media Getaway

Control Protocol，H.248/MeGaCo)，用于软交换对媒体网关的承载控制、资源控制及管理。软交换与IP电话设备间信令，可使用会话启动协议（SIP）或H.323。

4．业务层

业务层/应用层在呼叫控制的基础上向最终用户提供各种增值业务，同时提供业务和网络的管理功能。该层的主要功能实体包括应用服务器、特征服务器、策略服务器、认证、授权和计费（Authentication、Authorization、Accounting，AAA）服务器、目录服务器、数据库服务器、SCP（业务控制点）、网管及安全系统（提供安全保障）。其中，应用服务器（Application Server）负责各种增值业务的逻辑产生和管理，并提供开放的应用编程接口（API），为第三方业务的开发提供统一公共的创作平台；AAA服务器负责提供接入认证和计费功能。

8.2.3 软交换的主要功能

软交换是下一代网络控制层的核心设备，也是从电路交换网向分组网演进的关键设备之一。软交换的概念虽然是从媒体网关控制器、呼叫代理等概念发展而来的，但它在功能上又进行了进一步的扩展，除了完成呼叫控制、连接控制和协议处理功能外，还将提供原来由会议电话网守设备提供的资源管理、路由以及认证、计费等功能。同时，软交换所提供的呼叫控制功能与传统交换机所提供的呼叫控制功能也有所不同，传统的呼叫控制功能是和具体的业务紧密结合在一起的。由于不同的业务所需要的呼叫控制功能不同，因此在软交换系统中，为了便于各类新业务和增值业务的引入，要求软交换所提供的呼叫控制功能是各种业务的基本呼叫控制功能。概括起来，软交换的主要功能如下。

1．媒体接入功能

软交换可以通过H.248协议将各种媒体网关接入软交换系统，如中继媒体网关、ATM媒体网关、综合接入媒体网关、无线媒体网关和数据媒体网关等。同时，软交换设备还可以利用H.323协议和会话启动协议（SIP）将H.323终端和SIP客户端终端接入软交换系统，以提供相应的业务。

2．呼叫控制功能

呼叫控制功能是软交换的重要功能之一。它为基本呼叫的建立、维持和释放提供控制功能，包括呼叫处理、连接控制、智能呼叫触发检出和资源控制等。可以说呼叫控制功能是整个网络的灵魂。

3．业务提供功能

由于软交换系统既要兼顾与现有网络业务的互通，又要兼顾下一代网络业务的发展，因此软交换应能够实现现有PSTN/ISDN交换机提供的全部业务，包括基本业务和补充业务；同时，还应该可以与现有智能网配合提供现有智能网的业务；更为重要的是，软交换还应该能够提供开放的、标准的API或协议，以实现第三方业务的快速接入。

4．互连互通功能

目前，在IP网上提供实时多媒体业务可以基于H.323协议和会话启动协议SIP两种体系结构。其中，H.323 协议由 ITU-T 制订，SIP 协议由 IETF 提出，两者均可以完成呼叫建立、呼叫释放、业务提供和能力协商等功能。H.323 沿用了传统电话网可管理性和集中控制的特点，目前已比较成熟且已得到广泛应用。而会话启动协议则采用分布式结构，具有简单、可扩展性好、与 Internet 结合紧密等特点，已逐步得到应用，尤其是会话启动协议将会在第三代移动通信核心网和智能业务中得到广泛应用。因此，软交换应能够同时支持这两种协议体系结构，并实现两种体系结构网络和业务的互通。

另外，为了沿用已有的智能业务和 PSTN 业务，软交换还应提供与智能网及 PSTN/ISDN 的互通。

5．资源管理功能

软交换可以对带宽等网络资源进行分配和管理。

6．认证和计费

软交换可以对接入软交换系统的设备进行认证、授权和地址解析，同时还可以向计费服务器提供呼叫详细话单。

8.3 软交换设备

在软交换系统中，核心交换设备是软交换机/软交换服务器，它提供传统的长途和本地电话业务，完成信令处理、呼叫控制、资源管理、计费、用户管理等功能。除了软交换机外，在边缘接入层还有许多软交换设备，可分为窄带接入设备和宽带接入设备。

所谓窄带接入，可以认为是利用软交换、网关等设备替代现有的电话长途/汇接局和端局。它的网络组织中除了包含软交换设备，还涉及中继网关和接入网关。

所谓宽带接入，可以认为是利用软交换等设备为综合接入设备 IAD、智能终端用户提供业务。它的网络组织中除了包含软交换等核心网络设备之外，更重要的是终端。

8.3.1 综合接入设备

综合接入设备（Integrated Access Device，IAD）是适用于小企业和家庭用户的接入产品，可提供语音、数据、多媒体业务的综合接入。在网络—网络接口（NNI）侧，IAD 的接口类型可以是数字用户线路（Digital Subscriber Line，DSL）、10/100M 以太网接口、1 000M 以太网（GE）接口，随着技术的发展还会出现 2.5G（2 × GE）端口或者 10GE 端口。在用户—网络接口（UNI）侧，IAD 的接口类型有 10/100M 以太网、GE 接口、Z 接口（模拟用户接口）。

对于语音通信，目前主要采用的技术有 IP 电话（VoIP）和 DSL 电话（Voice over DSL，VoDSL）。VoIP 接入技术是指 IAD 的网络侧接口为以太网接口；VoDSL 接入技术是指 IAD 的网络侧采用 DSL 接入方式，通过 DSL 接入复用器（DSL Access Multiplexer，DSLAM）接入到网络中。

IAD 可以根据端口容量的大小提供不同的组网应用方式。对于小容量的 IAD 可以放置到最终用户的家中；对于中等容量的 IAD（一般为 5～6 个用户接口+1 个以太网接口）可以放置在小型的办公室；对于大容量的 IAD（一般为十几至几十个用户接口）可以放置在小区的楼道和大型的办公室。

IAD的优势在于数据业务在网络中有很好的联通性，而为了满足语音业务的质量就要求IAD具有一些相对复杂的机制。

为了保证端到端语音业务的实施，IAD必须具有以下的机制。

1．呼叫处理功能

首先，IAD在发送端要能识别出用户终端发出的双音多频信号，将双音多频信号转化成相应的数字，封装在信令中，传给上级软交换设备；在接收端要能恢复成规定的信号传给用户终端。其次，IAD要完成上级软交换设备下达的相关呼叫控制命令，如动态语音编解码算法调整，摘/挂机等各类事件的监测，产生并向用户终端发送各种信号音及铃流，释放已建立连接所占用的资源等。最后，IAD还要具有上报功能，向上级软交换设备上报资源状态、故障事件等。

2．媒体控制功能

IAD的媒体控制功能是一种对资源合理管理的机制，可以根据上级软交换设备的指令，对资源进行预留。可以根据资源状况（即，网络的忙闲情况），提供不同的编解码方式。当网络带宽资源不足时，可根据软交换的控制将高速编码算法转换成低速编码算法，实施流控，缓解网络压力；当网络带宽资源充足时，可以根据软交换的控制将低速编码算法转换成高速编码算法，提高语音质量。

3．语音处理功能

众所周知，IP网存在两个问题——时延大、有丢包。时延大会带来回声，少量丢包会带来语音质量下降，所以，在接收端IAD要具有回声抑制功能和产生舒缓背景杂音功能。另外，在IP网络中，分组可能会通过不同路径到达目的端，这样不可避免地会造成端到端的时延不一致，即时延抖动，影响通话质量；所以在接收端还要设置接收缓冲区，尽可能消除时延抖动对语音质量的影响。而为了提高带宽利用率，在发送端IAD要具备静音检测技术，并对静音进行压缩传输。

4．语音QoS管理功能

为了避免时延抖动对语音质量的影响，在设计接收端缓冲区大小的时候就必须考虑到时延抖动的最差情况，保证一定的缓存区大小。但如果缓冲区过大，意味着端到端的时延增加，通信效率降低。所以要求IAD提供一种可以根据网络负载情况动态调整接收端缓冲区大小的机制，保证端到端的时延在网络当前条件下是最小的。另外，在IAD中适时地加入优先级机制，对不同业务标记不同优先级，为高等级业务预留相应带宽也可提高业务的服务质量。还可在IAD中加入业务质量检测机制，对低于设定门限值的，及时上报网管。

此外，为了保障模拟终端的顺利接入，IAD还要具有模拟用户电路功能，例如通过Z接口向用户终端馈电，实施过压保护、振铃控制、二/四线转换等。

在软交换的机制下，原来需要通过硬件设施实现的补充业务和增值业务，现在可以在IAD上以软件实现。这样大大缩短的新业务的开发和引入周期；同时也节约成本，对客户和业务的管理也更加灵活、方便，可谓一举数得。

8.3.2 媒体网关

媒体网关完成媒体流格式转换处理，比如模拟语音信号向数字语音压缩编码转换。有很多种媒体网关设备，它们完成不同的功能，比如接入网关、中继网关、无线网关等。

1．接入网关

接入网关是大型接入设备，提供普通电话、ISDN 基群速率接口/基本速率接口（ISDN PRI/BRI）、V5 等窄带接入，与软交换配合可以替代现有的电话端局。当接入网关作为呼叫的主叫侧时，与软交换机配合完成呼叫的启呼，用户拨号的 DTMF 识别，放提示音等功能；当接入网关作为 VoIP 呼叫的被叫侧时，与软交换机配合完成呼叫的终结，用户振铃等功能。接入网关在信令网关的配合下完成现电话用户接入。除完成电话端局功能外，接入网关同时提供数据接入功能，可以提供 ADSL、LAN 等宽带接入方式。

2．中继网关

中继网关提供中继接入，可以与软交换以及信令网关配合替代现有的汇接/长途局。中继功能包括：语音处理功能、呼叫处理与控制、资源控制、维护和管理等。

（1）语音处理功能

语音处理功能如下。

① 具有语音信号的编解码功能，支持 G.711、G.729，G.723 等算法。

② 具有回声控制机制，支持 G.168。

（2）呼叫处理与控制

呼叫处理与控制功能如下。

① 能根据软交换机的命令对它所连接的呼叫进行控制，如接续、中断、动态调整带宽等。

② 能够通过相关的信令检测出 PSTN 侧的用户占线、久振无应答等状态，并将用户状态向软交换机报告。

（3）资源控制

① 能向软交换机报告由于故障、恢复或管理行为而造成的物理实体的状态改变。

② 能够报告终结点的当前状态。

③ 能够支持对 TDM 电路终结点的阻塞管理和释放。

④ 及时保持与软交换机之间信息一致性。

⑤ 当资源耗尽或资源暂时不可用时，能向软交换机指示不能执行所请求的行为。

中继网关支持的接口有以下几种。

（1）语音网络侧接口

在语音网络侧的接口采用 E1 数字中继接口或其他 ISDN PRI 接口。

（2）分组网络侧接口

在 IP 网络侧采用 10/100M LAN 接口、GM 以太网接口。

（3）与网管中心接口

① 与网管中心的接口采用 10BaseT/100BaseT 接口。

② 支持的信令和协议：No.7、No.1、PRI、H.248、MGCP、H.323、SIP。

8.3.3 信令网关

在下一代网络中，信令网关（Signaling Gateway，SG）是在IP网和No.7信令网的边界接收或发送No.7信令的设备。它可向/从IP设备发送/接收No.7信令信息，并可管理多个网络之间的交互和互连，以便实现无缝集成。其实质就是为了实现PSTN端局与软交换设备之间的No.7信令互通，实现信令承载层电路交换与IP分组交换的转换功能。

1. IP网络中的信令承载协议

（1）BICC协议

随着数据网络和语音网络的集成，融合的业务越来越多，PSTN的64kbit/s、$N\times$64kbit/s的承载能力局限性太大，分组承载网络有IP网络和ATM网络，ATM承载能力很强，而IP分组网不具备运营级质量，为了在各类承载网络上实现PSTN、ISDN业务，ITU-T SG11小组制定了独立于承载的呼叫控制（Bearer Independent Call Control，BICC）协议。

BICC协议解决了呼叫控制和承载控制分离的问题，使呼叫控制信令可在各种网络上承载，包括No.7信令 消息传送部分（SS7 MTP）网络、ATM网络、IP网络。BICC协议由No.7信令ISDN用户部分（ISUP）演变而来，是传统电信网络向综合多业务网络演进的重要支撑工具。

目前BICC协议由CS1（能力集1）向CS2、CS3发展。CS1支持呼叫控制信令在SS7 MTP、ATM上的承载，CS2增加了在IP网上的承载，CS3则关注MPLS、IP QoS等承载应用质量以及与SIP的互通问题。

（2）SIGTRAN协议

信令传输（Signaling Transport，SIGTRAN）是IETF的一个工作组，其任务是建立一套在IP网络上传送PSTN信令的协议。SIGTRAN协议包括流控制传送协议（Stream Control Transmission Protocol，SCTP）、MTP2用户适配（MTP2 User Adaptation，M2UA）、MTP3用户适配（MTP3 User Adaptation，M3UA）等，提供了和SS7 MTP同样的功能。

① SCTP：流控制传送协议，是一个传输层协议，支持多条路径并发传输，可替代TCP、UDP，用于在IP网络上可靠地传输PSTN信令；SCTP在实时性和信息传输方面更可靠，更安全。TCP不能提供多个IP连接，安全方面也受到限制；UDP不可靠，不提供顺序控制和连接确认。除了传输PSTN信令外，SCTP还可以传输SIP（SIP也可使用UDP、TCP传输）。

② M2UA：MTP2用户适配，支持MTP3互通和链路状态维护，提供与MTP2同样的功能。

③ M3UA：MTP3用户适配，支持MTP3用户部分互通，提供信令点编码和IP地址的转换。

④ SUA：SCCP-User Adaptation，SCCP用户适配，支持SCCP用户互通，相当于TCAP over IP。

⑤ M2PA（MTP2 Peer-to-Peer Adaptation layer）：MTP2用户对等适配，支持MTP3互通，支持本地MTP3功能，支持M2PA SG（信令网关），可以作为信令转接点（STP）。

（3）信令承载协议体系

在IP网络中，信令可以通过TCP、UDP、SCTP等传输层协议进行传输。UDP是数据报方式，其优点是简单、易于实现，但不保证数据的正确传输，对于有些信令不适合。TCP是面向连接方式，在正常的网络状况下可以保证数据的正确传输，但在网络故障、拥塞等情况下性能较差，没有冗余通路。SCTP是一个新型协议，支持经过多条路径向同一目的地传输，可靠性和实时性都较高，适合信令传输的要求。

各种信令传输使用的承载协议结构如图 8-5 所示。H.323 协议使用 TCP。H.248 可以使用 TCP 或 UDP。SIP 则可以选择使用 TCP、UDP、SCTP。BICC、No.7 信令用户部分可通过 SIGTRAN 适配层经过 SCTP 传输。

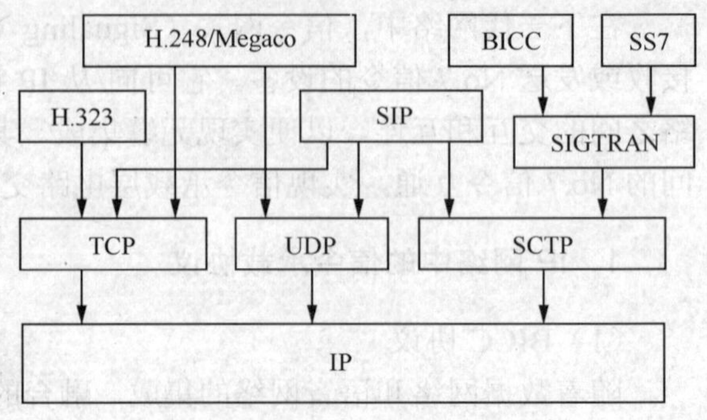

图 8-5　信令承载协议结构

2. 信令网关的接口

在介绍了 IP 网中信令传输方式后，可以明确地指出，信令网关的功能就是完成基于电路中继的 No.7 信令系统和基于分组网（IP 承载）的 SIGTRAN 信令系统的转换。

信令网关主要接口包括窄带 E1 接口和宽带以太网接口；支持的协议包括窄带的 MTP、SCCP、OMAP 等，增加了 IP 侧的 SCTP、M3UA、M2PA 等协议。

在 PSTN 电话网一侧，信令网关必须支持 No.7 信令的多种格式，包括传统的窄带和宽带 No.7 信令，支持传统的 T1/E1/J1 接口以及不同的 SS7 变种。

在 IP 网络一侧，必须支持不同的物理传输介质以及高速宽带和 IP 信令接口，即 SCTP 和 SIGTRAN（M2PA、M3UA、SUA 等），以及不同国家的变种。

8.3.4　SIP 终端与 SIP 服务器

会话启动协议（SIP）系统采用客户机/服务器工作方式。SIP 网络系统包含两类组件：用户代理（User Agent，UA）和网络服务器（Network Server，NS）。用户代理是呼叫的终端系统元素，而网络服务器是处理与多个呼叫相关联信令的网络设备。

用户代理（UA）是一个用于和用户交互的 SIP 实体，又称为 SIP 终端，可以为用户提供语音、视频以及增值业务。根据 SIP 用户代理在会话中扮演角色的不同又可分为用户代理客户机（User Agent Client，UAC）和用户代理服务器（User Agent Server，UAS）两种。其中前者用于发送呼叫请求，后者用于响应呼叫请求。SIP 终端通常需要包括 UAC 和 UAS。

根据实现方式的不同，SIP 终端又可分为 SIP 硬终端和 SIP 软终端。SIP 硬终端是在一个独立硬件设备中实现 SIP 业务功能，它直接接入到局域网中，就可以为用户提供语音业务和增值业务。SIP 软终端是将 SIP 终端软件加载在 PC 上，配合耳机和麦克风就能为用户提供语音业务，如果配上摄像头，还能为用户提供视频通信业务。

SIP 终端可将语音信号压缩并编码为 RTP 流。每一个 SIP 终端具有一个 IP 地址。在软交换的控制管理下，SIP 终端可以实现话机与话机之间、话机与其他接入网关及 IAD 用户之间、话机与固定电话网之间的互通。

网络服务器（NS）的主要功能为地址解析和用户定位，分为代理服务器（Proxy Server）、重定向服务器（Redirect Server）和注册服务器（Register Server）3 种。

SIP 代理服务器是基于 SIP 进行呼叫控制的设备。它既是客户机又是服务器，主要功能有路由选择和呼叫转发，负责将 SIP 用户请求和响应转发到相应的下一跳代理服务器。SIP 代理服务器又分为有状态的（Stateful）和无状态的（stateless）两类。有状态的代理服务器会记录经其转发的呼叫的状态信息；而无状态的代理服务器一旦将消息转发后就丢弃其状态信息。因为通常核心 Proxy 需要处理大量的呼叫，不保留呼叫状态可大大提高系统的处理能力。

SIP 重定向服务器主要用于地址解析。其功能是通过响应告诉客户下一跳服务器的地址，然后由客户根据此地址向下一跳服务器重新发送请求。与代理服务器不同，重定向服务器并不产生自己的请求。

SIP 注册服务器接收终端的注册请求，记录终端的 SIP URI（统一资源标识）和 IP 地址。注册服务器通常与代理服务器或重定向服务器位于同一物理实体中。用户终端在启动后向 SIP 注册服务器注册，用于记录其当前位置信息。如果用户正在漫游，当其 IP 地址发生变化时，用户终端要将登记在注册服务器中相应信息进行更新。其他用户呼叫该用户时，相关的服务器先通过该用户所属注册服务器查找其 IP 地址，这样就可实现用户的动态寻址，支持用户移动性。

在下一代网络结构中，代理服务器和重定向服务器在确定下一跳时可以使用定位服务器（Location Server）。定位服务器用于提供定位服务，帮助 SIP 重定向和代理服务器获得被叫方可能的位置信息。定位服务器提供软交换服务器之间的连接路由信息，这在大型网络中可以简化软交换服务器的路由配置。软交换服务器与定位服务器可以采用简化电话路由信息协议（TRIP）或 SIP 进行路由信息的交换与解析。关于定位服务器可参见 8.5 节“软交换的路由技术与电话路由信息协议”。

8.4 软交换的主要协议

8.4.1 媒体网关控制协议

H.248 是 IETF、ITU-T 制定的媒体网关控制协议，用于媒体网关控制器和媒体网关之间的通信；H.248 协议又称为媒体网关控制协议（Media Gateway Control Protocol，H.248/MeGaCo）。

IETF 最早定义的媒体网关控制协议称为 MGCP。1998 年 IETF 和 ETSI 的电信和 Internet 协议协调项目组（TIPHON）发布了 MGCP 协议（RFC2705）。

H.248/MeGaCo 协议是由 ITU-T 和 IETF 携手共同制定的标准，它是在 MGCP 协议的基础上，结合其他媒体网关控制协议特点发展而成的一种协议。ITU-T 称之为 H.248 建议，IETF 称之为 MeGaCo 协议（RFC3015），两者在协议文本上相同，实质上是一样的，仅在协议消息传输语法上有所区别。H.248 采用 ASN.1 语法格式，MeGaCo 采用 ABNF 语法格式。

H.248/MeGaCo 是在 MGCP 基础上发展和演变而来的，两者网络结构和控制机理完全相同，H.248/MeGaCo 在功能上有所扩展。MGCP 只支持文本编码，H.248/MeGaCo 则增加了二进制编码；在一个事务中，MGCP 只支持一个命令，H.248/MeGaCo 则可以有多个动作，每个动作中又可以有多个命令，使系统可具更大规模；MGCP 只用 UDP 协议传输且不支持多媒体业务，H.248/MeGaCo 则支持多媒体业务，允许更多样的运输层协议如 TCP、UDP、SCTP、AAL2/AAL5 等。这样，虽然主流厂商大多已开发出支持 MGCP 的设备，但 ISO 明确指出 MGCP 最终将被 H.248/MeGaCo 所代替。不过由于 MGCP 已经在现有网络中部署，MGCP 也在不断修订，它与 H.248/MeGaCo 将在一段时间内共存。根据信息产业部颁布的《软交换设备总体技术要求》，在我国软交换组网中 H.248/MeGaCo 和 MGCP 均可采用，H.248/MeGaCo 为必选。下面以 H.248/MeGaCo 为主进行介绍。

H.248/MeGaCo 协议是控制器和网关分离概念的产物。网关分离的核心是业务和控制分离，控制和承载分离。这样使业务、控制和承载可独立发展，运营商在充分利用新技术的同时，还可提供丰富多彩的业务，通过不断创新的业务提升网络价值。

H.248/MeGaCo 提供媒体的建立、修改和释放机制，同时也可携带某些随路呼叫信令，支持传统网络终端的呼叫。该协议在构建开放和多网融合的下一代宽带网络中，发挥着重要作用。

1. 基本概念

（1）终端

终端（Termination）是 H.248/MeGaCo 协议的两个主要抽象概念之一。它是媒体网关逻辑实体，能够发送和/或接收一种或多种媒体，如模拟用户接入网关中的电话线、中继网关中的中继电路，一个终端在任一时刻属于且只能属于一个上下文。

（2）上下文

上下文（Context）也是 H.248/MeGaCo 协议的两个主要抽象概念之一，它是一些终端之间的联系，是描述终端间拓扑关系和媒体混合/交换的参数，可通过 Add 命令进行创建，通过 Subtract、Move 命令进行删除。

（3）协议介绍

H.248/MeGaCo 协议的一条消息包含着一个或多个事务处理，每个事务处理包含一个或多个上下文，每个上下文包含一个或多个命令，每个命令包含一个或多个描述符。

H.248/MeGaCo 包含 8 条命令：Add、Subtract、Move、Modify、Audit Value、Audit Capabilities、Notify、Service Change，各种命令通过其携带的参数实现各种业务。

2. 典型呼叫过程

① 主叫摘机：

a．媒体网关 MG 检测到后通过 Notify 命令将摘机事件报告给媒体网关控制器（MGC）；

b．MGC 通过 Add 命令让 MG 将主叫端口加入一个上下文 Context，并向主叫送拨号音；

c．用户拨号，MG 将收到的号码通过 Notify 命令报告给 MGC；

d．MGC 分析被叫号码，找出被叫 MG，命令被叫方 MG 将被叫端口加入一个 Context；

e．MGC 命令主叫 MG 向主叫送回铃音，被叫 MG 向被叫送振铃音。

② 被叫摘机：MGC 命令两个 MG 连接主被叫。

③ 主/被叫挂机：MGC 命令各 MG 释放主被叫连接，将主/被叫端口 Context 清空。

8.4.2 H.323 协议

由于历史原因，H.323 协议和会话启动协议（SIP）是相互竞争的两个协议。软交换可以同时支持 H.323 协议和 SIP。不过在这两种体系结构中的软交换还是有区别的。由于 H.323 协议是集中管理，系统状态、资源都要管理，因而基于 H.323 协议的软交换设备要复杂一些。SIP 体系是分散的，它不管理系统状态，基于 SIP 的软交换设备承担的工作量相对要小一些，因而它的呼叫处理能力要大于基于 H.323 协议的软交换设备。

目前我国的 IP 电话产品采用 ITU 的 H.323 协议，电信管理部门也将 H.323 协议定为暂行标准。

H.323 协议原是 ITU 为在局域网上开展多媒体业务制定的，其初衷是希望 H.323 协议用于多媒体会议系统，但目前它却在IP电话领域得到广泛应用，取得很好效果。H.323协议是H.320协议的扩展，H.320协议产品通常使用ISDN、DDN等电路交换广域网进行视频会议通信。H.323协议则在分组网络上支持点对点和多点音像通信服务。目前普遍认为H.323协议是在分组网上支持语音、图像和数据业务最成熟的协议。

H.323协议4种系统部件是：终端（Terminal）、网关（Gateway）、网守（Gatekeeper）和多点控制单元（MCU）。

终端是最终用户设备，可进行实时单向、双向通信。所有终端必须支持语音通信，视频和数据通信则是可选项。终端间使用H.245协议来进行信道容量等的协商，使用Q.931协议进行连接建立，使用实时传输协议/实时传输控制协议（RTP/RTCP）进行音频和视频分组传输。

网关是H.323系统的一个可选部件。它可在H.323系统和其他系统（如H.320系统）间进行转接。网关要完成通信协议转换和音视频编码格式转换。

网守也是H.323系统的一个可选部件。它完成别名到地址的解析、访问控制、带宽管理等功能。这些功能由注册/接纳/状态（RAS）建议加以说明。

多点控制单元支持在多个终端间举行会议，它由多点控制器（MC）和多点处理器（MP）组成。多点控制器是H.323多点控制单元的一个必备部件，它可以控制多点处理器与各终端进行交互，用H.245在多个终端间对语音、视频、数据编解码能力、共同信道容量等进行协商，设置会议成员优先权，并决定哪些语音、数据、视频流应该组播发送，但它并不直接处理这些比特流。多点处理器是H.323多点控制单元的一个可选部件，它要完成语音、数据、视频流的混合、交换、处理。多点控制器可以作为一个单独的中心部件存在，也可以存在于其他的H.323部件（终端、网关、网守）中。

在软交换体系结构中，网守和多点控制器功能可以在网络控制层中由软交换等设备完成，网关和多点处理器功能可以在边缘接入层中由媒体网关等设备实现。

8.4.3 会话启动协议

IP电话的优势不仅仅在于传统电话的低成本替代，还在于将Internet基于Web的新业务和传统电话智能网业务的优势结合起来，提供创新的综合业务。这将开拓广阔的新市场。ITU提出的H.323协议更多地考虑满足传统通信的要求，对以Web为基础的新应用考虑不足，为此IETF近年来发展了会话启动协议（SIP）。SIP用于建立启动、维持和终止会话。它是一个基于文本的应用层控制协议，独立于底层协议，用于建立、修改和终止IP网上的双方或多方多媒体会话。SIP借鉴了HTTP、SMTP等协议的思路，支持代理、重定向、登记定位用户等功能，支持用户移动，与实时传输协议（RTP）、会话描述协议（SDP）、DNS等协议配合，支持语音、视频、数据、电子邮件、报到（Presence，表示用户开机、在线、入网、位置等）、文字聊天、即时消息、交互游戏甚至虚拟现实等业务（会话）。

1. SIP基本思想

① SIP信令交互过程类似于Client/Server和HTTP协议模型，由呼叫服务器、代理服务器等提供业务，用户终端每一个请求触发服务器的某种操作。

② 每一对请求和响应构成一个事务，多个事务之间相互独立，一个完整的呼叫包含多个事务。

③ SIP 独立于底层 UDP/TCP 等传输协议，消息中可携带任意类型的消息体。

2．SIP 基本功能

SIP 基本功能主要有终端用户定位、会话属性协商、发起会话、改变会话、结束会话等，这些功能是通过特定的 SIP 消息内容实现的。

① SIP 终端用户定位：SIP-URI+DNS。通过向 DNS 服务器进行查询，可以得到某个用户当前的 IP 地址和电话号码。

② 会话属性协商：SDP Message Body。会话属性是由 SDP 消息表达的，会话双方通过交换 SDP 消息可以确定会话的属性。

③ 发起会话：INVITE。主叫发起会话时使用 INVITE 请求消息。

④ 改变会话：re-INVITE。会话中的一方通过发出 re-INVITE 请求消息，可以改变会话属性。

⑤ 结束会话：BYE+CANCEL。会话中的一方通过发出 BYE 或 CANCEL 消息，可以结束或取消会话。

3．SIP 特点

SIP 具有以下特点。

（1）简单

① SIP 只包括 6 个主要请求，6 类响应，会话关系清晰，便于理解。

② SIP 是基于文本编码，易实现、易调试，便于跟踪和手工操作。

（2）扩展性和伸缩性好

① 具有灵活的扩展机制和强大的能力协商机制。

② 便于新的方法、消息头和功能的添加，无须改动协议。

③ 将处理智能放在网络边缘，网络连接关系简单。

④ SIP 系统采用分布式体系结构，提高了系统的灵活性和可靠性。

（3）安全性和可靠性较高

① SIP 系统各环节都可以进行加密。

② 各 SIP 处理节点之间可以采用逐跳加密和认证：以 IPsec、SSL 方式。

③ 指出 SIP 代理认证：Proxy-Authentication。

④ 端到端 HTTP 认证：包括基本方式和摘要方式，端到端加密（Pretty Good Privacy，PGP）、S/MIME（单/多用途 Internet 邮件扩展）。

⑤ 每次 SIP 会话包含一个时间/空间唯一的 Call-ID，每次请求都有一个 Cseq，用于复制包检测，请求之后有应答，INVITE 应答后有 ACK 确认，没有收到回应则重传。

（4）互通性好

① SIP 是简单、轻型的通信协议，基于文本编码方式，容易描述和分析。

② 作为应用层协议，SIP 与底层传输无关。

（5）SIP 与 Web 和 E-mail 容易配合

SIP 可以很好地配合 Web 和 E-mail 工作，其原因是：

① SIP 携带与 Web 和 E-mail 同样类型的数据；

② SIP 的地址可以是 URI（通用资源标识），可以嵌入 Web 网页；

③ 用与 E-mail 同样的 DNS 选路技术进行呼叫路由选择。

由于 SIP 具有上述特点，在开发与 Web 结合的综合应用时要简单方便得多。这样可以降低开发成本，缩短开发周期。宽带 IP 网络的生命力在于能够提供新的综合业务。能发展多少受用户欢迎的新的综合业务是成功的关键。

Web、E-mail、文字聊天、即时消息和报到、多媒体、交互游戏，这些基于 Web 的应用与语音电话智能网功能组合可以形成很多种应用。“报到”（Presence）是一种动态现场处理技术，表述为一个用户的动态状态信息，如呼叫、连接状态、位置及终端能力等可用于业务控制，并可被他人读取。Presence 信息可显示给 Rich Call（丰富内涵综合呼叫）用户并控制其业务和应用选择等行为，也可在网络中控制 Rich Call 和信息传递业务。Rich Call 是一种语音或视频会话，可支持图像、数据或其他增值信息的同时接入。

上述这些功能哪些是受用户欢迎、为市场接受的，还要经过实践检验。

4. SIP 和 H.323 比较

① SIP 特别适合于提供即时消息和报到（presence）功能，而采用 H.323 很难提供这类功能。

② 采用 SIP 可以提供兼有传统电信智能网和基于 Web 的新业务优点的综合服务。

③ 采用 H.323 的 VoIP 服务对终端设备的要求较高。而 SIP 则简单易行并且很容易与其他服务集成，优势明显。

④ H.323 协议栈作为 VoIP 的基本通信协议，经过长期、大量测试检验。这是 SIP 目前所不具备的。

随着时间的推移，SIP+H.248/MeGaCo 将逐渐发展成为主流协议。

8.5 软交换的路由技术与电话路由信息协议

8.5.1 路由方案

在 NGN 早期建设阶段，软交换以窄带组网方式为主，电话网占据绝对优势，软交换（SS）独立设点，逐步由点到面，扩展网络容量。在这样的情况下 SS 没有大面积铺开，能有直接联系的 SS 也有限，更多情况是通过信令网关、中继网关进入电路交换网络，靠电路交换网络本身的路由能力寻址到被叫。IP 网上的直连用户有限，可以在数目有限的 SS 上根据粗略的局码或区域号码即配置出到其他各 SS 的路由，直接在数据网上定位被叫用户所属的 SS，此种方式配置并不复杂烦琐，在早期是很适合的方式。早期软交换网结构如图 8-6 所示。

在这里，我们给出了一种分区域发展建设方式，可在大城市和少数地区先设 SS 点，在 SS 域内使用的是 SS 框架的语音服务，其他地区仍然使用 PSTN、移动网络等提供语音业务；我们称提供 SS 框架语音业务的区域为一个域。SS 之间路由数据是全互连性的，每个 SS 都拥有网络上其他全部 SS 的相关路由信息，早期 SS 较少的时候这是个经济简便的组网方案，但是 SS 逐步增多后这样的路由信息配置会渐渐成为一个繁重的负担，这时候已经进入演进中、后期了，应该启用演进后期的解决方案。

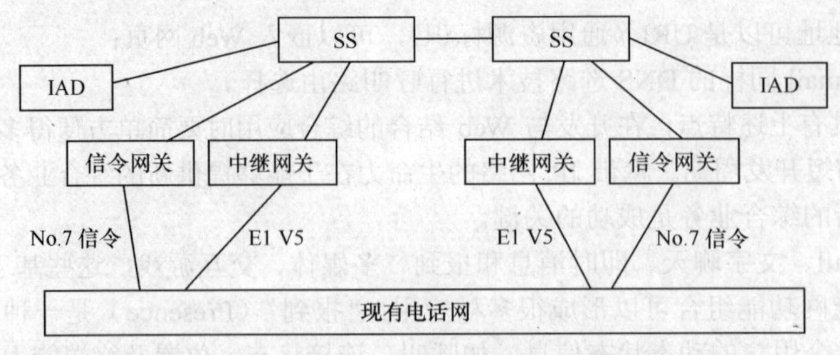

图 8-6 早期软交换网

进入到演进后期，软交换网承载的用户数量接近或超过普通电话网的用户数量，SS 站点增多，SS 之间日常路由信息维护将会相当困难。此时应该引进相当数量的定位服务器（Location Server，LS）来负担起路由服务的重任，每个 LS 分别为本地 SS 提供路由服务，如图 8-7 所示。LS 可以处于一个层次；当网络容量大到一定程度则可以考虑优化网络，添置主干 LS。

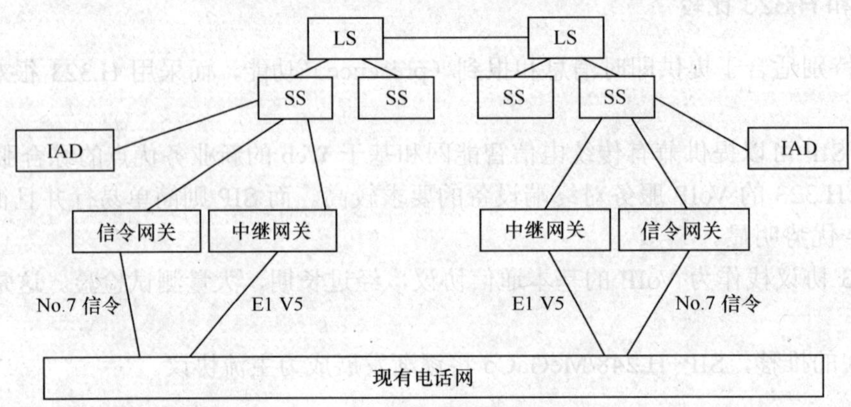

图 8-7 后期软交换网路由组织

8.5.2 电话路由协议

随着语音 IP 网络的不断增长，将逐渐形成本地、地域性和全球性 IP 语音管理区域，IP 电话网关在利用率、数量方面呈增长趋势，其工作机制和管理操作也变得越来越复杂，其中的一个难点就是网关定位，也就是网关选择、路由选择、网关发现和网关路由。这实际上就是要解决映射问题——给定一个电路交换网中的用户电话号码，判断能够完成对其进行呼叫的网关的 IP 地址。面对一个庞大的 IP 电话网络，经济有效的路由技术已经成为业界普遍关注的一个重要课题。

为了解决 NGN 运营商之间或区域间的路由动态可增长、呼叫协议无关性、路由灵活扩展性和最优化等需求，IETF 提出了电话路由协议（Telephony Routing over IP，TRIP），它属于一种域间网关定位的路由协议，综合了 SIP、Internet 边界网关协议 BGP-4 等路由协议的优点，并为其他诸如 H.323、SIP 的协议提供了无缝接口。它允许每个网关资源的管理者根据不同的策略建立自己的本地可用网关数据库，然后按照不同的策略进行数据库之间网关信息的聚合、广播、交换和共享——首先使这些信息在本地对自己可用，然后再把这些信息按照一定策略传播、同步给其他供应商，这些数据库中的网关信息供信令服务器、软交换设备和其他用户直接查询使用，从而能够很方便地进行网关定位和网络寻址，全局性地解决 IP 电话路由问题。

定位服务器（LS）是 TRIP 的主要功能实体。IETF 把每个 IP 电话自治管理区域称为一个 Internet 电话管理域（Internet Telephony Administrative Domain，ITAD），每个 ITAD 至少拥有一个 LS、若干个网关和若干个终端用户。每个 LS 上都有电话路由信息库（Telephony Routing Information Base，TRIB），它包含了电话目的地的可达性、到达目的地的路由，以及在 PSTN 中存在的那些电话目的地网关的相关信息。

需要说明的是，同一个 ITAD 内部的终端设备之间的互通，是无需使用 TRIP 的。比如新型的 SIP 智能终端等设备，同时具有电话号码和 SIP URI（统一资源标识）地址格式，可采用 ENUM（由 DNS 技术改进而来）提供电话号码和 SIP URI 地址转换，比如把电话号码转换成电子邮件地址，实现同一个 SIP 电话域内终端设备的寻址。

TRIP 定义了 4 个消息：OPEN、KEEPALIVE、UPDATE 和 NOTIFICATION。

① OPEN 消息：在 LS 间的 TCP 连接建立后所发送的第一个 TRIP 消息，开始建立 TRIP 连接。

② KEEPALIVE 消息：是 OPEN 消息成功接收后的一个响应消息，告知所建立的会话处于激活状态。

③ UPDATE：不仅用来广播新增路由信息，也用来删除、修改已经广播出去的一些路由信息，而且这两种操作可以同时进行。

④ NOTIFICATION 消息：在 TRIP 检测到错误时产生和发送的消息，同时 TRIP 连接被关闭。

TRIP 消息的传递要求底层有可靠的传输连接，可把 TCP/IP 作为 TRIP 的下层协议。只有在底层 TCP 连接建立的基础上，才能进行 TRIP 消息的收发。对此，LS 定义一个有限状态机，其包含 6 个状态：Idle、Connect、Active、OpenSent、OpenConfirm 和 Established。前 3 个状态和 LS 之间的 TCP 连接建立过程相关；在连接成功后，LS 向对端 LS 发送 OPEN 消息并转入 OpenSent 状态；当所有的 OPEN 消息都正确发送时，进入 OpenConfirm 状态并等待响应；收到 KEEPALIVE 响应消息后，LS 进入 Established 状态，会话成功建立，LS 之间开始进行 UPDATE、KEEPALIVE 和 NOTIFICATION 消息的交互。

8.5.3　电话路由协议在软交换网络中的应用

随着 NGN 规模的增大，软交换系统数目的增多，路由信息的配置和维护将会相当困难；而且，由于不同网络之间的网络结构和路由策略的不同，它们之间的路由互通也是一个重大的问题。

TRIP 在最初就被设计成一种与具体呼叫协议无关的路由机制，因此它可以解决由于网络结构不同而带来的路由互通问题；通过收发 TRIP 消息可以实现域内和域间路由信息的传递，并按一定策略将最佳路由信息保存在 TRIB 中，这样，软交换本身不需要再维护大量的路由信息，而是通过请求 TRIP 的承载实体——LS，直接定位远端设备，避免 IP 网中呼叫信令的逐跳处理转发。

H.323 协议和 SIP 是分组网内的两大竞争协议，有其各自的特点及应用范围，作为支持多协议的软交换，需要支持这两种协议，并发挥 SIP 与 H.323 互通的桥梁作用。SIP 代理服务器、软交换 SS、H.323 网守都与特定的 LS 联系，因而每个 LS 各自只需支持单一注册即可。如某个 LS 只需要具备接受 SS 注册的功能，而不需要同时具备接受 SIP 代理和 H.323 网守注册的能力。位于不同网络内的 LS，尽管其注册机制有所不同，但 TRIP 是其唯一的路由协议，LS 之间通过 TRIP 消息交互路由信息，不会因网络的规模大小和结构不同而受到影响。当然也可以通过设置 LS，使其具备接受多协议注册的能力，从而让 SS、SIP 代理和 H.323 共享一个 LS 及其数据库 TRIB。

8.6 软交换的组网技术

8.6.1 软交换组网方案

在软交换技术的应用中，根据接入方式的不同可分为窄带和宽带两类组网方案。窄带组网方案即利用软交换网络技术为现有的窄带用户提供语音业务，具体包括长途/汇接和本地两类方案。宽带组网方案为新兴的宽带用户，主要为 DSL（数字用户环路）和以太网用户提供语音以及其他增值业务解决方案。

图 8-8 所示为软交换组网中采用的一些设备。其中的 IAD、信令网关等设备，已经在 8.3 节中作了介绍。对 8.3 节中未作介绍的一些组网设备，将在下面进行说明。

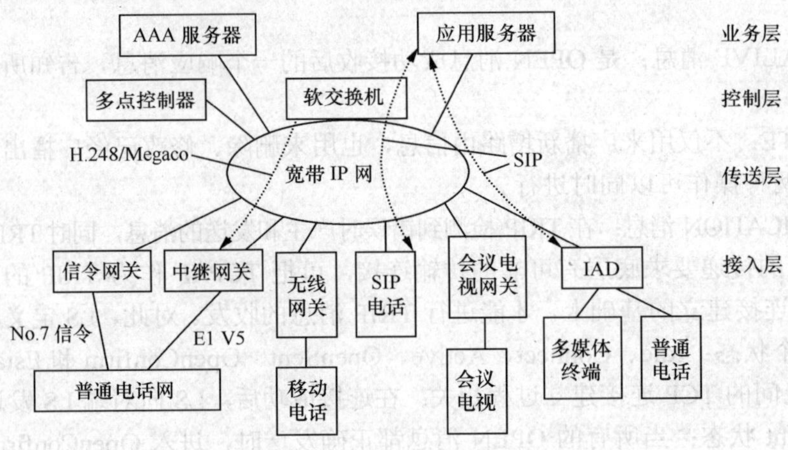

图 8-8 基于软交换的通信网

1. 窄带组网方案

所谓窄带组网，是利用软交换、网关等设备替代现有的电话长途/汇接局和端局。它的网络组织中除了包含软交换设备，还涉及一些接入设备。

① 软交换机：提供传统的长途和本地电话业务，完成信令处理、呼叫控制、资源管理、计费、用户管理等功能。

② 接入网关：是大型接入设备，提供 POTS、PRI/BRI、V5 等窄带接入，与软交换配合可以替代现有的电话端局。

③ 中继网关：提供中继接入，可以与软交换以及信令网关配合替代现有的汇接/长途局。

由于窄带组网方案的实质是用软交换网络技术组建普通电话网，所以提供的业务以传统的语音业务和智能业务为主，主要包括 PSTN 的基本业务和补充业务、ISDN 的基本业务和补充业务以及智能业务等。

2. 宽带组网方案

所谓宽带组网，是利用软交换等设备为 IAD、智能终端用户提供业务。它的网络组织中除了包含软交换等核心网络设备之外，更重要的是终端。

在 8.3 节中已对 IAD 作了介绍，它可以根据端口容量的大小提供不同的组网应用方式（已适应于用户的家庭、小型的办公室和小区的楼道、大型的办公室等容量要求）。此外还有下列设备和终端。

① 多点控制器（MC）：挂接在软交换机旁，配合软交换机工作，主要完成会议电话及视频会议的控制功能，对会议进行集中管理。它可以控制多点处理器 MP 与各终端进行语音、视频、数据编解码的能力协商，优先权设置等。

② 会议电视网关：负责接收和处理来自非数据用户终端的信令和音频、视频等媒体流。可以处理一种或多种媒体流，经过相关处理后发送到相应的多点处理器（MP）或用户终端，用户终端发送的信令消息映射成相应的消息经网关转发给软交换设备。

③ 多点处理器（MP）：挂接在会议电视网关上，配合会议电视网关工作，主要负责多媒体会议的语音、视频、数据的混合、切换和同步等功能。还具有语音编码的转换功能。

④ 智能终端：一般分为软终端和硬终端两种，包括 SIP 终端、H.323 会议电视终端和 MGCP 终端等。

宽带组网方案中的软交换网络除了可提供传统的语音业务之外，还可以提供新兴的语音与数据相结合的业务、多媒体业务以及通过 API 开发的业务。

8.6.2 软交换网络中的各种终端的编号

软交换系统可接入的终端包括固定电话终端、移动电话终端、SIP 终端和多媒体终端。为了使这些终端相互之间以及与现有网络终端之间能够进行通信，需要给这些终端分配一个号码。

1．普通用户的编号

软交换普通用户的编号一般采用 E.164 局号方式，号码结构与普通电话号码相同，编号方式如下。

本地号码为：“PQR(S)ABCD”。

长途号码为：0+长途区号+本地号码。

在这个方案中，各种终端，不论是移动终端、固定终端还是各种 IP 终端，均分配相应的局号，而局号的分配是由各本地网来分配的。由于各本地网的号码资源情况不同，故可分别采用以“P”位为首的号码，也可以采用以“PQ”位为首的号码。

2．SIP 用户的编号

SIP 用户既可以采用 E.164 局号方式的普通电话号码，即本地号码为“PQR(S)ABCD”，也可以采用统一资源标识 URI 方式的号码作为集团用户、商业客户的补充编码。

SIP 用户的 URI 号码编号方式如下：

用户名@域名

比如 zhang3@example.com.cn。

SIP 用户编号和电子邮件用户编号方法相同。为了区别它们，对于 SIP 用户编号应该写成“SIP：zhang3@example.com.cn”和“mailto：zhang3@example.com.cn”，这样就可以知道用户给出的是 SIP 地址还是电子邮件地址。在实际使用中，用户往往会用他的某个电子邮件地址作为 SIP 用户名在 SIP 服务器中注册。比如在微软的 MSN Messenger 服务（采用了 SIP 技术）中，用户就是用他已有的微软网络电子邮件地址（@hotmail.com 或@msn.com）作为用户名的。这样方便了用户对其电话号码的管理，也有助于语音、即时消息、邮件等各类通信方式的融合。

3. E.164 编号和 URI 编号间的转换

在软交换中，固定电话终端、移动电话终端、SIP 终端和多媒体终端之间是可以互通的。这就需要完成 E.164 编号和 URI 编号间的转换，这种转换是由 ENUM 技术完成的。ENUM 是 IETF 的电话号码映射工作组定义的一个 RFC 建议，目前的编号是 RFC3761，题目为 “E.164 号码和域名系统”。它定义了将 E.164 号码转换为域名形式存放在 DNS 服务器数据库中的方法，每个由 E.164 号码转化而成的域名可以对应一系列的统一资源标识（URI），从而使国际统一的 E.164 电话号码成为可以在 Internet 中使用的网络地址资源。在 DNS 服务器中存放的 E.164 号码就成为 ENUM E.164 号码。

ENUM 可将 ENUM E.164 号码转换成各种 URI 记录，如果每人都拥有一个 ENUM E.164 号码，那么通过此号码，就可以寻找到该用户的各种联系方式，并且用户还可以自由定制各种通信手段的优先级。在软交换中应用 ENUM，一方面可以解决 PSTN 与 IP 网的统一路由，另一方面还可以解决号码可携问题。此外，还可以提供集语音、数据、图像于一体的套餐业务，如统一消息等。当用户终端设备发起呼叫时，由软交换设备为用户拨打的 E.164 号码进行解析，得到被叫终端的 IP 地址后，在主/被叫终端之间建立连接，实现用户通信的业务流在主/被叫终端之间传送。

利用 ENUM 技术，可以实现通过 E.164 号码来查找用户的电子邮件、IP 电话号码、统一消息、IP 传真或个人网页等多种信息。E.164 号码是在传统电信网络中使用的重要资源，DNS 系统是 Internet 的重要基础，ENUM 技术将两者结合起来，有益于传统电信服务向基于 IP 分组交换的方向发展，ENUM 是对促进两网最终融合具有重要意义的技术。

8.6.3 软交换组网中若干问题

1. IP 地址分配

各类软交换服务器和网关一般需要分配固定的公开 IP 地址，以便通过宽带 IP 网络把它们连接起来，实现分布式的业务控制和处理环境，为用户和终端提供开放的业务。有时为了安全的原因，可以把一些软交换设备集中在一起，放在防火墙后面。此时防火墙后面的设备间的内部接口可以使用私有 IP 地址。

用户终端 IP 地址的分配可以采用固定或动态分配两种方式。

对于 IAD 下挂接的终端，一般分配公开的 IP 地址。如果 IAD 端口数量较多，可以采用固定分配的方式；如果 IAD 端口数量较少，可以采用动态分配的方式，以便在多个 IAD 之间共享 IP 地址，避免过小的 IP 子网造成的 IP 地址浪费（主机号为全 0 和全 1 的地址被浪费，参见第 4 章表 4-2）。

当 SIP 终端等直接挂接在宽带 IP 网络上时，一般采用动态分配公开 IP 地址的方式。如果 SIP 终端位于一个子网内部（如企业网），SIP 终端往往只有私有 IP 地址，需要在接入网关上使用网络地址转换（Network Address Translation，NAT）技术访问宽带 IP 网络，此时需要网关支持 SIP 对 NAT 的穿越。

2. NAT 穿越

很多边缘接入网络使用 NAT 网关访问主干网络，NAT 技术起到了网络层的屏蔽作用，保护了边缘网络的安全。位于边缘网络内部的 SIP 智能终端等设备，在边缘网络中使用私有地址，当它们访问软交换网络上其他设备时，需通过 NAT 进行公私有地址之间的转换，以使 IP 分组能够在公用宽带 IP 网络上传输。但是由于普通 NAT 只能识别、修改 UDP 或 TCP 报文头部地址信息以实现内、外地址的转换（这是一种传输层网关），对于作为 UDP 或 TCP 报文内容的 SIP 等协议中地址信息则无法识别、修改，因此软交换网络中的信令 SIP 和 H.323 等无法穿过传统的 NAT 网关。

一种解决方法是采用支持 SIP 的应用层网关（Application Layer Gateway，ALG）防火墙，使得 NAT 可以分析 SIP，在转换时可以像处理 IP 分组头那样转换 SIP 中内嵌的相应地址信息字段。但这种方案需要对网络上众多 NAT 设备进行升级，具体实施较困难。

如何使 SIP 和 H.323 能穿过 NAT 网关，同时又不降低边缘网络的安全性，尚无标准的解决方案。

3. 安全性问题

（1）SIP 安全性问题

SIP 自身的安全性也很脆弱。在默认的情况下，SIP 消息是用明文传送的，故可被截获和篡改。当然 SIP 中也有安全选项，SIP 消息也可以使用其他安全传输协议，但是目前还没有 SIP 安全机制协商方法。网络中间的黑客有可能迫使通信双方使用低级别的安全特性，从而降低攻击的难度。

（2）实时传输协议安全性问题

在 NGN 中多媒体业务将使用实时传输协议（Real-Time Transport Protocol，RTP）进行传输。RTP 也是容易被攻击的，比如源地址和目的地址就容易被篡改。曾经有人提出过临时加密方案，但是须依赖于将来的低层安全协议。RTP 的安全性问题，目前还没有明确的解决标准。

（3）代码和脚本攻击

软交换机、媒体网关、应用服务器等网络控制部件，容易受到可执行代码和脚本的攻击。这些代码可以用来操纵用户的定制信息、网络控制数据，或者传播其他类型的攻击，比如拒绝服务攻击。网络的可扩展性和软件更新特性也带来了潜在的威胁。用可扩展标记语言（XML）写的脚本可以被黑客用来发动攻击。这在智能终端越来越多的情况下，更加严重，因为这些终端可能被黑客俘获，成为攻击源。目前 IETF 的媒体网关控制标准工作组正在对这些问题进行研究。

对于安全性问题，解决的思路是加强网络管理，强化业务使用时的注册、鉴权、加密。可以采取以下措施来保障安全性。

① 加强用户接入的安全认证和信息加密措施。

② 为了防范黑客的攻击，可在各个层面设置防火墙和入侵检测系统，保护应用服务器、软交换服务器、媒体网关、接入网络的安全。

③ 采用各种网络隔离措施，可消除 IP 遍在性带来的安全性问题：

a．采用 NAT 技术，隔离边缘网络与核心 IP 网络，保护边缘网络的安全；

b．采用VPN技术连接软交换终端、媒体网关、软交换服务器、应用服务器，使它们与IP网上普通Web网络等隔离，避免遭受大量常规IP黑客的攻击；

c．在一个边缘网络内部，采用虚拟局域网（VLAN）技术，隔离数据业务、IP电话语音业务，避免IP电话用户密码被盗窃、语音媒体流等被窃听。

上述这些措施，虽然是常规Internet安全措施的具体应用，但须根据NGN的需要进行改进。比如需要对传统NAT、防火墙、入侵检测技术进行改进和扩展，提升它们的性能，以解决SIP、RTP、XML等安全性问题。

8.7 软交换技术的发展与应用

8.7.1 软交换优缺点

1．软交换优点

呼叫控制与呼叫传输分离后带来如下的优点。

① 智能化的软交换设备能方便地实现不同信令的转换，并具有开放接口和API，方便新业务的产生。

② 呼叫传输由简单的设备完成，如媒体网关，或由IP终端设备直接完成端到端传输。

从运营方面讲，软交换的组网方案对新老运营公司都有利。

① 传统运营公司用软交换组网实现PSTN与分组网的融合，保护传统投资，又具有创新能力。

② 而新运营公司利用软交换组网可以比较容易地进入竞争激烈的通信业务市场，不需对传统设备进行巨大投资，没有资金压力。

2．软交换的不足

① 缺乏大规模现场应用的经验。

② 协议体系众多，而且这些协议分别来自不同的标准化组织，有些相互补充，有些则相互竞争。

③ 软交换存在不同协议之间和不同厂家设备之间的互操作问题。

④ 实时业务的QoS保障问题、网络的有效集中管理问题尚待解决。

⑤ 业务生成和业务应用收入能力等问题都有待妥善解决。

8.7.2 软交换应用情况

下一代网络（NGN）是一种综合的开放的网络构架，它采用统一的标准，可以支持语音、数据和多媒体等各种业务。与传统网络相比较，NGN采用开放的网络构架体系，在功能上实现了分离，使业务真正独立于网络，并使用统一协议和基于分组交换来实现业务的灵活提供。因此，运营商在面临网络演进和构建新网时，首先就会想到基于软交换技术的NGN。自2001年起，中国各大运营商就开始了NGN的实验工程。无论是新兴的还是传统的电信运营商，都在积极关注NGN的发展。由于各运营商的网络状况不同、客户情况不同、业务范围不同，因此他们对NGN的定位也存在差异。

2001 年年底，中国电信集团开始 NGN 试验网建设。2002 年 3 月下旬，中国电信确定在北京、上海、广州、深圳四地开展 NGN 实验网建设，实现了城域网层面实验，进行了城域以太网、多业务提供平台等技术的应用。进入 2003 年后，中国电信的 NGN 网络建设进程加快，并开始进入商用化阶段。

中国网通集团在南方诸省补网建设中，采用软交换技术快速提供业务。2003 年 8 月，中国网通启动了广东、陕西和山东三地的 NGN 商用实验网，为将来大范围部署和推广 NGN 做准备。网通集团在启动 NGN 商用实验网时，着重开展以本地宽带接入为主的商用实验，一方面可以放装电话，另一方面可以宽带上网，同时进行多种增值业务。2004 年后，中国网通集团加大了在 NGN 上的投入，重点在南方各省的网络建设中应用。

中国移动采用移动软交换技术进行汇接网的建设。移动软交换是将软交换技术引入移动网络，以适应未来以软交换分层架构为主导的下一代移动网络建设趋势。移动软交换是通过移动网络电路域承载和控制的分离、集中控制、分散接入，形成清晰的分层组网的核心网络规划理念，符合网络发展的方向；引入 IP 承载语音，利用 IP 端到端的寻址能力形成媒体网关之间扁平的组网架构，有利于简化网络拓扑；采用 IP 承载的移动软交换可以实现灵活的组网方式，降低建网成本和运维费用，提供丰富业务及功能，并可以实现移动网络向下一代网络的平滑演进。2004 年，中国移动通信集团公司全面建成以 IP 承载的软交换汇接网。

中国联通建设统一网络平台采用的是 ATM+IP 的技术路线，建成了统一网络平台（UNINET），真正实现了多种电信业务的综合，能够为用户提供更为便捷、一揽子的全业务的服务。目前，中国联通的 UNINET 已经覆盖全国 330 多个城市，全网开通的业务有 VoIP 语音业务、Internet 业务、帧中继、电路仿真业务、视频会议、远程教育、远程医疗系统，以及 CDMA IX 无线数据业务。这是中国向下一代网络过渡的一次创造性、大规模成功的实践，为 NGN 发展奠定了坚实的基础。在此基础上，中国联通全国范围内 6 城市开展 NGN 试验网工程，继续探索多业务统一网络平台的发展道路。

软交换在国外的应用情况主要有以下几种。一种是将传统网络向软交换网络过渡，加拿大的贝尔正在着手用软交换方式替代传统网络的电路交换方式。另一种情况是仅利用软交换提供 IP 电话，重点是语音业务，这种情况目前比较多。有些运营商完全运用软交换的方式来做，有些则通过软交换的方式对目前的 IP 电话进行改进，因为这些运营商继续用传统方式提供业务比较困难，而软交换比较方便。因此，包括日本运营商在内的部分运营商都采用软交换来替代传统的 IP 服务，并在 IP 电话业务的基础上提供更多的服务。

日本 NTT 公司在 2008 年 3 月底开通了基于全 IP 协议的下一代网络 NGN，支持高速宽带移动通信并且稳定性好和安全性高，品质受到好评。然而其用户数目的发展并不理想。原计划首年实现 80 万户，但到 2009 年只有 37 万户，不及预期的一半。

面向个人用户，NTT 公司的 NGN 主要提供高速宽带视频。NTT 公司与东京、大饭、神奈川和爱知等 4 城市电视台签订协议，通过其 IP 网传输高清晰度的地面数字电视节目。对于企业用户，在承诺安全性的基础上，开展 SaaS（软件是一种服务）业务。然而其预期开展的远程医疗却无进展。此外，在网络改造的费用分担上，与企业用户也有分歧。

对于 NGN 美国与日本不同的是，美国常常使用 IMS，目的是促使 IPTV 与通信、移动与固定的融合。例如，AT&T 已着手构筑 IMS 网络，到 2009 年底实现由单一的移动业务迈向 IPTV 预约等服务。Verizon 公司针对各公司间的 IMS 标准互操作性差和与非 SIP 应用适配性不好这一弱点，提出了 A-IMS（Advances-toIMS）建议，对 IMS 标准进行了修正。2005 年，美国大的通信公司决定引入 IMS 系统，展开固定电话与移动电话业务的融合。同时在 2004 年前后，Verizon 与 AT&T 公司就分别推出了 FiOSTV 和 U-verseTV 系统，美国推行的 NGN 是通过用户光纤系统让通信与电视进行融合，以 IMS 为基础推进移动电话向下一代网络演进，IPTV 则以独立标准引入，最终形成以 IMS 为基础的 NGN。日本 NGN 的特征是通信与电视的融合、固定网与移动网的融合及干线网 IP 化，采用的标准为 TISPAN 制订的以 IMS 为核心的体系结构。

目前在商用通信网络上，出现了一些基于 NGN 技术的新业务，比如一号通、一键通、手机 QQ 等。“一号通”是指在固定电话网上开通个人虚拟号码，用一个特定代码来捆绑包括手机、固话、小灵通、传真甚至电子邮件。其他人拨叫“一号通”号码时，呼叫会被依次自动转移到用户预先设定好的电话上。“一键通”是在移动手机上开通对讲功能。手机 QQ 是智能手机实现类似 QQ 聊天、语音短信、无线 IP 电话等功能。

尽管基于软交换技术的 NGN 有了长足的发展，有些产品也在局部市场开始部署，但不可否认的是，总体上，NGN 在技术和市场上还在继续完善发展中。

从商业赢利的角度看，软交换网络虽然在业务提供方面比传统网络有优势，但这种优势目前看并没有达到令传统交换网络无法企及的程度，也就是说，人们并没有找到一种 NGN 的“杀手”级应用。现有传统电信交换网络所提供的语音业务目前仍然是运营商主要的收入来源，并且以往巨大的投资仍然在发挥作用。对于固定网运营商来说，这种收入结构不改变，他们就不会抛弃原有的网络。因此，有专家认为，只有电路交换的收益对于运营商没有价值时，软交换才有可能被使用，而这个时间可能要 10 年左右。

另外，如果 QoS 质量得不到提高，软交换也将承受到相当的压力。当然，软交换技术在将来还会进一步发展下去，如何将上层的服务质量控制消息有效传递到网络下层并由下层执行，将是下一步技术研究要做的事情。

IP 网络中原有的安全性问题，NGN 中也同样存在。并由于信令的文本化、业务的开放性和分布式处理，使得软交换系统中的控制设备受到新的威胁。NGN 接入层安全方面的问题也比较严重，再加上接入层 QoS 还没有完全解决，故此目前在智能终端和软终端发展不是特别快。

8.8 IMS 的出现与下一代网络的发展

IP 多媒体子系统（IP Multimedia Subsystem，IMS）是一个基于 IP 网提供语音及多媒体业务的网络体系架构。IMS 系统可看作为多种多样的 IMS 业务提供的一个基础平台。IMS 的基本协议主要基于 IETF 已有的标准，3GPP（第三代移动网络合作伙伴计划）根据具体的业务和功能的需求进行了相应的扩展，主要协议包括 SIP、Diameter 等。

IMS 是移动和固定融合比较适合的架构，基于 IMS 的网络体系对移动性管理、承载网控制、接入控制等有了清晰的关系定义。目前针对 IMS 的 NGN 标准依然有大量的工作要做。业务层和承载技术的融合将首先开展。IMS 是基于软交换原理的，软交换网络与 IMS 将会是互通融合的关系。

8.8.1 IMS 的由来

IMS 技术最初是由 3GPP 提出的，是一种利用移动分组域网络如 GPRS 等作为承载的移动多媒体数据业务解决方案，同时满足了各种多媒体数据业务在安全、计费、移动性以及 QoS 等方面的需求。此后 3GPP、3GPP2 以及 TISPAN 进行了进一步的更新，以支持 GPRS 之外的，诸如 WLAN，cdma2000 和固定等其他接入网络。从目前来看，IMS 是独立于接入网技术的，虽然 IMS 与底层传输功能有着很多联系。

3GPP 是 1998 年由欧洲、日本、韩国、美国和中国的标准化机构共同成立的专门制定第三代移动通信系统标准的标准化组织。它推出第一个规范（R99）之后，又相继推出了 R4、R5 和 R6，到 2006 年 12 月，R7 也正式推出。

IMS 是由 R5 引入到 3G 的体系之中，作为 3G 的核心网的体系架构，旨在为 3G 用户提供各种多媒体服务。实质上 IMS 的最终目标就是使各种类型的终端都可以建立起对等的 IP 连接，通过这个 IP 连接，终端之间可以相互传递各种信息，包括语音、图片、视频等。因此，可以说 IMS 是通过 IP 网络来为用户提供实时或非实时端到端的多媒体业务。

IMS 最初的设计思想就要求与接入方式无关的特性，即 IMS 可以为任何类型的终端提供服务，只要这个终端可以接入到 IMS 网络。遗憾的是，R5 的 IMS 规范中包含了一些 GPRS 特有的特性。在 R6 中，接入方式无关的问题从核心的 IMS 描述中分离出来。3GPP 使用术语“IP 接入网络”来代表可以在终端和 IMS 实体间提供底层 IP 传输连接的所有网络实体和接口的集合。

8.8.2 IMS 的体系结构

IMS 的体系结构如图 8-9 所示。

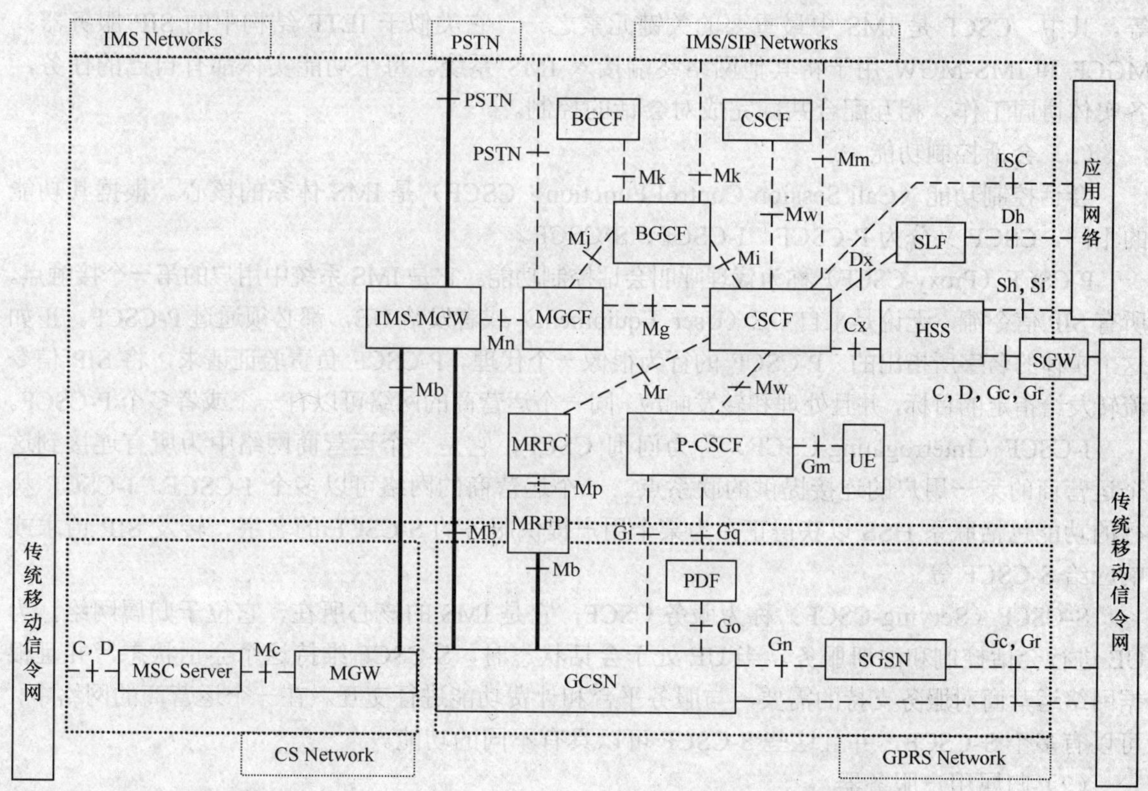

粗线：支持用户通信量的接口。
点划线：仅支持信令的接口。

图 8-9 IMS 核心系统的体系结构

3GPP IMS 包括以下主要功能实体。

① 呼叫会话控制功能（CSCF）。

② 归属用户服务器（HSS）。

③ 媒体网关控制功能（MGCF）。

④ IP 多媒体—媒体网关功能（IM-MGW）。

⑤ 多媒体资源功能控制器（MRFC）。

⑥ 多媒体资源功能处理器（MRFP）。

⑦ 签约定位器功能（SLF）。

⑧ 中断网关控制功能（BGCF）。

⑨ 计费相关的功能实体。

互通相关的辅助设备主要有：信令网关（SGW）。

应用网络包括以下功能实体。

① 应用服务器（AS）。

② 多媒体域业务交换功能（IM-SSF）。

③ 业务能力服务器（OSA-SCS）。

在 IMS 中，可以通过一些特定的功能实体相互配合实现多媒体会话功能，这些功能实体主要包括呼叫会话控制功能（CSCF）、归属用户服务器（HSS）、媒体资源功能控制器（MRFC）、媒体资源功能处理器（MRFP）、媒体网关控制功能（MGCF）、IMS 媒体网关（IMS-MGW）等。其中，CSCF 是 IMS 中最重要的关键元素之一，它类似于 IETF 结构中的 SIP 服务器；MGCF 和 IMS-MGW 用于将其他网络终端接入 IMS 系统。每个功能实体都有自己的任务，各实体协同工作、相互配合共同完成对会话的控制。

（1）会话控制功能

会话控制功能（Call Session Control Function，CSCF）是 IMS 体系的核心。根据其功能的不同，CSCF 又分为 P-CSCF、I-CSCF、S-CSCF。

P-CSCF（Proxy-CSCF）称为代理呼叫会话控制功能。它是 IMS 系统中用户的第一个接触点。所有 SIP 信令流，无论是来自 UE（User Equipment）或者发给 UE，都必须通过 P-CSCF。正如这个实体的名字所指出的，P-CSCF 的行为很像一个代理。P-CSCF 负责验证请求，将 SIP 信令流转发给指定的目标，并且处理和转发响应。同一个运营商的网络可以有一个或者多个 P-CSCF。

I-CSCF（Interrogating-CSCF）称为问询 CSCF，它是一个运营商网络中为所有连接到这个运营商的某一用户的连接提供的联系点。一个运营商的网络可以多个 I-CSCF。I-CSCF 执行的功能包括联系 HSS 以获得正在为某个用户提供服务的 S-CSCF 的名字、转发 SIP 请求或响应给 S-CSCF 等。

S-CSCF（Serving-CSCF）称为服务 CSCF，它是 IMS 的核心所在，它位于归属网络，为 UE 进行会话控制和注册服务。当 UE 处于会话状态时，S-CSCF 维持这个会话状态，并且根据网络运营商对服务支持的需要，与服务平台和计费功能进行交互。在一个运营商的网络中，可以有多个 S-CSCF，并且这些 S-CSCF 可以具有不同的功能。

（2）归属用户服务器

归属用户服务器（Home Subscriber Server，HSS）是 IMS 中所有与用户和服务有关的数据的主要存储器。存储在 HSS 中的数据主要包括用户身份、注册信息、接入参数和服务触发信息。

用户身份包括两种类型：私有用户身份和公共用户身份。私有用户身份是由归属网络运营商分配的用户身份，用于注册和授权等用途。而公共用户身份用于其他用户向该用户发送通信请求。IMS 接入参数用于会话建立，它包括诸如用户认证、漫游授权和分配 S-CSCF 的名字等。服务触发器信息使 SIP 服务得以执行。HSS 也提供各个用户对 S-CSCF 能力方面的特定要求，HSS 提供的信息被 I-CSCF 用来为用户挑选最合适的 S-CSCF。

在一个归属网络中可以有不止一个 HSS，这依赖于用户的数目、设备容量和网络的架构。在 HSS 与其他网络实体之间存在多个参考点。

（3）签约定位器功能

签约定位器功能（Subscription Locator Function，SLF）是一种地址解析机制。当网络运营商部署了多个独立可寻址的 HSS 时，这种机制使 I-CSCF、S-CSCF 和 AS 能够找到拥有给定用户身份的订购关系数据的 HSS 地址。

（4）多媒体资源功能控制器

多媒体资源功能控制器（Multimedia Resource Function Controller，MRFC）用于支持和承载相关的服务，例如会议、对用户公告、进行承载代码转换等。MRFC 解释从 S-CSCF 收到的 SIP 信令，并且使用媒体网关控制协议指令控制多媒体资源功能处理器。MRFC 还能够发送计费信息给 CCF 和 OCS。

（5）多媒体资源功能处理器

多媒体资源功能处理器（Multimedia Resource Function Processor，MRFP）提供 MRFC 所请求和指示的用户平面资源。MRFP 具有下列功能。

a．在 MRFC 的控制下进行媒体流及特殊资源的控制。

b．在外部提供 RTP/IP 的媒体流连接和相关资源。

c．支持多方媒体流的混合功能（如音频/视频多方会议）。

d．支持媒体流的发送源处理的功能（如多媒体公告）。

e．支持媒体流的处理功能（如音频的编解码、转换、媒体分析）。

（6）媒体网关控制功能

媒体网关控制功能（Media Gateway Control Function，MGCF）是使 IMS 用户和电路交换域（CS）用户之间可以进行通信的网关。所有来自 CS 用户的呼叫控制信令都指向 MGCF，它负责进行 ISDN 用户部分（ISUP）或承载无关呼叫控制（BICC）与 SIP 之间的转换，并且将会话转发给 IMS。类似地，所有 IMS 发起到 CS 用户的会话也经过 MGCF。MGCF 还控制与其关联的用户平面实体—IMS 多媒体网关（IMS-MGW）中的媒体通道。另外，MGCF 能够报告计费信息给 CCF。

（7）IMS 媒体网关功能

IMS 媒体网关功能（IMS-Media Gateway，IMS-MGW）提供 CS 网络和 IMS 之间的用户平面链路，它直接受 MGCF 的控制。它终结来自 CS 网络的承载信道和来自骨干网（例如，IP 网络中的 RTP 流，或者 ATM 骨干网中的 AAL2/ATM 连接）的媒体流，执行这些媒体流的转换，并且在需要时为用户平面进行代码转换和信号处理。另外，IMS-MGW 能够提供音调和公告给 CS 用户。

（8）策略决定功能

策略决定功能（Policy Decision Functions，PDF）的基本功能如下。

a．支持来自 AF（Application Function）的授权建立处理及向 GGSN 下发 SBLP 策略消息。

b．支持来自 AF 或者 GGSN 的授权修改及向 GGSN 发更新策略信息。

c．支持来自 AF 或者 GGSN 的授权撤销及策略信息删除。

d．为 AF 和 GGSN 进行计费信息交换，支持 ICID 交换和 GCID 交换。

e．支持策略门控制功能，控制用户的媒体流是否允许经过 GGSN，以便为计费和呼叫保持/恢复补充业务进行支撑。

f．指示的授权请求处理以及呼叫应答时授权信息的更新。

（9）出口网关控制功能

出口网关控制功能（Breakout Gateway Control Function，BGCF）负责选择到 CS 域的出口位置。所选择的出口既可以与 BGCF 处在同一网络，也可以是位于另一个网络。如果这个出口位于相同网络，那么 BGCF 选择媒体网关控制功能（MGCF）进行进一步地会话控制；如果出口位于另一个网络，那么 BGCF 将会话转发到相应网络的 BGCF。另外，BGCF 能够报告计费信息给 CCF，并且收集统计信息。

（10）信令网关

信令网关（Signalling Gateway，SGW）用于不同信令网的互连，作用类似于软交换系统中的信令网关。SGW 在基于 No.7 信令系统的信令传输和基于 IP 的信令传输之间进行传输层的双向信令转换。SGW 不对应用层的消息进行解释。

（11）安全网关

安全网关（Security Gateway，SEG）是为了保护 IMS 域的安全而引入的，控制平面的业务流在进入或离开安全域之前要先通过安全网关。安全域是指由单一管理机构管理的网络，一般来说，它的边界就是运营商的边界。SEG 放在安全域的边界，并且它针对目标安全域的其他 SEG 执行本安全域的安全策略。网络运营商可以在其网络中部署不止一个 SEG，以避免单点故障。

（12）应用服务器

应用服务器（Application Server，AS）是为 IMS 提供各种业务逻辑的功能实体，与软交换体系中的应用服务器的功能相同。

8.8.3 接口描述

IMS 对各功能实体间的接口进行了细致的定义。这些接口使用的协议主要有 SIP、Diameter、COPS 等。Diameter 是提供认证\授权和计费（AAA）服务的协议，它是作为传统的 RADIUS 协议的改进版而设计的。公共开放策略服务（Commom Open Policy Service，COPS）协议是一种简单的查询和响应协议，主要用于在策略服务器（策略决策点 PDP）与其客户机（策略执行点 PEP）之间交换策略信息。

表 8-1 所示给出了 IMS 主要接口的描述。

表 8-1 IMS 中主要接口描述

接口名称	IMS 相关实体	描　述	协　定
Cr	MRFC、AS	MRFC 从 AS 上获取文档（脚步或其他资源）	基于专用 TCP/SCTP 通道的 HTTP
Cx	I-CSCF、S-CSCF、HSS	I-CSCF/S-CSCF 和 HSS 间接口	Diameter
Dh	SIP AS、OSA、SCF、IM-SSF、HSS	为 AS 在多 HSS 环境中搜寻正确的 HSS	Diameter

续表

接口名称	IMS 相关实体	描 述	协 定
Dx	I-CSCF、S-CSCF、SLF	由 I-CSCF/S-CSCF 使用于在多 HSS 环境中搜寻正确的 HSS	Diameter
Gm	UE、P-CSCF	用于 UE 与 CSCF 之间交换讯息	SIP
Go	PDF、GGSN	控制 QoS、交换计费相关信息	COPS (Rel5)，Diameter (Rel6+)
Gq	P-CSCF、PDF	交换决策相关信息	Diameter
ISC	S-CSCF、I-CSCF、AS	用于 CSCF 与 AS 之间交换信息	SIP
Mg	MGCF→I-CSCF	MGCF 将 ISUP 信令转换为 SIP，并转发到 I-CSCF	SIP
Mi	S-CSCF→BGCF	用于 S-CSCF 与 BGCF 之间交换信息	SIP
Mj	BGCF→MGCF	BGCF 和 MGCF 间接口	SIP
Mk	BGCF→BGCF	BGCF 间接口	SIP
Mm	I-CSCF、S-CSCF、外部 IP 网络	IMS 和外部 IP 网络间接口	SIP
Mn	MGCF、IM-MGW	用户平面资源控制	H.248
Mp	MRFC、MRFP	用于 MRFC 与 MRFP 之间交换信息	H.248
Mr	S-CSCF、MRFC	S-CSCF 和 MRFC 之间交换信息	SIP
Mw	P-CSCF、I-CSCF、S-CSCF	CSCF 间接口	SIP
Sh	SIP AS、OSA SCS、HSS	在 SIP AS/OSA SCS 和 HSS 之间的交换信息	Diameter
Si	IM-SSF、HSS	用于 IM-SSF 与 HSS 之间交换信息	MAP

8.8.4 IMS 的通信流程

1．IMS 入口点的发现流程

用户终端设备（UE）发送一个 DHCP 请求给 IP-CAN，该 IP-CAN 会将这个请求转发给 DHCP 服务器。在这个请求中，UE 可以要求返回一个列有 P-CSCF 的 IP 地址或名字的列表。当返回的是 P-CSCF 的名字列表时，UE 需要执行一个域名服务器（DNS）查询来找到 P-CSCF 的 IP 地址。如图 8-10 所示。

2．注册过程

IMS 的注册分面两个阶段：第 1 阶段 UE 向网络进行注册申请，网络将回答授权未响应；第 2 阶段 UE 再次向网络进行注册申请，网络将完成这次的注册申请。

在第 1 阶段，UE 发送一个 SIP 注册（REGISTER）请求给已发现的 P-CSCF。这个请求包含要注册的公共身份和归属域名称。该 P-CSCF 处理这个注册请求，并使用所提供的归属域名来解析 I-CSCF 的 IP 地址，然后把该请求转发给 I-CSCF。随后 I-CSCF 将会联系归属用户服务器（HSS），以便 S-CSCF 选择过程来获取所需的 S-CSCF 能力要求。在 S-CSCF 选定之后，I-CSCF 将注册请求转发给选定的 S-CSCF。这时，S-CSCF 会发现这个用户没有被授权，因此它会向HSS索取认证数据，并且通过一个401未授权回答用户。终端注册过程第1阶段如图8-11所示。

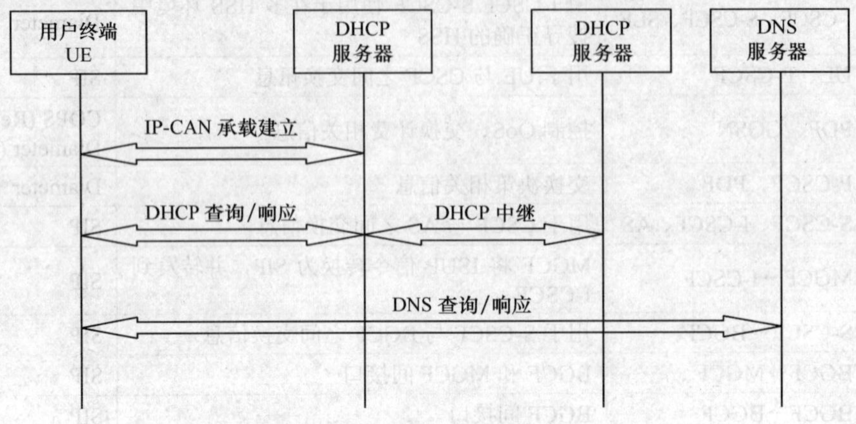

图8-10　通过DHCP和DNS发现P-CSCF

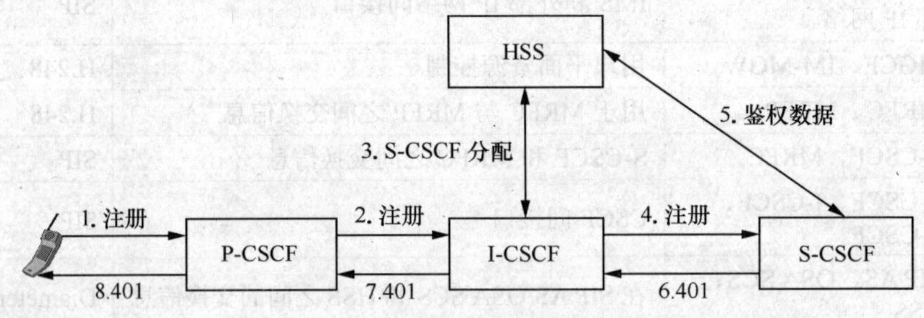

图8-11　终端注册过程第1阶段

第2阶段，UE收到401（未授权响应）后，将发送另外一个注册请求给P-CSCF。P-CSCF再次找到I-CSCF，并且I-CSCF也将依次找到S-CSCF。最后，S-CSCF检查一个响应，如果这个响应正确，它就从HSS下载用户配置数据，并且通过一个200 OK响应接受该注册。一旦UE成功被授权，该UE就能够发起和接收会话。在注册过程中，UE和P-CSCF会了解到网络中的哪个S-CSCF将要为该UE提供服务。终端注册过程第2阶段如图8-12所示。

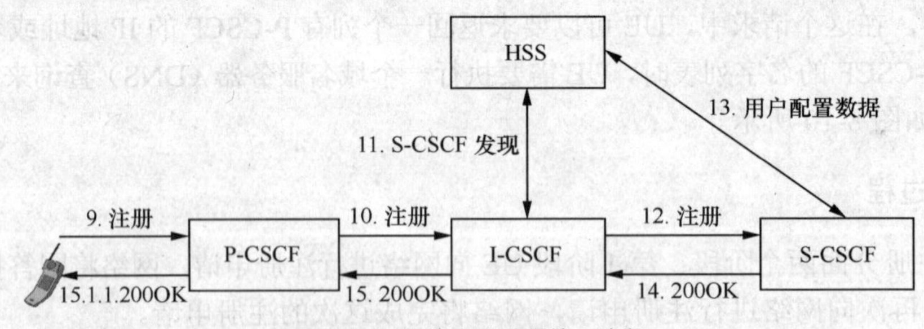

图8-12　终端注册过程第2阶段

3．会话建立过程

当用户A想要与用户B进行会话时，就向P-CSCF发起一个SIP INVITE请求。P-CSCF会对这个请求进行处理，例如，它会将其解压缩并且验证呼叫发起用户的身份。之后，P-CSCF

将这个 INVATE 请求转发给为用户 A 提供服务的 S-CSCF，这个 S-CSCF 是在 A 的注册过程中为 A 指定的。S-CSCF 继续处理这个请求，执行服务控制，这包括与应用服务器 AS 的交互，并且通过 SIP INVITE 请求中用户 B 的身份最终确定用户 B 的归属运营商网络的入口点，即该网络中的一个 I-CSCF。之后，A 的 S-CSCF 将该请求转发给用户 B 归属网络中的 I-CSCF。I-CSCF 收到请求后会联系用户 B 归属网络中的 HSS 来找到正在为用户 B 提供服务的 S-CSCF。该 S-CSCF 负责处理这个入呼会话，这可以包括与应用服务器的交互，并最终将这个 SIP INVITE 请求发送给用户 B 的 P-CSCF，然后 P-CSCF 把这个请求送给用户 B。用户 B 收到这个请求后会生成一个 183 会话进行中的响应，该响应将按相反的路径传给用户 A。会话建立过程如图 8-13 所示。

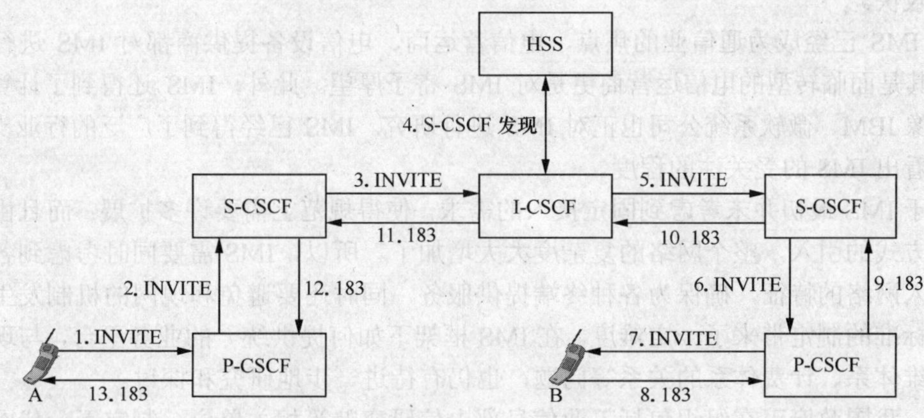

图 8-13　会话建立过程

8.8.5　IMS 的应用及下一代网络的未来发展

（1）IMS 的优点

① 接入无关性。只要终端与 IMS 网络可以通过一定的 IP-CAN 建立 IP 连接，则终端就能利用 IMS 网络进行通信，而不管这个终端是何种类型的终端。

② 基于并扩展 SIP。这样既保持了接入的独立性，也增强了 IMS 与 Internet 的互操作性。对 SIP 所作扩展主要是为了支持终端的移动特性和一些 QoS 策略的控制和实施等。

③ 在移动通信环境中应用更成熟，计费体系、QoS 保障和服务控制等更加完善。这是 IMS 与软交换相比的最大优势。

④ 提供丰富的组合业务。IMS 以高度个性化和可管理的方式支持个人与个人以及个人与信息内容之间的多媒体通信，包括语音、文本、图片、视频以及它们的组合。

（2）IMS 的缺点

① IMS 结构复杂，功能模块较多。

② IMS 网络触点多，极大增加了网络维护、安全保障等的难度。

③ IMS 技术并不成熟，与仍在发展中的新技术耦合比较紧密，如 IPv6 等。

④ 缺少有特色的关键业务。IMS 虽然具有丰富的业务能力，但目前所能提供的语音、即时消息、群组、视频等业务，现有的其他网络也能提供，因此现有网络缺乏向 IMS 升级的动力。

上述优缺点，造成 IMS 发展中出现了名声大但应用偏少的局面。

由于IMS的接入无关的特性，在3GPP提出IMS之后，IMS逐渐引起了广泛的关注，尤其是固定网领域也对IMS产生了浓厚的兴趣。IMS最初是为移动通信领域提出的一种体系架构，但是其拥有的与接入无关的特性使得IMS可以成为融合移动网络与固定网络的一种手段，这是与NGN的目标相一致的。IMS这种天生的优势使它得到了ITU-T和ETSI的关注，这两个标准组织目前都已把IMS引入到自己的NGN标准之中，在NGN的体系结构中，IMS将作为控制层面的核心架构，用于控制层面的网络融合。

在ETSI的NGN框架中，在接入层特别定义了一个接入控制子系统，主要是负责用户接入的认证、地址分配、接入网QoS的管理等，它是一个非常重要的子系统。另外定义了资源管理的子系统进行接入层QoS和资源管理。有了这两个子系统后，IMS作为NGN控制层技术发展比较快。

现在IMS已经成为通信业的焦点，电信营运商、电信设备提供商都对IMS进行了巨大投入，尤其是面临转型的电信运营商更是对IMS寄予厚望。此外，IMS还得到了计算机行业的支持，像IBM、微软系统公司也正对IMS进行研究。IMS已经得到了广泛的行业支持，从这点也能看出IMS的受关注的程度。

但由于IMS最初并未考虑到固定接入的需求，使得规范上需要许多扩展；而且由于多种固定接入方式的引入，整个网络的复杂度大大增加了。所以，IMS需要同时考虑到各种固定和移动接入网络的特征，确保为各种终端提供服务，同时还要避免和现网的机制发生冲突，这些都给标准的制定带来了一定难度。在IMS框架下如何提供统一的业务平台，与现有业务体系、运维体系、计费体系的关系等问题，也仍有待进一步地研究和探讨。

目前，我国政府正在组织包括工业信息部电信研究院等相关单位，制定下一代网络的总体发展策略，加快对下一代网络演进策略的研究，启动和加强下一代网络体系架构和标准化的研究、关键技术和管制政策的研究，以及建立下一代网络的试验环境。

整体来说，IMS发展趋势并不明朗，目前的发展呈现两极化态势。两极化体现在两个方面：一是IMS基本被业界认为是下一代电信网的核心控制系统以及固定与移动融合网络技术，且得到很多主流运营商的认同；但实际的网络部署、业务的发展以及产业链其他环节如终端等的发展十分缓慢。二是IMS在国际及国内发展呈现两极化态势。相对来看，国外运营商对IMS的部署持比较积极的态度。国内运营商由于刚刚完成重组，面临全业务的竞争，并且已经大规模部署了软交换设备，因此在IMS发展方面相对比较保守。不过近期各大运营商都在考虑IMS的规模部署及发展，而国外运营商的应用会对中国今后的发展有较强的影响及示范作用。

从技术角度看，电话交换网的演进首先从网络的实际需求出发，多数运营商会选择先采用软交换技术实现电路交换网的演进，并密切关注IMS技术的进展。很多运营商核心网的软交换体系已经基本建成，IMS与软交换将在相当长的时间共存。随着IMS的逐步引进，软交换将有可能演进成IMS系统中的AGCF（接入网关控制功能）。

总体上看，IMS和软交换相融合是未来的发展方向，已经获得业界的认同，获得普遍应用大致要5～10年甚至更长的时间。但总地来说，IMS与软交换融合的技术路线已很清晰，目前网络设备的实际能力已超过实际的业务需要，因而从技术层面上看还是乐观的。业界基本接受在IMS基础上融合现有网络，平滑地向期望中的NGN发展。另一方面，包括IMS在内的NGN系统本身也在不断演进，更新的技术标准已在制订之中。

8.9 基于全 IP 的宽带移动网络

8.9.1 移动网络的长期演进 LTE/SAE

移动通信是处于移动状态的通信对象之间的通信。它包括移动用户之间的通信，以及固定用户和移动用户之间的通信。移动通信网络已经经历了第一代（1G）、第二代系统（2G），目前正向第三代（3G）系统过渡。在未来 IP 宽带网络系统中，移动通信将作为一种接入手段而融入全 IP 系统中。

与发展 B-ISDN 的过程类似，3G 开始也是采用 ATM 交换机构成核心交换和传输网络。Internet 的兴起和从 B-ISDN 转向 IP，使得 3G 不能够再走 B-ISDN 的老路，因此 3G 转而采用 IP 核心网。这样就有 3G 第 1 阶段版本和第 2 阶段版本。3G 的第 1 阶段版本提供一般的多媒体业务，采用 ATM 交换机，这种概念类似于无线接入 B-ISDN，虽然可以支持 IP，但毕竟需要在 ATM 交换机中增加 IP 连接功能（通过 MPLS 等方式）。3G 第 2 阶段版本则直接采用全 IP 方案。

超 3G 是超越 3G（Beyond 3G，B3G）的系统。针对 B3G 体系结构，3G 标准化机构 3GPP 提出了长期演进（Long Term Evolution，LTE）和系统体系结构演进（System Architecture Evolution，SAE），它们分别是无线接入网络和分组核心网络向全 IP 方案演进的重要阶段。无论 LTE 还是 SAE 二者都是基于分组交换的，因为未来的通信是多媒体数据的交互，传统的电路交换业务可以完全基于分组交换的承载。

SAE 是一个基于 IP 的、具有扁平网络体系结构的核心网络。SAE 按照控制和数据承载分离的思想，分别说明了移动性管理实体、网关、基站间的接口。所有接口均支持基于 IP 的协议，支持不同的 IP 版本，并支持没有 IP 连接的终端的 IP 地址配置。这些特点，有助于单个技术的演进以及全面灵活的扩容，节约了系统演进的成本，简化网络操作，确保平稳、有效地部署网络。

SAE 具有以下 3 大性能目标。

① 提升用户的感知体验，降低时延，增加用户数据速率。

② 实现一个基于 IP 的网络，提高系统容量和覆盖率，减少运营成本。

③ 集成其他非 3GPP 的接入技术，实现更灵活的移动性，从而在未来 10 年或者更长一段时间确保 3GPP 系统的竞争力。

LTE 是具有分布式特点的无线接入网络，基站和网关之间具有多对多的连接关系：即一个基站可以连接到多个其他的基站，也可以连接到核心网 SAE 中多个移动性管理实体/服务网关节点；反之亦然。这样，系统具有很高的容量和可用性。LTE 支持在成对频谱和非成对频谱上的运行，采用正交频分复用（OFDM）技术作为下行方向的接入技术，并选择了单载波频分多址（SC-FDMA）技术作为上行方向的接入技术。这两项技术不仅能够实现频谱灵活性，同时也能满足有关吞吐量和频谱效率的苛刻指标，可实现对现有的和未来的无线频谱的高效利用。

LTE 主要的性能要求如下。

① 下行峰值比特率高于 100Mbit/s，无线接入网（RAN）中的往返时间低于 10ms。

② 支持新老频段中从低于 5MHz 到最高 20MHz 的灵活的载波带宽。

③ 支持 FDD 和 TDD 系统。

④ 支持切换和漫游至现有移动网络，从而为所有移动用户提供全面的网络覆盖。

需要说明的是，LTE/SAE 实现的是媒体流的端到端 IP 承载；业务的控制还必须依靠 IMS。将 IMS+LTE/SAE 结合，则可以实现端到端的全 IP 网络系统。

8.9.2 全 IP 移动网络

在 B3G 移动网络系统演进中，LTE/SAE 系统采用分布式网络结构，所有的接口和业务都使用 IP 进行连接，体现了全 IP 移动网络的特点。下面从 NGN 基本原理出发，说明全 IP 移动网络的主要机理和特点。这样可使我们脱离具体的设备和接口形态，避免烦琐的术语的困扰，易于理解系统的内在原理。

1．体系结构

图 8-14 所示给出了全 IP 移动网络的逻辑模型，这是按照 NGN 分层模型给出的示意图。

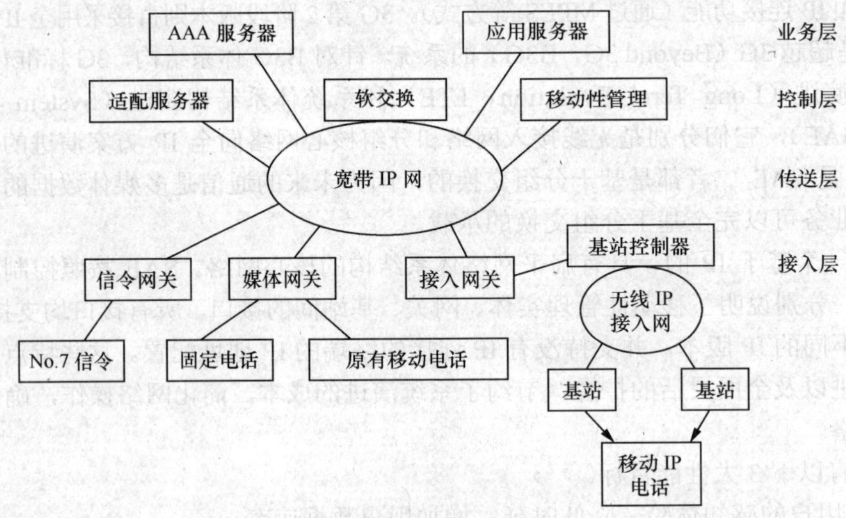

图 8-14 全 IP 移动网络分层模型

全 IP 移动网络将和固定宽带网络采用相同的 IP 核心网技术。这是一个统一的 IP 核心网，可以支持语音（基于 SIP 或 H.323 的 IP 电话、软交换机或 IMS）、数据和视频等综合业务。只需要建设移动无线接入网和解决移动 IP 的地址、路由、服务质量等问题，就可以提供移动无线 Internet 业务。由于采用统一的 IP 核心网，建设和运营成本将远远低于独立的 3G 移动系统。

在 IP 核心网络中将采用 IPv6。当每个人都需要携带一个或多个移动终端时，IPv6 将为所有的移动终端提供唯一的 IP 地址，实现个人之间的直接通信。此外，还可以为诸如门、防盗自动警铃、信息家电等设备分配 IP 地址，实现普遍计算。这就克服了 IPv4 地址不够用的问题。IPv6 在地址自动配置、业务流服务质量、内置的安全特性、集成的虚拟专网（VPN）等方面，也具有更好的性能，更符合移动网络的要求。

全 IP 的系统，不仅包括核心网的 IP 化，还包括无线接入部分的 IP 化。这可以保证技术发展上的协调一致性；可以提高带宽利用率；使统一的网管和运营成为可能等。在无线接入网中，基站控制器完成无线链路协议处理，基站完成物理层的基带和射频处理，基站要在基站控制器控制下进行工作。基于 IP 的接入网，将把现在基站控制器—基站之间专用主从式的树状网络结构，演变为全分布式的网络结构，这样可以充分利用 IP 网接入的普遍性优势，降低基建投资。接入网络的可靠性也提高了，当一个基站控制器出现故障时，相应的基站可以转由其他基站控制器进行控制。

由于基站、基站控制器、网关之间必须保持非常严格的同步关系，因此无线 IP 接入网必须具有非常高的服务质量，在迟延、抖动、丢失等性能指标方面满足实时控制的要求。

在 B3G LTE-SAE 中，无线接入网结构进一步扁平化，取消了独立的基站控制器，将相关的功能分别上移和下移到接入网关和基站中，原来基站控制器中分组头压缩和加密功能上移到接入网关，链路层重传功能和无线资源管理功能则下移到基站，并使基站和基站之间、基站和网关之间保持多对多的连接关系。这样一方面减少了设备的数量，同时也大大的降低了业务时延。不过取消基站控制器后，就不能支持软切换了，当然对同步的要求也降低了。

2. IP 多媒体业务适配与融合

由于缺乏丰富的应用，阻碍了第三代移动网络的发展。在市场和技术的双重推动下，在移动环境中提供 Internet 接入和多媒体业务，实现全面融合，将成为信息产业发展的潮流。无论是传送层面，还是应用层面，移动网络都正在和现有固定 Internet 融合。移动终端（如手机、个人数字助理、掌上电脑等）可以直接访问普通 Internet Web 服务器，这增加了服务来源，实现同一内容重复使用，减少为不同终端开发应用内容所需要的时间。

但是要在同一平台内为各种终端服务，必须解决终端、网络、服务质量等多方面的异构性问题。手机、个人数字助理、掌上电脑、笔记本、PC 等具有不同的能力和要求。各类移动网络所提供的服务质量差异很大，带宽数量级从 kbit/s～Mbit/s，迟延从几 ms～数 s，误码率也相差几个数量级。

这么大的差异和不匹配问题无法用静态设置方法或优化手段来解决。目前采用的办法是通过多种形式的软件（比如中间件）来进行适配。适配的目的是适应网络状况，并把适合终端设备要求的信息送至终端用户。适配服务器分析用户请求，判断终端类型和能力，把原始网页及其内嵌对象（图像、视频等）转换成移动终端可以接收的格式，比如把 HTML 变换成可扩展标记语言（Extensible Markup Language，XML）或无线标记语言（WML）等。

为了解决长期困扰产业发展的内容应用缺乏问题，需要依靠下一代网络中先进的业务开发模式，比如 Telco Web 2.0（参见 8.10.4 节）。通过 Mashup（融汇）、SNS（社会化网络、社区网络）等技术，聚合 Internet 和移动网络的资源，提供更丰富多彩的无处不在的个性化业务。

3. 移动性管理

在传统的计算机网络中，一个计算机的地址和其具体位置是一一对应的，计算机可以由地址唯一标识。比如在 Internet 中，可以通过计算机名向域名服务器查出其地址，这样就可以唯一确定计算机所在位置。但在移动计算机网络中，计算机移动后其地址是变化的，由传统名字服务器给出的只是计算机的归属地址（Home Address），不能反映计算机的当前地址。这样，如何动态寻址移动计算机就是一个很重要的问题。当通信中的计算机在不同子网间漫游时，如何保证数据通信对移动的透明性，使应用进程感觉不到移动的影响，也是移动计算机网必须解决的关键问题。

有很多种移动管理方案，它们各有特点，使用的术语也不一样，但其原理大都类似于归属位置服务器（Home Location Register，HLR）和拜访位置服务器（Visiting Location Register，VLR）方式。归属位置服务器（本书称之为归属名字服务器）存有移动台（移动计算机的简称）的归属地址（有时也称为家乡地址）和当前地址等信息。拜访位置服务器（本书称之为拜访名字服务器）存有进入其所在子网的移动台的寻址信息。

每一个移动台都有一个全网唯一的归属地址。对于 Internet，移动台的永久性 IP 地址就是其归属地址。对于 ISDN，每个移动台有一个唯一的移动台 ISDN 号码（是号码而不是 ISDN 地址）作为其归属地址，移动台 ISDN 号码由国家代码、网络代码、用户号码构成。

移动台漫游进入一个接入子网后，需要向该子网进行登记，该子网成为当前子网。当前子网要向移动台归属子网中的归属名字服务器询问有关情况，对它进行身份验证。如果用户身份识别检验成功，当前子网要给它分配一个临时地址（称为当前地址），该地址存储在拜访名字服务器中，并且传回归属名字服务器。

当一个用户要和移动台通信时，用户不必关心移动台当前的具体位置，只需使用移动台的归属地址进行呼叫。网络会自动到相应归属名字服务器查询移动台当前地址，按当前地址转发分组。

若移动台在通信过程中进入另一个子网，它会获得新的当前地址，并在该子网拜访名字服务器中登记，并把新的当前地址登记到该移动台所属的归属名字服务器。移动交换机/路由器会按新的当前地址向移动台转发信息。这个切换的过程是自动进行的，用户不会察觉，用不着重新呼叫，但通信质量可能会受到一些影响，要采取一些措施来消除或减小这种影响。

由于计算机网络具有分组存储转发特性，这就要求子网能转发刚离去移动台的分组，因此拜访名字服务器要保留已离去移动台的寻址信息。为避免这些移动台的寻址信息过时，网络内部要传递移动管理信息进行地址更新。

以上这些内容都是移动性管理的功能，用于用户注册、移动台识别号（IMSI）加密、位置登记、可用性定时更新。从网络的观点来说，移动使用户与网络的接入点不断发生变化，从而使网络的拓扑结构发生变化。移动性管理的目标是处理这种变化了的结构，使得用户移动后仍然可以与网络建立通信连接。最早移动性管理的概念主要用于语音通信中，随着移动计算机网络的发展，如何采用移动管理来支持移动 Internet 和移动计算成为移动计算机网络发展的关键技术。

对上面提到的移动切换再补充一些说明。移动切换包括两个工作内容。一个是根据无线信号测量决定是否切换的决策过程。另一个是切换的具体执行，负责处理移动台在子网间切换及滞留分组的转发。对于面向连接的通信（比如 MPLS 上流媒体业务），要完成虚电路的重建，妥善处理新、老虚电路的转接，整个过程较复杂。对于无连接通信，主要完成数据报的转发，切换工作相对简单。

4．全 IP 移动网络优点和缺点

全 IP 移动网络的概念得到大多数运营商和制造商的支持，相关部门正加紧有关标准化的工作。全 IP 移动网络主要的优点和缺点如下。

（1）优点

① 可以和固定网络共用 IP 核心网，节省了成本。

② 可以共享 Internet 中的业务，增加了服务来源，提高了运营商的收入。

③ 具有开放性，第三方厂商可以方便地开发增值业务。

④ 无线接入网是分布式结构，可靠性更高，配置管理更加方便。

（2）缺点

① 新的标准可能与原有标准不兼容。比如 LTE 就与早期的 3G 标准不兼容。

② 无线带宽的使用效率降低：由于在采用 IP 承载语音时，语音数据较小，RTP/UDP/IP 报头相对较大，此时报头对带宽的占用将明显降低频谱利用率。需要采用报头压缩的方法。

③ 移动性带来的服务质量（QoS）的问题。

这些缺点在 3G 标准化机构与 ITU、IETF 的协调和各公司的努力下，将会得到解决。目前国际、国内厂商对移动 IP 业务的开发步伐很快，都在为向全 IP 移动网络演进作准备。

8.9.3 移动 IP

IETF 在研究、总结本领域前期工作的基础上提出了一个漫游协议的标准，简称 Mobile IP（移动 IP）。IPv4 和 IPv6 都可扩展和支持 Mobile IP。

在无线 Internet 中移动可分两种情况，在同一 IP 子网内不同蜂窝小区间的移动称为散步（Walking），而在不同的 IP 子网间的移动称为漫游（Roaming）。一般来讲，散步发生的范围是局域的，譬如大厅、大院等范围，通常在 1km 以内。而漫游发生的范围则可大可小，可以在一大厅内，也可以跨越国家。

虽然在同一 IP 子网内移动 IP 地址不变，只涉及链路层，但物理地址变化，因此为支持 Walking 功能，除了在普通无线网络链路层增加无线资源管理（RM）功能外，还要对各主机、路由器的 ARP 表进行更新，即还要对普通 IP（网络层）进行修改。漫游是移动计算机网的另一关键。因为在不同 IP 子网间的通信涉及网络层，所以应由 IP 层来解决。

实现漫游的协议要考虑以下 4 个原则：一是网络层应彻底完成漫游功能，使漫游对运输层完全透明；二是必须与原来的 Internet 兼容；三是最佳路由；四是安全机制。

1. 移动 IPv4

移动主机（MH）都有一个归属本地 IP 子网，在该子网中给 MH 分配一个永久性的 IP 地址。在本地 IP 子网设置一代理为原籍代理（Home Agent，HA），记录有用户 MH 的位置等信息，当 MH 移动至外地 IP 子网时，外地 IP 子网设置有一个外地代理（Foreign Agent，FA），且给 MH 分配一转交 IP 地址（Care of Address），表示新的网络接入点，并将此地址通知此 MH 的 HA。通过原籍代理把分组转发给移动台过程如图 8-15 所示。

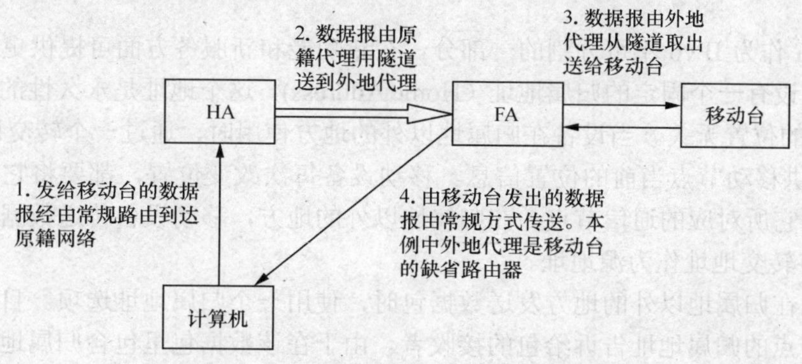

图 8-15 通过原籍代理把分组转发给移动台

下面介绍转交地址、隧道、代理搜寻、登录等概念。

转交地址（Care of address）：当 MH 漫游到外地网时，它从外地代理（FA）处获得一个转交地址并通知其原籍代理 HA。此后，MH 的 HA 将把发给该 MH 原来地址的 IP 包接收下来，并重新打包后发送到 MH 的转交地址（通常是 FA 的 IP 地址），再由 FA 转交至 MH。使用转交地址而不是临时借用外地网的 IP 地址的主要原因是为了克服现有 IP 地址不足的困难。

隧道（Tunnel）：当 MH 漫游到外地网时，由于其他 MH 并不知道它已漫游，故发给它的 IP 包仍然送至其主网。如上所述，MH 的 HA 将把这些 IP 包接收下来并重新打包后发送到 MH 的 FA。所谓 MH 的隧道，指由 HA 至 FA 的用来传送这些重新打包后的 IP 包的通道。在隧道的发送端，HA 依据隧道协议把需传送的 IP 包重新打包，在接收端 FA 完成拆包。

代理搜寻（Agent discovery）：MH 开机后，确定自己是在主网还是在外地网的过程称为代理搜寻。实现代理搜寻的方法有两种：由代理（FA 或 HA）发送代理公告（Agent Advertisement）报文的方法和由 MH 发送代理征求（Agent Solicitation）报文的方法。前者由代理定期地发送代理公告广播报文，MH 接收到该报文后判断自己处在何处。后者由 MH 主动发送代理请求广播报文，依据 HA 或 FA 的应答报文 MH 判断自己处在何处。

登录（Registration）：当 MH 获得转交地址后，通知其 HA 并设置好其隧道的过程称作登录。在登录过程中，由 MH 向其 HA 发出登录请求（Registration Request）报文，HA 修改 MH 的位置信息并设置好隧道后，向 MH 返回登录应答（Registration Reply）报文。

IETF 移动 IP 协议的工作过程可概括如下。

① MH 利用代理搜寻功能检测自己已处于漫游状态，并获得转交地址。

② MH 向 HA 登录。

③ HA 收集发给 MH 的 IP 包，并利用其隧道发给 MH。

④ 不论 MH 是否漫游，它使用现在的 IPv4 协议发送 IP 包。

在移动 IP 网中的另一主机 MH 发送数据时仍用 MH 原 IP 地址发往 HA，由 HA 根据转交地址将数据转交给当前的 FA，FA 再将数据转交给 MH。显然这种路由很不经济，但在反向可以采用直接的路由。如果另一主机从 MH 发来的分组中提取出该 MH 位置信息并缓存起来，则两个方向均可以采用最佳路由。但这需要一种认证方案，对用户的位置信息予以安全保证，但目前在这方面还没达成一致，所以目前的 Mobile IPv4 不允许最优化。另外支持移动需预留较多的 IP 地址，这更加剧了 IPv4 地址紧张的问题。

2. 移动 IPv6

移动 IPv6 作为 IPv6 不可分割的一部分，在新功能和新服务方面可提供更大的灵活性。每个移动设备设有一个固定的归属地址（Home Address），这个地址是永久性的，与设备当前接入 Internet 的位置无关。当设备在归属地以外的地方使用时，通过一个转交地址（Care of Address)来提供移动节点当前的位置信息。移动设备每次改变位置，都要将它的转交地址告诉给归属地和它所对应的通信节点。在归属地以外的地方，移动设备传送数据包时，通常在 IPv6 报头中将转交地址作为源地址。

移动节点在归属地以外的地方发送数据包时，使用一个归属地址选项。目的是通过这个选项把移动节点的归属地址告诉给包的接收者。由于在该数据包里包含归属地址的选项，接收方通信节点在处理这个包时，就可以在这个归属地址和包内的转交地址之间建立对应关系。

以后发送给移动节点的IPv6包，就可以直接发送到该节点的转交地址处。这样就实现了通信节点和转交地址之间的路由优化，使通信效率更高。

移动IP需要为每个设备提供一个全球唯一的IP地址，IPv4没有足够的地址空间可以为在公共Internet上运行的每个移动终端分配一个这样的地址。IPv6则有足够的地址空间可用。

IPv6具有内置的安全特性。当移动IPv6用了源路由后认证头字段变得非常重要，因为移动节点有被冒充的危险。在网络层中放置这样一个字段可以为上层协议提供主机源认证和现在Internet中缺乏的有意义的保护服务。

3. 移动IPv4与移动IPv6的比较

移动IPv6的设计汲取了移动IPv4的设计经验，并且利用了IPv6的许多新的特征，所以提供了比移动IPv4更多的、更好的特点。移动IPv6成为了IPv6协议不可分割的一部分。下面总结移动IPv6和移动IPv4的主要的不同之处。

由于性能和地址空间问题，移动IPv4协议不适用于数量庞大的移动终端，而移动IPv6则可以支持大数量的移动终端，这在移动终端数量持续上涨的情况下尤其重要。

在移动IPv4的基本协议中存在有“三角路由”问题，对此问题的解决是由另外的协议完成的，是基本协议的可选扩展，并且不被移动IPv4中的所有节点所支持；在移动IPv6中，对这个问题的解决已经成为协议的一个主要部分，并被所有的IPv6节点所支持。对这种路由优化问题的整合允许任何通信节点和移动节点之间经直接路由收发数据包，而不再经过移动节点的归属网络，也不再需要归属代理的转发功能，因此解决了在基本的移动IPv4协议中存在的“三角路由”问题。这种整合也允许移动IPv4中的“登录”功能和路由优化功能在单独一个协议中完成，而不是在两个不同的协议中完成。

在移动IPv6中，可以允许移动节点与具有“入口过滤”功能的路由器同时存在并有效工作，而不互相影响。在移动IPv4中，当连接在外地链路的移动节点向对端计算机发送数据包时，在某些情况下为了保证位置的透明性，移动节点所要发送数据包的源地址必须设置成自己的归属地址。由于归属地址具有与外地链路不同的子网前缀，所以当这些数据包通过具有“入口过滤”功能的路由器时，路由器将把它当作假冒包而过滤掉。在移动IPv6中移动节点可以使用转交地址作为它所发送数据包的IP报头中的源地址，这样，数据包就能正常地通过具有“入口过滤”功能的路由器。移动节点的归属地址被放在数据包的“归属地址”目的地选项中，当对端计算机接收到包含这样选项的数据包时，能够自动地把数据包的源地址替换成相应的归属地址，这样就使得转交地址的使用对IP以上各层是透明的。所有IPv6节点都必须能够正确处理数据包中的“归属地址”选项，无论这个节点是移动的还是静止的、是主机还是路由器。

在数据包的报头中使用“转交地址”作为源地址，也简化了移动节点发送广播数据包的路由。在移动IPv4中，移动节点不得不把广播数据包通过隧道发送到原籍代理，从而在归属链路上利用归属地址作为广播数据包的源地址。在移动IPv6中，“归属地址”目的地选项的使用允许在广播数据包中使用“归属地址”作为源地址，这样可以与依赖于数据包源地址的广播路由相兼容。

在移动IPv6中不再有“外地代理”的概念。移动节点在离开归属链路时，可以利用IPv6的增强功能（如“邻居发现”和“地址自动配置”机制）进行独立操作，而不需要任何来自于当地路由器的特殊支持。实质上，移动IPv6中“外地代理”与“原籍代理”具有相同的功能，所以为了实现上的方便在外地链路上也使用“归属代理”的概念。在移动IPv4中，一般情况下“外地代理”具有为移动节点转发数据包的功能。其实在移动IPv6中也需要此功能，如当移动节点从外地链路A移动到外地链路B时，如果在外地链路A上没有一个路由器具有“归属代理”的功能，那么发往外地链路A的数据包将丢失。在这种情况下，已经移动到外地链路B的移动节点应该向外地链路A上的某个路由器发送“绑定更新”消息，告诉这个路由器它在链路B上的新转交地址，在旧转交地址、新转交地址、归属地址之间建立绑定关系，要求这个路由器作为自己临时的“归属代理”。从这种意义上来说，外地链路上也应该具有“外地代理”，只是在移动IPv6中这个“外地代理”是利用“归属代理”来实现的。

在安全性方面，移动IPv6使用IPSec来满足更新绑定时的所有安全需求（发送者认证，数据完整性保护，重传保护等），也就是说移动IPv6的安全性是建立在IPv6的安全机制之上的，这样对移动IPv6就可以省去很多用来应付安全性的工作。在移动IPv4中必须依赖自己的安全机制，通过静态地配置“移动安全关联”来完成这些功能，增加了负担。

在某些链路上路由器和移动节点之间的链路在收发两个方向上的工作状况可能不一样，这种情形可能存在于某些无线环境中。移动IPv6中的移动检测机制提供了移动节点和它的当前路由器之间的双向可到达性的确认机制，即移动节点可以随时知道当前路由器是否继续可达，同时路由器也可以知道节点是否继续可达。如果移动节点检测到当前路由器不再可用，它就会去请求另外一台路由器。而移动IPv4只提供了“前向”可到达的检测机制，即路由器可以随时确认移动节点是否继续可达，但是移动节点却不能检测到路由器是否继续可达，所以这样就允许“黑洞”现象存在，即移动节点只接收但不发送数据。

在移动IPv6中，对于发往离开原籍链路的移动节点的数据包，使用IPv6的“路由报头”进行传送，而不使用IP隧道封装。在移动IPv4中对于所有发往移动节点的数据包必须使用隧道封装技术。使用“路由报头”需要较少的附加报头字节，从而减少了移动IP分发数据包的负担。但是，为了防止在数据包发送的过程中被修改，在移动IPv6中，由移动节点的原籍代理截获并通过隧道发送到移动节点的数据包仍然必须使用隧道封装技术。

4．移动IP的前景

移动IP的前景是诱人的，但是它的发展还只是处在起步阶段。即使是移动IPv6也只在宏观的方面解决移动性问题，即：当一个节点改变了网络接入点以后，如何把数据包继续传送到这个节点上，移动IPv6并没有考虑这个过程对其他方面的影响，也没有过多地考虑性能和服务质量方面的问题。实际上，要实现全球范围的真正的移动网络，需要整个移动IPv6的体系结构的协调，除了解决路由问题以外，还有许多需要解决的问题，整个移动IPv6体系的完善还有很长的路要走。

8.10 下一代网络业务开发接口

在第6章介绍了智能网。智能网虽然实现了业务和交换的初步分离，但分离得并不彻底。并且接入和控制未分离，没有做到接入无关，一种业务网络对应一种接入方式（比如固定智能网、移动智能网、无线智能网等的接入方式是有差异的）。智能网业务设计使用业务独立构件（SIB）来定义整体业务逻辑和业务数据，而 SIB 依赖于 INAP，开发烦琐，存在以下一些缺点。

① 不同开发商的 SIB 差别较大，而且和智能网平台紧密相关，从而使业务的开发始终受制于智能网平台的实现方式。

② 基本呼叫处理 BCP 依赖于基本呼叫状态模型 BCSM，不容易扩展到其他的业务。

总之，智能网适合开发面向大量用户的简单业务，不适合小用户群的个性化业务。

下一代网络的技术特点之一是向第三方提供标准的开放的业务开发 API 接口，从而能够由第三方提供业务。Parlay API 就是这样一个业务开发 API，是目前最具有影响的一个通信网 API。

与传统智能网用 SIB 描述和创建业务不同，Parlay 采用面向对象的方式，使用 UML（United Modelling Language）进行业务描述，定义了独立于网络技术的可编程接口 API，使得应用业务的开发和具体网络无关。Parlay API 通过使用 UML 对业务元素进行描述，可以提高不同平台间应用的兼容性，易于开发多种业务，并能综合多种电信业务。

8.10.1 Parlay 概述

Parlay API 的特点是能够使得第三方用户不用了解基础网络的具体技术和协议，只要知道基础网络能够提供什么样的能力并利用这些能力，就可以开发出多种多样的业务。软件开发商不需要掌握太多的通信背景知识，便可以直接利用这些 API 来实现自己所需要的业务，编写出运行在不同通信网平台上的应用程序。同时应用服务器通过一定的鉴权机制就可以利用基础电信运营商的网络来提供业务。

Parlay 工作组成立于 1998 年。最初的成员有 BT、Microsoft、Nortel Networks、Siemens 和 Ulticom（前身是 DGM&S Telecom）。Parlay 工作组通过推广和规范应用程序接口，致力于推动通信应用的发展。目前，Parlay 工作组已经拥有各类成员 60 多个。

Parlay 工作组于 1998 年 12 月完成了第一版规范 Parlay 1.0，在 2000 年 6 月推出了 Parlay 2.1，随着研究的深入，Parlay 工作组逐渐与其他标准化组织或论坛（例如 ETSI、3GPP、JAIN 等）建立起合作关系，并分别在 2001 年和 2002 年共同制定并发布了基于 Parlay 3.0 和 4.0 的规范。Parlay API 的版本中比较具有影响力的版本是 2.1 和 3.0，以后的版本只对版本 3.0 具有向后兼容性，而对 2.1 版本没有后向兼容性。Parlay 组织在 2002 年第二季度推出 Parlay4.0，把 Parlay 规范和目前的底层通信网协议互相映射，也就是开始着手定义资源接口，譬如和 SIP 相融合。

目前，Parlay API 已得到了工业界的广泛认同，全球电信运营商和通信设备供应商几乎都是 Parlay 组织的成员。自 Parlay API 3.0 版本开始，Parlay 组织与 ETSI、3GPP 展开合作后，Parlay API 规范也被称为 OSA（Open Service Access）或 Parlay/OSA。

Parlay 工作组的工作重点在于制定 API 规范，但不包括如何实现 API、基于 API 的应用、底层网络软件、物理构件和物理接口等。为此 Parlay 组织积极鼓励电信和 IT 业界作为一个整体来参与 API 的设计和实现。

8.10.2 Parlay 网关的作用及组成结构

如图 8-16 所示，Parlay 网关（Parlay Gateway）又称 Parlay 服务器，它是连接应用服务

器和各种通信网络的桥梁，为应用服务器提供各种基本业务能力的支持，使应用服务器上的业务能够有控制地、安全地进入到各通信网内。在 NGN 系统中，应用服务器可以由第三方业务提供商提供，用于第三方业务提供商开发各种业务，提供给终端用户使用。

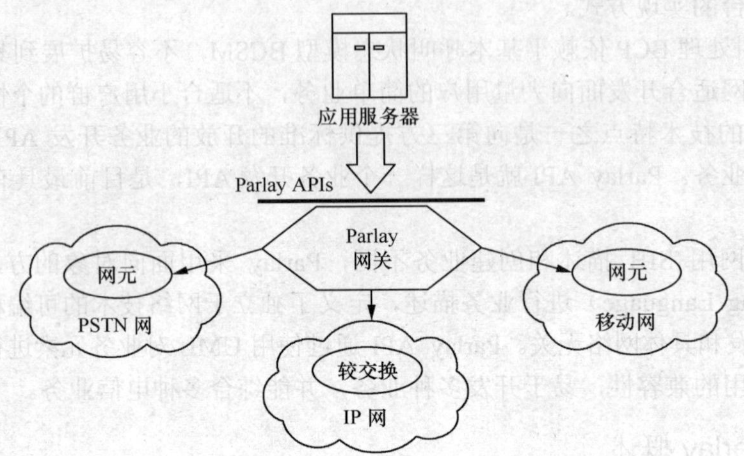

图 8-16 PARLAY API 在网络中的位置

Parlay 网关与应用服务器之间的接口为 Parlay API。Parlay 网关与现有网络的网络单元之间的协议采用各个网络的现有协议。

目前 Parlay 网关由各个网络运营商提供。由于 Parlay 还没有规定与各底层网络的资源接口，所以 Parlay 服务器和通信网之间暂时只能由网络运营商自己设定内部的通信协议，如采用 JAIN、INAP、SIP 将 API 映射到低层网络。

每个运营商只需设立一个 Parlay 网关，就可以为它所拥有的各个网络提供接口服务。当然运营商也可以为自己所拥有的每个网络分别设立 Parlay 网关，但这样费用可能较大。需要说明的是，每个网络只能由一个 Parlay 网关提供接口服务；如果有两个以上的 Parlay 网关，那么这些 Parlay 网关应保持数据的同步和一致性。

Parlay 网关是 NGN 业务能力提供的核心设备，负责对各种底层网络资源的汇聚和封装，并且根据 Parlay 协议对外提供各种开放的 API，为第三方业务的开发提供创建平台。

Parlay 网关是一个独立的组件，与控制层的软交换无关，从而实现业务和呼叫控制的分离，有利于新业务的引入。

从结构上看，Parlay 网关分为协议适配模块（Protocol Adapter）、基本功能模块（Basic Function）和业务控制模块（Service Control）等 3 个功能模块。Parlay 网关软件结构模块如图 8-17 所示。

基本功能模块是 Parlay 网关的控制管理层，包括呼叫控制（Call Control）、用户交互（User Interation）、移动管理、普通消息、计费、操作维护、连通性管理和框架等子模块。

这些功能模块通过 Parlay API 向应用业务提供服务。应用业务通过 Parlay API 可以看到两部分功能接口：业务接口和框架接口。

① 业务接口（Server Interface）：这类应用编程接口可以访问 Parlay 网关所提供的一系列基本业务功能，譬如建立或释放路由、与用户交互、发送用户消息、设定 QoS 级别等。业务供应商可以按照不同的业务逻辑对这些业务接口进行调用以实现不同的业务。

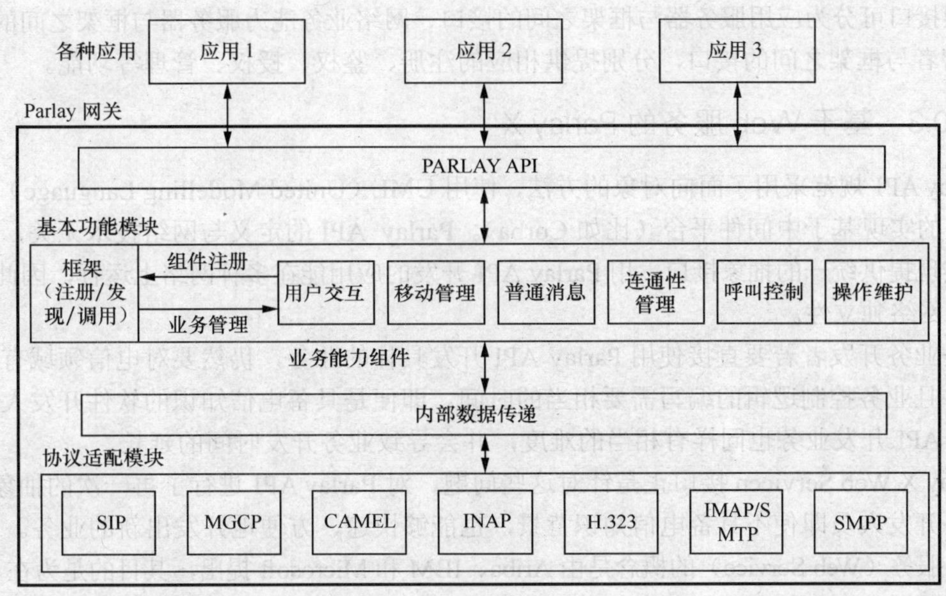

图 8-17 Parlay 网关层次结构

目前 Parlay API 已有的业务接口如下。

a．呼叫控制 Call Control：定义了从建立基本呼叫、多方呼叫到建立多媒体会议的能力。

b．用户交互 User Interaction：能够获取终端用户的信息、播放通知、与用户进行交互；具有一般用户交互接口和呼叫用户交互接口。提供向呼叫无关用户发送 SMS（短消息）的能力，提供向呼叫相关用户发送或收集信息的能力。

c．移动管理 Mobility Management：提供基于地理位置和用户状态的服务。

d．终端能力 Terminal Capability：获得用户终端的位置及属性参数。

e．用户位置/状态 User Location/status：获得用户的网络表示、位置及状态等；具有用户位置接口、用户位置 CAMEL 接口、用户位置紧急接口和用户状态接口。

f．数据会话 Data Session：控制数据交互。

g．通用消息 Generic Message：访问信箱；具有邮箱接口、文件夹接口和消息接口。

h．连接管理 Connectivity Management：提供 QoS 保证。

i．基于内容的计费 Content based Charge：根据用户的数据流量或应用计费。

j．在席和可用性管理 Presence and Availability Management：将用户连接状态呈现给通信对方或相关实体。

② 框架接口（Framework Interface）：对业务接口提供必需的安全、管理支持。主要有如下接口。

a．信任和安全管理：初始化，认证。

b．业务接入。

c．业务发现。

d．业务注册。

e．事件通知。

f．管理：负载管理，故障管理，心跳管理，OAM 管理。

框架接口可分为应用服务器与框架之间的接口、网络业务能力服务器与框架之间的接口、企业经营者与框架之间的接口，分别提供相应的注册、鉴权、授权、管理等功能。

8.10.3 基于 Web 服务的 Parlay X

Parlay API 规范采用了面向对象的方法，使用 UML（United Modelling Language）进行描述，API 的实现基于中间件平台（比如 Corba）。Parlay API 的定义与网络技术无关，它只为业务的实现提供统一的抽象接口，用 Parlay API 开发的应用能在多种网络上运行，因此 Parlay API 具有网络独立性。

但是业务开发者若要直接使用 Parlay API 开发具体的业务，仍然要对电信领域有一定的了解，并且业务控制逻辑的编写需要相当的时间。即便是具备电信知识的软件开发人员，使用 Parlay API 开发业务也同样有相当的难度，并会导致业务开发时间的延长。

Parlay X Web Servicen 接口正是针对这些问题，对 Parlay API 进行了再一次的抽象封装，使得业务开发人员即使不具备电信知识背景，也能够快速、方便地开发出新的业务。

Web 服务（Web Service）的概念是由 Ariba、IBM 和 Microsoft 提出，其目的是为在 Internet 上不同操作系统、硬件平台和编程语言间集成应用软件提供支持，方便应用的实现和发布。当前网络发展的趋势是：内容变得越来越动态化，带宽变得越来越便宜，存储费用也越来越低，普遍运算变得非常重要。而 Web 服务的特征与这些新的变化趋势是一致的。Web 服务的核心技术包括服务调用协议 SOAP、服务描述协议 WSDL 和服务发现协议 UDDI。

为了能够融合 Web 服务，Parlay API 规范中定义了如何将规范映射到网络业务描述语言（WSDL）。2002 年 11 月，Parlay 小组发布了一系列面向 Web 服务的白皮书和规范。其中，Parlay 4.1 版本的主要内容就是定义了支持 Web 业务的 Parlay X 接口。在此接口上，Parlay API 请求和响应被映射为 XML 描述，用 SOAP 消息传送。相应地，应用程序也将按 Web 业务方式编程。进一步，应用程序还可以利用 Web 服务技术调用 Internet 上的其他应用软件，实现和 Internet 融合的增值业务。图 8-18 所示给出了 Parlay X 的层次结构，图 8-19 所示给出了 Parlay X 服务调用过程示意图。

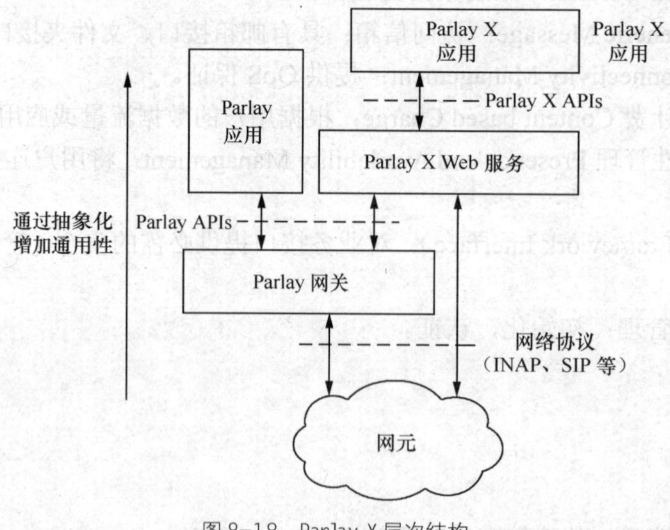

图 8-18 Parlay X 层次结构

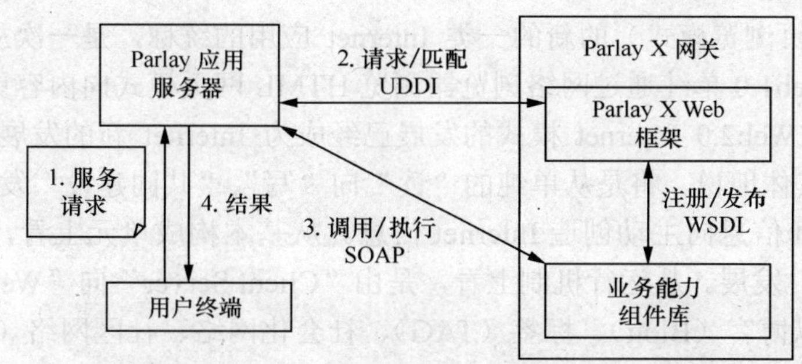

图 8-19 Parlay X服务的发现、调用原理示意图

Parlay X 通过把原来的 Parlay API 进行组合和封装，在 Parlay API 层之上建立了各具特色的 Parlay 业务组件模板，譬如用于 PC 桌面的 Parlay X、公司服务器的 Parlay X、用于 PDA 的 Parlay X 等，每种 Parlay X 组件只用到了较少的 APIs，以适应不同的业务需要，使第三方开发业务更加方便。

8.10.4 Parlay 应用及 Telco 2.0 出现

近年来一些主流厂家都推出了 Parlay 网关产品，并基于 Parlay 网关开发了一些业务。通过 Parlay 提供的新业务主要分为以下几类。

① 通信类业务：如点击拨号、VoIP、点击传真、可视电话、会议电话等，以及与位置相关的紧急呼叫业务、路边助手业务等。

② 消息类业务：如统一消息、短消息、语音信箱、E-mail、多媒体消息、聊天等。

③ 信息类服务：如新闻、体育、旅游、金融、天气、黄页、票务等各种信息的查询、订制、通知等，以及基于位置的人员跟踪、找朋友等。

④ 支付类业务：如电子商务、移动银行、网上支付、即时售订票、收费浏览等。

⑤ 娱乐类业务：如游戏、博彩、谜语、教育、广告等。

各类业务可以相对独立，也可以有机结合，例如可以在查询信息时根据相应的信息进行支付类业务处理，再如各种娱乐可以通过不同的消息方式来表现（短消息、E-mail），将娱乐与消息业务相结合。

目前，Parlay 的影响已经越来越大，但它仍然处于起步阶段，在实际应用中还存在一些不完善的地方如：对呼叫的持续控制不足，用户交互能力的薄弱，缺少用户鉴权手段等。这些不足在中国工业信息产业部的 Parlay X 规范中得到加强和扩展，如增加了增强性呼叫（ECC）、即时消息（IM）功能、非结构化短消息（USSD）功能等。

尽管有各种各样的完善，但是 Parlay API 主要考虑会话建立，并不是按照全业务的数据模型进行设计的，对创新性的应用开发支持还很不够（比如，如果要开发一个能在呼叫振铃时在被叫终端上显示图像的业务，Parlay API 却无法提供被叫终端是否收到图像的确认信息。）

为此，更先进的业务开发模式正在研究之中，比如 Telco Web 2.0 或者称为 Telco 2.0（电信公司 2.0）。Telco 2.0 是指具有面向服务体系结构（Service Oriented Architecture，SOA）的下一代电信业务网络。把面向服务体系结构、Internet Web Services 和 Web 2.0 技术，结合到了下一代网络的研究和开发中，使得电信业务的开发能够在更大的资源空间上进行，能够通过网络上分布式计算的大规模部署实现更高的资源利用率。所谓 Web 2.0 技术，是相对于

Web1.0（早期的网页浏览模式）的新的一类 Internet 应用的统称，是一次从核心内容到外部应用的革命。由 Web1.0 单纯通过网络浏览器浏览 HTML 网页模式向内容更丰富、联系性更强、工具性更强的 Web2.0 Internet 模式的发展已经成为 Internet 新的发展趋势。Web1.0 到 Web2.0 的转变，具体地说，将是从单纯的"读"向"写"、"共同建设"发展（如博客），由被动地接收 Internet 信息向主动创造 Internet 信息。从基本构成单元上看，是由"网页"向"发表/记录的信息"发展。从运行机制上看，是由"Client Server"向"Web Services"转变。总之，Web2.0 是以博客（Blog）、标签（TAG）、社会化网络、社区网络（SNS）、新闻同步聚合（RSS）、维客（Wiki）等应用为核心，依据 Xml、Mashup 等新理论和技术实现的 Internet 新一代模式。

在 Telco 2.0 模式中，应用不再是复杂的功能设计、过程设计和网页设计，而是变成了简单的网页编程，网页程序编制的过程称为 Mashup（融汇，Mashup 一词起源于音乐，即把来自两种或两种以上歌曲的音乐片段组合成一首新歌）。通过 Mashup，很多现成的业务构件、内容、网页界面被组合在一起，生成新的业务，并被分发到终端或服务器中运行。从体系结构上看，Telco 2.0 在 Parlay X Web 上增加了一些新的业务能力（如发布/订阅能力、Mashup 能力），这些业务能力和常规的通信服务能力都以 Web Service 方式对用户开放，可以被用户调用，形成统一通信服务能力。

8.11 三网融合

我们前面介绍 NGN 时往往提到电信网和 Internet 的融合，而"三网融合"则是电信网、Internet（计算机网）、有线电视网的融合。网络技术的融合以及市场发展的需要、宏观管制环境的变化导致了"三网融合"，即电信网、IP Internet、有线电视网在技术上相互渗透，在网络层上实现互通，在应用层上共享相同的业务。但融合并没有减少选择和多样化，相反，往往会在复杂的融合过程中产生新的衍生体，多样化将是自然的演进过程。

随着网络应用加速向 IP 汇聚，网络将逐渐向着对 IP 业务最佳的分组化网络（特别是 IP 网）的方向演进和融合是历史的必然，融合将成为未来网络技术发展的主旋律。从更广义的角度看，将出现"三网融合"。所谓"三网融合"目前主要指高层业务应用的融合。表现为技术上趋向一致，网络层上可以实现互连互通，业务层上互相渗透和交叉，运输层上趋向使用统一的 TCP/IP 通信协议，行业管制和政策方面也逐渐倾向统一。至于各种业务的基础网本身由于历史的原因以及竞争的需要将会长期共存、竞争和发展。而业务层的融合将不会受限于基础网传送结构而迅速发展，各类公司都会通过不同的途径向全业务方向演进。从长远看，三网融合的最终结果是产生下一代宽带 IP 网，它不是现有三网的简单延伸和迭加，而应是其各自优势的有机融合。

从技术层面上看，融合将体现在语音技术与数据技术的融合、电路交换与分组交换的融合、传输与交换的融合、电与光的融合、有线接入（包括电视电缆接入）与无线接入的融合。三网融合使语音、数据和图像这三大基本业务的界限逐渐消失，整个网络正在向下一代的融合网络演进。最终则将导致传统的电信网、计算机网和有线电视网在技术、业务、市场、终端、网络乃至行业管制和政策方面的融合。

包括 IMS 在内的各种软交换技术将是完成网络平滑过渡的关键。从网络角度看通过软交换机结合媒体网关和信令网关跨接以及互联三网后，尽管三网仍基本独立，但业务层已实现基本融合，可统一提供管理和快速扩展部署业务。比如对于电话网络和数据网络的融合，在数据业务逐渐成为网络的主要业务后，可考虑将电路交换网上的语音业务逐渐转移到分组化网上来，形成一个统一的融合的网。这种网络演进思路的基点在于网络和业务的融合，而不在于节点的融合，允许不同的网按各自的最佳方向独立演进，不受限于节点结构。当然，软交换还处于发展完善过程之中，技术尚不成熟，特别是多厂家互操作问题、实时业务的 QoS 保障问题、网络的统一有效管理问题以及业务生成和业务应用收入能力等问题都有待妥善解决，但作为发展方向已经获得业界的认同。因此，向以软交换为核心的下一代业务网演进将是实现上述交换网转型的最现实的技术路线，当然这种过渡是一种渐进式的长期演进过程，而绝非是一场革命性的突变，在我国可能需要较长时间。

需要注意的是融合并没有减少选择和多样化，当几个强有力的东西发生碰撞时很少会简单地融合成一个东西。相反，往往会在复杂的融合过程中产生新的衍生体。网络的融合不仅没有消除底层电信网、有线电视网和计算机网，这些网络作为接入网络将继续存在，而且在业务层和应用层中繁衍出大量新的业务和应用。图像、语音和数据也不会简单地融合在一个传统终端（电视、电话和计算机）中，而是更加有机地融合衍生出多样化的更有特色和个性化的终端来。简言之，电信网的未来将是一个不断在各种层面上进行创新并最终向融合方向演进的历史进程。

由于下一代网络将是端到端的融合的整体解决方案，而不是局部的技术改进更新，目前 IP 网络设备在实现 IP 网的高速、大容量方面还存在一些技术问题，但总的来说其技术路线已很清晰，目前网络设备的实际能力已超过实际的业务需要，因而从技术层面上看还是乐观的。

IP 网的飞速发展、巨大市场扩展成功、全球覆盖的现实，其开放性及可经济地支持多业务运行的特点，使人们容易接受在 IP 基础上进一步演进提高，以较好地融合现有网络，平滑地向期望中的下一代网络发展。另一方面，希望用今天的 IP 网一统天下显然不切实际，现有 IP 网络（包括 IPv6）必然与未来 NGN 有很大差异，NGN 亦不完全等于下一代 Internet（NGI），其中将包含大量应用中间件、分布智能控制、软交换等新技术。IP 技术将会进一步演进，通过保留与使用 IP 的合理成分、改进 IP 的一系列缺陷，网络融合的目标最终将得到实现。

小　　结

1．下一代网络是以宽带 IP 网络为基础，以软交换为核心，能为用户提供个性化、智能化综合业务的可持续发展的网络。下一代网络可以分成接入层、传送层、控制层、业务层共 4 个层面。按照传输、控制、业务分离的思想，软交换实现呼叫控制功能，业务的提供由应用服务器提供，具体业务流的传输由宽带 IP 网络承载。这样就形成了开放的、分布式的、多协议的架构体系，便于新业务的快速引入，以及固定网和移动网等不同网络的互通和融合。本章还介绍了全 IP 移动网络，阐述如何在 IP 网络中叠加移动性管理功能。

2．在软交换系统中，核心交换设备是软交换机/软交换服务器，它提供信令处理、呼叫控制、资源管理、计费、用户管理等功能。通过 IAD、媒体网关、信令网关等典型的软交换组网设备，可实现各类窄带和宽带系统接入。在这些软交换设备之间，使用 H.248、H.323、SIP 等基于 IP 的信令进行控制。

3．当软交换网络中有多个软交换机时，必然涉及组网路由问题。本章介绍了软交换的路由技术、电话路由协议（TRIP）和组网方案，分析了组网应用中的终端编号、软交换设备 IP 地址分配以及安全性等问题。

4．IMS 是基于软交换原理的，软交换网络与 IMS 将会是互通融合的关系。IMS 是移动和固定融合比较适合的架构，基于 IMS 的网络体系对移动性管理、承载网控制、接入控制等有了清晰的定义。

5．包括 IMS 在内的各种软交换技术将是各种固定网、移动网乃至有线电视网相互融合、平滑地向期望中的 NGN 发展演进的关键。另一方面，IMS、全 IP 移动网等都在不断演进，更新的技术标准已在制订之中。

思考题与练习题

8-1　下一代网络分为哪些层次，各实现哪些功能？

8-2　在下一代网络中，交换接续控制是由什么设备完成的？

8-3　软交换有哪些特点？分析其优点和缺点。

8-4　IAD 是一种媒体网关吗？为什么？

8-5　SIP 是哪一层的协议？它与 HTTP 和 HTML 哪个更相似？

8-6　比较 SIP 和 H.323 协议。

8-7　为什么 SIP 无法穿越普通 NAT 网关？

8-8　软交换机之间的路由方案有哪些？

8-9　CSCF 按功能分为哪些逻辑实体？简要说明它们各自的功能。

8-10　简要说明 IMS 在哪些方面实现了对固定和移动网络融合的支持。

8-11　什么叫全 IP 移动网络？它同固定 IP 网络是什么关系？GPRS、cdma2000 1x 等移动网络也可以支持 IP，这些网络是全 IP 移动网络吗？

8-12　对移动终端动态寻址的基本原理是什么？实现这一功能的设备称作什么？

8-13　简述 Parlay 的作用和结构。在下一代网络中为什么要提供开放的业务开发接口？

第9章 网络管理和规划

随着网络技术的高速发展，网络变得越来越复杂，网络的正常运行、服务质量、经济效益也越来越依赖网络的有效管理，网络管理和规划变得越来越重要。同网络互连一样，体系框架、标准、接口在网络管理中具有重要作用。本章首先基于 OSI 网管模型对网络管理的一般原理进行介绍，然后分别阐述 TCP/IP 互联网络管理、电信管理网 TMN 方面的知识。通信网络规划是通信网络建设中的重要问题，本章介绍了网络规划和设计的基本知识和方法。

9.1 网络管理一般原理

9.1.1 网络管理参考模型

在各种网络中都存在管理问题。网络管理问题包括对拓扑结构、流量分配、拥塞控制、资源命名与寻址、路由选择、设备监控、业务管理等等网络设计、规划及互连基本控制问题的管理。

网络管理过程包括以下 3 个环节。

① 网络管理信息的采集。

② 网络管理信息的传输。

③ 网络管理信息的处理、决策。

网络管理系统由管理系统和被管系统组成，如图 9-1 所示被管系统又由代理和被管对象组成。代理的功能是代表管理者对本地被管对象进行管理，管理者和代理一般处于网络的不同节点上，它们之间需要可靠地交换管理信息。交换管理信息必须遵循统一的通信协议，这个通信协议称为网络管理协议。网络管理协议是高层网络协议，它是建立于具体物理网络及其基础通信协议基础之上的，为网络管理平台服务。目前，网络界使用两大网管协议，即基于 Internet 及 TCP/IP 的 SNMP 和基于 OSI/ISO 的 CMIP（公共管理信息协议）。被管对象（Managed Object，MO）

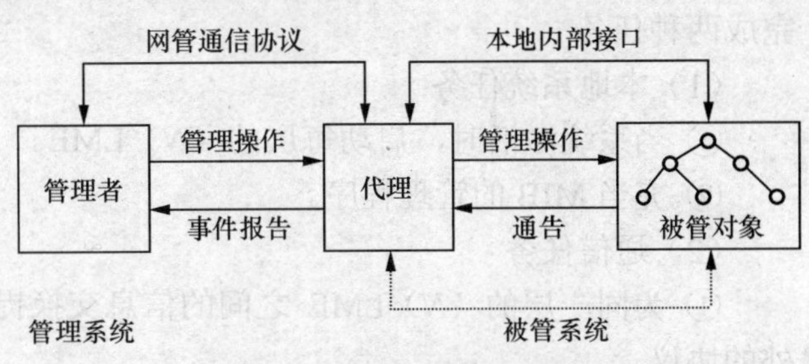

图 9-1 网络管理系统原理模型

组成逻辑的管理信息库（MIB）。

9.1.2 网络管理功能

OSI 给出了管理通信标准 CMIS/CMIP（公共管理信息服务/公共管理信息协议）。利用 CMIS 提供的通信服务可提供系统管理服务，如故障管理、配置管理、性能管理、计费管理和安全管理（这5类功能称为FCAPS）。

① 故障管理：故障管理是管理和监督非正常的操作，它提供的功能有维护差错日志、响应差错通知、定位和隔离故障、进行诊断测试以确定故障类型，以及最终排除故障。

② 计费管理：计费管理为指定资源的使用核算成本和收取费用，它提供的功能有通知用户使用费用或使用的资源，设置计费的阀值点，当使用了多种资源时将有关的费用综合在一起。

③ 配置管理：配置管理是对开放系统实施控制，从中收集配置数据，并向其他开放系统提供配置数据，它提供的功能有初始化或删除管理客体，为控制例行的操作设置适当的参数，收集关于状态的信息。

④ 性能管理：性能管理有助于资源的性能评估。它提供的功能有：收集和分发统计数据，维护系统性能的历史记录，模拟各种操作的系统模型。

⑤ 安全管理：安全管理指对开放系统的访问要实施的各种保护功能，它提供的功能有支持安全服务、维护安全日志，向其他开放系统分发有关安全方面的信息。

在 OSI 管理（OSIM）中，有3个级别的管理，即：系统管理（SM）、层管理（LM）和层协议操作（LOP），它们分别对涉及多层的实体、一层中的各个实体和一个特定通信实例（Instance）进行监视、控制和协调。管理进程和被管理实体可能位于一个开放系统中，也可能位于不同的开放系统中。当它们位于不同的开放系统中时，它们之间的控制流要经由两个系统中的系统管理应用实体 SMAE、第 N 层层管理实体（N）LME 或（N）层实体（N）E 进行交换，这就是 OSI 管理通信；当它们位于同一个开放系统中时，它们之间的控制流的交换要经过（N）LME 的中介，（N）LME 与被管理实体之间的交互作用是在本地系统环境中实现的，不属于 OSIM 标准化的范畴。

OSI 系统管理实体模型如图 9-2 所示。

系统管理应用进程（SMAP）通过系统管理服务接口（SMSI）以及层管理服务接口（LMSI）来管理通信协议栈。SMAP 和本地环境中的软件与人的交互接口在 OSI/NMF（网络管理论坛）的开放管理互操作模型 OMNIPoint 中也明确作了说明。系统管理的功能主要完成两种任务。

（1）本地系统任务

① 当系统激活时，启动每层的（N）LME。

② 充当 MIB 的管理程序。

（2）通信任务

① 为同一层的（N）LME 之间的信息交换提供支持，使得（N）LME 不必为此提供额外的协议。

② 和通信网络与用户设备内的其他 SMAP 进行交互。

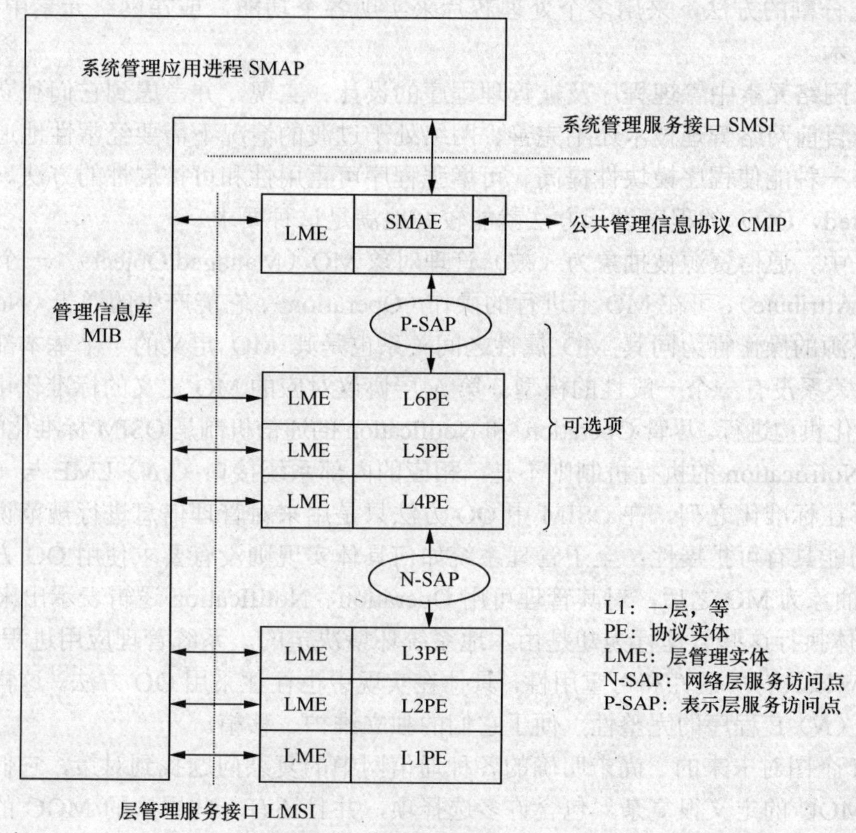

图 9-2 OSI 系统管理实体模型

SMAP 是系统执行管理功能的一个应用进程，它对通信资源的管理主要是通过操作 MIB 来进行的。MIB 是一个逻辑概念，它是所有与网络管理有关的信息的集合，这些信息可能来自涉及多个协议层次的系统管理对象（SMO），也可能来自只与一个协议层次有关的层管理对象（*N*）（LMO）。SMO 由 SMAP 直接实现，（*N*）LMO 则由（*N*）LME 实现。为防止出现层间的相互依赖性，不同层的 LME 之间是相互独立的，它们之间不能直接交互作用，需要通过 SMAP 进行通信。这样 SMAP 就把 SMO 和各（*N*）LMO 综合成 MIB，SMAP 是 MIB 的管理程序。（*N*）LME 通过访问 MIB 以设置或恢复第 *N* 层协议需要使用的外部参数，实现对协议的管理控制。

在一个网络元素（如交换节点、接口设备、传输设备等）中，管理实体嵌入到通信协议栈的各层，并且层管理实体与被管理实体之间的交互接口不在 OSI 标准化范围。这给网络元素的实现增加了难度。对管理实体和被管理实体中一方的修改可能要牵涉到另一方，使网络元素的维护变得复杂，也影响了两者的独立升级和进化，可能使并不很完善的网络管理系统的发展遇到较大障碍。另外，在网络元素的内存空间、处理能力有限的情况下，管理程序和被管理程序之间共享一些软、硬件资源，可能存在着严重的时空矛盾，管理程序的运行可能干扰被管理协议的正常运行，影响其性能，所获取的有关通信协议状态的信息也可能不够准确，控制能力也很有限（例如，如果通信协议由于它们共享的资源发生故障而出错，管理实体也就同时出错，当然也就无法对该通信协议进行监控）。为了解决这种时空矛盾，可以在硬件上采用功能分割的方法，采用多个处理芯片来实现各个功能，或在网络元素中使用分布/并行计算机技术。

为了便于网络元素中管理程序及被管理程序的设计、实现，并考虑到它们独立维护的需要，特别是在目前网络管理技术还不完善、网络处于过渡的情况下需要经常性地追加管理功能，都应该有一种能使程序模块性提高、可增强程序可重用性和可扩展性的方法。面向对象（Object Oriented，OO）的程序设计方法就能较好地满足这种要求。

在OSIM中，通信资源被抽象为（被）管理对象MO（Managed Object）。一个MO的定义由其属性（Attribute）、可在MO上进行的操作（Operation）、它能产生的通告（Notification）组成；通信资源的操作行为同其MO属性之间关系也是其MO定义的一个基本部分，但在OSIM中这种关系没有一个一般性的模型。第*N*层协议对应的MO定义的标准化由制定第*N*层协议的标准化机构进行。尽管Operation和Notification的通信机制是OSIM标准化的范围，但Operation和Notification的执行机制则不是，相应的内部系统接口（（*N*）LME与（*N*）PE之间接口）也不在标准化之列。在OSIM中OO方法只是用来对管理信息进行规范说明，以使管理通信和功能具有可扩展性；至于管理系统如何具体实现则没有要求使用OO方法。因此虽然（*N*）E抽象为MO之后，对其管理可用Operation、Notification逻辑表示出来，但（*N*）LME如何具体执行这些管理行为却是由本地系统环境决定的。系统管理应用进程SMAP和（*N*）LME也应该具有扩展性和可重用性，具体在实现中也往往采用OO方法。这样也增加了（*N*）LME和（*N*）E程序的完整性，便于它们的独立维护、移植。

由于OSI企图对未来的、尚未明确的各种通信网中的复杂问题找到对策，它们给出的管理对象类型MOC的定义很复杂，包含许多选择项，并且还有一些层次的MOC的定义尚未完成，故使OSI CMIS/CMIP（公共管理信息服务/公共管理信息协议）的具体实用受到很大限制，因此OSI CMIS/CMIP主要用于电信网。

9.2 Internet网络管理

9.2.1 TCP/IP网管框架

Internet TCP/IP簇已在计算机网络中广泛使用，成为事实上的工业标准。其对应的管理体系结构称为Internet标准网管框架（Internet-Standard Network Management Framework）。Internet标准网管框架和OSIM是有很大差别的。因为Internet网管是针对于TCP/IP簇的，其研究是讲究实效的、紧凑的而非松散的，所需处理问题是明确定义了的而非未确定的，用以解决这些问题的技术手段也是有效的。TCP/IP管理框架如图9-3所示。

在TCP/IP网管中管理通信协议称为简单网管协议（Simple Network Management Protocol，SNMP）。SNMP通信是无连接通信，并使用UDP进行传输；而OSI CMIP是面向连接的，是应用层中各种实体通用的模式。网络管理和常规应用是不一样的，它需要特殊的机制。面向连接通信是为文件传输的应用提供可靠的服务，它需要有复杂的算法来保证。这些复杂的算法在网络拥塞时会造成更大的流量。而无连接通信在网络拥塞的时候则不会有这种影响。

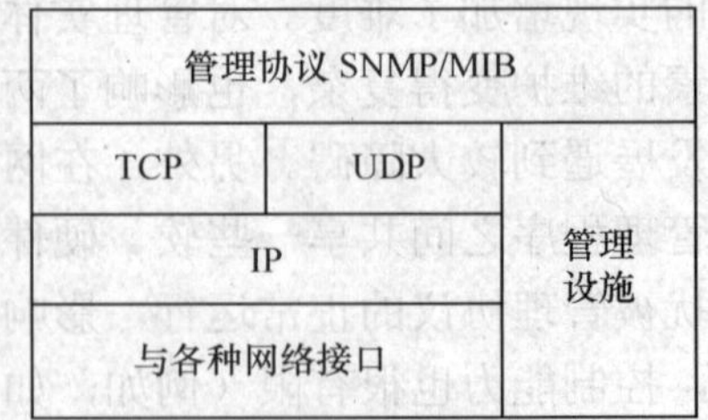

图9-3 TCP/IP管理框架

SNMP 提供了对被管理对象（MO）的 GET、SET 和 TRAP 操作，这些操作是作用于标量变量的；而 CMIS 的服务是作用于对象集合的。SNMP 使用 Requset/Respond（请求/响应）交互类型，管理者通过轮询来收集（GET）和控制（SET）各被管对象的状况。TRAP 则允许不经询问直接发送信息到管理者，这是一种陷阱机制，可以捕捉意外事件。

SNMP 使用抽象语法记法 1（Abstract Syntax Notation.1,ASN.1）和基本编码规则（Basic Encoding Rule，BER）的子集来说明。所有 MIB 变量都要使用 ASN.1 来定义。BER 则用于说明这些变量的值如何变换成一串字节，以便传送并被通信对端正确解码。SNMP MIB 的第 1 版 MIB-Ⅰ含有 114 个 MO，1990 年制订的第 2 版 MIB-Ⅱ含有 171 个 MO，这两版是兼容的。

MIB 这个逻辑“仓库”存储了许多被管理对象（MO），这些对象按照它们之间的关系组成一个管理信息树。按照在管理信息树状结构中的位置，每种被管理对象都有自己的编码。Internet 本身的编码是 1.3.6.1，网络管理的编码是 1.3.6.1.2，MIB 的编码是 1.3.6.1.2.1，接口的编码是 1.3.6.1.2.1.2。

图 9-3 中的管理设施通过内部通信机制和各层协议进行交互。它是 SNMP 的代理（Agent），能接受 SNMP 对各 MO 的操作请求，对各层协议的数据结构进行访问。

SNMP 的策略是简单、实用，并且是可进化的。从网络类型上看，SNMP 是针对计算机通信网的，而 CMIP 所针对的则是广泛的电信网。

9.2.2 SNMP v1/v2/v3

由于网络规模的扩大，SNMP 管理机制的弱点被充分暴露出来。SNMP v1（第 1 版）是一种平面型网管架构，一个管理者管理众多的站点，管理者容易成为瓶颈；轮询数目太多、分布较广的代理使带宽开销过大，效率下降，管理者从各代理获取的管理信息是原始数据，不但量大而且需要精加工才能变为有价值的管理信息；不能有效传输大块的数据，既浪费带宽，又消耗管理者 CPU 的大量宝贵时间，使网管效率降低。

例如：虽然 MIB 计数器将统计数据的总和记录下来了，但它无法对日常通信量进行历史分析。为了能全面地查看一天的通信流量和变化率，管理人员必须不断地轮询 SNMP 代理，一天中每分钟就轮询一次。

解决这个问题是在管理者与代理之间增加中层管理者，实现分层管理，将集中式的网管架构改变为层次化的网管架构。

IETF 于 1992 年雄心勃勃地开始了 SNMPv2 的开发工作。SNMPv2 增加了一个 get-bulk-request 命令，可以一次从路由器的路由表中读取许多行信息，而 SNMPv1 一次只能读一行。不过 SNMPv2 比人们原先的预想复杂多了，失去了 Simple（简单）的特点。SNMP v2 的开发最终还是失败了。IETF 解散 SNMP v2 工作组，决定把统一 SNMP v2*和 SNMP v2u 的工作留给 SNMPng （next generation，下一代）即后来的 SNMP v3 去做。

尽管 SNMP v2 的开发结束了，但人们对安全的需求仍然存在。1997 年 4 月，IETF 成立了 SNMP v3 工作组，决心完成 v2 未完成的事业。SNMPv3 将统一 SNMPv2*和 v2u 中的概念和技术思想，并不考虑增加新的功能，而是回到 SNMP v1 Simple 的老路上，该工作组的目标是：

- 尽量利用现有的成果，尤其是 SNMPv2*和 v2u；
- 达到安全电子商务（SET）安全标准的要求；
- 尽可能简单；

- 支持大规模的网络。

SNMPv3 最大的改进是安全特性，它具有 3 种安全功能：鉴别、保密和存取控制。这样，只有被授权的人员才可以执行网络管理功能。

9.2.3 RMON

1．RMON 标准

Internet 工程特别小组（IETF）于 1991 年 11 月公布远程监控 RMON MIB 来解决 SNMP 在日益扩大的分布式网络中所面临的局限性。RMON MIB 的目的在于使 SNMP 更为有效更为积极主动地监控远程设备。

RMON MIB 由一组统计数据、分析数据和诊断数据构成，利用许多供应商生产的标准工具都可以显示出这些数据，因而 RMON MIB 具有独立于供应商的远程网络分析功能。RMON 探测器和 RMON 客户机软件结合在一起在网络环境中实施 RMON。RMON 的监控功能是否有效，关键在于其探测器要具有存储统计历史数据的能力，这样就不需要不停地轮询才能生成一个有关网络运行状况趋势的视图。“RMON MIB 功能组”功能框可以对通过 RMOM MIB 收集的网络管理信息类型进行描述。

遍布在 LAN 网段之中的 RMON 探测器不会干扰网络，它能自动地工作，无论何时出现意外的网络事件，它都能上报。探测器的过滤功能使它根据用户定义的参数来捕获特定类型的数据。当一个探测器发现一个网段处于一种不正常状态时，它会主动与中心的网络管理控制台的 RMON 客户应用程序联系，并将描述不正常状况的捕获信息转发。客户应用程序对 RMON 数据从结构上进行分析来诊断问题之所在。

通过追踪谁与谁交谈，RMON 可以帮助网管员确定如何最佳地给网络分段。网管员通过意外事件报告，可以识别出占有最大带宽的用户；这些用户然后放置于各自的网段之中来尽可能减少他们对其他用户的影响。

2．RMON2 标准

RMON2 标准能将网管员对网络的监控层次提高到网络协议栈的应用层。因而，除了能监控网络通信与容量外，RMON2 还提供有关各应用所使用的网络带宽量的信息，这是在客户机/服务器环境中进行故障排除的重要因素。

RMON 是在网络中查找物理故障，RMON2 进行的则是更高层次的观察。RMON2 监控实际的网络使用模式。RMON 探测器观察的是由一个交换机/集线器流向另一个交换机/集线器的数据包，而 RNOM2 则深入到内部，它观察的是哪一个服务器发送数据包，哪一个用户预定要接受这一数据包，这一数据包表示何种应用。网管员能够使用这些信息，按照应用带宽和响应时间要求来区分用户，就像过去他们使用网络地址生成工作组一样。

RMON2 没有取代 RMON，而是它的补充技术。RMON2 在 RMON 标准基础上提供一种新层次的诊断和监控功能。事实上，RMON2 能够监控执行 RMON 标准的设备所发出的意外事件报警信号。

在客户机/服务器网络中，安放恰当的 RMON2 探测器能够观察整个网络中的应用层对话。最好将 RMON2 探测器放在数据中心或工作组交换机或服务器集群中的高性能服务器之中。原因很简单，因为大部分应用层通信都经过这些地方。物理故障最有可能出现在工作组层，实际上用户是从这里接入网络的。因而目前布置在工作组位置的 RMON 最为有用，且使用起来最为经济有效。

表 9-1 所示为 RMON2 如何能够对现有的 RMON 管理解决方案进行补充，并从多个角度来解决一系列网络管理问题。

表 9-1 RMON 与 RMON2 的网络管理着眼点

网络管理问题	相关 OSI 层	管 理 标 准
物理故障与利用	介质访问控制层（MAC）	RMON
局域网网段	数据链路层	RMON
网络互连	网络层	RMON2
应用程序的使用	应用层	RMON2

9.3 电信管理网

9.3.1 TMN 概要

电信网从产生以来就是面向公众提供服务业务的。为了保证业务质量，电信网的管理一直是非常重要的。随着网络技术的发展，电信网的设备越来越多样化和复杂化，在规模上也仍然是最大的一种网络。这些因素决定了现代电信网络的管理必然是有效的、可靠的、安全的和经济的。为此，国际电信联盟电信标准化部门（ITU-T）根据 OSI 系统管理框架提出了具有标准协议、接口和体系结构的管理网络——电信管理网（Telecommunication Management Network，TMN），作为管理现代电信网的基础。

TMN 为电信网和业务提供管理功能并能提供与电信网和业务进行通信的能力。TMN 的基本思想是提供一个有组织的体系结构，实现各种运营系统（Operatons System, OS）以及电信设备之间的互连，利用标准接口所支持的体系结构交换管理信息，从而为管理部门和厂商在开发设备以及设计管理电信网络和业务的基础结构时提供参考。TMN 的复杂度是可变的，从一个运营系统与一个电信设备的简单连接，到多种运营系统和电信设备互连的复杂网络。

在 TMN 中，“管理”是指交换和处理管理信息以帮助管理部门有效地指挥生产。“管理部门”包括公用网络和专用网络的管理部门以及其他运营或应用 TMN 的组织。管理部门和 TMN 之间的关系是：一个管理部门可以建设多个 TMN，一个 TMN 也可以跨越多个管理部门。TMN 与被管理的电信网之间的一般关系如图 9-4 所示。TMN 在概念上是一个单独的网络，它在有限的点上与电信网相接口来发送或接收信息，控制电信网的运营。TMN 可以利用电信网的一部分来提供它所需要的通信。

TMN 标准的目标是提供一个电信管理框架。在通用网络管理模型的概念下，采用标准信息模型的标准接口完成不同设备的一般管理。

开发 TMN 标准的目的是管理异构网络、业务和设备。TMN 通过丰富的管理功能跨越多厂商和多技术进行操作。它能够在多个网络管理系统和运营系统之间互通，并且能够在相互独立的被管网络之间实现管理互通，因而互连的和跨网的业务可以得到端到端的管理。

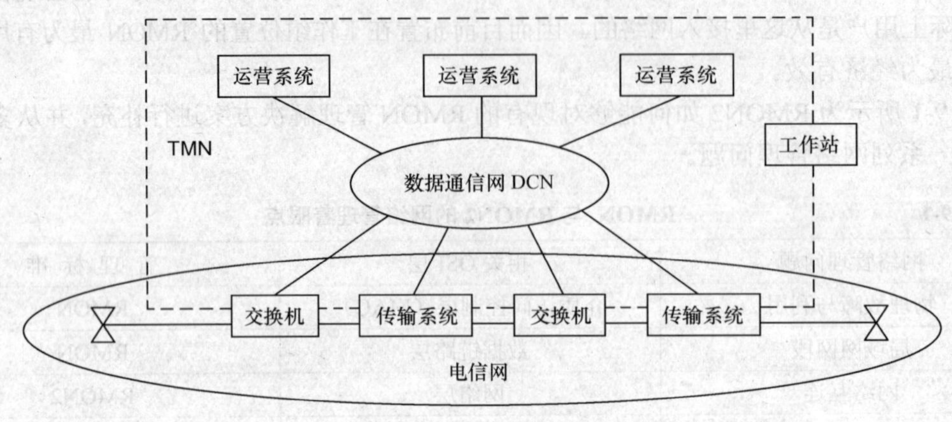

图 9-4　TMN 与电信网的关系

TMN 逻辑上区别于被管理的网络和业务，这一原则使 TMN 的功能可以分散实现。这意味着通过多个管理系统，运营者可以对广泛分布的设备、网络和业务实现管理。

TMN 是基于 CMIP 体系结构建立的，它给出了网管系统（NMS）与网络元素（NE）之间的管理模型，管理信息的定义方法和通信协议，并规范了 TMN 自身的功能体系结构、信息体系结构和物理体系结构。

9.3.2 TMN 功能体系结构

TMN 功能体系结构建立在提供一般功能的多个功能块之上，其结构如图 9-5 所示，它包括运营系统功能（Operations System Function，OSF）、网元功能（NEF）、中介功能（Mediation Function，MF）、工作站功能（WorkStation Function，WSF）、适配器功能（Q Adaptor Function，QAF）和数据通信功能（Data Communication Function，DCF），其中数据通信功能没有在图中画出。功能块之间通过数据通信功能（DCF）进行信息传递。

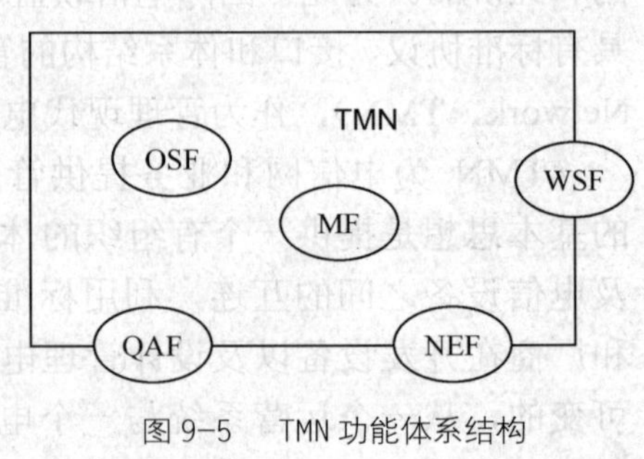

图 9-5　TMN 功能体系结构

1. TMN 功能块

（1）运营系统功能块

TMN 的管理功能由运营系统功能块（OSF）完成。为了进行网络资源管理和通信业务管理，需要多种类型的 OSF。按照功能的抽象程度可以将 OSF 分为：商务 OSF、业务（客户）OSF、网络 OSF、基层 OSF4 类。管理功能的实现，依赖于处理大量的管理信息，因此，OSF 的具体任务是处理管理信息。

（2）网元功能块

网元（NE）是网络中各种设备，关于网元的概念我们将在本章“TMN 物理体系结构”小节中进一步介绍。网元功能块（NEF）是为了使 NE 得到检测和控制与 TMN 进行通信的功能块。NEF 提供电信功能和管理电信网所需要的支持功能。

（3）工作站功能块

工作站功能块（WSF）为管理信息的用户提供解释 TMN 信息的手段，将管理信息由 F 接口形式转换为管理信息用户可理解的 G 接口形式。WSF 包括对人的接口的支持，但这种支持不属于 TMN 的内容。

WSF 终端用户提供数据输入输出的一般功能，举例如下。

a．对终端的安全访问、登录。

b．识别和验证输入。

c．格式化和验证输出。

d．支持菜单、屏幕、窗口、滚动、翻页等。

e．访问 TMN 等。

（4）中介功能块

当两个功能块所支持的信息模型不同时需要用中介功能块（MF）进行中介。MF 主要对 OSF 和 NEF（或 QAF）之间传递的信息进行处理，使其符合满足通信双方的相互要求。MF 块的典型功能有：协议变换、消息变换、信息变换、地址映射变换、路由选择、集线、信息过滤、信息存储以及信息选择等。

（5）Q 适配器功能块

Q 适配器功能块（QAF）的作用是连接那些类似 NEF 和类似 OSF 的非 TMN 实体，完成 TMN 参考点和非 TMN 参考点之间的转换。

2．TMN 功能成分

为了简化 TMN 系统实现上的复杂性，提高系统的开发效率，TMN 采用自底向上的设计原则。为了构成功能块，TMN 定义了 6 个功能成分。

（1）管理应用功能

管理应用功能（Management Application Function，MAF）是实现 TMN 管理服务的功能成分。根据 OSI 系统管理模型的原理可知，既要有担当管理者角色的 MAF，也要有担当代理者或者同时担当两种角色的 MAF。不同的 MAF 可以由包含它们的功能块的名字进行区分，例如 MF-MAF，OSF-MAF，NEF-MAF 以及 QAF-MAF。

（2）管理信息库

管理信息库（Management Information Base，MIB）是管理信息的概念上的存储场所，代表一个被管系统中的被管对象的集合。

（3）信息转换功能

信息转换功能（Information Conversion Function，ICF）用于中介系统中，负责将一个接口的信息模型转换为其他接口的信息模型。ICF 偏重于消息的转换。转换可以在语法水平或语义水平上进行。

ICF 是决定 MF 特色的成分，因而是 MF 必须包含的。在一定情况下，不要求在 MF 中改变信息模型，这时 ICF 可以只提供简单的应用层中继功能。

（4）表示功能

表示功能（Presentation Function，PF）将 TMN 信息模型中的信息转换为可由人—机接口显示的形式。PF 提供对用户友好的输入、显示、修改被管对象细节所需要的功能。

（5）人机适配

人机适配（Human Machine Adaptation，HMA）完成 MAF 信息模型向 PF 信息模型的转换。另外，它支持对用户的证明和认证。

（6）消息通信功能

消息通信功能（Message Communication Function，MCF）提供数据通信功能以实现功能块之间的连接。

功能块与功能成分之间的关系如表 9-2 所示。

表 9-2　功能块与功能成分之间的关系

功 能 块	功 能 成 分
OSF	MIB、OSF-MAF(A/M)、HMA
WSF	PF
NEF	MIB、NEF-MAF(A)
MF	MIB、MF-MAF(A/M)、ICF、HMA
QAF	MIB、QAF-MAF(A/M)、ICF

3．TMN 参考点

在 TMN 中，利用参考点划分功能块之间的边界，从而规范功能块之间的信息交换。因此，可以说参考点是功能块之间的信息交换点。TMN 定义了 q、f、x 3 类参考点。此外，在其他标准中定义的 g 和 m 两类参考点也与 TMN 关系密切。

（1）q 参考点

q 参考点描述各个功能块共同支持的信息模型所定义的信息的一个逻辑部分的交换。有两类：

q3 参考点：被置于 NEF 与 OSF，QAF 与 OSF，MF 与 OSF，OSF 与 OSF 之间。是和 OSF 有关的参考点。q3 参考点的设计目的是要做到与通信设备无关。

qx 参考点：被置于 NEF 与 MF，QAF 与 MF，MF 与 MF 之间。是和 MF 有关的参考点。由于 q3 接口是最复杂的参考点，因此，q3 接口标准制定过程中，产生的一些和现有 q3 接口不同的部分，一般称其为 qx 接口。

（2）f 参考点

f 参考点是 WSF 与其他功能块之间的信息交换点。置于功能块 WSF 与 OSF、WSF 和 MF 之间。

（3）x 参考点

x 参考点被置于不同的 TMN 中的 OSF 之间。X 参考点外侧的实体可以是另一 TMN（OSF）的一部分，也可以是非 TMN 环境（类似 OSF）。这种区别在 x 参考点上是表现不出来的。

（4）g 参考点

g 参考点被置于 TMN 之外的人与 WSF 功能块之间。尽管 g 参考点上传送 TMN 信息，但它不被看作是 TMN 的一部分。

（5）m 参考点

m 参考点被置于 TMN 之外的 QAF 功能块和非 TMN 被管实体之间。

4．TMN 参考模型

图 9-6 所示为 TMN 功能参考模型。

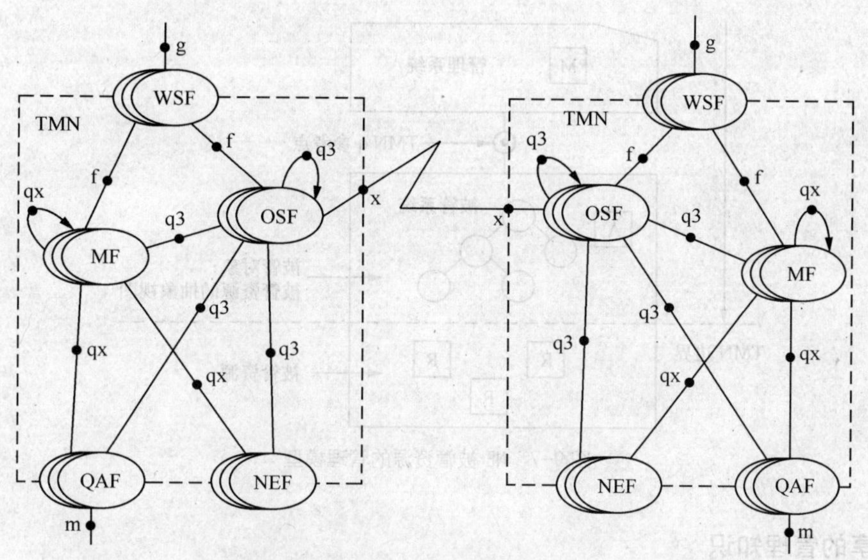

图 9-6 TMN 功能参考模型

9.3.3 TMN 信息体系结构

1．面向对象的方法

为了有效地定义被管资源，TMN 运用了 OSI 系统管理中被管对象的概念。由被管对象表示资源在管理方面的特性的抽象视图。被管对象也可以表示资源或资源组合（如网络）之间的关系。

M.3100 建议定义了一组被管对象，由它们构成了通用网络信息模型。这个模型涵盖了整个 TMN，并可在所有网络中通用。但是，要用 TMN 传送网络设备的更详细的数据，还需要对这个模型进行扩充。

2．管理者和代理者

因为电信网络环境是分散的，所以电信网络管理是一个分散的信息处理过程。监视和控制各种物理逻辑网络资源的管理进程之间需要交换管理信息。

对于一个特定的管理联系（Association），管理进程将担当管理者角色或代理者角色。

管理者和代理者之间一般存在以下意义的“多对多”关系。

① 一个管理者可以加入到与多个代理者的信息交换中。在这种情况下，它将以多个管理者的角色同对应的代理者角色相互作用。

② 一个代理者可以加入到与多个管理者的信息交换中。在这种情况下，它将以多个代理者的角色同对应的管理者角色相互作用。

代理者可以由于多种原因（例如，安全、信息模型一致性等）拒绝管理者的指令。因而管理者必须准备处理来自代理者的否定应答。

管理者和代理者之间所有的管理信息交换都要利用 CMIS 和 CMIP 实现。

图 9-7 所示描述了管理者、代理者、被管对象以及 NE 被管资源之间的关系。

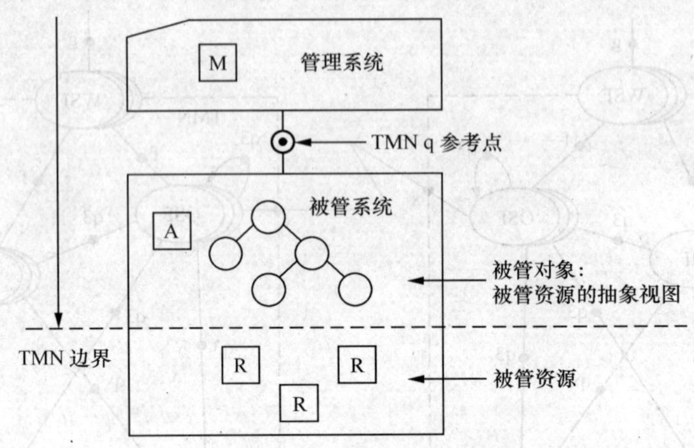

图 9-7　NE 被管资源的管理模型

3．共享的管理知识

（1）TMN 系统的通信

TMN 功能块利用管理者与代理者关系完成管理活动。在图 9-8 中，系统 A 管理系统 B，系统 B 管理系统 C（层叠系统）。系统 A 参考系统 B 的信息模型和对 A 的接口与系统 B 进行相互作用。系统 B 参考系统 C 的信息模型和对 B 的接口与系统 C 进行相互作用。

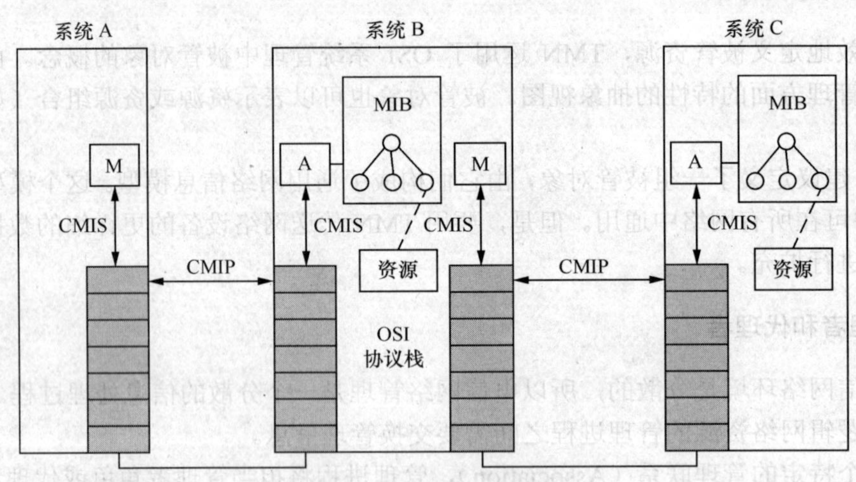

图 9-8　TMN 系统的通信例

（2）共享的管理知识

TMN 中的一个系统可以对多个系统承担代理者角色，将它们表示为许多不同的信息模型。一个 TMN 系统也可以对多个系统承担管理者角色，将它们看作许多不同的信息模型。

为了互通，通信系统之间一般要有一个公共的视图，否则至少需要懂得对方下列信息：支持的协议，支持的管理对象，支持的被管对象类，可用的被管对象实例，授权的能力，以及对象之间的包含关系。

这些信息称为共享的管理知识（Shared Management Knowledge，SMK）。当两个功能块交换管理信息时，它们必须懂得交换的 SMK。为此，有时可能需要进行某种形式的协商，以使双方能够相互理解。

9.3.4 TMN 物理体系结构

TMN 功能由物理体系结构实现（见图 9-9）。TMN 物理体系结构定义网络管理所需要的信息传递与处理手段。

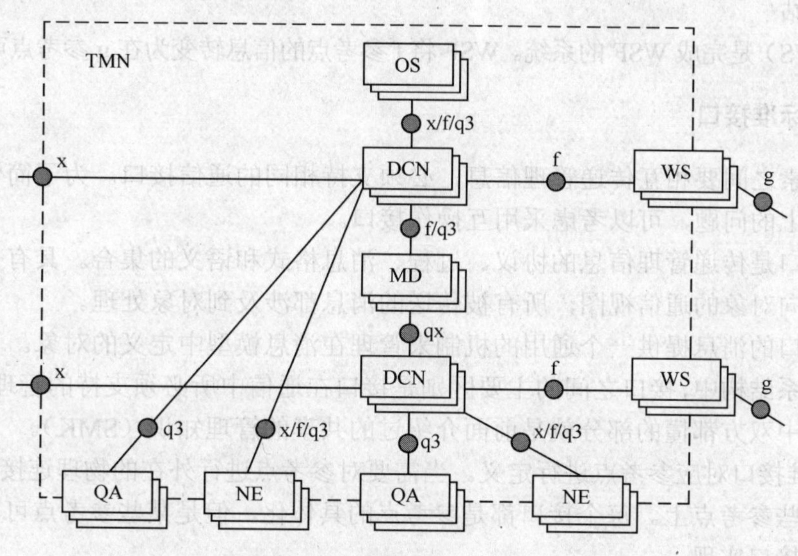

图 9-9 TMN 物理体系结构

TMN 物理体系结构中的元素有：运营系统（OS）、数据通信网（DCN）、中介装置（MD）、工作站（WS）、网元（NE）和 Q 适配器（QA）。在 TMN 的具体实现中，有时不需要包含 MD 和 QA。参考点表现为 q、f、g、x 接口。

1. TMN 的物理元素

（1）运营系统

运营系统（OS）是完成 OSF 的系统。OS 可以选择性地提供 MF、QAF 和 WSF。

OS 物理上包括：应用层支持程序，数据库管理系统，用户终端支持程序，分析程序，以及数据格式化和报表程序。

（2）中介设备

中介设备（MD）是完成 MF 的设备。MD 也可以选择性地提供 OSF、QAF 和 WSF。

MF 对 NEF 或 QAF 与 OSF 之间传送的信息进行中介，对 NE 提供本地管理功能。

（3）Q 适配器

Q 适配器（QA）是将具有非 TMN 兼容接口的 NE 或 OS 连接到 Qx 或 Q3 接口上的设备。

没有 TMN 标准接口的现有 NE 设备将通过 QAF 实现对 TMN 的访问。QAF 提供非标准和标准接口之间的转换功能。

（4）数据通信网

数据通信网（DCN）实现 OSI 的 1～3 层的功能，是 TMN 中支持 DCF 的通信网。

（5）网元

网元（NE）是指各种电信设备，可以完成 NEF。随着技术的发展，越来越多的 OSF 及 MF 的功能被集成到 NE 中。例如交换机、DXC、复用装置、数字环路载波等 NE 都含有 OSF 及 MF 功能。

NE 中主要的网络管理功能有：协议转换、地址映射、消息变换、数据收集与存储、数据备份、自愈、自动测试、自动故障隔离、故障分析及操作数据传送等。

（6）工作站

工作站（WS）是完成 WSF 的系统。WSF 将 f 参考点的信息转变为在 g 参考点可显示的格式。

2．TMN 标准接口

MN 的元素之间要相互传递管理信息，必须支持相同的通信接口。为了简化多厂商产品所带来的通信上的问题，可以考虑采用互操作接口。

互操作接口是传递管理信息的协议、过程、消息格式和语义的集合。具有交互性的互操作接口基于面向对象的通信视图，所有被传送的消息都涉及到对象处理。

互操作接口的消息提供一个通用的机制来管理在消息模型中定义的对象。

在这个体系结构中，接口之间的主要区别是接口在通信中所必须支持的管理活动的范围。管理活动范围中双方都懂的部分就是前面介绍过的共享的管理知识（SMK）。

TMN 标准接口对应参考点进行定义。当需要对参考点进行外在的物理连接时，标准接口便被应用在这些参考点上。每个接口都是参考点的具体化，但是某些参考点可能落入设备之中因而不作为接口实现。

（1）Q3 接口

TMN 解决互操作性的主要方法是在接口技术中采用了语法和语义分开、操作和通信分开、独立于设备的语义描述、面向对象技术等一系列先进的接口技术，形成了支持互连、互通、互操作的标准接口：Q3 接口。

Q3 接口是 q3 参考点在物理结构中的映射，在物理结构中，Q3 位于 OS 和 NE、OS 和 QA 之间。

Q3 接口是一个非对称接口，接口两端的实体分别称为 Manager 和 Agent。

Q3 接口由 3 部分组成：通信协议栈、网络管理协议和管理信息模型。

（2）Qx 接口

Qx 接口被用于 qx 参考点。Qx 接口的应用有两种情况：

① 管理信息模型和标准的 Q3 接口有差别。

② 仅采用 Q3 接口的通信协议和网络管理协议，没有采取标准的管理信息模型。

（3）F 接口

F 接口被应用于 f 参考点，用于实现工作站通过数据通信网与包含 OSF、MF 的物理元素相连接的功能。

（4）X 接口

X 接口被应用于 x 参考点上。X 接口的信息模型设置外部对 TMN 的访问限制，X 接口可进行的对 TMN 访问能力的设定被称为 TMN 接入。

9.3.5 TMN 优缺点及 TMN 的应用

1. TMN 的优点

TMN 的基本概念是提供了一个有组织的网络结构，以取得各种类型的操作系统之间以及操作系统与电信设备之间的互连。它是一个完整的独立的管理网络，是各种不同应用的管理系统按照 TMN 标准接口互连而成的网络。

TMN 的最大优势在于其信息模型的标准化：统一多厂家设备的规范管理——代理信息存取的标准，统一多厂家系统的被管理信息的标准，统一多厂家平台处理环境的标准。

通过标准化，TMN 实现了综合网管，能够大大地提高网管系统的功能与管理的效率。

2. TMN 的缺点

- 首先，由于 TMN 独立于电信网之外，且在管理系统 OS 中集中处理网管数据，使得数据处理量过大，处理时延较长，造成 TMN 的管理方式不能满足一些实时处理的要求，不能最大限度地利用现有网络的性能。
- 其次，TMN 是基于网元立场的，并没有从全程全网的角度来为系统建模。TMN 的管理功能也有限，没有充分利用现有网元强大的处理能力。TMN 中的 Q3 接口实现起来非常复杂，适合于网元管理接口，但对于网元层之上（包括网络层、业务层及事务层）的管理，Q3 接口并不适合。
- 再者，TMN 的管理信息模型是建立在 OSI 系统管理基础之上，与 CMIP 协议密切相关。而 ASN.1/CMIP 的信息模型不适用于分布式面向对象技术。因此，需要建立与协议无关的管理信息模型。
- 此外，TMN 对网络管理系统的可靠性要求太高。

如上所述，TMN 为建设综合网管系统提供了一个很好的思路。但综合网管系统是一个分布式系统的综合管理，而 TMN 缺乏对分布式管理的全面支持，另外，其主要优点集中在低层的管理上，而缺乏对上层管理的规范。因此，构建综合网管系统需要 TMN 技术和其他分布式管理技术的结合。

3. TMN 的应用

目前，比较流行的分布式技术主要有 Microsoft COM/DCOM、J2EE 和公共对象请求代理结构（Common Object Request Broker Architecture，CORBA）。其中 CORBA 具有支持多种现存语言的优势，可在一个分布式应用中混用多种语言，支持分布对象，提供高度的互通性。并且，CORBA 具有的优点正是 TMN 管理特性结构所缺乏的，所以许多研究机构、工业协会都对 CORBA 在 TMN 中的应用进行了研究。

CORBA 是一种分布式操作规范，由对象管理集团（Object Management Group，OMG）制定。CORBA 旨在为分布异构系统的互操作提供一个框架。在 CORBA 中，客户机和服务器之间从不直接通信，所有的请求和返回都通过一个名为对象请求代理（ORB）的对象总线进行，对象接口用 CORBA 的接口定义语言（IDL）给出。

OMG 提出了基于 CORBA 的电信网管系统的体系结构，所提出的体系结构使用 CORBA 的方法来实现基于 OSI 开放接口和 OSI 系统管理概念系统。这种新体系结构的目的是重用 ITU-T/OSI 标准的多年的知识和经验，同时保证管理系统能够适应 SNMP、CMIP 和 CORBA 接口的网元系统。

TMN 中的 Q3 接口对于网元层之上（包括网络层、业务层及事务层）的管理并不合适，OMG 建议采用 CORBA 作为网元管理层以上的接口，以代替实现起来非常复杂的 Q3 接口。另外 CORBA 技术经过近十年的发展，CORBA 体系结构中包含了较全面和完善的对象服务设施。这些服务也同样适用于综合网络管理应用。目前主要利用 CORBA 来实现管理应用程序，以及如何访问被管资源，而不是如何利用 CORBA 描述被管资源。基于 CORBA 的网络管理所提供的功能比 SNMP 强大，比 CMIP 简单。

9.4 通信网规划和设计

9.4.1 通信网规划概述

本节讨论通信网规划的定义，从不同角度对通信网规划进行分类，并介绍通信网规划所要遵循的总体原则。

1. 通信网规划和设计的概念

通信网规划是对通信网络在未来一段时间的发展目标和步骤作出估计和决定。人们在工作中可以制定各种规划，一般而言，规划是指为实现一个组织的总目标，对人力、资金、物质、信息资源的使用和配置所作出决策的全过程。通信网络规划是系统处理和科学解决通信网络建设一系列问题的全过程。通信网络建设总目标，必须通过不同层次的规划来加以实施，才能取得最佳的经济效益和社会效益。

原 CCITT《通信网规划手册》对通信网规划也作了如下定义：为了满足预期的需求和给出一种可以接受的服务等级，在恰当的地方，恰当的时间、恰当的费用提供恰当的设备。也就是说，通信网规划就是在时间、空间、目标、步骤、设备和费用等 6 个方面，对未来作出一个合理的安排和估计，其规划的最终目标是提供恰当的设备。

广义的规划工作包括制定规划、执行规划和检查规划的全过程。狭义规划是指制定规划的过程。本节中所讨论的规划，主要是指狭义规划。

通信网设计是对通信网络的拓扑结构、链路容量、交换容量、路由方式、用户编号等进行设计的过程。通信网设计是规划执行中的一个重要环节，是在规划制定之后，对通信网络结构、具体设备的技术性能等进行决定的过程。

2. 通信网规划的内容

按照原 CCITT 的建议，通信网络的规划可以分为战略规划与实施规划两类。

（1）战略规划

战略规划给出网络要遵循的基本结构准则（网络结构等），即确定网络的远期、中期和近期的网络结构及其演变趋势。战略规划需要定出下一个 2～3 年网络进展的方向，确定各种网络、子网和中心的规划所必须遵循的结构体制。战略规划还必须在全国给出一个现实的和统一的战略性规定，主要有：

① 网络体系结构演进和完成日程；

② 基本技术规划的具体进展；

③ 网络结构的进展；

④ 可能采用的设备及其应用范围等。

（2）实施规划

实施规划给出实现投资目的的特殊途径（工程项目的规定等）。实施规划包括长期、中期、短期规划。其中长期规划的目的在于根据目前的费用数据和可预见的技术发展，找出经济上最佳的方法来满足政策目标，提出总体规划。中期规划是在长期规划目标制定之后，从设计到投产时间的设备规划，以及现有交换和传输系统的扩建规划。短期规划主要是一个实施计划，包括一个工作计划表和预算编制，实施计划还包括年度计划。

无论是战略规划还是实施规划，它们都包括发展规划和技术规划两种规划。发展规划是为了确定满足目标所需要的装备数量而制定的规划，通信网涉及的各地理区域都应有它自己的发展规划。技术规划是为了确定满足服务质量要求所需采用的设备选择和安装方法而制定的规划，该技术规划对整个网络通用，它们必须保证未来通信网的灵活性和网内的兼容性。

按照规划范围的不同可分为：通信网络与业务的总体规划、分类或分项网络与业务规划及单个业务网或专业网规划等。

按照业务种类的不同可分为：城域网规划、电话网规划、移动网规划、数据网规划及智能网规划等。

9.4.2 规划方法

通信网络规划基本思想就是调查当前的网络特性，预测未来网络的需要，评定现有网络设备的可用性，估计未来技术发展的可能性，选择对远期、中期和短期最合适的行动步骤。

需要说明的是，由于技术的迅速发展、用户个性化要求的增多，使得通信网络的业务需求变得很难预测。这就使通信网络规划的难度大大增加了。在这种情况下，应对的策略则是在下一代网络技术支持下，加强对通信网络基础能力的规划。通信网络具备了各种基础能力之后，对于各种动态产生的新业务需求可以在已有能力的基础上快速提供。

1. 通信网规划的任务和步骤

通信网规划的基本任务可以概括为以下3个层次。

① 根据国民经济和社会发展战略，研究制定通信发展的方向、目标、发展速度和重大比例关系。

② 探索通信发展的规律和趋势。

③ 提出规划期内有关的重大建设项目和技术经济分析，研究规划的实施方案以及相应的对策和措施。

为了实现上述任务，通信网规划一般要遵循以下步骤。

① 对通信网的现状进行调查研究。

② 确定规划目标。规划目标应包括满足社会需求目标、技术发展目标、保证社会经济发展的目标等。

③ 对通信网的用户、业务、技术等发展动向、趋势和前景进行科学的预测。

④ 对各种通信网的发展进行规划。针对不同的网络，有不同的规划方法和优化模式。在这一阶段中要大量采用定量分析和优化技术，还可采用计算机辅助优化的方式进行。同时要注意定量分析和定性分析相结合。

⑤ 对规划进行技术经济分析。在提出规划方案后，应对网络规划的多种方案进行比较和经济评价，通过分析，可以对规划是否成功作出衡量，也可对投资的可行性、经济性作出评价。

2．通信网规划的总体原则

通信网规划工作是一项具有战略性、开拓性的宏观研究工作。为使通信网规划工作系统化、规范化、科学化，并能符合国民经济发展的要求。通信网规划应遵循以下基本原则。

① 遵循整个国民经济发展的方针、政策，以及国家有关通信发展的总体方针、政策和策略。

② 通信规划应与人口、社会和经济发展相协调，符合国家或地区的社会需求状况和经济实力。

③ 规划要在一定时间内有全面综合的指导意义。因此，规划应有完整性、科学性和前瞻性，又要考虑技术的先进性和经济的合理性。

④ 要用大系统和全程全网的观点规划网络的发展，局部要服从整体，同级各部分、各个分公司（或子公司）又应互相衔接、协调和平衡。

⑤ 应有针对性，做到可操作、可检验、可考核。网络的发展应有连续性，又应有建设的阶段性。总体上，对于战略规划应强调阶段性和前瞻性。对于实施规划应强调连续性和可操作性。

⑥ 对于战略性、前瞻性的问题应大胆提出未来发展的意见和建议，但在叙述时又应留有余地和提供应变的策略。

⑦ 应兼顾定量规划与定性规划，做到量与质的分析并重，两者应紧密结合。

⑧ 审视和继承过去所作的计划、规划，使规划工作具有继承性，应不断进行规划滚动。

⑨ 编制规划时，应密切联系通信网络、技术与业务发展的实际情况，规划的基本方向应符合通信网络、业务与技术发展的大趋势。

⑩ 规划文本应符合国家、各部委对规划文件内容、格式等的要求，所采用的名词术语、统计口径应执行国家有关定义和规定，并尽量实现与国际接轨。

9.4.3 典型通信网规划和设计

1．传送网规划

传送网是由线路设施、传输设施等组成的，是为信息业务提供所需传送承载能力的通道。长途传输网、本地传输网、接入网均属于传送网。传送网是通信网络的基础，它为整个通信网络上所承载的业务提供传输通道和平台。随着近年来通信业务对带宽需求的不断提高，光传送网络的规模不断扩大，为业务网络提供了巨大的带宽资源，同时网络的生存性、可扩展性也有了巨大的进步。

业务需求收集、分析和预测是传送网规划的第一步工作。作为服务支撑网络及可直接运营、提供租线业务的网络，在进行传送网规划时，对当前和未来的主导业务类型、业务量要有正确的把握和预测，对业务发展信息和竞争状况要进行恰当的分析，必须把握业务的分布和演进趋势。首先从物理拓扑确定各节点的位置，然后确定业务状况，计算业务矩阵、明确节点对之间的流量关系及每一个节点汇集、终结的流量，预测业务的发展及新型业务区域。

在已知网络的节点和预测这些节点之间未来若干年业务流量分布的基础上，网络设计与规划的任务就是寻找一种高性能价格比的网络结构以有效地传送这些业务。

（1）设立传输枢纽局

目前传输网正逐步引入传输枢纽局的概念。一个本地网设置若干个传输枢纽局，一般情况下尽可能与业务集中的局点设在一起。实际上，业务集中的地方本身也是传输、长途交换局等通信设施的集中点。这也是与业务网络发展过程中出现的汇接局、网关局等设施相适应的。

（2）层与面结合，提高生存率

目前的传输网结构呈现层次化形态。一个本地通信网内的传输网络，一般情况下分 3～4 个层次。最顶层是本地骨干传输网，连接本地各县（区、市）；第 2 层是县（区、市）内骨干传输网，连接市区各目标局点；第 3 层是目标局业务区域内的传输网，主要是解决原有支局作为非目标局点后一些较为重要的传输电路，如出租电路等；第 4 层是接入网中的传输，主要解决用户接入问题，这部分网络规划一般放在接入网规划中。

随着网络扁平化趋势的出现，传输网络结构也要扁平化，减少一些层次。同时，基于网络生存率方面考虑，在传输网的同一层次（尤其是至关重要的层次）引入传输平面的概念，即把同一层的传输网从物理上分割成两个以上的网络，连网管系统也分别设置，这样每一个独立的传输网称为一个传输平面。

（3）充分考虑性能造价比

不同拓扑结构的网络，具有不同的可靠性和安全性，一般来说，环状网络具有较好的安全性，但设备利用率较低；点对点结构能提供较大的容量，但安全性最差。实际规划中，要从网络可靠性和经济效益两个准则来考虑，选择满意的方案。

由于双准则条件下的规划算法很杂，实际操作中不易把握，因此通常要把双准则转化为单准则。对造价和性能两方面的准则，最常用的方法是采用性能造价比，这样就可转化为单准则问题，关键在于如何对网络性能进行量化。对性能的量化还有另一方面的意义，就是在设备选型时可计算性能价格比。

网络性能的量化，首先要考虑的是通常关心的网络性能包括哪些指标。把指标列出来以后，对其进行评价，确定各个指标的加权系数，使各个权重之和为 1。然后分别对各种拓朴结构的网络的性能进行评分。

传输网络的性能指标主要有 3 大类：差错性能、定时性能、可用性。其中差错性能指标以误块秒、严重误块秒为主。定时性能主要有两种类型：受控滑动、抖动和漂移。可用性主要以不可用秒作为衡量通道是否可用，以网络生存率来衡量网络的可用性。在不同的应用场合，各项网络指标的权重要有所不同。比如，关键局点之间的传输电路要求极高的可靠性，那么可靠性指标应该占很大的比重。因此，在规划中要根据不同应用场合，合理确定指标组合和各指标的权重。

2. 接入网规划

接入网规划主要考虑两个问题，第一是业务接入能力，第二是覆盖范围。从这两方面看，接入网的目标模型应该是全业务的综合接入网，其带宽能够满足所有业务的需求，网络可覆盖任何地方。

综合接入网目前在国内还处在推广阶段，城市的用户接入网向光纤到路边、光纤到小区、光纤到大楼发展，中远期目标是光纤到户。农村地区用户接入网建设目前只能是实现用户的电话接入，因为许多农村地区由于距离交换设备太远而无法通电话。由此可知，在接入网规划中，目前还需要对城市和农村分别采取不同的原则和方法。对城市而言，接入网主要考虑各种业务的综合接入及其对未来可能出现的业务的兼容能力；而在农村地区，目前主要是解决对边远地区的覆盖问题。

（1）城市接入网发展规划

用户接入网的概念首先在城市得到普遍接受。随着核心网和用户驻地网的带宽迅速增大，接入网的规划必须作出相应变化。用户侧企事业单位的接入正向IP快速汇聚，接入网的宽带化和IP化将成为未来接入网发展的主要技术趋向。

但是，与核心网不同，目前还没有一种接入技术能占绝对的主导地位。在今后相当长的时间内，接入网上仍是多种技术共存，竞相发展。因此，在接入网规划中，要考虑采用模块式结构构筑公共的接入平台，在设备选择上要采用综合接入设备，简化网络结构，降低接入成本。

（2）农村接入网发展规划

① 规划要考虑的问题

首先，要解决的是覆盖范围问题，包括对全地区的覆盖和实现各种业务的综合接入。农村地区一般人口比较分散，村庄之间距离较远，最远可达十几 km，这些边远地区单纯用铜缆是无法实现用户接入的，必须采用接入网的方式来解决。

其次，考虑投资的经济效益。这不仅仅是个投资估算问题，还要考虑到竞争需要和以后经营方式的转变。

最后，必须留有发展余地。接入网建设的最终目标是把通信业务延伸到所有的地方，即实现全业务全地区覆盖。过去在接入网布局规划中，都是以支局为基础，考虑用户比较密集的方向，选择适当的距离设置接入点。这种方式只能满足近期的发展需要，缺乏整体考虑，可能会给进一步发展带来困难。

② 接入网点分布的规划

农村地区地域广阔，村庄分布不规则，地形复杂，要想把所有的村庄都覆盖起来，必须统一规划，分步建设；而且农村接入网的网络结构非常复杂，加上还要考虑经济因素，必须采用不同于城市接入网的规划方法。

3. 软交换网络规划方法

软交换系统包括软交换机、媒体网关、IAD等网元设备。本小节从网元、指标、参数3个方面介绍软交换网络规划方法。

（1）软交换机

① 软交换机设置原则。软交换机是软交换网络的核心控制设备，完成呼叫处理控制功能、接入协议适配功能、业务接口提供功能及互连互通功能等。现阶段，软交换设备的忙时呼叫处理能力（BHCA）上限可按35～60万爱尔兰考虑。软交换设备的设置要遵循大容量、

少局所的基本原则，原则上以省为单位设置。从安全性上考虑可成对设置，应当放置在自然灾害少、供电可靠、便于维护的不同城市、或同城市有相当距离的两个建筑物内，采用主备用或者两个软交换相互备用的工作方式。在初期软交换以省或省内区域中心为单位进行建设，当软交换的业务需求达到设备能力的 50%以上时，建议再增设 1 对软交换设备；增设软交换设备应考虑软交换的服务区划分。

② 软交换机容量的计算方法。软交换网络规划的重要内容就是依据业务需求计算软交换机的处理能力，以便合理部署和配置软交换机。软交换机对不同信令协议（H.248/MGCP/SIP）的呼叫控制，由于处理信令流程、数据库操作等差异而导致处理资源消耗不同，对软交换 BHCA 的需求量也不完全相同。

在计算 BHCA 容量时，必须明确服务区域内用户的数量和所有用户之间的业务流量流向矩阵，这是计算的前提。需要指出的是，所谓“域”在这里是指“软交换服务区域”，特指一套软交换所覆盖的区域。域内呼叫指主叫和被叫同在一个软交换服务区域，域间呼叫指主叫和被叫位于两个软交换服务区域。

软交换设备的 BHCA 需求计算公式为：

BHCA＝(软交换域内话务量/2+软交换域间话务量) ×3 600/平均呼叫时长

其中平均呼叫时长一般可取 90s。

（2）中继网关

中继网关（TG）是媒体网关的一种类型，完成电路交换语音与分组语音的转换处理功能。在全配置的系统中能够支持多达几十万个呼叫。现阶段，中继网关的上限可按 PSTN 侧约 2 500 爱尔兰进行考虑，也可按每个网关覆盖用户数考虑；典型的中继媒体网关等效用户数在 1.5 万～3 万之间，小容量的中继网关等效用户约几百户，大容量的中继网关等效用户可达 7 万户以上。典型的 PSTN 侧中继网关容量差异比较大，从十几个到上千个爱尔兰。

中继网关的设置应符合大容量、少局所的设置原则，原则上以本地网为单位进行设置，但容量需求小于 20 爱尔兰的地市可暂时不建设，通过省会城市或其他地市解决业务互通。可成对或单独设置，成对设置的中继网关应尽量放置在不同的物理局址，采用话务负荷分担方式工作。

（3）信令网关

信令网关（SG）提供 No.7 信令网络和分组语音网络之间的接口，完成基于电路交换的 No.7 信令协议与 IP 的转换。信令网关有软交换设备内置或独立设置两种设置方式。采用内置方式时，在软交换机和 TG 设备内都内置信令网关；如果独立设置，只需建设一对独立的信令网关即可。

当只有 ISUP 需求时，建议信令网关和软交换机综合设置。现阶段，独立信令网关的容量上限可以按 PSTN 侧约 100 条 64kbit/s 链路考虑，原则上信令网关以省为单位设置，每个省为一个信令网关服务区。一般应成对设置，业务负荷分担，每个省建议设置 1 对。建设初期，信令网关主要负责软交换网络与省内 PSTN 以及智能网 SCP 之间的信令互通。初期信令网关的设置优选省会城市，成对的信令网关应安装在不同局址。信令网关与省内 PSTN 及智能网通过 No.7 信令链路连接，采用准直联方式为主、直联方式为辅的原则。考虑独立信令网关的信令适配方式，建议采用 M3UA，以起到信令转接作用。

（4）接入网关

接入网关（AG）原则上以本地网为单位建设。接入网关适合为具备一定用户规模的集团、小区提供语音、传真、拨号上网等接入方案，可以代替传统PSTN中的小交换机、端局、模块局。原则上，一个AG可带100～3 000个用户，少于10个用户不适合采用AG接入。AG设备一般不做成对配置，但是主控板、业务处理板要有冗余备份。

小结

1．网络管理就是指对网络的运行状态进行监测和控制，使其能够有效、可靠、安全、经济地提供服务。

2．网络管理协议用于传递网络运行状态信息和控制信息，CMIP和SNMP是两种主要的网络管理通信协议，分别应用于电信网络和计算机网络。

3．网络中各种设备被抽象为被管对象，这些对象按照它们之间的关系组成一个管理信息树。MIB是被管对象的“逻辑仓库”。

4．SNMP的策略是简单、实用。SNMP提供了对被管对象（MO）的GET、SET和TRAP操作，这些操作是作用于标量变量的。

5．TMN是基于CMIP体系结构建立的；而CMIS/CMIP的服务是作用于对象集合的。

6．TMN在概念上是一个单独的网络，它在有限的点上与电信网相接口来发送或接收信息，控制电信网的运营。TMN可以利用电信网的一部分来提供它所需要的通信。

7．TMN中Q3接口由3部分组成：通信协议栈、网络管理协议和管理信息模型。它通过语法和语义分开、操作和通信分开、独立于设备的语义描述、面向对象技术等一系列先进的接口技术，解决了管理互操作的问题。

8．通信网规划是在时间、空间、目标、步骤、设备和费用等6个方面，对通信网络的建设作出一个合理的安排和估计。规划的最终目标是提供恰当的设备。

思考题与练习题

9-1　什么是网络管理？解释其基本模型。什么叫被管对象、MIB？

9-2　OSI定义的5个管理功能域是什么？它们各自的目的是什么？

9-3　SNMP和CMIP各有哪些优点和缺点？

9-4　SNMP包括哪些类型的操作？各是什么作用？

9-5　TMN与电信网之间的关系是什么？

9-6　TMN的功能体系结构是怎样构成的？各个功能块的作用是什么？

9-7　TMN由哪些物理要素构成？各物理要素主要完成哪些功能？

9-8　什么叫通信网络规划？它包括哪些内容？

附录 英文缩略语

3G	3rd Generation Mobile Communication System	第三代移动通信系统
3GPP	3G Partnership Project	3G 合作伙伴计划
AAA	Authentication、Authorization、Accounting	认证、授权和计费服务器
AAL	ATM Adaptation Layer	ATM 适配层
ABR	Available Bit Rate	可用比特率
ACCS	Automatic Calling Card Service	自动电话计账卡业务
AD	Adjunct Device	附加设备
ADM	Add Drop Multiplexing	分插复用器
ADPCM	Adaptive Difference Pulse Coding Modulation	自适应差分脉码调制
ADSL	Asymmetric Digital Subscriber Line	非对称数字环路
ANM	Answer Message	应答消息
ARP	Address Resoloution Protocol	地址解析协议
ASE	Application Service Element	应用服务单元
ASN.1	Abstract Syntax Notation One	抽象语法记法 1
ATD	Asynchronous Time Division	异步时分复用
ATM	Asynohronous Trasfer Mode	异步传递模式
BCM	Basic Call Manager	基本呼叫管理
BCP	Basic Call Processing	基本呼叫处理部分
BCSM	Basic Call State Model	基本呼叫状态模型
BER	Bit Error Rate	比特错误率
BER	Basic Encoding Rules	基本编码规则
BICC	Bearer Independent Call Control	独立于承载的呼叫控制
B-ISDN	Broadband Integrated Service Digital Network	宽带综合业务数字网
BISUP	B-ISDN User Part	B-ISDN 用户部分
BRA	Basic Rate Access	基本速率接口
CAC	Connection/Call Admission Control	连接/呼叫接纳控制
CAMEL	Customized Application for Mobile Network Enhanced Logic	移动网络增强型逻辑的客户化应用

CBQ	Class Based Queueing	基于级别的排队
CBR	Constant Bit Rate	恒定比特率
CCAF	Call Control Agent Function	呼叫控制接入功能
CCF	Call Control Function	呼叫控制功能
CCITT	Consultative Committee International Telegraph and Telephone	国际电报电话咨询委员会
CDMA	Code Division Multiple Access	码分多址访问
CER	Cell Error Ratio	信元差错比
CES	Circuit Emulation Service	电路仿真
CID	Call Instance Data	呼叫实例数据
CIDFP	CID Field Pointer	CID 域指针
CIDR	Classless Inter-Domain Routing	无类别域间路由
CLP	Cell Loss Priority	信元丢失优先级
CLR	Cell Loss Ratio	信元丢失比
CM	Call Manager	呼叫管理
CMI	Coded Mask Running Inversion	符号变换码
CMIP	Common Management Information Protocol	公共管理信息协议
CMIS	Common Management Information Service	公共管理信息服务
CMR	Cell Mis-insertion Rate	信元误插率
CORBA	Common Object Request Broker Architecture	公共对象请求代理结构
CPCS	Common Part Convergence Sublayer	汇聚子层公共部分
CPG	Call Progress	呼叫进展消息
CPR	Call Processor	呼叫处理机
CPS	Common Part Sublayer	公共部分子层
CPU	Central Processing Unit	中央处理机
CSMA/CD	Carrier Sense Multiple Access with Collision Detection	载波监听多路访问/冲突检测
CSMA/CA	Carrier Sense Multiple Access with Collision Avoidance	载波监听多路访问/冲突避免
CTD	Cell Transfer De1ay	信元转移延时
DCN	Data Communication Network	数据通信网
DDN	Digital Data Network	数字数据网
DFP	Distributed Function Plane	分布功能平面
Diff-serv	Differentiated Services	区分业务模型
DLCI	Data Link Connection Identifier	数据链路连接标志
DP	Detection Point	检测点
DRR	Defict Round Robin	赤字轮转排队
DTE	Data Terminal Equipment	数据终端设备
DTMF	Dual Tone Multi Frequency	双音多频

DWDM	Densive Wavelength Division Multiplexing	密集波分复用
FCS	Frame Check Sequence	帧检验序列
FDDI	Fiber Distributed Data Interface	光纤分布式数据接口
FDM	Frequency Division Multiplexing	频分复用
FE	Functional Entity	功能实体
FEA	Functional Entity Actions	功能实体动作
FEAM	Functional Entity Access Manager	功能实体接入管理
FEC	Forward Equivalence Class	等价转发类
FIFO	First In First Out	先进先出
FIM	Feature Interactions Manager	性能兼容性管理
FPH	Free Phone Service	被叫集中付费业务
FR	Frame Relay	帧中继
FTP	File Transfer Protocol	文件传送协议
GFP	Global Function Plane	全局功能平面
GII	Global Information Infrastructure	全球信息基础结构
GMPLS	Generalised Multiple Protocol Label Switching	通用多协议标签交换
GSL	Global Service Logic	全局业务逻辑
GSM	Global Systems for Mobile communications	全球移动通信系统
HDLC	High-level Data Link Control	高级数据链路控制
HEC	Header Error Control	信头差错控制
HLR	Home Location Register	归属位置寄存器
HTTP	Hyper Text Transport Protocol	超文本传输协议
IAA	IAM Acknowledge	IAM 响应消息
IAM	Initial Address Message	初始地址消息
IAR	IAM Reject	IAM 拒绝消息
IDN	Integrated Digital Network	电话综合数字网
IETF	Internet Engineering Task Force	互连网工程部
IF	Information Flow	信息流
IMS	IP Multimedia Subsystem	IP 多媒体子系统
IN	Intelligent Network	智能网
INAP	Intelligent Network Application Protocol	智能网应用协议
INCM	Intelligent Network Conceptual Model	智能网概念模型
INCS-1	Intelligent Network Capability Set 1	智能网能力级一
IN-SM	IN-Switching Manager	智能网交换管理
Int-Serv	Integrated Services	综合业务模型
IP	Internet Protocol	互连网协议
IP	Intelligent Peripheral	智能外设
IP/DWDM	IP over DWDM	DWDM 上的 IP
IP/SDH	IP over SDH	SDH 上的 IP

IPOA	Classic IP over ATM	ATM 上经典 IP
ISDN	Integrated Service Digital Network	综合业务数字网
ISO	International Standards Organization	国际标准化组织
ISP	Internet Service Provider	互连网业务提供商
ISUP	ISDN User Part	ISDN 用户部分
ITU	International Telecommunication Union	国际电信联盟
ITU-T	ITU Telecommunication Standardization Sector	国际电信联盟电信组
LAN	Local Area Network	局域网
LANE	Local Area Network Emulation	局域网仿真
LAP-D	Link Access Protocol-D channel	D 信道的链路接入协议
LDP	Label Distribution Protocol	标签分配协议
LER	Label Edge Router	标签边缘路由器
LLC	Logical Link Control	逻辑链路控制子层
LM	Layer Management	层管理实体
LMDS	Local Multipoint Distribution Serse	本地多点分配业务
LSP	Label Switch Path	标签交换路径
LSR	Label Switch Router	标签交换路由器
MAC	Media Access Control	媒体访问控制子层
MACF	Multiple Association Control Function	多相关控制功能
MAP	Mobile Apllication Part	移动用户部分
MCU	Multipoint Control Unit	多点控制单元
MIB	Management Information Base	管理信息库
MIN	Multi-stage Interconnect Network	多级互连网络
MPLS	Multi Protocol Label Switching	多协议标记交换
MPOA	Multiple Protocols Over ATM	ATM 上多协议
MSC	Mobile Service Switching Center	移动业务交换中心
MTP	Message Transfer Part	消息传递部分
NAP	Network Access Point	网络接入点
NGN	Next Generation Network	下一代网络
NHRP	Next Hop Resolution Protocol	下一跳地址解析协议
NII	Nationality Information Infrastructure	国家信息基础结构
N-ISDN	Narrow Integrated Services Digital Network	窄带综合业务数字网
NMC	Network Management Center	网络管理中心
NNI	Network Node Interface	网络节点接口
NP	Number Portability Service	号码携带业务
NRZ	Non-Return to Zero	不归零编码
NT1	Network Terminal Type 1	网络终端 1
NT2	Network Terminal Type 2	网络终端 2
OSI	Open System Interconnection	开放系统互连

OSIM	OSI Management	OSI 管理
OSPF	Open Shortest Path First	开放最短路径优先
PBX	Private Batch Exchange	专用小交换机
PCM	Pulse Code Modulation	脉冲编码调制
PDH	Plesiochronous Digital Hierarchy	准同步数字体系
PER	Packet Error Rate	分组错误率
PHP	PHysical Plane	物理平面
PIC	Point In Call	呼叫控制点
PINT	PSTN INTernet interworking	电话网和互连网互连工作组
PIR	Packet Insertion Rate	分组错插率
PLR	Packet Loss Rate	分组丢失率
PMD	Physical Media Dependent	物理媒体子层
POI	Point Of Initiation	起始点
POR	Point Of Return	返回点
PPP	Point to Point Protocol	点对点协议
PRA	Primary Rate Access	一次群速率接口
PRM	Protocol Reference Model	协议参考模型
PS	Packet Switching	分组交换
PSPDN	Packet Swtching Public Data Network	分组交换公用数据网
PSTN	Public Switched Telephone Network	公用电话交换网
PVC	Permanent Virtual Connect	永久虚电路
QoS	Quality of Service	服务质量
REL	Release	释放消息
RES	RESume	暂停恢复消息
RIP	Routing information Protocol	路由信息协议
RLC	Release Complete	释放结束消息
RSVP	Resource ReSerVation Protocol	资源预留协议
RTCP	Real Time Control Protocol	实时传输控制协议
RTP	Real Time Protocol	实时传输协议
SAAL	Signalling AAL	信令适配层
SACF	Single Association Control Function	单相关控制功能
SAM	Subsequent Address Message	后续地址消息
SAO	Single Association Object	单相关体
SAPI	Service Access Point Identifier	业务接入点标志
SAR	Segmentation and Reassembly Sublayer	分段和重装子层
SCCP	Signaling Connection Control Part	信令连接控制部分
SCE	Service Creation Environment	业务生成环境
SCEF	Service Creation Environment Function	业务生成环境功能

SCF	Service Control Function	业务控制功能
SCP	Service Control Point	业务控制点
SCTP	Stream Control Transport Protocol	流控制传送协议
SDF	Service Data Function	业务数据功能
SDH	Synchronous Digital Hierarchy	同步数字体系
SDP	Service Data Point	业务数据点
SF	Service Feature	业务特征
SIB	Service Independent Building Block	与业务无关的构造块
SIGTRAN	Signaling Transport	信令传输部分
SIM	Subscriber Identity Module	用户识别卡
SIP	Session Initiation Protocol	会话启动协议
SLA	Service Level Agreement	服务级别协定
SLEE	Service Logic Execution Environment	业务逻辑执行环境
SLEM	Service Logic Execution Manager	业务逻辑执行管理
SMAF	Service Management Access Function	业务管理接入功能
SMAP	Service Management Access Point	业务管理接入点
SMDS	Switched Multi-megabit Services	交换的多兆比数据业务
SMF	Service Management Function	业务管理功能
SMP	Service Management Point	业务管理点
SMS	Service Management System	业务管理系统
SN	Service Node	业务节点
SNMP	Simple Network Management Protocol	简单网管协议
SP	Service Plane	业务平面
SRF	Specialized Resource Function	特殊资源功能
SSCP	Service Switching and Control Point	业务交换和控制点
SSCS	Service Specific Convergence Sublayer	业务特定汇聚子层
SSD	Service Support Data	业务支撑数据
SSF	Service Switching Function	业务交换功能
SSP	Service Switching Point	业务交换点
STM	Synchronous Transport Module	同步传送模式
STP	Signaling Transfer Point	信令转接点
SUS	SUSpend	暂停消息
SVC	Switched Virtual Circuit	交换式虚电路
TA	Terminal Adaptor	终端适配器
TCAP	Transaction Capabilities Application Part	事务处理应用部分
TDM	Time Division Multiplexing	时分复用
TE1	Terminal Equipment Type 1	1 类终端设备
TE2	Termianl Equipment Type 2	2 类终端设备
TEI	Terminal Endpoint Identifier	终端端点标志

TMN	Telecommunication Management Network	电信管理网
ToS	Type of Service	服务类型
TUP	Telephone User Part	电话用户部分
UBR	Unspecified Bit Rate	非限定比特率
UNI	User Network Interface	用户网络接口
UPT	Universal Personal Telecommunication	通用个人通信
VBR	Variable Bit Rate	可变比特率
VCC	Virtual Circuit Connect	虚信道连接
VCI	Virtual Circuit Identifier	虚信道标识符
VCL	Virtual Circuit Link	虚信道链路
VLAN	Virtual LAN	虚拟局域网
VLR	Visitor Locatlon Register	访问位置寄存器
VOD	Video On Demand	视频点播
VOT	Televoting	电话投票
VPC	Virtual Path Connect	虚通路连接
VPI	Virtual Path Identifier	虚通路标识符
VPL	Virtual Path Link	虚通路链路
VPN	Virtual Private Network	虚拟专用网
WAN	Wide Area Centrex	广域网
WDM	Wavelength Division Multiplexing	波分复用
WF^2Q	Worst case Fair Weighted Fair Queueing	最坏情况公平加权公平排队
WFQ	Weighted Fair Queueing	加权公平排队
WRR	Weighted Round Robin	加权轮转排队

参 考 文 献

[1] 谢希仁．计算机网络[M]．北京：电子工业出版社，2004年．

[2] 程时端．综合业务数字网[M]．北京：人民邮电出版社，1997年．

[3] 黄锡伟，朱秀昌．宽带通信网络[M]．北京：人民邮电出版社，1998年．

[4] 马丁·德·普瑞克著，程时端，刘斌译．异步传递方式 宽带ISDN技术（修订本）[M]．北京：人民邮电出版社，1999年．

[5] 沈庆国．移动计算机通信网络[M]．北京：人民邮电出版社，1999年．

[6] 王柏．智能网教程[M]．北京：北京邮电大学出版社，2000年．

[7] White paper，Wireless Intelligent Network，www.iec.org．

[8] 杨放春等．智能化现代通信网[M]．北京：北京邮电大学出版社，1999年．

[9] 金惠文，陈建亚，纪红，冯春燕．现代交换原理（第二版）[M]．北京：电子工业出版社，2005年．

[10] 郑少仁，罗国明，沈庆国，张曙光．现代交换原理与技术[M]．北京：电子工业出版社，2006年．

[11] 卢美莲，程时端．软交换技术[J]．中兴通讯技术，2002年8月．

[12] 蔡康，李洪，朱英军，许文秀．下一代网络业务及运营[M]．北京：人民邮电出版社，2004年．

[13] 赵慧玲．电信网络技术发展的主要热点问题及趋势探讨[J]．通信世界，2005.01.25．

[14] 邱雪松，亓峰，孟洛明．网络管理体系结构的概念、分析及其发展趋势[J]．通讯世界，2001年第1期．

[15] 郭军．网络管理[M]．北京：北京邮电大学出版社，2001年．

[16] 梁雄健，孙青华，张静，杨旭．通信网规划理论与实务[M]．北京：北京邮电大学出版社，2006年．